Arturo Garcia de Haro

La iluminación artificial en las actividades cotidianas

Arturo Garcia de Haro

La iluminación artificial en las actividades cotidianas

en viviendas residenciales

PUBLICIA

Imprint

Cover image: www.ingimage.com

Publisher:
PUBLICIA
is a trademark of
International Book Market Service Ltd., member of OmniScriptum Publishing Group
17 Meldrum Street, Beau Bassin 71504, Mauritius

Printed at: see last page
ISBN: 978-620-2-43056-2

"LA ILUMINACIÓN ARTIFICIAL EN LAS ACTIVIDADES COTIDIANAS DE VIVIENDAS RESIDENCIALES"

ARQ. ARTURO GARCÍA DE HARO

AGRADECIMIENTOS

A Dios por demostrarme que todo llega a su tiempo, enseñarme a confiar en que siempre así será. Por permitirme ser yo, nunca dejarme solo, guiarme y a su vez darme una vida llena de aprendizajes, oportunidades y mucho amor.

A mis papás que siempre han sido los mejores padres, los mejores guías, y por enseñarme el significado de la palabra "incondicional", los amo mucho.

A mis hermanos, que juntos hemos forjado nuestro carácter, y porque la vida nos ha dado momentos de mucho aprendizaje e imborrables juntos.

A mi familia entera por estar siempre ahí, por las palabras, los consejos y por abrazarme cuando fue necesario, especialmente a mis abuelos, un beso por siempre hasta el cielo.

A mis amigos Edith, Inés, Rosita, Elisa, Pamela, Geme, Fer, Sergio, Raúl, Oscar, Dominic, Ramón, por ser ustedes, por estar siempre y por su cariño.

A mis amigos universitarios Janeth, Isabella, Anahí, Alex, Mauricio, Fer, por los momentos buenos y no tan buenos, las risas, alegrías y aprendizajes tanto de ustedes como de su excelente trabajo.

A mis profesores que, en definitiva, siempre escogí a los mejores, los que mejores aportes me pudieron haber dado y por entusiasmarme siempre en mi decisión de haber estudiado esta carrera.

Al Arq. Alejandro Castillo Orejel por la amistad, por la confianza, por las facilidades que me dio para poder lograr lo que necesitaba, por su tiempo y por sus excelentes palabras en cada visita.

Al Ing. Oscar Zavala, el Arq. Antonio de Santiago y al Arq. Vicente Benavente, por la confianza depositada en mí en mis primeros trabajos y ayudarme a perder el miedo a ejercer lo que más disfruto.

Al M. en Arq. Juan Manuel, por la empatía, la guía, el enfoque, el aprendizaje y el tiempo este último semestre dándome lo necesario para poder hacer algo que nunca había hecho.

Y a todos aquellos que han estado o han inspirado para poder ser quien soy, ayudarme a conocerme, a saber, qué quiero y qué no, entender y diferenciar lo que me gusta y lo que necesito. ¡Gracias!

RESUMEN

La arquitectura contemporánea en México ha sido participe y testigo de avances tecnológicos importantes. En lo referente a iluminación artificial en los últimos treinta años ha existido una evolución acelerada no sólo en la manera en que se produce la propia luz, sino también las formas en que esta se observa, se percibe, se controla, y ahora también se le incorporan otras funciones para el mejor aprovechamiento de su esencial utilidad en espacios domésticos. Dicha evolución ha ocasionado una influencia en la forma en que las personas viven sus hogares y realizan sus actividades cotidianas, ya que su adecuado funcionamiento depende de la planeación de propiedades que los mismos luminarios generan y se ven afectadas por cualidades del propio espacio. Por lo que el profesional en arquitectura debe conocer antecedentes, evolución y resultados en la práctica sobre el uso de la iluminación artificial en espacios domésticos con el objeto de optimizar su funcionamiento y concientizar en la importancia de la especialización que demanda el tema.

La principal función de la iluminación artificial en espacios domésticos es la correcta realización de actividades cotidianas de los habitantes satisfaciendo necesidades privadas y sociales en horas donde no existe luz solar. Específicamente en el presente documento se estudiarán los requerimientos pragmáticos y existenciales necesarios en un recinto privado para estudiar necesidades íntimas de un habitante en la actividad de *leer*, en un recinto público para estudiar necesidades sociales en la actividad de *conversar*, y en un recinto semipúblico para estudiar un espacio que puede ser íntimo y en ocasiones se preste a lo social en la actividad de *preparación de alimentos*. Las tres actividades se estudian en viviendas residenciales en la ciudad de San Luis Potosí, escogiéndose dos unidades de análisis, una residencia del año 1982 y otra de 2013, ambas obras del Arquitecto Alejandro Castillo Orejel, quien ha sido hasta el 2016 el único arquitecto en la ciudad de San Luis Potosí en recibir el premio de la *"Medalla de oro"* en la Bienal de Arquitectura.

Palabras clave: Iluminación artificial, Arquitectura Residencial, Actividades cotidianas, Requerimientos espaciales.

ABSTRACT

Contemporary architecture in Mexico has been a participant and witness to important technological advances. Regarding artificial illumination in the last thirty years, there has been an accelerated evolution not only in the way the light itself is produced, but also the ways in which it is observed, perceived, controlled and now also incorporate other functions for the best use of their essential utility in domestic spaces. This evolution has caused an influence on the way people live their homes and perform their daily activities, since their proper functioning depends on the planning of properties that the same luminaires generate and are affected by qualities of the space itself. Therefore, the professional in architecture must know the background, evolution and results in practice on the use of artificial lighting in domestic spaces in order to optimize its operation and raise awareness of the importance of the specialization that the theme demands.

The main function of artificial lighting in domestic spaces is the correct realization of daily activities of the habitants satisfying private and social needs in hours where there is no sunlight. Specifically, the present document will study the necessary pragmatic and existential requirements in a private room to study the intimate needs of a habitant in *reading* activity, in a public space to study social needs in the activity of *conversing*, and in a semi-public enclosure to study a space that can be intimate and sometimes lends itself to the social in the *food preparation* activity. The three activities are studied in residential homes in the city of San Luis Potosí, choosing two units of analysis, a residence of the year 1982 and another of 2013, both works of the Architect Alejandro Castillo Orejel, who until 2016 was the only architect in the city of San Luis Potosí to receive the prize of the "*Gold Medal*" in the Biennial of Architecture.

Key words: Artificial lighting, residential architecture, Daily activities, Spatial requirements.

ÍNDICE

INTRODUCCIÓN

Si el arquitecto actual no comprende los resultados que trae consigo el uso de nuevas tecnologías, como es el caso de la iluminación artificial en sus proyectos y la manera en que evolutivamente ha modificado conductas y formas en las personas para realizar actividades cotidianas, es posible que no exista evolución al momento de planear la iluminación artificial en espacios domésticos. Priorizando en significados que las personas dan a los espacios que habita y respondiendo a necesidades pragmáticas y existenciales específicas para la vida cotidiana donde la tendencia por la forma de vida actual exige a las personas a habitar sus residencias en horarios donde no existe la luz natural y esto le da una importancia mayor a la iluminación artificial que en cualquier otro periodo de la historia.

En mi experiencia como estudiante de la carrera de Arquitectura de la Facultad del Hábitat de la UASLP, el tema de iluminación dentro del plan de estudios 2006, logra ser comprendido como un requerimiento funcional a especificar por medio de instalaciones y sembrado de luminarias en los proyectos de Taller, reuniendo aprendizajes técnicos adquiridos en lo referente a instalaciones y su representación. No es hasta el nuevo plan de estudios 2013, donde se incorpora la materia de *Iluminación Natural y Artificial*[1], la cual tiene un enfoque teórico sobre las cualidades y formas en que puede ser empleada la luz natural y artificial con fin de atender aspectos estéticos y funcionales, que además se complementaran con prácticas en el nuevo Laboratorio de Iluminación de la Facultad, donde pude colaborar en la elaboración del Manual de prácticas *"La iluminación en el espacio arquitectónico: su estudio y práctica"*[2]. Dentro de este Laboratorio las luminarias instaladas de distintas tipologías servirán para estudiar actividades que se realizan en la simulación de espacios con diferentes condiciones que alteran su función tales como: su disposición en una diferencia de alturas, la absorción por color en muros, la cantidad de calor que se genera en el espacio etc. Sin embargo, existen factores propios de las lámparas, que en los últimos cien años han traído consigo modificaciones en las atmósferas en las que el ser humano realiza sus actividades cotidianas y que deben ser estudiados. Dichas modificaciones se deben a propiedades que

[1] Impartida por la Arq. Daniela Pérez Mendizábal y el Arq. Gustavo Arturo Portales Pérez

[2] En dirección del Dr. Gerardo Javier Arista González

generan en el espacio las distintas fuentes de iluminación, desde las primeras bombillas incandescentes hasta las nuevas tecnologías LED de 4ª generación o RGB, y que han modificado la manera en que el ser humano vive la arquitectura y realiza sus actividades cotidianas en espacios arquitectónicos domésticos.
A manera introductoria se exponen en orden de relevancia algunas terminologías usadas en el ámbito arquitectónico que contendrá este documento con el objetivo de familiarizar al lector con el texto.

Dentro del presente documento se hablarán de *requerimientos pragmáticos,* los cuales serán las especificaciones o requisitos dados por las personas que habitarán en este caso una vivienda, y que deberán cumplirse para que el espacio habitado sea funcional en la práctica de las actividades. A su vez cuando se hable de *requerimientos existenciales* que serán especificaciones o requisitos dados por las personas que habitarán en este caso una vivienda, y que deberán cumplirse para satisfacer necesidades emocionales, espirituales o aquellas que estimulen la existencia del individuo en sí. Las *actividades cotidianas* serán aquellas realizadas en el día a día en una vivienda residencial la cuales se realizarán en *atmósferas* creadas por el arquitecto, las cuales denominaremos así al espacio escenográfico creado para satisfacer necesidades específicas de un habitante.

La *iluminación artificial* será aquel tipo de luz creada únicamente por medio de alguna fuente de iluminación eléctrica, específicamente en este documento de lámparas. Un *proyecto de iluminación artificial* será el resultado que tendrá la planeación, análisis y proyección de todas las fuentes de iluminación artificial o *lámpara* las cuales se denominará así al tipo de foco que se utiliza, el cual podrá ser: incandescente, halógeno, fluorescente o led, clasificándolos así en términos del presente documento. Además, se referirá a *luminaria* al aparato de alumbrado que reparte, filtra o transforma la luz emitida por una o varias lámparas (focos) y que comprende todos los dispositivos necesarios para el soporte, la fijación y la protección de los mismos.

La *iluminancia* será la luz producida por una fuente de iluminación o bien la luz reflejada o recibida por una superficie. Se referirá a *luminancia* a la cantidad de luz que emana una superficie iluminada, expresa la intensidad de la luz que provoca la sensación de ver iluminado un objeto y es una proporción de la iluminancia reflejada en una superficie. Cuando se hable de *flujo lumínico* nos referiremos a la cantidad de energía electromagnética emitida por una lámpara o recibida por una superficie iluminada la cual se pondera para igualar la sensibilidad del sistema visual humano a las diferentes longitudes de onda de luz visible. Se referirá a *lux* a la unidad en el Sistema Internacional de Unidades en el que se describa la iluminancia en un espacio o superficie de trabajo, la cual será medida por un *higrotermòmetro* (hobo) que será al aparato que sirva para obtener valores sobre la iluminancia, temperatura y humedad relativa de un plano de trabajo específico, además de un segundo valor de temperatura, que para fines de este documento servirá para observar mediciones de la lámpara.

1

CAPITULO I
PROBLEMÁTICA

1.1 OBJETO DE ESTUDIO

1.1.1 FENÓMENO DE ESTUDIO
Iluminación.

1.1.2 OBJETO DE ESTUDIO
La iluminación artificial en viviendas residenciales.

1.1.3 UNIDADES DE ANÁLISIS
1. Casa Castillo[3] en S.L.P., San Luis Potosí, México (1982) y Familia Castillo Vázquez-Vela.
2. Casa Guillén[4] en S.L.P., San Luis Potosí, México (2013) y Familia Guillén Libera.

[3] Residencia del Arq. Alejandro Castillo Orejel.
[4] Residencia ganadora a la *"Medalla de Oro"* en la Bienal de Arquitectura 2016.

1.2 PLANTEAMIENTO DEL PROBLEMA / JUSTIFICACIÓN

PROBLEMA A ESTUDIAR: La iluminación artificial en una vivienda residencial que responda a necesidades pragmáticas y existenciales específicas de los habitantes con el objetivo principal de realizar sus actividades cotidianas de manera adecuada.

Los seres humanos hemos formado una serie de respuestas a la invención constante y acelerada de nuevas tecnologías en los últimos cien años, que aplicadas en la arquitectura han modificado nuestro funcionamiento diario y la forma en la que vemos, percibimos y vivimos los espacios.

La iluminación arquitectónica se ha convertido en un tema de innovación trascendental, y ha tenido alcances extraordinarios en los últimos treinta años. Sin embargo, al emplearse en espacios domésticos se debe considerar en la prioridad de cumplir con requerimientos pragmáticos y existenciales que respondan de forma particular a todos los habitantes de la residencia para poder realizar sus actividades cotidianas de manera adecuada. Esto obliga al profesional en arquitectura a especializarse en el tema o recurrir a especialistas en iluminación a la par que diseña los espacios.

La correcta iluminación artificial conlleva a que las cualidades del espacio afectadas por las propiedades de la iluminación que es utilizada propicien una atmósfera adecuada con fines de diseño. Esto con una planeación previa puede ayudar al arquitecto a cumplir los requerimientos de los habitantes en cada espacio de la residencia, pero habrá casos en que la iluminación seleccionada no esté respondiendo a los requerimientos y en algunos casos a los de cierto tipo de usuarios y el arquitecto puede no estar en conocimiento de ello.

Se han hecho investigaciones previas que aseveran que el correcto flujo luminoso para actividades específicas, el uso de las distintas temperaturas del color, el calor que algunas luminarias emanan, la direccionalidad y posición en la que se ubican, crean atmósferas que influyen en el habitante y le hacen vivir de una forma distinta, creándole alteraciones en lo pragmático y lo existencial.

Estas influencias han ido respondiendo a necesidades del habitante de manera cambiante a la par que la tecnología evoluciona y disciernen cualidades en el espacio por sus propiedades. No sólo han alterado la manera en que los seres humanos percibimos y vivimos los espacios, sino también en la forma en que cada persona con distintos requerimientos pragmáticos y existenciales realizamos actividades cotidianas en viviendas residenciales, específicamente en este documento de la Ciudad de San Luis Potosí, México.

1.3 PREGUNTA DE INVESTIGACIÓN

1.3.1 PREGUNTA GENERAL

¿Cuáles criterios se deben tomar en cuenta en el diseño de la iluminación artificial en viviendas residenciales en la Ciudad de San Luis Potosí para que responda a requerimientos existenciales y pragmáticos al realizarse actividades cotidianas?

1.3.2 PREGUNTAS PARTICULARES

¿Cómo la evolución de fuentes de iluminación artificial ha influido en los ambientes de las residencias para realizar adecuadamente actividades cotidianas en la Ciudad de San Luis Potosí?

¿Cuáles propiedades de la luz influyen directamente en un espacio interior y cómo es que repercuten en la iluminación a la hora de realizar una actividad cotidiana en una residencia?

¿Qué condiciones debe de cumplir una fuente de iluminación para la realización adecuada a nivel pragmático y existencial de la actividad de leer, de conversar y de preparar alimentos?

1.4 OBJETIVO GENERAL Y ESPECÍFICOS

1.4.1 OBJETIVO GENERAL

Definir criterios en el diseño de la iluminación artificial y las propiedades de la luz que alteran las cualidades de un espacio, con la finalidad de responder a requerimientos pragmáticos y existenciales específicos para la adecuada realización de actividades cotidianas en viviendas residenciales en la Ciudad de San Luis Potosí, México.

1.4.2 OBJETIVOS ESPECÍFICOS

- Definir las propiedades de la luz que conciernen a espacios interiores y que incidan directamente en las personas para que puedan realizar adecuadamente actividades cotidianas al usarse iluminación artificial dentro de sus viviendas.

- Analizar en dos obras arquitectónicas residenciales en la Ciudad de San Luis Potosí en dos contextos históricos distintos, la manera en que la iluminación artificial en su evolución ha respondido a requerimientos pragmáticos y existenciales propios de sus habitantes en la adecuada realización de actividades cotidianas.

- Generar criterios técnicos y de diseño que respondan a necesidades de niveles de iluminancia y en la planeación de las propiedades de la luz en el espacio donde se realizan actividades cotidianas en viviendas residenciales.

1.5 ALCANCES Y DELIMITACIONES

1.5.1 ALCANCES

Las propiedades de la luz que se estudian son la luminancia, la iluminancia y la absorción por color, propiedades dadas por las cualidades del espacio donde se realiza la actividad y que alterarán la cantidad de iluminancia aceptada por documentos oficiales como el *Reglamento de construcciones del municipio de San Luis Potosí, S.L.P.* en el capítulo XXVII Instalaciones eléctricas, mecánicas y especiales, Artículo 118 "Niveles de iluminación" y por Normatividad en la Norma Oficial Mexicana NOM-025-STPS-2008, "Condiciones de iluminación en los centros de trabajo", por Normatividad en la Norma Oficial Mexicana NOM-025-STPS-2008, "Condiciones de iluminación en los centros de trabajo" y la Norma IESNA "Niveles medios de iluminación al plano de trabajo recomendados para la República Mexicana", recomendados por la Sociedad Mexicana de Ingeniería e iluminación y la Sociedad de Ingeniería de Iluminación de América del Norte quienes recomiendan niveles de iluminación óptimos para una serie de actividades cotidianas realizadas en espacios domésticos.

1.5.3 LÍMITES TEMPORALES

La delimitación de la investigación abarca la recopilación sobre las distintas lámparas existentes en un rango de los años ochenta en el auge de los primeros fraccionamientos residenciales de la Ciudad de San Luis Potosí hasta los nuevos avances tecnológicos al año 2013, y se expondrán las influencias que se han estudiado previamente en la literatura, donde estas tecnologías de iluminación artificial propicien un escenario adecuado que responda a cumplir en lo pragmático y lo existencial a que las personas puedan realizar actividades cotidianas de manera adecuada en una vivienda residencial.

Para la medición de la cantidad de luz por fuentes de iluminación artificial y su proyección en el espacio que contribuyan a la adecuada realización de las actividades cotidianas en los recintos antes mencionados, se seleccionan dos viviendas residenciales en la ciudad de San Luis Potosí en dos contextos históricos diferentes para poder hacer su comparativa. Exponiendo por una parte un proyecto[5] realizado en los ochentas que destaca en la ciudad por ser de las primeras residencias construidas en un Fraccionamiento privado representativo de la Ciudad, y por otra parte un proyecto[6] de 2013, en donde se destaca el empleo de sistemas de iluminación innovadores además de ser acreedor al premio de la Medalla de Oro en la Bienal de Arquitectura 2016. Esto con el objeto de observar las diferencias en las formas en que se planteó la iluminación artificial en los recintos seleccionados de ambos proyectos y observar las distintas atmósferas creadas por el uso de las diferentes tecnologías al alcance en ambas residencias y si su uso influye directamente en las personas para responder a requerimientos pragmáticos y existenciales cuando realizan actividades cotidianas.

1.5.2 LÍMITES ESPACIALES

Se seleccionan tres actividades a estudiar en tres recintos de una residencia, escogiéndose un recinto privado para estudiar las necesidades íntimas del habitante, un recinto público para estudiar las necesidades sociales del habitante y un recinto semi-público para estudiar los requerimientos necesarios cuando el espacio puede ser íntimo y en ocasiones se preste a lo social. Los recintos seleccionados y las actividades a estudiar son: en privado *la recámara principal* donde se estudia la actividad de *lectura*, en el público la *sala* donde se estudia la actividad de *conversar*, y en el semi-público la *cocina* donde se estudia la actividad de *preparar alimentos.* Actividades que tienen una connotación importante en el uso de la iluminación artificial para que pueda realizarse adecuadamente cumpliendo con requerimientos pragmáticos y existenciales específicos.

Las atmósferas donde se realizan las actividades seleccionadas de ambas residencias, serán llevadas a una simulación de cada actividad en el Laboratorio de iluminación de la Facultad del Hábitat para su estudio por medio de diferentes alteraciones en el espacio que puedan propiciar una atmósfera adecuada para que se realice la actividad, o que mejor dicho pueda cumplir con los requerimientos pragmáticos y existenciales para su realización, además se hará una crítica sobre cómo responden dichas actividades con el uso de otras tecnologías de iluminación.

---

[5] Residencia de 1982, donde habita el Arq. Alejandro Castillo Orejel desde que se muda en ese mismo año desde la Ciudad de México.

[6] Residencia ubicada en el Fraccionamiento Pedregal II, S.L.P., para una familia potosina.

1.6 METODOLOGÍA

La parte medular de la investigación es entender al habitante como principal protagónico y portador de la información del fenómeno a estudiar, y comprender que precede y depende de sus actividades para la planeación y proyección del objeto de estudio, la iluminación artificial. Para determinar si el objeto de estudio propuesto cumple con requerimientos pragmáticos y existenciales, se debe tener una comprensión de la teoría básica[7] sobre conceptos de iluminación que competen a espacios interiores y que influyen en la realización de actividades dentro de una vivienda residencial. Seguido a esto se entenderán tres actividades cotidianas realizadas en tres recintos seleccionándose un recinto privado, un recinto público y un recinto semipúblico en dos viviendas residenciales.

Se entenderá la espacialidad de cada recinto seleccionado para poder entender las cualidades del espacio que pueden influir en el nivel de iluminancia para que se puedan realizar tres actividades de forma adecuada y se hará un análisis de cómo estas influencias han variado por la sustitución de otras fuentes de iluminación y las propiedades generadas en los espacios por los mismas en una secuencia cronológica, estudiándose en dos obras del Arq. Alejandro Castillo Orejel en la ciudad de San Luis Potosí. Lo anterior con el fin de explicar la semántica lógica de las influencias observadas en lo pragmático y lo existencial, que se hayan presentado en las atmósferas por la utilización de fuentes iluminación artificial al realizar sus actividades cotidianas, donde se tendrá que considerar aspectos como las propiedades de la luz que inciden en el espacio, el contexto histórico en el que se realizó cada residencia, su contexto cultural, natural y social, la disponibilidad de lámparas en el mercado y se harán comparativas de las cantidades de iluminancia obtenidas con datos duros de Reglamentación y Normativas de la misma Ciudad o Entidad y en literatura, teorías o investigaciones de iluminación que determinan cantidades de iluminancia recomendables para realizar actividades adecuadamente.

---

[7] Compendio de conceptos que se ven en la materia de Iluminación natural y artificial del plan de estudios 2013

Se comprenderá la metodología que tiene para diseñar el arquitecto Alejandro Castillo Orejel[8], quien se selecciona como autor de las obras a estudiar con el objeto de entender las decisiones que toma al momento de diseñar los recintos de las residencias seleccionadas, la manera en que tiene interacción con las necesidades de los habitantes de las residencias y la manera en que propone la iluminación respecto a las actividades cotidianas que se realizan en cada recinto de la residencia.

1.6.1 PROCESO DE RELACIÓN HOMBRE-AMBIENTE

Compresión de los requerimientos pragmáticos y existenciales que demandan los habitantes de ambas viviendas para entender la relación entre la funcionalidad que exige el habitante y la función que ofrece cada espacio y su iluminación. Además, valorar que dichos requerimientos podrán modificarse en las diferentes etapas de vida y su consideración ayudará a un cuidado en la salud y calidad de vida. Para ello se recurrirá entrevistas tanto al Arquitecto como a los habitantes de ambas residencias.

1.6.2 ANÁLISIS DE RECINTOS SELECCIONADOS EN LAS RESIDENCIAS

De la selección de dos residencias del arquitecto Alejandro Castillo Orejel, se analizará de manera técnica, espacial y formal los tres recintos. Se estudiará la forma en que el arquitecto propuso la iluminación artificial en dichos espacios acorde a la adecuada realización de las actividades y la forma en que planteó el diseño de los espacios respecto a las tecnologías de iluminación artificial que estaban a su alcance para poder responder a las necesidades de los habitantes en lo pragmático y lo existencial.

1.6.3 ANÁLISIS DE LAS ACTIVIDADES COTIDIANAS EN LAS RESIDENCIAS

Se entenderá por medio de cuestionarios, la dinámica de las familias, en donde se comprenderá la manera en que realizan las actividades de *leer* en la recámara principal, *conversar* en la sala y *preparar alimentos* en la cocina, donde se entenderá forma, lugar concreto, lapsos de tiempo y se definirá

---

[8] Ejerciendo la profesión durante 34 años en la Ciudad de San Luis Potosí, siendo testigo de una evolución en este periodo de tiempo en temas de iluminación arquitectónica.

como la iluminación contribuye a necesidades tanto funcionales como emocionales.

1.6.4 COMPRENSIÓN DE REQUERIMIENTOS PRAGMÁTICOS Y EXISTENCIALES

Se comprenderán los conceptos de *pragmático* y *existencial,* así como su traducción a requerimientos de cada uno de los habitantes de las residencias para la realización de las actividades seleccionadas al usarse iluminación artificial, estructurándose para alcances de este documento en dos grupos:
Grupo 1. Espacios con requerimientos pragmáticos a estudiar: Recámara principal y cocina
Grupo 2. Espacios con requerimientos existenciales a estudiar: Sala

1.6.5 ANÁLISIS DE LAS ACTIVIDADES COTIDIANAS

Se hará por medio de hobos[9], la toma de medidas de las condiciones dadas por las luminarias para después evaluar en las mismas condiciones en una simulación de las actividades llevadas al Laboratorio de Iluminación de la Facultad donde se estudiarán detenidamente y así determinar criterios, parámetros o recomendaciones para que las actividades se realicen adecuadamente.

[9] Aparato que registra datos de cantidad de iluminancia, temperatura y humedad relativa de un espacio específico con una programación predeterminada.

1.7 ETAPAS

A continuación, se muestran las etapas de la investigación y su especificación por pasos a realizar.

ETAPA 1. RECOPILACIÓN DE INFORMACIÓN	Información teórica	Fuentes de iluminación al alcance del mercado (de 80's a 2013)
		Conceptos teóricos de iluminación artificial que conciernen en interiores.
		Lo pragmático y lo existencial.
		Teorías e investigaciones previas similares.
		Datos duros de Reglamentación y Normativas sobre las cantidades de iluminancia recomendados para realizar actividades en viviendas residenciales.
	Entrevistas y cuestionario	Entrevista con el Arq. Castillo Orejel donde se seleccionan dos unidades de análisis
		Entrevistas y un cuestionario con cada familia para conocer ajustes en lámparas y la manera en que se realizan las actividades seleccionadas.
	Información de los proyectos arquitectónicos	Planos arquitectónicos, cortes o detalles arquitectónicos que ayuden a entender la espacialidad de los recintos, así como el sembrado de luminarias.
		Fotografías de las dos residencias y de ser posible específicamente de la residencia de los ochenta, fotografías de la época para observar modificaciones que los habitantes les han adecuado a los espacios.
	Toma de datos	Se tomarán por medio de hobos la iluminancia y la temperatura generadas por las lámparas en los lugares donde se hacen las actividades en ambas residencias.
		Se realizarán pruebas en el Laboratorio de iluminación de la Facultad simulando las condiciones en que se realizan las actividades seleccionadas con el objeto de estudiar las propiedades de la luz que propician su adecuada realización.

ETAPA 2. PREPARACIÓN DE LA INFORMACIÓN	Lo pragmático	Se realizarán tablas donde se comparen valores de datos duros con los obtenidos en la toma de datos para observar su cumplimiento a nivel pragmático, las cuales estarán disponibles en anexos de forma digital.
	Lo existencial	Se realizarán tablas donde se comparen valores de teorías sobre los requerimientos subjetivos y los valores obtenidos en la toma de datos para observar su cumplimiento a nivel existencial, las cuales estarán disponibles en anexos de forma digital.
ETAPA 3. ANÁLISIS DE LA INFORMACIÓN	Análisis del trabajo de campo	Aspectos técnico, espacial y formal de los tres recintos de ambas residencias y se identifican condiciones del espacio que influyen en la iluminancia.
	Análisis del trabajo en laboratorio	Correlación entre resultados del Laboratorio, las propiedades de la luz que modifican la atmosfera y su influencia en la iluminancia para cumplir con los requerimientos.
ETAPA 4. CONCLUSIONES	Resultados	Deliberar si la iluminación responde a requerimientos pragmáticos y existenciales para realizar actividades cotidianas de forma adecuada, según datos duros.
	Recomendaciones y criterios	Se propondrá la sustitución de lámparas o cualidades del espacio en caso de que existiera mejoría para responder a los requerimientos pragmáticos o existenciales.
	Conclusiones	Se evidenciará la importancia que tiene la iluminación artificial en nuestros días con respecto a las actividades de una vivienda cumpliendo requerimientos pragmáticos y existenciales, además se hará una reflexión sobre el documento en sí y su aporte.

Tabla 1. Etapas de la investigación

2

CAPÍTULO II

MARCO TEÓRICO/CONCEPTUAL

2.1 ANTECEDENTES

2.1.1 INTRODUCCIÓN

La luz ha sido vital y esencial para el desarrollo humano, en la actualidad el estilo de vida del ser humano le obliga realizar actividades inclusive al ocultarse el sol. Es desde hace poco más de cien años que esto es posible gracias a la invención de la iluminación artificial que posibilita iluminar la oscuridad y permite en estas horas del día la convivencia, la lectura, el estudio y la continuación de actividades cotidianas, tanto recreativas como productivas y que por consecuente tiene un profundo impacto para el desarrollo social, intelectual y económico de las personas. Dicha iluminación debe responder a requerimientos de quien habita los espacios, que serán de tipo pragmático para cumplir con la adecuada funcionalidad de las actividades y de tipo existencial para cumplir con las necesidades emocionales y espirituales que conciernen para el disfrute al realizar la actividad.

Como dice Ana María Álvarez (2010) la evolución de la arquitectura está ligada al desarrollo de la luz artificial. No es hasta finalizar el siglo XX cuando los arquitectos empiezan a utilizar la iluminación artificial como un elemento que debe ser integrado desde el proceso de diseño. "*Deja de ser un sistema funcional o un accesorio de maquillaje. Los edificios se convierten en fuentes de luz que cumplen con necesidades básicas de la visión y crean un efecto, una atmósfera, una condición*"[10].

José Luis Mercado Segoviano (1983) dice que el propósito básico de la luz o su función principal, especialmente el de la creada y controlada por el hombre es el de optimizar una visibilidad adecuada que le permita llevar a cabo todas las actividades cotidianas en las mejores condiciones posibles. "*Pero si entendemos el Diseño de Interiores, tal y como su propia definición oficial establece, es decir, no sólo como la adecuación funcional, sino también como la ambientación estética de los ambientes en los que el hombre desarrolla sus actividades, la luz cobra un nuevo sentido, pasando*

[10] ÁLAVREZ Ana María, *Luz color y sonido, efectos sensoriales en la arquitectura contemporánea.* Barcelona España Parramon Ediciones 2010

a ser un elemento más de composición plástica".[11] lo que permite ver el importante papel que tiene el arquitecto en darle prioridad a que la iluminación en su totalidad y en conjunto cumpla con los requerimientos tanto pragmáticos como existenciales que demande cada persona en específico para que se realicen adecuadamente cada una de las actividades cotidianas en un espacio doméstico.

2.1.2 INVESTIGACIONES Y TEORÍAS PREVIAS

Existen investigaciones que se han hecho sobre la iluminación recomendable para actividades en espacios domésticos específicamente en personas de edad avanzada y con alguna discapacidad o déficit visual las cuales requieren de una cantidad específica de iluminación para poder realizar sus actividades de una forma adecuada las cuales no son tomadas en cuenta al momento de que las Normas o Reglamentación generalizan una iluminación recomendada para todas personas en cada área en distintas tipologías de espacios arquitectónicos. Además, existen muchos artículos e investigaciones para la correcta iluminación en espacios industriales o de trabajo, al ser éste un tema delicado legalmente hablando y que debe de ofrecer el cuidado en la salud y en la integridad de los trabajadores. Poca es la información sobre teorías e investigaciones dedicadas a la iluminación artificial y su estudio en actividades cotidianas de un espacio tan importante como lo es en el hogar.

2.1.3 EVALUACIONES SUBJETIVAS Y OBJETIVAS

Las preferencias de iluminación de cada persona son muy individuales, por tanto, la literatura dice que existen enfoques de evaluación que deben incluir evaluaciones objetivas y subjetivas de la comodidad visual para determinar

---

[11] MERCADO Segoviano José Luis *La iluminación: un elemento de composición plástica,* Consejo Superior de investigaciones científicas, España, 1983. recuperado de informes de la construcción el 13 de octubre de 2016 de: http://informesdelaconstruccion.revistas.csic.es/index.php/informesdelaconstruccion/article/viewArticle/1991

la iluminación óptima[12]. Varias medidas estandarizadas[13], incluyen artículos relacionados con la iluminación doméstica, pero lo hacen de espacios o áreas y no de las actividades. Existen otras investigaciones *como La Evaluación Inicial de la Interacción Visual Persona-Ambiente-Versión* que incluye la evaluación de la cantidad, posición y dirección de la iluminación, deslumbramiento, color, contraste y cambios de luz con el día, la noche o la temporada[14].

Los estudios de la naturaleza subjetiva en las preferencias de iluminación guían la inclusión de la evaluación de aspectos cualitativos y la comodidad con el entorno de iluminación. En un estudio[15] del Dr. Eldred (1992) dieciocho participantes experimentaron molestias y fatiga ocular con el uso de altos niveles de iluminación en períodos prolongados de tiempo, encontraron que el nivel ideal de iluminación determinado por medios objetivos es más alto que los niveles por la preferencia subjetiva, probablemente debido a una mayor comodidad visual.[16] "*La experiencia cualitativa del entorno de iluminación se puede determinar haciendo preguntas que se refieran a la fatiga ocular, la capacidad de tolerar periodos prolongados de lectura u otra actividad cercana a la tarea, el nivel de comodidad y la satisfacción con el entorno dado por la iluminación.*"[17]

Los investigadores Barstow, Bennett y Vogtle acordaron que las estrategias de iluminación, resplandor y compensación deben incluirse en evaluaciones

---

[12] BOWERS, A. R., Meek, C., & Stewart, N. *Illumination and reading performance in age-related macular degeneration.* 2001. Clinical and Experimental Optometry, 84, 139–147. Recuperado de Online Libray el 30 de octubre de 2016 de: http://onlinelibrary.wiley.com/doi/10.1111/j.1444-0938.2001.tb04957.x/abstract;jsessionid=FD692086D1ABFE67FCED81B444C21FB

[13] SLAUH, B. *Enabler* FAQ., 2001. Recuperado de Enabler el 30 de octubre de 2016 de www.enabler.nu/

[14] CARIGNAN, M., Rousseau, J., Gresset, J., & Couturier, J. A. *Content validity of a home-based person–environment interaction assessment tool for visually impaired adults.* 2008 Recuperado de Journal of Rehabilitation Research and Development, 45, 1037–1051el 30 de octubre de 2016 de: http://dx.doi.org/doi:10.1682/JRRD.2007.10.0158

[15] BOWERS, A. R., et al. *Illumination and reading performance in age-related macular degeneration. Op. cit.*

[16] PERLMUTTER, M. S., Bhorade, A., Gordon, M., Hollingsworth, H., Engsberg, J. E., & Baum, M. C. (2013). Home lighting assessment for clients with low vision. *American Journal of Occupational Therapy*, 67(6), 674-682

[17] BARSTOW, B. A., Bennet D. K., & Vogtle, L. K. *Perspectives on home safety: Do home safety assessments address the concerns of clients with vision loss?* 2011, Recuperado de American Journal of Ocupational Therapy, 65, 635-642 el 30 de octubre de 2016 de: http://ajot.aota.org/article.aspx?articleid=1851517

de actividades domésticas dirigidas a adultos mayores o con pérdida de la visión.

2.1.4 REQUERIMIENTOS EXISTENCIALES

A mediados del siglo pasado, el físico holandés Arie Andries Kruithof determinó, por observaciones empíricas, la zona de confort visual del ser humano creando una relación del nivel de luz de una fuente de iluminación con su temperatura de color la cual denominó la curva de Kruithof la cual se representa en la imagen[18]. *"La conclusión fue que el mayor confort se encuentra en temperaturas de color cálidas para bajos niveles de iluminación, o en altos niveles de iluminancia con temperaturas de color frías. Es decir, que nuestro confort en la percepción de la iluminación artificial, va ligado al comportamiento de la luz solar: cálido en el ocaso y frío en el cenit."*[19].

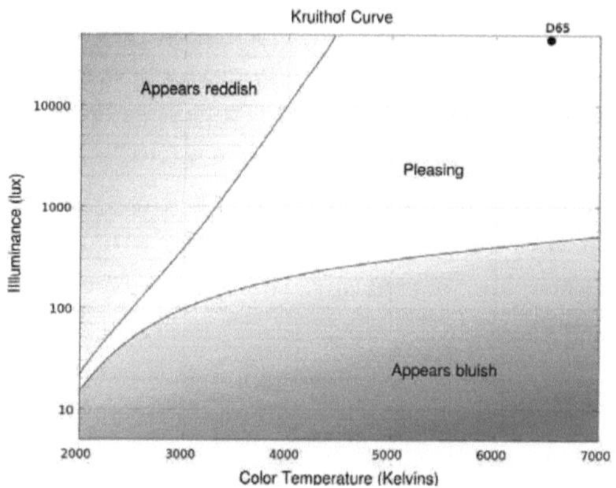

Imagen 1. Curva de Arie Andries Kruithof

Las condiciones de iluminación artificial en la zona generada por estas curvas se consideran, de modo empírico, como agradables y cómodas y, por el contrario, las que están fuera de ellas se consideran incómodas, desagradables o no naturales.[20] Las curvas de Kruithof sólo son un modelo

---

[18] s/a Curva de Kruithof Recuperado de imágenes Wikipedia el 19 de diciembre de 2016 de: https://es.wikipedia.org/wiki/Curvas_de_Kruithof

[19] QUEVEDO, Raquel *La influencia de nuestro entorno en la percepción de la luz*, 2015. Recuperado de Lightroom el 29 de mayo de 2016 en http://lightroom.lighting/percepcion_parte2/

[20] KRUITHOF, Arie Andries *Tubular Luminescence Lamps for General Illumination*. 1941. Philips Technical Review 6 (3): 65-96. ISSN 0031-7926

que describe las fuentes de luz que se consideran naturales o están cerca de representar un cuerpo negro.

En este estudio se elaboró un experimento psicofísico con el método de elección forzada, el cual se llevó a cabo en una cabina de Leds con un total de doce observadores para evaluar estas estimaciones con diferentes combinaciones de temperatura de color e iluminancia. Los resultados mostraron que la regla de Kruithof es sólo una conclusión cualitativa más que una expresión exacta sobre la combinación agradable de la temperatura del color y la iluminancia, y que esta última no es un factor significativo para influenciar las estimaciones si está limitado dentro de un rango moderado. "*El análisis detallado indica que la temperatura de color tiene un impacto significativo en la comodidad y preferencia subjetiva, y se propuso un conjunto de modelos para predecir estas percepciones subjetivas para los escenarios de relajación y del trabajo específicamente.*"[21]

También, se han hecho estudios como *Influencia de la temperatura de color en la comodidad y preferencia por la iluminación interior LED*[22] en donde nos dice que la temperatura de color correlacionada (CCT) es uno de los factores de iluminación más importantes para influir en las percepciones subjetivas, mientras que actualmente hay pocas investigaciones que involucren una amplia gama de CCT para estudiar la comodidad y preferencia dentro de escenarios interiores específicos de espacios domésticos.

Aunado a esto, es importante mencionar que los seres vivos necesitamos mantener relación directa con la luz natural, principalmente por la luz solar o simulación de la misma, ya que de ésta depende el buen funcionamiento de nuestro ritmo circadiano, que es la forma en la que nuestro organismo regula tiempos de actividad, reposo, sueño e incluso los momentos en los que sentimos hambre.[23]

---

[21] *Id.*

[22] WANG, King *Influence of color temperature on comfort and preference for LED indoor lighting* 2016. Recuperado de Science Direct el 1 de noviembre de 2016 de: http://www.sciencedirect.com/science/article/pii/S0030402616312165

[23] MARTINEZ Marcos, *Oriente Ponitente*, 2015 Recuperado de Lighting el 29 de mayo de 2016 en: http://lightroom.lighting/oriente_poniente/

2.1.5 REQUERIMIENTOS PRAGMÁTICOS

Lograr el nivel de iluminancia requerido, no siempre asegura una buena calidad de la iluminación artificial. La calidad, al igual que la cantidad de iluminancia, es importante para producir un ambiente de iluminación confortable, productivo, y estéticamente agradable. Las calidades de los sistemas de iluminación contemplan aspectos tales como: temperatura de color apropiado, buena uniformidad, iluminancias adecuadas en superficies de trabajo, control de brillo adecuado y reflejo mínimo[24].

La literatura proporciona evidencia necesaria de que ciertos componentes deben ser incorporados en la evaluación sobre una iluminación adecuada en el hogar. Un elemento comúnmente usado como medida objetiva de la iluminación, son las lecturas de medidores de luz. Los niveles recomendados de iluminación son proporcionados por la Sociedad de Ingeniería de Iluminación de América del Norte y la literatura nos guía con respecto a los niveles óptimos para personas con diagnósticos específicos.[25] La intolerancia al brillo y las fuentes de deslumbramiento directo e indirecto deben incluirse en una evaluación de la iluminación del hogar porque el deslumbramiento reduce el confort visual y puede controlarse con el uso de filtros.[26]

En el caso de actividades como la lectura se debe considerar la evaluación de la disposición de los asientos en que es realizada la actividad, así como la colocación del material de lectura, ya que se pueden sugerir modificaciones de estas características para optimizar el beneficio de la iluminación.

Algunos estudios como el HELA "Evaluación de la Iluminación del Ambiente Doméstico" por sus siglas en ingles podrían utilizarse como medida de resultado en futuros estudios diseñados para evaluar la eficacia de la iluminación del hogar. "*La mayoría de los estudios de iluminación relacionados con la población de baja visión se enfocan en medir el beneficio del aumento de los niveles de luz en ambientes controlados".*[27]

---

[24] RAMÍREZ Cedillo *Manual de principios de Iluminación*, México: Holophane 2013

[25] ELDRED, K. B. *Optimal illumination for reading in patients with age-related maculopathy. 1992* Recuperado de Journals el 29 de octubre de 2016 de: http://journals.lww.com/optvissci/abstract/1992/01000/optimal_illumination_for_reading_in_patients_with.7.aspx

[26] MARKOWITZ, S. N. *Principles of modern low vision rehabilitation 2006.* Recuperado de Canadian Journal of Ophthalmology 41, 289–312 el 1 de noviembre de 2016 de http://www.canadianjournalofophthalmology.ca/article/S0008-4182(06)80045-1/abstract

[27] BOWERS, A. R., Meek, C., & Stewart, N. *Illumination and reading performance in age-related macular degeneration Op. Cit.*

Como nos dice Perlmutter[28] (2013) se necesitan estudios que examinen el impacto desde un enfoque multifacético basado en el hogar y centrado en el habitante para la intervención de iluminación. También se debe evaluar el impacto de los cambios de iluminación en la experiencia cualitativa en los entornos de iluminación.

El grado de seguridad y confort con el que se ejecuta una actividad, trabajo o tarea depende de la capacidad visual y ésta depende, a su vez, de la cantidad y calidad de la iluminación. Un ambiente bien iluminado no es solamente aquel que tiene suficiente cantidad de luz, sino aquel que tiene el flujo lumínico adecuado para la actividad que realiza, esto abarca la iluminancia, la temperatura del color y las propiedades de la luz involucradas en el espacio donde se dirige la iluminación.

2.1.6 OTRAS INVESTIGACIONES

La iluminación doméstica debe incluirse en la evaluación del ambiente en una vivienda por cuestiones importantes en las etapas de vida del ser humano, por ejemplo, el envejecimiento del ojo que provoca que la luz llegue a la retina, las personas con enfermedad ocular requieren aumentos significativos en la iluminación, algunas enfermedades oculares causan sensibilidad a la luz y según ciertos autores la iluminación del hogar está muy por debajo de los niveles recomendados.

Además, Lindner y sus colegas encontraron que más del setenta por ciento de los participantes de un estudio[29] que realizaron utilizaban luces de techo en lugar de luces de tareas específicas como fuente de iluminación primaria para actividades como la lectura, que requiere de una iluminación concreta y sólo el treinta por ciento usaba iluminación adicional de tareas en específico. Evaluar este tipo de cosas es importante dado que algunas personas como los adultos mayores pasan un promedio de 12 a 16 horas, el ochenta por ciento de su día, en sus hogares[30], por lo que la iluminación del

---

[28] PERLMUTTER, M. S., Bhorade, A., Gordon, M., Hollingsworth, H., Engsberg, J. E., & Baum, M. C. *Home lighting assessment for clients with low vision*. 2013, Op. Cit.

[29] LINDNER, H., Rinnert, T., *Illumination conditions of visually impaired people under private domestic circumstances* 2001, 218, 774–781. Recuperado el 30 de octubre de 2016 de https://www.ncbi.nlm.nih.gov/pubmed/11805869

[30] HORGARS, A. L., Wilms, H. U., & Baltes, M. M. *Daily life in very old age: Everyday activities as expression of successful living*. 1998, 38, 5 556–568 Recuperado de Gerontologist el 28 de octubre de 2016 de https://gerontologist.oxfordjournals.org/content/38/5/556.full.pdf

hogar es un área crítica de estudio para buena calidad de vida de al realizar actividades cotidianas.

2.1.7 NORMATIVA Y REGLAMENTACION

Existen niveles de iluminación aceptados en la Ciudad de San Luis Potosí y a nivel federal en México para poder realizar actividades en el *Reglamento de construcciones del municipio de San Luis Potosí, S.L.P.* en el capítulo XXVII Instalaciones eléctricas, mecánicas y especiales, Artículo 118 "*Niveles de iluminación*" donde se describen cantidades de luz mínimas para cierto tipo de proyectos y algunas áreas de manera general, por Normatividad en la Norma Oficial Mexicana NOM-025-STPS-2008, "Condiciones de iluminación en los centros de trabajo" se describen conceptos sobre iluminación y cantidades de iluminación mínima requerida en áreas de trabajo y la Norma IESNA "Niveles medios de iluminación al plano de trabajo recomendados para la República Mexicana" y la de SMII "Niveles de iluminancia recomendados por la Sociedad Mexicana de Ingeniería e iluminación" donde se hace un listado de recintos de varios tipos de proyectos, enfocándose en la actividad de cada espacio.[31]
Los niveles de iluminación se describen en lux, medida estándar de la iluminancia, que se define como la cantidad de luz de una fuente de iluminación uniforme en una superficie de 1 metro de radio[32]. Las recomendaciones pueden variar dependiendo características propias de una persona. Por ejemplo, estudios realizados por Brunnstrom[33] (2004) concluyeron que una persona de edad adulta sana de 55 años o más requiere un nivel de iluminación de aproximadamente 540 lux para leer letras pequeñas durante periodos prolongados de tiempo. Según Charness (2010) "*Múltiples estudios muestran que los niveles de iluminación en el hogar están muy por debajo de niveles recomendados*"[34]

---

[31] IBACOS. *Illumination Engineering Society of North America guidelines,* 2013. Recuperado de IBACOS el 28 de octubre de 2016 de: www.ibacos.com/highperformance-lighting-guide/iesna-guidelines

[32] MERRIAM-Webster. *Lux. In Merriam-Webster's online dictionary.* Recuperado de Merriam Webster el 29 de octubre de 2016 de http://www.merriam-webster.com/dictionary/lux?show50&t51373217003

[33] BRUNNSTROM, G., Sorensen, S., Alsterstad, K., & Sjostrand, J. (2004). *Quality of light and quality of life—The effect of lighting adaptation among people with low vision.* Ophthalmic and Physiological Optics, 24, 274–280. Recuperado el 2 de noviembre de 2016 de http://dx.doi.org/doi:10.1111/j.1475-1313.2004.00192.x

[34] CHARNESS, N., & Dijkstra, K. *Age, luminance, and print legibility in homes, offices, and*

2.1.8 DATOS DUROS

Las recomendaciones en los niveles de iluminación[35] en vivienda Residencial para las actividades cotidianas que se evaluarán en este documento según la IESNA Sociedad de Ingenieros en Iluminación de Norte América por sus siglas en inglés, y la SMII Sociedad Mexicana de Ingenieros en iluminación[36] y cumpliendo los requisitos señalados en la Norma Oficial Mexicana NOM-025-STPS-2008, "Condiciones de iluminación en los centros de trabajo" y el Reglamento de construcciones del municipio de San Luis Potosí, S.L.P. en el capítulo XXVII Instalaciones eléctricas, mecánicas y especiales, Artículo 118 "Niveles de iluminación" con el fin de acatar señalamientos legales en materia de iluminación exigible en territorio nacional se muestran a continuación:

Actividad a evaluar	**IESNA**			**SMII**			**Literatura**
	Max. (1.25)	**Media**	**Min. (0.85)**	**Max. (1.25)**	**Media**	**Min. (0.85)**	
Preparación de alimentos	625	500	425	375	300	255	500
Sala Íntimo ligero	125	100	85	75	60	51	100
Sala Íntimo acogedor	37.5	30	25.5	37.5	30	25.5	100
Sala Ordinario ligero	37.5	300	255	250	200	170	100
Sala Ordinario acogedor	187.5	150	127.5	125	100	85	100
Lectura en habitación	375	300	255	250	200	170	500

Tabla 2. Cantidades de iluminancia media mínima y máxima dados por IESNA, SMII y en la literatura (expresada en luxes)

public places, 1999. Recuperado de Human Factors no. 41, el 30 de octubre de 2016 de: http://hfs.sagepub.com/content/41/2/173.abstract

[35] Norma Oficial Mexicana NOM-025-STPS-2008, *Condiciones de iluminación en los centros de trabajo.* recuperado de Secretaría de Trabajo y Previsión social el 1 de noviembre de 2016 de: http://www.stps.gob.mx/bp/secciones/dgsst/normatividad/normas/Nom-025.pdf

[36] GARCIA Flors Humberto, *Niveles Medios de Iluminación al plano de trabajo recomendados para la República Mexicana* recuperado de enquitoecuador el 1 de diciembre de 2016 de http://www.enquitoecuador.com/userfiles/niveles-iluminacion-en-mexico.pdf

La IESNA recomienda como iluminancia máxima y mínima factores de 1.25 y 0.85 veces, respectivamente, de la iluminancia media. [37]
Para actividades como ver la tele se necesita una iluminación en el espacio de 50 a 70 lux adicional a la emitida por el televisor y para leer tiene que haber una cantidad de luz de 500 lux.[38] Además, la Norma Oficial Mexicana NOM-025-STPS-2008, "Condiciones de iluminación en los centros de trabajo" describe niveles máximos permisibles del factor de reflexión los cuales son: en techo el 90%, en paredes el 60%, en plano de trabajo el 50%, y en suelos el 50%, para alcances de esta investigación por su especialización no serán relevantes y su estudio se deja como una línea de investigación abierta.

[37] Principios de Iluminación y Niveles de Iluminación en México. Sociedad Mexicana de Ingeniería e Iluminación, Asociación Civil. Revista Ingeniería de Iluminación, mayo-junio 1967, México.
[38] SANCHEZ Maza Miguel Angel, *Luminotecnia*, IC editorial, España 2007

2.2 TECNOLOGÍAS DE FUENTES DE ILUMINACIÓN ARTIFICIAL

Las fuentes de iluminación artificial son piezas fundamentales en un proyecto arquitectónico y a su vez de vital importancia para la correcta cantidad de iluminación donde se realizan las actividades de los habitantes. Actualmente las nuevas tecnologías en fuentes de iluminación disponibles en el mercado ofrecen una variedad de lámparas, las cuales han ido evolucionando en su forma de crear luz y a su vez consumir menor energía eléctrica, ofreciendo una gama de características únicas que pueden crear atmósferas y ayudar a realizar adecuadamente ciertas actividades en específico. Las fuentes de iluminación, lámparas o focos se clasifican según su orden de aparición: [39]

Lámpara	**Comentarios**	**Ventajas**	**Desventajas**
Incandescente	Usualmente para decoración. Por su alto consumo energético y baja eficacia, son símbolo de iluminación ineficiente.	Atmósferas cálidas Dispersan uniformemente la luz	Consumen gran cantidad de energía eléctrica Disipan mucha de su energía en calor
Halógenas	De tipo incandescente, tienen un gas halógeno y un revestimiento que refleja el calor que mantiene el filamento de tungsteno a altas temperaturas con menor consumo de energía. Son adecuadas para iluminación focalizada.	Presenta mayor eficacia Menores dimensión de la ampolla, permitiendo así un control exacto del haz luminoso zonas amplias.	Mayor costo que las incandescentes Elevada luminancia y calor
Fluorescentes	De descarga a baja presión. Tiene un tubo de descarga con vapor de mercurio recubierto de polvos fluorescentes en la pared interior. La descarga eléctrica a baja presión excita el gas provocando que	Buena eficiencia luminosa (de 4 a 6 veces mayor a incandescentes) Bajo costo de funcionamiento	Precisa de un equipo auxiliar para el arranque de la descarga Adquiere grandes dimensiones Costo superior a la incandescencia

[39] ARISTA González Gerardo, *La iluminación en el espacio arquitectónico, su uso y práctica.* Manual de prácticas para el Laboratorio de la Facultad del Hábitat de la UASLP. (2016)

	emita principalmente radiación ultravioleta (UV). Esta radiación estimula los polvos fluorescentes que convierten la radiación UV en luz visible. [40]	Baja luminancia reduciendo así el deslumbramiento Buen rendimiento cromático Elevada duración de la vida media	Por encima de una temperatura de 30° C reduce el flujo de luz y la eficiencia.
Fluorescente tubular	Tiene un sistema de encendido llamado balastro, el cual retarda su activación. El consumo de energía es muy bajo, pero tarda minutos desde su encendido hasta su máxima emisión de luz. En general son utilizados para espacios como oficinas, comercios y naves industriales.[41]		
Fluorescente compacta	Se fabrica de un tubo retorcido. La luz es producida por el pasaje de una corriente a través de mercurio y gas inerte. Requieren de balastro para regular la corriente de operación y producir un pico de voltaje. Se utilizan balastros especiales para el uso de dimmers.		
Led	Es un dispositivo fabricado con los mismos materiales de los chips electrónicos. Son ideales para aplicación en señales de tránsito o iluminación decorativa. Se caracterizan por una larga vida útil y con el transcurso del tiempo han logrado aumentar su eficacia lumínica. [42]	Menor consumo de energía. Menos riesgo eléctrico. Mayor velocidad de conmutación Mejor continuidad de operación. Mayor duración. Manejo del color:	Precisa de un equipo auxiliar para el arranque de la descarga Adquiere grandes dimensiones

Tabla 3. Tipos de fuentes de iluminación, sus ventajas y desventajas

[40] *Id.*
[41] *Id.*
[42] FILLIPO Rugles, Victor Hugo, Chaves Osorio, José Andrés, Cano Garzón, Hugo Baldomiro, *Aplicaciones de iluminación con leds* Scientia Et Technica 2010 Recuperado de Redalyc el 5 de noviembre de 2016 de: http://www.redalyc.org/articulo.oa?id=84917249003 ISSN 0122-1701

Según una nota del periódico el Universal[43], en el sexenio de Felipe Calderón se prohibió la venta de focos incandescentes como medida del gobierno federal mexicano para combatir el cambio climático. En diciembre de 2012 se dejaron de comercializar focos incandescentes de 75 watts y a fines de 2013 los de 60 y 40 watts, para el 1 de enero de 2014 quedó prohibida la venta de focos incandescentes dando paso a los ahorradores (fluorescentes compactos) que prometían un ahorro de energía de más del 75% y un periodo de vida 10 años mayor.

2.2.1 EN EL USO DE LAS DISTINTAS FUENTES DE ILUMINACIÓN

Es importante mencionar que las más recientes tecnologías en fuentes de iluminación no precisamente son las más adecuadas para responder a ciertos espacios, porque existen factores como el nivel de iluminación que aún no alcanzan cantidades tales como lo hace la tecnología de halógenos y que obligan al diseñador de iluminación a utilizar estas tecnologías. Además, en México se tiene una gama menor que la de halógeno al alcance del mercado de temperaturas de color que en lámparas LED. Pero no sólo se trata de responder a cantidades de luz adecuada para poder realizar de manera adecuada una actividad. Juhani Pallasmaa en su libro *Los ojos de piel* narra que la arquitectura, al igual que todas las artes, se enfrenta fundamentalmente a cuestiones de la existencia humana en el espacio y el tiempo, y expresa y refiere la existencia humana en el mundo. Además, dice que está profundamente comprometida con cuestiones metafísicas del yo y del mundo, de la interioridad y de la exterioridad, del tiempo y de la duración, de la vida y de la muerte. "*Las prácticas estéticas y culturales son particularmente susceptibles a la experiencia cambiante del espacio y del tiempo, justamente porque implican la construcción de representaciones y artefactos espaciales fuera del flujo de la experiencia humana*"[44].

Los que creamos arquitectura debemos de responder a que los habitantes de una vivienda puedan sentir emociones no solo por medio de los espacios generados sino de las decisiones tomadas en cuanto a iluminación artificial se refiere. Emociones que le hagan cuestionarse, reflexionar y tener

[43] CORTES, Maricarmen *Prohíbe México comercialización de focos incandescentes* 2010 Recuperado del Universal el 5 de noviembre de 2016 de: http://archivo.eluniversal.com.mx/columnas/87513.html

[44] HARVEY, David, *The condition of postmodernity: an enquiry into the origins of cultural change*, Basil Blackwell, Cambridge, 1992, pág. 327

momentos de introspección en su misma vivienda. Crear diálogos con la luz y la cotidianidad que le ayuden a disfrutar cada momento dentro de su vivienda.

"La arquitectura es el instrumento principal de nuestra relación con el tiempo y el espacio y de nuestra forma de dar una medida humana a esas dimensiones; domestica el espacio eterno y el tiempo infinito para que la humanidad lo tolere, lo habite y lo comprenda. Como consecuencia de esta interdependencia del espacio y el tiempo, la dialéctica del espacio exterior e interior, de lo físico y lo espiritual, de lo material y lo mental, de las prioridades inconscientes y conscientes que incumben a estos sentidos, así como a sus papeles e interacciones relativas, tienen un impacto fundamental en la naturaleza de las artes y de la arquitectura."[45]

[45] PALLASMA, Juhani, Los ojos de la piel Gustavo Gili, SL, Barcelona, 2006

2.3 LUMINARIA Y COMPONENTES

Expuestas las diferentes fuentes de iluminación empleadas en interiores de viviendas residenciales es importante enlistar a continuación las partes por las que se compone una luminaria para tener claro su conocimiento y familiarizarse con los términos. La norma UNE-EN 60588-1, adoptada de la Norma Internacional CIE 598-1, recoge los requisitos generales y particulares de las luminarias. Define luminaria como: aparato de alumbrado que reparte, filtra o transforma la luz emitida por una o varias lámparas y que comprende todos los dispositivos necesarios para el soporte, la fijación y la protección de lámparas y, en caso necesario, los circuitos auxiliares en combinación con los medios de conexión con la red de alimentación.

Parte	**Descripción**
Armadura o carcasa:	Está fabricada con materiales resistentes como chapa de acero, chapa de aluminio, vidrio, debido a que es el elemento al que se integran los demás componentes.
Difusor:	Dispositivo que sirve para el reparto espacial del flujo luminoso, de una fuente de luz y por el efecto de difusión. Evita el deslumbramiento. Está formado principalmente por envolventes de opalina de vidrio o de material plástico. En su interior se coloca la lámpara. Parte del flujo que se obtiene es absorbido por el material empleado (vidrio esmerilado u opalino: de un 0 a un 20%); en los de tipo lechoso, la absorción es mayor (de un 30 a un 40%)
Equipo eléctrico:	Formado por el portalámparas más los elementos necesarios para el arranque y funcionamiento de la lámpara.
Filtro:	Se acoplan con los difusores, para potenciar o disminuir la radiación ultravioleta o infrarroja, polarización de la luz en un plano o alteración de los colores de la radiación.
Junta:	Elemento de goma que aporta a la luminaria el grado de estanqueidad.
Reflector:	Este accesorio se utiliza para la repartición del flujo luminoso de una lámpara, con la ayuda del efecto reflector. Este está formado por superficies especulares (aluminio pulido, vidrio plateado, plancha de acero esmaltada de blanco, etc.) las cuales reflejan la luz en la dirección deseada. Suelen incorporar una pantalla para evitar deslumbramientos
Refractor	Accesorio formado por recipientes de material transparente, que está formado por una profunda cavidad, y su perfil y orientación se determinan con el motivo de modificar muy notoriamente el flujo limoso y reduciendo notablemente el deslumbramiento.

Tabla 4. Partes de una luminaria

2.4 TIPOS DE ILUMINACIÓN

Según la distribución del flujo luminoso generado por la luminaria, ahora se exponen los diferentes tipos de iluminación que existen los cuales se valoran por el porcentaje de la luz que es reflejada arriba y abajo o por encima o debajo de la horizontal, y se clasifican de la siguiente manera:

Directo	**Semi-directo**	**General difusa**	**Semi-indirecto**	**Indirecto**
Del 90% al 100% de la luz que se dirige hacia abajo	Del 60% al 90% de la luz que se dirige hacia abajo	Del 40 al 60% de la luz que se dirige hacia abajo	Del 60% al 90% de la luz dirigida hacia el techo	Del 90% al 100% de la luz dirigida al techo

Tabla 5. Tipos de iluminación.

Además, es importante mencionar algunos tipos de iluminación que suelen repercutir de manera negativa en las actividades de los habitantes y que son importantes de conocer y así poder evitar:[46]

- Luz parásita: Es aquella que llega al ocular de un sistema óptico o visual por medio de reflexiones, refracciones, dispersiones y difusión de los rayos procedentes del objeto que no siguió la marcha que se supuso y distorsiona o empaña el objeto o espacio observado.

- Luz fantasma: Como en el caso anterior los rayos que no siguieron el camino calculado, producirán concentraciones irregulares de luminancia, ya sea en el objeto que se desea observar o en el campo circundante del objeto, provocando de esta manera imágenes falsas.

[46] TARÍN Mendoza Pedro Alejandro, "*Elementos de iluminación para el diseño arquitectónico*" Tesis de licenciatura UASLP 2000

- Ruido visual: En caso contrario a los puntos anteriores, en el ruido visual los rayos siguen su curso calculado, pero debido a causas especiales, ensucian y distorsionan la imagen vista u observada. Dichas causas especiales pueden ser coherencia, grado de polarización, birrefringencia, entre otros. Este ruido ya sea procedente del entorno interior o exterior, dificulta la separación entorno-muestra, principal problema de la percepción visual.

La información expuesta nos ayuda al momento de diseñar y tomar decisiones sobre la direccionalidad que tendrá la luz de manera que la información final no repercuta en las actividades.

Del capítulo anterior y para fines del presente documento se utilizan sólo los términos de difusor, filtro, reflector y refractor, debido a que los restantes no tienen relevancia para efectos de la investigación.

2.5 CONCEPTOS BÁSICOS DE ILUMINACIÓN

Entendido los tipos de iluminación y para poder realizar una planeación correcta de la iluminación acorde a actividades realizadas en las residencias, cumpliendo como se ha dicho con requerimientos pragmáticos y existenciales de los habitantes, el profesional en arquitectura o de la iluminación tiene que tener en cuenta los conceptos de iluminación que contribuyen a crear una atmósfera que de la pauta para realizar las actividades cotidianas de los habitantes de una forma adecuada.
A continuación, se exponen los conceptos teóricos básicos que deberán ser comprendidos para fines de la práctica que se realizará de la iluminación artificial en espacios interiores y se explicará cómo es que estos conceptos serán tomados en cuenta dentro del presente documento.
Se tiene que entender que la luz se propaga en línea recta hasta encontrar en su camino algún material o volumen, es entonces en éste espacio limítrofe cuando la luz puede ser observada. Daniela Pérez (2013), nos dice que "*los materiales que podríamos describir como blancos o claros los percibimos así porque reflejan más luz que los obscuros.*"[47]. Por lo que tendremos que entender que es gracias a los objetos y sus características que la iluminación se puede ver y percibir de distinta manera.

- Cuando se refiera a la *luminosidad* de una superficie iluminada, hablaremos de la cantidad de luz que emana o se percibe de esa superficie. Luminancia es el término que nos dice la intensidad de luz emitida por una superficie donde se realiza una actividad. Estará relacionada con la sensación al ver una superficie iluminada y el ángulo de visión del ojo.[48]
- La *iluminancia* describirá la luz que recibe una superficie o área de trabajo. La iluminancia no la vemos, lo que vemos es la luminancia que es la luz reflejada por la superficie, y que será una proporción de

[47] PEREZ Mendizabal Daniela, *La iluminación en la arquitectura contemporánea* Tesis México UASLP 2013
[48] *Id.*

la iluminancia. Sin embargo, la toma de medidas que realizaremos con el hobo serán tomas de iluminancia que nos darán la cantidad de iluminación específicamente en la superficie donde se realiza la actividad a evaluar

- Se referirá al *flujo luminoso* como a la cantidad total de luz emitida por una fuente de iluminación o recibida por una superficie iluminada. El flujo luminoso no es una simple cantidad de energía electromagnética, se pondera para igualar la sensibilidad del sistema visual humano a las diferentes longitudes de onda de la luz visible.[49]
- El *lux* será la unidad del SI que se utilizará para describir la iluminancia de las superficies donde se realizan las actividades. No es una medida de la luminancia de una superficie, es decir, la cantidad de luz que emiten las fuentes de iluminación seleccionadas, sino que es la medida de la iluminación de la superficie específicamente donde se está realizando la actividad. Cuantifica también el flujo luminoso en un área de superficie de un metro cuadrado. Así, 1 lux equivale a 1 lumen por metro cuadrado.[50]

Una vez comprendidos estos conceptos sobre iluminación a continuación, se enlistarán las propiedades de la luz que se deberán de tomar en cuenta a la hora que el profesional en arquitectura planifique la ubicación y el tipo de fuente de iluminación que se propondrán en los espacios de la vivienda de manera que su existencia no perjudique a la cantidad de luz deseada por las cualidades que tenga el mismo espacio.

[49] *Id.*
[50] *Id.*

2.6 PROPIEDADES DE LA LUZ QUE COMPETEN A ESPACIOS INTERIORES

También existen propiedades específicas en la luz que interfieren en la iluminación proyectada por las luminarias cuando se realizan las actividades cotidianas en la vivienda, que deberán ser tomadas en cuenta para poder considerarlas en su planificación y proyección en los espacios.
A continuación, se enlistan y se expondrá cómo es que las propiedades alteran la atmósfera del espacio interior y que además inciden en el flujo luminoso en la superficie o lugar donde se realizan las actividades a estudiar.

- La *reflexión* será la interacción entre la luz y las superficies y definen la impresión visual de los materiales, los objetos y los espacios. Sin la iluminación artificial las superficies donde se realizan las actividades no se verían y sin una superficie que interrumpa un rayo de luz, no existiría la luz. Un sencillo cambio de revestimiento de pared o la adición de un espejo o una pintura esmaltada pueden alterar drásticamente el aspecto de un espacio y modificar la forma en que se realiza una actividad.[51]
- Aunque en muchos tipos de equipos de iluminación se utilizan lentes, la mayoría de las luminarias emplea espejos o reflectores para controlar la dirección y la difusión de la luz desde la fuente. En muchos casos los reflectores están fabricados con aluminio pulido o plástico revestido de espejo. En muy pocas ocasiones se utilizan superficies planas con espejos, pues hay que tener mucha precisión al colocar la fuente de la luz. En su lugar, se emplean combinaciones de espejos curvos y superficies con textura para conseguir una difusión de la luz más regular. Los espejos además nos dirigen el cono de luz que la fuente de iluminación emite y que nos define y acentúa la forma en que se ilumina la superficie donde se realiza la actividad[52]
- La luz puede pasar por diversos materiales, que por esta razón se consideran *transparentes*. Solemos pensar que la mayoría de este tipo

[51] *Id.*
[52] *Id.*

de materiales deja pasar toda la luz, y es cierto que, según la definición física de la *transparencia*, el calor o la radiación electromagnética pueden pasar sin distorsión. Sin embargo, incluso el cristal de las ventanas o cristales empleados en las diferentes viviendas interfiere con la luz y solo transmite una proporción de la que incide en él y bloquea por completo partes del espectro no visible.[53]

- Existen *filtros y lentes* que desprenden colores fuertes, difunden la luz o la alteran de alguna forma la iluminación del espacio donde se realizará la actividad El diseñador puede utilizar las propiedades de esos materiales para controlar el color y la difusión de la luz dentro de sus diseños.[54]
- La luz se propaga en línea recta, pero, cuando pasa oblicuamente a través de materiales transparentes de diferentes densidades, puede desviarse. El grado de desviación se determina por la densidad de los elementos a través de los que pasa y el ángulo que forma al incidir sobre la superficie del material transparente. Este proceso de *refacción* permite a nuestros ojos desviar la luz que pasa por las pupilas de manera que se enfoca en la retina en la parte posterior del ojo.[55]
- Aunque a menudo se pasa por alto, un proyecto de iluminación también implica diseñar la ubicación y la profundidad de las *sombras* para que puedan realizarse las actividades de forma adecuada. En el diseño de iluminación no se pretende eliminar las sombras, sino aprovecharlas al máximo. Se puede obtener mucha información sobre la luz en un espacio a partir de la naturaleza de la sombra; el número de fuentes lumínicas, sus ubicaciones, la dirección en que enfocan la luz, las intensidades relativas y la distancia con respecto a un objeto.[56]

[53] *Id.*
[54] *Id.*
[55] *Id.*
[56] *Id.*

2.7 PARÁMETROS PARA UNA BUENA ILUMINACIÓN

Según la tesis[57] "*Elementos de iluminación para el diseño arquitectónico*" de Pedro Alejandro Tarín Mendoza (2000), de donde se saca la información a continuación, existen parámetros que definen la calidad de una buena iluminación. Dichos parámetros se pueden decir que son los siguientes dependiendo de la finalidad de la misma, pero sin dejar las características que se necesitan de ella:

2.7.1 NIVEL DE ILUMINACIÓN

Para que se pueda reconocer un rostro humano es necesario una luminancia mínima de aprox. 2cd/m2 que equivale a la necesidad de una luminancia horizontal de unos 20 lux. Por los cual se fija en 20 lux el valor mínimo de iluminación en todas las zonas por las que va a circular una persona en la residencia, o sea en las zonas donde no se realiza ninguna actividad en específico.
A sabiendas de que, si la tarea de ver o no un objeto depende de la luminancia de la superficie de trabajo, este término se extendió hasta la luminancia que es la iluminación necesaria para ver con facilidad, dando así pie a decir que si se aumenta la luminancia del plano de trabajo se debe de duplicar la iluminancia y así conservar a la anterior (luminancia).
Un nivel de visión óptimo se mantiene si la iluminación de todo el entorno permanece sin cambio alguno, aunque cambie la iluminación de la mesa de trabajo del objeto observado.

2.7.2 DISTRIBUCIÓN DE LUMINANCIAS EN EL CAMPO VISUAL

Luminancia de luminarias

Se tiene que la iluminación que se permite en las luminarias es de 1000 a 10000 cd/m2 según sea el funcionamiento del nivel de iluminación.

Luminancia de techo y paredes

---

[57] TARÍN Mendoza Pedro Alejandro, "*Elementos de iluminación para el diseño arquitectónico*" Tesis de licenciatura UASLP 2000

La luminancia recomendada para las paredes es punto aparte de los objetos y niveles de alumbrado del local que se requiera, así pues, si el nivel de luminancia para las paredes, el cual se puede obtener por medio de dos caminos: primero o se da el factor de luminancia de la superficie de las paredes y solo se obtiene la iluminancia vertical o ya sea, se empieza de la iluminación vertical y entonces se calcula la luminancia de la pared necesaria.
La luminancia recomendada para techos depende principalmente de las luminarias. Esta reacción no solo se puede llegar a conseguir con las luminarias empotradas, porque así el techo estaría iluminado casi en su totalidad por la luz reflejada del suelo y paredes.

Distribución en zonas de trabajo

Dicha distribución en las zonas de trabajo debe ser de la siguiente manera, la luminancia alrededor de la zona de trabajo debe ser mayor que la de alrededor pero no menor a un tercio de su valor.
El hecho de influir en la atención de las personas por medio de las luminarias es un hecho desagradable y corriente en la vida cotidiana. La visión se mejora si se controlan los contrastes de luminancia, procurando así crear contrastes de color en las zonas de trabajo, principalmente si los contrastes de la luminancia son bajos. Eso es porque el ojo es más sensible a los contrastes cromáticos que a los de la luminancia.

Consideraciones arquitectónicas

Figuras de intercepción: un haz de luz procedente de la luminaria interceptada por un objeto o superficie puede provocar una imagen muy pronunciada que a menudo son simétricas, en este caso las figuras deberán guardar una relación con la decoración.
Efectos de luminancia: el alumbrado puede estropear o arruinar el diseño que se tenga en un interior en unión con las luminancias que se tengan sobre la superficie del entorno. Esto quiere decir que una superficie con alta luminancia parecerá más lejana que una con baja luminancia. Por lo que una pared con alta luminancia dará el aspecto de que el espacio que está a su alrededor se amplia.
De una forma parecida si se tiene una pared con muy poca luminancia y a su vez con un bajo novel de alumbrado o de color oscuro dará un efecto visual de que altura "baja".

2.7.3 DESLUMBRAMIENTO

Se dice que es la condición de la visión que produce molestias, reducción o ambas, en la habilidad para ver los objetos significantes debido a una inconveniente distribución o nivel de luminancias o a variaciones extremas de las mismas en el espacio o en el tiempo. Así mismo el deslumbramiento puede ocurrir de dos formas: puede ser directo e indirecto. Como su forma lo dice el directo proviene directamente de las luminarias o lámparas con su flujo dando directamente en el ojo de la persona.

El indirecto es aquel en el cual el flujo de la luminaria se refleja en una superficie especular, mixta o semiespecular hacia los ojos de la persona, ocasionando de este modo sensaciones que pueden ir desde una distracción hasta una incomodidad extrema, si la reflexión ocurre en el área de trabajo visual se le llama reflexión por velo, pero si sucede en el área de trabajo se le conoce como deslumbramiento reflejado.

Deslumbramiento indirecto

Las únicas fuentes que pueden ocasionar un deslumbramiento indirecto son las luminarias que están próximas al observador, en conclusión, tanto el velo como el deslumbramiento reflejado se debe a la reflexión de las superficies del plano de trabajo, mientras que la visión del objeto observado se debe a la componente de reflexión difusa de sus superficies.

Deslumbramiento directo

Los factores son los siguientes; la luminancia de ña fuente que deslumbra, el ángulo sólido, la desviación angular y la luminancia del campo. Se sabe que, para producir un deslumbramiento del tipo molesto, la luminancia de la fuente que va directa al ojo debe ser mayor a 500 o 700 cd/m2.

2.7.4 ESTÉTICA DEL EQUIPAMIENTO

Para que un buen alumbramiento no pierda calidad, se debe cuidar la estética en la elección y acomodo de las luminarias. Si estas se encuentran cerca del usuario, la estética de cada una de ellas (forma, tamaño, color) tiene una importancia como la estética que se da por su conjunto. Por esto se debe procurar que el conjunto de luminarias nos logre dar un aspecto estético en un grupo visual.

2.8 TEMPERATURA DE COLOR CORRELACIONADA (TCC)

La temperatura del color mide el grado de calidez o frialdad que reproduce una fuente de luz. Se expresa en grados Kelvin (K). La apariencia de color de una fuente luminosa se describe por su temperatura de color correlacionada.
La TCC es definida como la temperatura absoluta a la que un cuerpo negro emitirá el mismo nivel de radiación, o sea, provocando la misma apariencia de color. La TCC es medida en grados Kelvin, y varía de 1.500°K, cuya apariencia es anaranjada/roja, hasta 9.000°K cuya apariencia es azul.
Las fuentes de luz con temperatura de color igual o inferior a 3.100°K son denominadas "cálidas" y presentan una apariencia amarillenta. Las "frías" son aquellas con temperatura de color mayor a 4.000°K y de apariencia azulada. Las lámparas con temperatura de color entre 3.100°K y 4.000°K son llamadas de apariencia "neutra". La luz blanca natural es aquella emitida por el sol en cielo abierto a medio día, cuya temperatura de color es de 5.800°K.
La temperatura de color influye sobre dos aspectos principalmente, la sensación creada en el ambiente que puede ser de confort o disconfort, y la distorsión del color. Por estos motivos, la temperatura de color está relacionada con el nivel de iluminación

La siguiente imagen[58] muestra una escala de las diferentes temperaturas de color y su percepción.

[58] Recuperado de Beldeus el 1 de diciembre de 2016 de:
http://www.beldeus.com/blog/temperatura-de-color-de-la-luz-que-son-los-grados-kelvin/

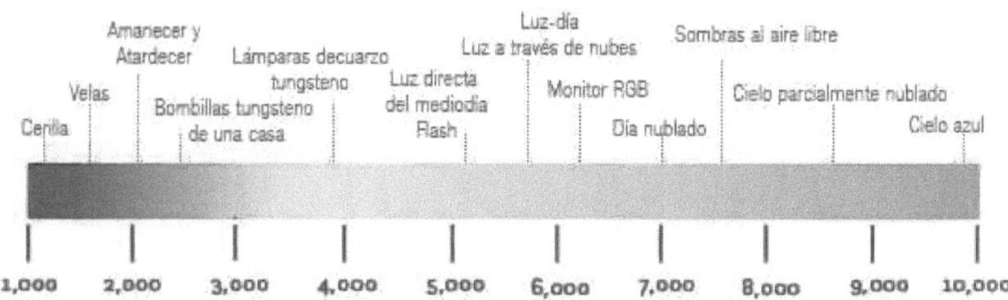

Imagen 2. Escala sobre la temperatura de color

La sensación de disconfort se encuentra para temperaturas de color bajas y nivel de iluminación elevado, en estos casos, se crea un ambiente luminoso irreal, con distorsión del color y un ambiente demasiado cálido. O cuando la temperatura de color es elevada, pero la iluminancia es baja que entonces se crea un ambiente frío y oscuro.[59]

[59] S.A. Características generales de las fuentes de luz, recuperado de DPE el 29 de noviembre de 2016 de: http://grlum.dpe.upc.edu/manual/sistemasIluminacion-fuentesDeLuz.php

2.9 ÍNDICE DE REPRODUCCIÓN CROMÁTICA (IRC)

Indica la capacidad de una fuente de luz en reproducir los colores de un objeto en comparación con una fuente de referencia. El índice de reproducción cromática (Ra) varía de 0 a 100, siendo 100 el que se obtiene para la luz de referencia. Las lámparas incandescentes son las que presentan mejor IRC (100) ya que tienen un espectro de emisión continuo.
El índice de reproducción cromática se mide como IRC o Ra. Cuando las propiedades de reproducción cromática de la fuente de luz y las del cuerpo negro son las mismas el IRC tiene el valor máximo que es 100. Conforme disminuye el valor del IRC también disminuye la veracidad del color que se observa.
Normalmente, cuanto mayor es el IRC de una lámpara menor es el rendimiento luminoso. Por lo tanto, en cuanto a la elección de las lámparas, en primer lugar, se deben fijarán los mínimos necesarios de IRC y en segundo lugar se eligen las lámparas que cumplan ese IRC, con el máximo rendimiento.[60]
Los índices de reproducción cromático están divididos en grupos:

Grado	Índice	Nivel de reproducción
1A	90 a 100	Excelente
1B	80 a 89	Muy bueno
2A	70 a 79	Bueno
2B	60 a 69	Moderado
3	40 a 59	Regular
4	Inferior a 40	Bajo

Tabla 6. Índices de reproducción cromática

Aunque el IRC es un parámetro independiente de la temperatura del color, ambos parámetros son necesarios para definir la calidad cromática de la fuente de luz.[61]

[60] ARISTA González Gerardo, *La iluminación en el espacio arquitectónico, su uso y práctica. Op. Cit.*
[61] S.A. Características generales de las fuentes de luz, recuperado de DPE el 29 de noviembre de 2016 de: http://grlum.dpe.upc.edu/manual/sistemasIluminacion-fuentesDeLuz.php

2.10 ÍNDICE IP

La denominación IP es la clasificación del grado de protección contra el ingreso de sólidos y líquidos en un luminario (Ingress Protection).

La norma IEC-60529 de la International Electrotechnical Comission es aplicable para la determinación del grado de protección al ingreso de sólidos y líquidos que tienen los equipos eléctricos contenidos dentro de envolventes cerrados; en el caso de los luminarios se debe considerar la norma IEC-60598-1 Luminaires- Part 1: Requeriments and tests, la cual contempla las especificaciones y métodos de prueba aplicables para determinar de forma específica el grado de protección al ingreso de sólidos y líquidos de un luminario.
Los dos dígitos, indican el primero la protección contra el ingreso de sólidos y el segundo contra el ingreso de líquidos.

Los principales grados de protección al ingreso de sólidos y líquidos[62] que existen son los siguientes:

IP	Uso
IP 20.	Luminarios tipo industrial sin refractor para operar lámparas fluorescentes en aplicaciones de áreas de manufactura, bodegas, almacenes, hangares. Luminarios tipo comercial sin refractor controlante para operar lámparas de aditivos metálicos o de vapor de sodio en alta presión en aplicaciones de tiendas de autoservicio, maquiladoras, industria ligera, almacenes.
IP 44	Luminarios tipo bolardo decorativo para operar lámparas fluorescentes compactas, aditivos metálicos o vapor de sodio en alta presión en aplicaciones de accesos vehiculares y peatonales, jardines, plazas, calles, zócalos.
IP 52	Luminarios tipo industrial con refractor para operar lámparas de aditivos metálicos o de vapor de sodio en alta presión en aplicaciones de industria de alimentos, centros de manufactura, industria maderera.
IP 54	Luminarios tipo punta de poste para operar lámparas de aditivos metálicos o de vapor de sodio en alta presión en aplicaciones de fraccionamientos, estacionamientos, alamedas.
IP 55	Luminarios tipo vial cabeza de cobra para operar lámparas de aditivos metálicos o vapor de sodio en alta presión en aplicaciones de calles, calzadas, bulevares, avenidas.

[62] Consultado al Ing. Gabriel Torres Aguilar (2016) Consultor en Iluminación.

IP 65	Luminarios tipo proyector para operar lámparas de aditivos metálicos o vapor de sodio en alta presión en aplicaciones de áreas deportivas, monumentos, fachadas. Luminarios tipo industrial con refractor envolvente para operar lámparas fluorescentes en aplicaciones de áreas húmedas, procesamiento de alimentos, industria cervecera y de bebidas.
IP 66	Luminarios tipo vial de alta especificación para operar lámparas de aditivos metálicos o de vapor de sodio en alta presión en aplicaciones de vías rápidas, carreteras, calles principales.
IP 68	Luminarios tipo sumergible para operar lámparas incandescentes halógenas de bajo voltaje en aplicaciones de albercas, fuentes, muelles.

Tabla 7. Principales grados de protección al ingreso de sólidos y líquidos.

2.11 EL COLOR

La creatividad se compone de un tercio de talento, otro tercio de influencias exteriores que fomentan ciertos dotes y otro tercio de conocimientos adquiridos sobre el dominio en el que se desarrolla la creatividad. Quien nada sabe de los efectos universales y el simbolismo de los colores y se fía sólo de su intuición, siempre será aventajado por aquellos que han adquirido conocimientos adicionales.

Los colores juegan un papel importante en las reflexividades. A continuación, se presenta una tabla[63] que muestra las reflexividades de los colores y acabados más usados:

Color o acabado	% de luz reflejada	Color o acabado	% de luz reflejada
Blanco	85	Gris oscuro	30
Crema claro	75	Rojo oscuro	13
Gris claro	75	Café oscuro	10
Amarillo claro	75	Azul oscuro	8
Verde claro	65	Verde oscuro	7
Azul claro	65	Madera medio	63
Amarillo medio	65	Madera satinada	34
Gris medio	55	Concreto	55
Verde medio	52	Cartón	30
Azul medio	35	Negro	5

Tabla 8. Reflexividades de colores y acabados más usados

2.11.1 PRINCIPIOS DEL COLOR

La percepción del color está asociada, como se mencionó antes con la luz y a s vez con el modo en que se refleja. Nuestra percepción del color cambia al modificarse la fuente luminosa o cuando la superficie en que se refleja la luz esta manchada o cubierta con pigmentos. Es más fácil aplicar pigmentos de color a la superficie que modificar o remplazar a la misma fuente de luz.

[63] NIEBEL Benjamin W. Ingeniería Industrial. Métodos, y tiempos y movimientos 11ª edición, Alfaomega. pag. 235.

Claves específicas de los colores neutros

Los colores grises son más fáciles y efectivos para definir una profundidad y volumen en un área. Los términos clave alta, clave intermedia y clave baja son utilizados para efectos específicos. La clave alta describe una claridad general en la expresión tonal de un diseño, un diseño que utilice solamente el blanco y grises claros crea una sensación de brumosidad y de suavidad general. Los colores neutros en una clave intermedia en un diseño, con frecuencia carecen de chispa, la utilización de esta clave da por resultado un diseño equilibrado e intangible.

Valor

Lo primero que se debe hacer en el estudio del color, consiste en usar las variaciones posibles de un mismo tono. Como se pudo saber, un mismo tono, al manipular o cambiar su valor o intensidad, se puede obtener una serie de más de veinte colores. Dado que nuestra visión puede ver fácilmente entre la claridad y oscuridad en un color, comenzaremos por manejar el valor de un tono. Los valores contrastados en un diseño se utilizan para establecer formas, sin embargo, los cambios graduales en el valor los utilizaremos para expresar ilusiones de planos y de bordes.

Intensidad

La clave para comprender la intensidad es el valor, porque el equivalente al valor de un tono se determina antes de que la intensidad sea manejada eficazmente. Ante todo, debemos de tener una idea de cómo un tono especifico en su máxima intensidad posible, puede llegar a compararse con un grado de gris en la escala de gris. Quizá esto no sea exacto, pues los colores de un mismo tono pueden no ser iguales en valor. La tabla inferior puede servir de guía.

9 gris extremadamente calro	Amarillo limón
8 gris claro	Amarillo
7 gris muy claro	Amarillo anaranajado, amarillo oro
6 gris intermdio claro	Naranja, amarillo verdoso, rojo magenta
5 gris intermedio	Rojo, rojo anaranjado, verde, azul cian
4 gris intermedio oscuro	Verde azulado, azul cobalto, turquesa
3 gris oscuro	Purpura, azul ultra mar, vuioleta
2 gris oscuro	Azul purpura, azul de Prusia, indigo
1 gris extremadamente oscuro	Ninguno

Tabla 9. Colores que igualan valores en intensidad en una escala de grises.

La comparación en cuestión de un color con un gis de la escala puede ayudar a la localización del valor equivalente del color.

Tono

Este término se cofunde muy a menudo con color, pero si existe una diferencia: las variaciones de un único tono producen diferentes colores. Por ejemplo, un tono rojo, puede ser rojo claro, oscuro, brillante y son un ejemplo de diferentes colores de un mismo tono. Hoy se sabe que el rojo, el azul y el amarillo pueden llegar a mezclarse para la obtención de cualquier tono, pero las mezclas debilitan la intensidad. El rojo, el amarillo y azul son los llamados primarios y el naranja (rojo y amarillo), verde (amarillo y azul) y púrpura (azul y rojo) son los tonos secundarios.

Armonía de tono

Utilizando un esquema de color análogo solo se logra un solo tono que es el monocromático. Estos tonos son una tendencia de un tono común (esto es, una cantidad muy pequeña de un tono en particular se mezcla con cada color, cambiando a veces su tono, su valor y/o intensidad en el proceso)

Armonía de valor

Para obtener esta armonía se puede hacer por medio de la escala de gris. Un diseño con valores análogos reduce los grados de tono y de intensidad a grados. Los colores de intensidad plena en un diseño sobresalen el contraste de tono; y una intensidad débil, anula los tonos y rebaja el contraste de tono. Tanto el valor como la intensidad y el tono, debe de tomarse en cuenta aun cuando solo se maneje uno de ellos para la definición de la armonía del color.

Sensaciones cálidas/frías creadas por los tonos

Si no llegamos a comprender las sensaciones que producen los tonos nuestro conocimiento de los colores es incompleto. Una sensación cálida se crea con la presencia del tono que se asemeja al fuego: el naranja. Por consecuencia todos los tonos con presencia de rojo o amarillo expresan calidez. Una sensación fría se logra con la presencia del tono que se asocia con el agua o el cielo: el azul. Un tono con la presencia de esto color expresa frialdad. Las sensaciones calidad/frías afectan la ilusión en un diseño. Esto se debe a que los que denotan calidez parecen avanzar y los que expresan frialdad parecen alejarse, la calidez o frialdad de los elementos en un diseño pueden expresarse muy eficientemente en un espacio, por lo que es importante la relación de un tono con su fondo. El tono tiene la tendencia de resaltar el fondo si hay un fuerte contraste y a desvanecer si se funde con él.

Función del estímulo del color

Como es natural, los estímulos de color están compuestos o formados por radiaciones energéticas visibles "rayos de luz". Esta composición del estímulo del color se puede reducir a dos factores: las longitudes de onda y a la intensidad correspondiente a cada radiación. Una función del estímulo del color es la representación de las intensidades de la radiación en los estímulos de color, estos estímulos son realidades físicas medibles, pero por el hecho de que la vista hace una serie de procesos de corrección, no existe una relación fija entre el estímulo de colores y las sensaciones de colores.

2.11.2 RECOMENDACIONES DE COLOR EN VIVIENDAS

Las recomendaciones de color a emplear en viviendas según la tesis de Octavio Vázquez González "Sensación Percepción y emoción, efectos en el ser humano provocados por el color, la iluminación, la acústica y los materiales"[64] son:

- En pisos si el suelo tiene un color claro, las paredes y puertas pueden ser de color rosa y dejar los colores vivos para accesorios. Si el suelo es oscuro, las paredes y puertas pueden ser de la gama de color amarillo y blancos los accesorios. En cuanto a las paredes los espacios, en los dormitorios deben predominar los colores fríos, en las cocinas se recomienda de color blanco ya que evoca un sentido de orden y limpieza, pero a su vez es un color frío, monótono y desmoralizador. Los colores cálidos, demasiado excitantes, pueden provocar a la larga fatiga nerviosa. Lo recomendable es la combinación armónica de tonos claros, luminosos y suaves. No es aconsejable que las baldosas en las paredes tengan contrastes de colores, ya que la persistencia de estos dos valores opuestos produce fatiga ocular cuando se realiza alguna actividad. Cuando los habitantes sean personas nerviosas o irritables, deberá optarse por matices pálidos y calmantes, por el contrario, para las personas indolentes y melancólicas, se recomienda usar colores como el rojo o una mezcla de colores brillantes.
- Las habitaciones que no reciben la luz del sol, requieren de colores cálidos del grupo amarillo-rojo: beige, rosado, rosa, pastel, limón, etc. Las que si reciben luz solar requerirán de colores fríos del grupo verde-azul: violeta, gris perla, verde, azul verdoso, azul pastel etc. En las habitaciones orientadas al este por donde sale el sol, los colores se hacen más duros, y por ello se recomienda usar colores suaves como gris pastel, perla, azules, marfil, crema claro etc. Y en las orientadas al oeste por donde se pone el sol, los colores se hacen más cálidos, siendo útiles en este caso unos matices suaves algo fríos como el azul cielo, el verde azulado, etc. En las habitaciones donde se pasa mucho tiempo debe resolverse con colores tranquilos y sedantes; los estimulantes son usados para aquellas en que se vive poco.

[64] VÁZQUEZ González Octavio "Sensación Percepción y emoción, efectos en el ser humano provocados por el color, la iluminación, la acústica y los materiales" Tesis de licenciatura de la Facultad del Hábitat de UASLP 2016

- En cuanto a la decoración es importante hacer juegos de contrastes por ejemplo el amarillo adquiere mayor intensidad con el azul, el rojo junto al verde. El mobiliario en cocina se recomienda tenga matices pastel, como verde, amarillo y azul.
- Fuentes de luz con el mismo color aparente pueden tener o presentar grandes diferencias en su calidad de rendimiento y alumbrado, por esto se debe empezar un análisis de un solo color aparente.

2.12 LAS ACTIVIDADES COTIDIANAS

"La casa, el domicilio. Es el único bastión frente al horror de la nada, la noche y los oscuros orígenes; se encierra entre sus muros todo lo que la humanidad ha ido acumulando pacientemente por los siglos de los siglos; se opone a la evasión, a la pérdida, a la ausencia, ya que organiza su propio orden interno, su sociabilidad y su pasión. Su libertad se despliega en lo estable, lo cerrado, y no en lo abierto ni lo indefinido. Estar en casa es lo mismo que la lentitud de la vida y el placer de la meditación inmóvil" Emmanuel Kant[65]

A nadie le es ajena la experiencia de la casa. La idea de habitar es tan antigua como el hombre mismo y, desde tiempos remotos, éste siempre ha tenido un hogar que a lo largo de la historia ha ido adquiriendo características particulares de acuerdo a los cambios sociales y culturales. Estas características que le pertenecen, o que son relativas al hogar hacen referencia a lo doméstico, a aquellos ritos condicionados por la historia y través de los cuales los diversos grupos humanos definen su cotidianidad y que lamentablemente las condiciones actuales en los cuales se desenvuelve la arquitectura, han banalizado. En ese sentido, el valor de la tradición tendrá que forzosamente ponerse al día teniendo en cuenta que tanto las condiciones de vida como la conformación de los diferentes núcleos familiares, ha sufrido cambios. A pesar de que lo doméstico se ha ido convirtiendo en mercancía, es importante revisar esta situación a la luz del reconocimiento de la tradición.[66]

He aquí una declaración[67] de una futura habitante de una casa que será proyectada: "*Desearíamos que la casa fuese lo más parecida a nosotros mismos, o mejor a lo que nosotros tratamos de ser [...] Es decir: sobria, austera. Práctica. Absolutamente anti espectacular y la negación de la*

[65] EDELMAN, Bernard. La maison de Kant. Paris: Payot, 1984, 25-26 (cit. por Perrot, Michelle. "Formas de habitación" en Ariès, Philippe y Georges Duby. Historia de la vida privada. Sociedad burguesa: aspectos concretos de la vida privada. Madrid: Taurus, 1987, vol. 8, 9-12).

[66] WEISS Salas, Philip, i Mas, Marc Jané, *El espacio doméstico* DEARQ / Journal of Architecture Recuperado de Redalyc el 2 de noviembre de 2016 de: http://www.redalyc.org/articulo.oa?id=341630316002 ISSN 2011-3188

[67] Carta enviada a José Antonio Coderch por la señora Montserrat Sans de Uriach.

ostentación y el lujo. Una casa que pueda ver con admiración sonriente, pero sin despertar envidia. [...] La decoración: me horroriza. Soy feliz pudiéndolo decir. ¡Cuánto deseo que mi casa pueda no tener `cortinitas`, ni visillos, ni tapetes, ni retratos![68]

[68] PIZZA Antonio y Josep María Rovira (eds.). *En busca del hogar*. Coderch 1940-1964. Barcelona: Col·legi d'Arquitectes de Catalunya, 2000, 143

2.13 LO PRAGMÁTICO Y LO EXISTENCIAL

Para poder realizar las actividades cotidianas dentro de una vivienda se deben cumplir ciertos requerimientos tanto pragmáticos como existenciales específicos de los habitantes los cuales para fines de comprensión se expondrá a continuación su definición y diferenciación.

Pragmático	Existencial
Según la REA, es la preferencia por lo práctico o lo útil. Y en filosofía es el movimiento iniciado en los Estados Unidos por C. S. Peirce y W. James a fines del siglo XIX, que busca consecuencias prácticas del pensamiento y pone el criterio de verdad en su eficacia y valor para la vida.	Según la REA, se define como lo perteneciente o relativo al acto de existir, y en filosofía, a la doctrina que trata de fundar el conocimiento de toda realidad sobre la experiencia inmediata de la existencia propia.
Se debe de entender como pragmático a las posibilidades de poder realizar algo debido a que las condiciones del espacio son propicias para que se pueda llevar a cabo de manera adecuada. *Para los pragmatistas, la verdad y la bondad deben ser medidas de acuerdo con el éxito que tengan en la práctica. En otras palabras, el pragmatismo se basa en la utilidad, siendo la utilidad la base de todo significado.* [69]	Junahi Pallasma expone que un factor destacable en la experiencia de envolver la espacialidad, la interioridad y la hapticidad es la supresión deliberada de la visión nítida y enfocada. *Este tema apenas ha entrado en el discurso teórico arquitectónico, puesto que la teoría arquitectónica continúa estando interesada en la visión enfocada, en la intencionalidad consciente y en la representación en perspectiva.*[70]
Se dice de algo o alguien que es pragmático cuando se relaciona con el sistema filosófico conocido como pragmatismo, término que introdujo en el año 1898, Willam Janes, que considera como moral y verdadero aquello que resulta útil. Escribió "Filosofía de la experiencia"	Anton Ehrenzweig dice que las fotografías de arquitectura son imágenes centralizadas de una Gestalt enfocada, mientras que una realidad arquitectónica parece depender de la naturaleza de la visión periférica que desarrolla el sujeto en el espacio. Es importante exista un contexto y un espacio ricamente moldeado que facilite estímulos

[69] SINI, Carlo. *El pragmatismo*. Ediciones AKAL. 1999 p. 80

[70] PALLASMA, Juhani, Los ojos de la piel Op. Cit.

oponiéndose al cientificismo y a la metafísica idealista. Fue una tendencia que se desarrolló en Estados Unidos en la segunda mitad del siglo XIX, desarrollando la idea de que el conocimiento era práctico y no teórico. El autor más riguroso en esta corriente fue John Dewey (1859-1952) sostuvo el valor instrumental de las ideas.[71]	para la visión periférica, y nos centran en el espacio mismo. El campo perceptivo preconsciente, que se experimenta fuera de la esfera de la visión enfocada, es existencialmente tan importante como la imagen enfocada. Existen pruebas médicas que aseveran que la visión periférica tiene más importancia en nuestro sistema perceptivo y mental. [72]

Tabla 10. Diferencias entre pragmático y existencial

[71] ESCANDELL Vidal, Mª Victoria *Introducción a la pragmática*, Barcelona: Ariel Lingüística. 1996

[72] EHRENZWEIG, ANTON, *The psycoanalisis of arristic vision and hearing: an introduction for a theory of unconscious perception*, Sheldon Press, Londres, J 975.

2.14 SOBRE EL ARQUITECTO

El arquitecto Alejandro Castillo Orejel, escogido para el análisis de dos obras en contextos históricos diferentes es un arquitecto vigente en la ciudad de San Luis Potosí ejerciendo desde hace 45 años, nació en la Ciudad de México, el 26 de febrero de 1949, radica en la ciudad de San Luis Potosí desde mayo de 1980, es graduado de la Facultad de Arquitectura de la Universidad Autónoma de México en 1972, y su experiencia además de la basta en tipología de vivienda residencial en la Ciudad de San Luis Potosí, también abarca en hotelería, el Hotel Museo Palacio de San Agustín en San Luis Potosí en el año 2014, el Hotel Real Plaza en Aguascalientes en el año 2000, en teatros, el Teatro de la Ciudad en el Parque Tangamanga en San Luis Potosí en el año 1984, en centros recreativos, el Centro Recreativo Benito Juárez en Oaxaca, Oax., en 1985, el parque Tangamanga II en San Luis Potosí en 1984, en preservaciones e integraciones de edificaciones antiguas, la quinta Guadalupe en Av. Venustiano Carranza en San Luis Potosí en 2009, el edificio sede de la Secretaria de Desarrollo Económico (actual Secretaría de Turismo) en San Luis Potosí en 1996, en proyectos de desarrollo urbano, el desarrollo "Villa Vida Nueva" en San Pedro Sula, Honduras para 6,200 viviendas en 1999, ha hecho publicaciones de libros como *Una ventana a San Luis Potosí* en 1991, *Así es San Luis Potosí* en 1994, *Real de Catorce* en 1999 entre otros, colaboraciones en revistas, en *Proyecta* en 2007, y revista *Eterno México* de 2008 al 2014, realizó calendarios, *Así en San Luis Potosí* (1992-1994), *Haciendas Potosinas hace 20 años* (2011), *Así es México- templos y capillas potosinas* (2012), entre sus cargos honorarios, es representante de la Sociedad Civil de la Junta de Gobierno del Museo Nacional de la Máscara de 2012 a la fecha, ex presidente del Colegio de Arquitectos de San Luis Potosí de 2006 a 2008 y ex miembro del Consejo Mexicano de Acreditación de la Enseñanza de la Arquitectura A.C., ha dado conferencias en Universidades, en la Autónoma de San Luis Potosí, Autónoma del Estado de México, Universidad de León, Instituto de Bachilleres del Estado de San Luis Potosí, Colegio de Bachilleres del Estado de San Luis Potosí, Universidad Interamericana para el Desarrollo

UNID y Universidad La Salle de Tamaulipas, recientemente fue acreedor, al premio *el Calli* en la Bienal de Arquitectura 2016, y la medalla de oro por el diseño de una residencia de una familia potosina, convirtiéndose en el único arquitecto en la Ciudad de San Luis Potosí en recibir este premio a nivel nacional, además recibió también este año el reconocimiento en la presea "Trayectoria de Éxito" en su 14ª edición en la ciudad de San Luis Potosí.

2.15 LA VISIÓN DEL ARQUITECTO

En una entrevista que se le hizo al Arquitecto Alejandro Castillo Orejel en su casa en el Fraccionamiento Tangamanga en la Ciudad de San Luis Potosí, se pretendió indagar en la forma en que en su experiencia a través de los 36 años que ha ejercido la profesión en la Ciudad de San Luis Potosí y 44 años desde que terminó su carrera en la Universidad Nacional Autónoma de México en la Ciudad de México le ha dado un especial enfoque al tema de iluminar los espacios arquitectónicos respondiendo a espacios diseñados con una buena propuesta arquitectónica, y no solo integrar la iluminación para lograr que el usuario pueda ver en horarios donde no se cuenta con la luz solar, sino que también la iluminación artificial seleccionada por los profesionales en arquitectura deba ser usada para crear sensaciones que estimulen al individuo, creando así espacios que permitan a quienes lo habitaran, se sientan confortables y puedan realizar sus actividades de forma correcta. Sin embargo, hace un especial énfasis en que la buena iluminación tiene que venir acompañada de una buena arquitectura.

"El arquitecto no puede diseñar una buena iluminación si el espacio no es adecuado, si el espacio no da, aunque le pongas lo que le pongas, como dice el dicho, "aunque la mona se vista de seda mona se queda", si la muchacha no es bonita, aunque le pongas una joya de la Reina Victoria no va a lucir, entonces la iluminación es un complemento a la buena arquitectura, no va a ser arquitectura, va a complementar, a resaltar, pero no nada más eso. La función principal es: Va a determinar el desenvolvimiento de los que habitan o trabajan ahí, y la función de la iluminación no nada más es para que la gente no se tropiece o pueda ver, ¡es para que se alegre el individuo!, para que se sienta confortable, aunque no lo discierna que está pasando." – comentó el Arquitecto.

Los espacios arquitectónicos domésticos tienen una función principal, la realización de actividades cotidianas de las personas, se tiene que pensar en que la iluminación artificial seleccionada en los espacios cumpla con requerimientos pragmáticos y existenciales de los usuarios acorde a sus características y necesidades en específico.

"Un concepto de la iluminación es la contribución al bienestar emocional y de felicidad del individuo que habita o usa los espacios, eso es importante, además de que contribuya para que vea bien para sus actividades." – comentó el Arquitecto.

Los diseñadores que proponen espacios tienen que tener conciencia en la concepción de un espacio íntegro, único y que no pierda la esencia de lo que pretende transmitir, y al hacer una propuesta de iluminación vaya de la mano con la arquitectura propuesta y su conceptualización. Ir más allá y crear propuestas que puedan ser llevadas a la práctica como posible solución arquitectónica cumpliendo con funciones específicas similares en nuevos espacios, mas no una moda. Como profesionales de arquitectura tenemos que tener claro que las modas no son ideas que nos deben de regir en la concepción del espacio que habitará una persona, y mucho menos la forma de iluminarlos.

"La iluminación no es ajena a la creatividad, romper los esquemas es la gente que señala un nuevo camino no una nueva moda, porque si señala moda es que el creó eso se casó con eso e hizo una moda, nosotros no hacemos modas, debemos hacer y señalar caminos, directrices, y directrices son los conceptos: alegría, paz, serenidad, sorpresa, y en eso la luz ayuda mucho." – comentó el Arquitecto.

En un recorrido por su residencia, el arquitecto explicó que hoy en día los arquitectos, al momento de iluminar, tienden a copiar ideas que observan en revistas sobre lo que consideran tendencias en espacios interiores, *"Las modas que siempre determinan y que limitan la creatividad"* - comenta, y que al copiar éstos resultados y aplicarlos en espacios totalmente distintos, es evidente que no se logra obtener la misma satisfacción a requerimientos específicos de los habitantes, de los espacios y de las funciones como posiblemente se cumplía en el espacio que fue imitado.

En la cocina, *"Esta es un área de trabajo, no puedo poner aquí cuatro spots, es un área de trabajo, donde está la señora aquí echándole que la carne, que quien sabe qué, tiene que ver qué tanta sal le echa, tiene que verle, y tiene ahí ¿cuatro foquitos? ¿No lo has visto? Y en las fotos de los libros retrata bien, pero en la práctica no funciona bien."* – comentó el Arquitecto.

Siguiendo el recorrido en la Casa Castillo, el arquitecto explica la planificación que debe tener la iluminación hasta para su fácil mantenimiento y cómo las modas o tendencias impuestas hacen que se pierda el objetivo de que iluminación cumpla con la realización de las actividades cotidianas y ahora los arquitectos se dedican a hacer iluminación escenográfica en los espacios de la vivienda.

En la sala, *"Si tú te fijas, la iluminación no está llena de foquitos, de spots, y ¡la luz allá arriba! Y ¡que un foco ahí! Y ¿para cambiar ese foco?, ¡la practicidad para cambiar focos!, hasta eso hay que pensarlo en la iluminación, ¿cómo va a cambiar el foco la señora? Si aún éstos que están aquí a tiro de piedra hay que subirse con cuidado, porque nosotros tenemos una altura, nuestros ojos están a 1.60 mts. en nuestro estándar de nación, entonces la luz tiene que estar ahí."*– comentó el Arquitecto.

Susan Sontag[73] ha hecho unos comentarios perceptivos sobre el papel de la imagen fotografiada en nuestra percepción del mundo. Escribe, por ejemplo, sobre una "*mentalidad que mira al mundo como un juego de posibles fotografías*", y expone que "*la realidad ha llegado a parecerse más y más a lo que nos muestra la cámara*", y que "la *omnipresencia de las fotografías ejerce un efecto incalculable en nuestra sensibilidad ética. Al poblar este mundo ya abarrotado con su duplicado en imágenes, la fotografía nos persuade de que el mundo es más accesible de lo que en verdad es*"

El Arquitecto tiende a enfatizar con la iluminación propuesta detalles de la arquitectura que él considera interesantes o bellos, dándole al que habita el espacio, distractores a la hora de realizar sus actividades cotidianas en su hogar. El arquitecto puede proponer una iluminación escénica, pero sin perder la función principal de que no altere a que se realicen dichas actividades de una forma adecuada.

La administración de la luz, la administración es cómo voy a poner los focos. ¿Yo voy a poner una bola de foquitos para enfatizar puro detalle? Bueno ¿y la esencia del espacio? La luz es para el espacio no para el detalle. Aquí no hay un solo foco que ilumine cuadros, sin embargo, los cuadros se ven de peluche, pero ve esa luz natural, no tiene luz artificial ahí adentro, pero la luz natural baña eso, pues ¡si me sale gratis! La administración de la luz natural. Ese domo no es de nada más de: le ponemos un domo, tiene una función. – comentó el Arquitecto.

---

[73] Sontag Susan, Sobre la fotografía Recuperado el 4 de noviembre de 2016 de: http://www.rcbsam.com/uploads/4/1/9/6/41960/sontag_on_photography.pdf

David Harvey[74] asocia "*la pérdida de temporalidad y la búsqueda de un impacto instantáneo*"58 a la tendencia contemporánea hacia la pérdida de una profundidad existencial. Frederic Jameson utiliza el concepto de "*artificiosa falta de profundidad*" para describir la condición cultural contemporánea y "*su obsesión por las apariencias, superficies e impactos instantáneos que con el tiempo no tienen fuerza*".[75]

"Las cosas buenas bonitas bellas son sencillas no son muy rebuscadas, nosotros muchas veces queremos hacer muchas cosas extravagantes no jala así.", "Una iluminación sencilla está enfatizando una buena arquitectura" – comentó el Arquitecto.

A través de su experiencia en el diseño y construcción de viviendas residenciales en esta ciudad, el arquitecto hace hincapié en que el arquitecto actual debe de tener la capacidad de intuir la cantidad correcta de iluminación en los espacios, acorde a las actividades de cada espacio que cumplan con la funcionalidad, pero a su vez genere los ambientes adecuados que desea existan en el espacio.

Al preguntarle si en la toma de decisiones para la iluminación, indaga en asuntos de normatividad, reglamentación o alguna teoría para cumplir con los flujos luminosos adecuados.

"No, yo oigo de teoría, empieza la teoría y ya me aburrió, no digo que no pueda ser, la cosa es que, si la teoría, el que hace teoría no hace práctica, su teoría no sirve, o sea no está respaldada, ¿con qué me la respaldas? Yo te enseño mi teoría con mi práctica, pero mi teoría es muy sencillita."

El arquitecto señala que el individuo que hace arquitectura debe de tener una sensibilidad para determinar mediante la propia intuición la cantidad de luz que se necesita en un espacio para poder realizar las actividades, por lo que creo que es indispensable que el estudiante debe de empezar a crearse un criterio sobre la comprensión de las magnitudes del flujo luminoso dadas por normativa y reglamentación para actividades cotidianas comunes y en base a esos lineamientos que ya han sido establecidos como recomendaciones, determinar ajustes dependiendo de los requerimientos existenciales específicos de cada usuario o recinto, pero con un conocimiento previo sobre lo recomendado que debe de dominar a la perfección para las actividades que se realizan en los espacios de una vivienda residencial.

---

[74] HARVEY, David, *The condition of postmodernity: an enquiry into the origins of cultural change* Op. Cit.
[75] *Id.*

"Cuando un pitcher va a lanzar la pelota, ¿tú crees que está analizando la curva, la velocidad? Simplemente lo hace, y dice va una recta va una curva, para arriba y para abajo, no hace cálculos, no hace teorías, simplemente lo hace. el individuo, el arquitecto que va a hacer iluminación simplemente lo hace."

Explica que tiene que existir una combinación en el empleo de iluminación en los espacios que nos ganarán atmósferas que propiciarán a escenarios adecuados para poder estar en bienestar, jugando con las tonalidades de los materiales, con las sombras generadas por todos los volúmenes en el espacio y con las texturas que se decidan emplear en el espacio.

La labor del iluminador es el contraste, para que no se apelmace la cosa, y eso es el tono de la luz con la luz natural, la combinación de la luz natural. Las dos tienen que ir de la mano – comentó el Arquitecto.

Juhani Pallasma escribe en su libro Los ojos de la piel la importancia que desde hace algunos años ha tenido la sombra para la apreciación y entendimiento de las escenas que rigen nuestro entorno, asó como lo hacían destacar en algunas pinturas: *"El extraordinariamente poderoso sentido del foco y de la presencia en los cuadros de Caravaggio y Rembrandt surge de la profundidad de la sombra en la que está embebido el protagonista, como un objeto precioso sobre un fondo de terciopelo oscuro que absorbe toda la luz. La sombra da forma y vida al objeto en la luz. También proporciona el reino del que emergen fantasías y sueños. El arte del claroscuro también es una habilidad del arquitecto magistral. En los grandes espacios arquitectónicos se respiran constante y profundamente sombra y luz; la sombra inhala luz y la iluminación la exhala.*[76]

"Por eso Dios hizo luz de día y luz de noche, sol y luna, son luces diferentes, una luz es amarilla y la otra es blanca, o blanca amarillenta a veces. Hay matices de muy oscuros, hay variedad, no hay nubes iguales, no hay bosques iguales, no hay verdes de bosques iguales, no hay colores de tierras iguales, hay diversidad, ¡variedad! El arte requiere de variedad." – comentó el Arquitecto.

Hay una responsabilidad muy grande para el profesional que hace arquitectura en indagar y conocer sobre las fuentes de iluminación y sus repercusiones al ser empleadas para las actividades específicas de una vivienda, ya que es el quien debe de determinar el tipo de iluminación que

[76] PALLASMA, Juhani, Los ojos de la piel Op. Cit.

va a mejorar el entorno de la propia arquitectura que creo cuando no exista la luz solar, no la tienda de iluminación, ni otra persona ya finalizado el proyecto, sino el propio arquitecto en conjunto con su equipo de trabajo o especialistas en la materia, planifiquen desde el proceso de diseño el sembrado, el tipo de luminarias y las características en las cualidades del espacio que se desean para cada espacio de la residencia.

"Los que venden focos, repiten lo que los vendedores de medicinas. Le dice el laboratorio que hace esto que hace lo otro, y van y lo repiten al médico y el medico lo receta porque lo dijeron a su vez eso ¡pero nadie comprueba nada!, la iluminación en la arquitectura es ¡arte!, no es técnica, es arte, que se apoyan en cosas técnicas sí, pero no son técnicas, el resultado es arte, el arte impacta, enriquece, subyuga, hace muchos efectos en el alma, en la mente, en el ánimo e inclusive en los deseos de lo inusual. – comentó el Arquitecto.

"Eso es importante, el alma del hombre se conforma de lo que pienso, lo que siento y como me desenvuelvo en la vida, ¡entonces la iluminación tiene que impactarme a mí!, si me apachurra, si me entristece, está apachurrando mi alma, si me hace pensar mal, en lugar de bien. Si me anima a emborracharme en mi casa, en lugar de decir vente hija vamos a echarnos un agua fresca, a cotorrear. Determina, es muy determinante en el ser humano la iluminación." – comentó el Arquitecto.

En lugar de experimentar nuestro ser-en-el-mundo, lo contemplamos desde afuera como espectadores de imágenes proyectadas sobre la superficie de la retina.[77]

[77] PALLASMA, Juhani, Los ojos de la piel Op. Cit.

3

CAPÍTULO III
HIPÓTESIS

3.1 HIPÓTESIS

La evolución de las diferentes tecnologías de iluminación artificial puede repercutir en las atmósferas creadas por el arquitecto para realizar las actividades cotidianas cumpliendo con los requerimientos espaciales dentro de un proyecto arquitectónico doméstico. En la observación y la práctica se podrán generar criterios técnicos que cumplan con aspectos cualitativos y cuantitativos de la iluminación artificial con la finalidad de crear una directriz en el proceso de diseño de ésta.

4

CAPITULO IV
UNIDADES DE ANÁLISIS

4.1 UNIDADES DE ANÁLISIS

Los habitantes son la parte medular de la investigación, el profesional que hace arquitectura debe de comprender que sus requerimientos tanto pragmáticos como existenciales, específicamente de cada individuo son la directriz que marcará la toma de decisiones en que el arquitecto conciba espacios que correspondan a que puedan los habitantes realizar de manera adecuada las actividades cotidianas dentro de su propia residencia, así como la determinación de la iluminación artificial adecuada en el espacio específico para que estas decisiones contribuyan a cuidar la salud, el bienestar y la calidad de vida de los habitantes.

Los casos de estudio son las dos distintas familias y las residencias en las cuales habitan. Por una parte, la Familia Castillo Vázquez-Vela conforma la familia del Arquitecto Alejandro Castillo Orejel la cual se tomará su residencia como la vivienda a estudiar del año 1982. Por otra parte, la Familia Guillén Libera y la residencia que habitan la casa Guillén de 2014 conforman el segundo objeto de estudio, donde se podrá comparar ambos objetos de estudio por el distinto periodo histórico en el que se construyeron las residencia y por ende se utilizaron fuentes de iluminación acordes a la época.

A continuación, se exponen los objetos de estudios, explicando los requerimientos pragmáticos y existenciales propios de cada familia y se estudian las dos residencias de manera general, sus adecuaciones con el paso del tiempo y al final se hace un análisis de los recintos seleccionados donde se realizan las actividades cotidianas a estudiar.

4.1.1 FAMILIA CASTILLO VÁZQUEZ-VELA

La Casa Castillo fue construida en 1982 para la entonces pareja conformada por el Arquitecto Castillo de 67 años actualmente y su esposa María Antonieta de Castillo de 66. Se planteó crear tres habitaciones en la residencia, que servirían una como recámara principal, otra de visitas y otra para lectura y hall de tv que después servirían estas últimas como habitaciones para los hijos. La familia Castillo Vázquez-Vela creció en un espacio cálido donde se requería de un ambiente con una carga espiritual importante. La familia tiene un especial gusto por la convivencia social, familiar y cada quince días se reúnen con allegados a leer las Sagradas Escrituras de su religión. El Arquitecto es un artista que gusta de leer, pintar, escribir, componer, cantar, tocar la guitarra, por lo que era necesario un espacio que estimulara la creatividad de manera satisfactoria.

Requerimientos pragmáticos

La pareja tiene un gusto por la lectura, el arquitecto comenta que tiene la costumbre de leer aproximadamente 20 libros al año. Le dedica siempre 40 mins. a leer la Sagrada Escritura a las 5am., horario indispensable de una iluminación artificial adecuada. En la tarde le dedica otra hora a leer algo de su interés y en la noche antes de acostarse le dedica otros 40 mins. a la lectura. Su esposa también tiene un interés por la lectura y realizar actividades en su portátil en las noches, actividades que realiza en un escritorio aledaño a la cama en la recámara principal. La señora tiene un gusto por la cocina, le dedica todos los días de 60 a 90 minutos durante la mañana, tarde y noche.

Requerimientos existenciales

El arquitecto y su esposa tienen un particular gusto por la iluminación blanca o fría en todos los recintos de la residencia a excepción de la sala. El arquitecto comenta que en la sala debe de haber una combinación entre iluminación cálida e iluminación fría que ayude a que exista un contraste en el ambiente y que alegre al individuo, pero a su vez permita un espacio acogedor que sea amigable con los materiales que existen en el espacio como la madera en techo, vigas y piso, además resaltar los objetos que ellos consideran de valor por las experiencias y viajes que han marcado algunas etapas de su vida. La calidez en la casa es un aspecto inapelable para la familia Castillo, la convivencia requiere de un espacio que permita estar largos periodos de tiempo con sus seres queridos siendo esta prioridad de sus actividades.

4.1.2 CASA CASTILLO

La Casa Castillo fue de las primeras casas que se construyeron en el Fraccionamiento residencial Tangamanga en 1982, comenta el arquitecto Alejandro Castillo Orejel que le dijeron que era un *loco* por construir en la loma en medio de la nada, ya que eran contadas casas las que estaban construyéndose a la par, de lo que ahora es uno de los fraccionamientos residenciales no privados con mejor plusvalía y ubicación de la Ciudad. Se diseñó para el arquitecto y su esposa creando habitaciones que fungirían como recintos para la entonces pareja, pero pensando en que se modificarían a habitaciones para los hijos que planeaban tener. La residencia tuvo una remodelación en el año 2011, donde se modificaron algunos espacios de la casa y se le adjunto una oficina para el arquitecto en un espacio que era destinado al comedor de invitados que casi no se usaba por tener un área techada en jardín trasero aledaño a sala y cocina y que se usaba para las reuniones sociales.

Imagen 3. Fachada principal Casa Castillo (Foto de 1986) Tomada por el Arq. Alejandro Castillo Orejel

En la imagen 3 se puede apreciar la primera foto de la vivienda construida en 1982 donde empezaría a radicar junto con su esposa el Arquitecto Alejandro Castillo Orejel, se observa una permeabilidad absoluta al interior que refleja la seguridad que se vivía en ese tiempo en la Ciudad.

Imagen 4. Fachada principal Casa Castillo (Foto de 1990) Tomada por el Arq. Alejandro Castillo Orejel

Cuestiones de inseguridad en la Ciudad llevaron a la familia de la Casa Castillo, a ir modificando la fachada principal con el objeto de cuidar la integridad y seguridad de los habitantes, como se puede observar en las imágenes 3, 4 y 5 con el paso del tiempo el portón de la cochera contribuyó a perder permeabilidad de la fachada principal dando mayor privacidad para la familia y generando una barrera al exterior del fraccionamiento residencial que no cuenta con acceso controlado.

Imagen 5. Fachada principal Casa Castillo (Foto de 2011) Tomada por el Arq. Alejandro Castillo Orejel

La iluminación en la cochera es por medio de unos reflectores de jardín que dan una potencia mayor a cualquier luminaria tradicional con la finalidad de dar mayor visibilidad en el espacio, una simulación a la luz de día y una sensación de seguridad y no de susceptibilidad.

Imagen 6. Interior de cochera Casa Castillo (Foto de 2016) Tomada por el Arq. Alejandro Castillo Orejel

En la parte posterior de la residencia existe un jardín orientado al sur con vista a todas las habitaciones, sala y cocina, el cual proporciona iluminación natural a gran parte de la residencia y sirve como un remate verde para tener una interacción constante con la Naturaleza.

Imagen 7. Fachada posterior Casa Castillo (Foto de 1986) Tomada por el Arq. Alejandro Castillo Orejel

En la remodelación de 2011 por actividades sociales de la familia se cubre el pasto para crear un gran patio posterior conectado a la sala que sirve para extender el área destinada a la convivencia y reunión tanto familiar como social. En la imagen 6 y 7 se puede observar una diferencia en el ambiente creado el interior por la temperatura del color de las fuentes de iluminación en la sala de la residencia, debido al cambio de tecnología de halógenos a Leds ya que actualmente está limitado en el mercado a dos temperaturas de color por fuente de iluminación.

Imagen 8. Fachada posterior Casa Castillo (Foto de 2011) Tomada por el Arq. Alejandro Castillo Orejel

Imagen 9. Fachada principal Casa Castillo (Foto de 2016) Tomada por el Arq. Alejandro Castillo Orejel

4.1.3 ANÁLISIS DE LOS RECINTOS

SALA: Este recinto se diseñó teniendo como requerimiento existencial un espacio que fuese acogedor y a su vez causara alegría en los habitantes menciona el Arq. Castillo, por lo que se usaron materiales como maderas para dar calidez y se planteó una iluminación que fuera amigable con los materiales y texturas. Además, se utilizaron dobles alturas con desfases en techo a dos aguas para crear efectos de sorpresa y el empleo de vigas para tener juegos de luz y sombra. Las luminarias son de iluminación difusa[78] para crear un ambiente cálido, la única iluminación directa es el spot en el nicho que enfatiza objetos de valor sentimental de la familia. El espacio tiene un aspecto vigente y contemporáneo a pesar de que es una residencia que se construyó hace más de treinta años.

Imagen 10. (Izquierda) Sala Casa Castillo (Foto de 1986) Tomada por el Arq. Alejandro Castillo Orejel
Imagen 11. (Derecha) Sala Casa Castillo (Foto de 2011) Tomada por el Arq. Alejandro Castillo Orejel

Las luminarias de la sala tanto de techo como las de mesa tienen una tela que sirve como filtro para que la iluminación se haga difusa y genere un espacio más interesante y acogedor por la nitidez de las sombras. El muro en el fondo

[78] Luz que incide sobre los objetos desde múltiples ángulos, proporcionando una iluminación homogénea y haciendo que las sombras sean menos nítidas cuanto más lejos esté un objeto de la superficie que oscurece.

de la sala fue pintado de gris claro con la intención de que el color gris absorbiera un poco tanto la luminancia de la luz natural del sol proveniente del jardín posterior aledaño que en ocasiones tiende a reflejarse de forma excesiva, como también para atenuar la iluminancia de las luminarias con el fin de crear la sensación de un espacio acogedor.

Imagen 12. Sala Casa Castillo (Foto de 2011) Tomada por el Arq. Alejandro Castillo Orejel

Imagen 13. Acceso y sala Casa Castillo (Foto de 2011) Tomada por el Arq. Alejandro Castillo Orejel

En las imágenes 10 y 11 en contraste con las imágenes 12 y 13 se puede observar la perdida de la esencia del espacio y de los requerimientos existenciales cuando se cambió de una tecnología a otra. Inclusive se puede observar como la iluminación cálida que se tenía con la anterior tecnología acentuaba el color gris del muro del fondo dando un contraste notorio en las diferencias de color y texturas. En cambio, en la iluminación fría con la tecnología LED se ilumina todo como una totalidad, no hay contraste, se tiene un espacio iluminado para que el usuario pueda ver, pero no cumple con los requerimientos existenciales de los habitantes de tener un espacio cálido para la convivencia y que resaltara los materiales y las cualidades del espacio.

Imagen 14. Acceso y sala Casa Castillo (Foto de 2016) Tomada por el Arq. Alejandro Castillo Orejel

Imagen 15. Sala Casa Castillo (Foto de 2016) Tomada por el Arq. Alejandro Castillo Orejel

PLANO DE LA SALA EN CASA CASTILLO

La presente imagen muestra una sección del plano arquitectónico de la Casa Castillo hecho a mano por el Arq. Alejandro Castillo Orejel, donde se aprecia la planificación de la sala. Se le agrega al plano el sembrado de luminarias con el fin de entender la ubicación de las diferentes luminarias que conciernen en la realización de la actividad de conversar en este espacio de la residencia.

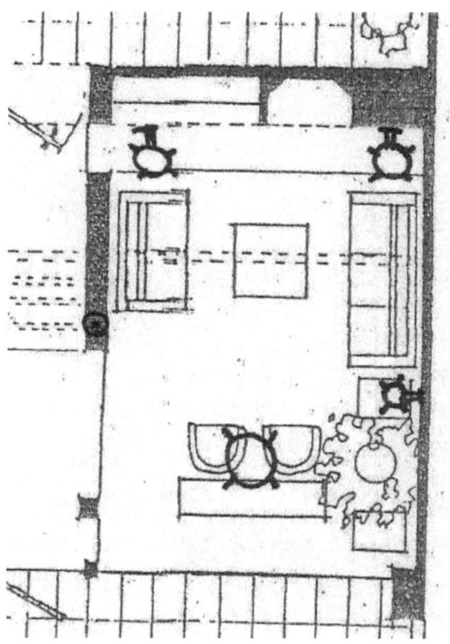

Imagen 16. Sala Casa Castillo. Detalle de plano a mano alzada del Arq. Alejandro Castillo Orejel, con una modificación hecha por el Arq. Arturo García de Haro del sembrado de luminarias en el recinto.

COCINA: El espacio que actualmente tiene la función de cocina en 1982 cuando se proyectó la residencia funcionaba como una habitación tipo estudio y hall de TV, para la lectura o actividades de recreación y ocio como ver televisión y la convivencia familiar ya que tenía la función de estar en la parte privada de la casa a diferencia de la sala que se encuentra inmediato del acceso, pero a su vez tenía un contacto directo también con el jardín posterior, lo que lo hacía tener cierta interacción con la Naturaleza creando un espacio adecuado para la relajación y el disfrute. La iluminación en este espacio era el de una luminaria de techo fija y luminarias de mesa aledañas a los sillones que servían para poder facilitar actividades cotidianas que requirieran de mayor cantidad de luz y de manera más específica como la lectura.

Imagen 17 Estudio, actual cocina Casa Castillo (Foto de 1986) Tomada por el Arq. Alejandro Castillo Orejel

La cocina en 1982 se encontraba en lo que hoy es el comedor de casa, era un espacio pequeño con lo indispensable para la actividad de preparación de alimentos y una barra pequeña que funcionaba como antecomedor.

Al espacio se le adecúa el mobiliario esencial de una cocina, utilizando los nichos del entonces librero para los nuevos gabinetes de cocina empotrados a muro, se agrega una isla para la actividad de preparación de alimentos que coincide con la salida de centro para la luminaria de techo necesaria para realizar la actividad cuando no haya luz solar, y se le agrega un tubo de PVC menciona el arquitecto, que se pinta de gris para simular un elemento de acero que además de dar un toque moderno al espacio lo hace ver interesante por las sombras y la profundidad en contraste a los otros materiales en segundo plano que ahí se encuentran.

Imagen 18. (Izquierda) Cocina Casa Castillo (Foto de 2011) Tomada por el Arq. Alejandro Castillo Orejel
Imagen 19. (Derecha) Cocina Casa Castillo (Foto de 2016) Tomada por el Arq. Alejandro Castillo Orejel

La iluminación en el cambio de tecnología se puede observar en las imágenes 16 y 17 que en la parte donde se realiza la preparación de alimentos es un poco más difusa y tenue con la tecnología LED que con la halógena. Además, en la viga de madera arriba de cancelería en la imagen 17 se observa que se le añadió una tira de Leds para tener iluminación indirecta que simula a un pozo de luz natural el cual no se ve con exactitud de donde viene la luz pero que ayuda que exista un mayor flujo luminoso en éste recinto de la residencia.

PLANO DE LA COCINA EN CASA CASTILLO

La presente imagen muestra una sección del plano arquitectónico de la Casa Castillo hecho a mano por el Arq. Alejandro Castillo Orejel, donde se aprecia la planificación de la cocina. Se le agrega al plano el sembrado de luminarias con el fin de entender la ubicación de las diferentes luminarias que conciernen en la realización de la actividad de preparar alimentos en este espacio de la residencia.

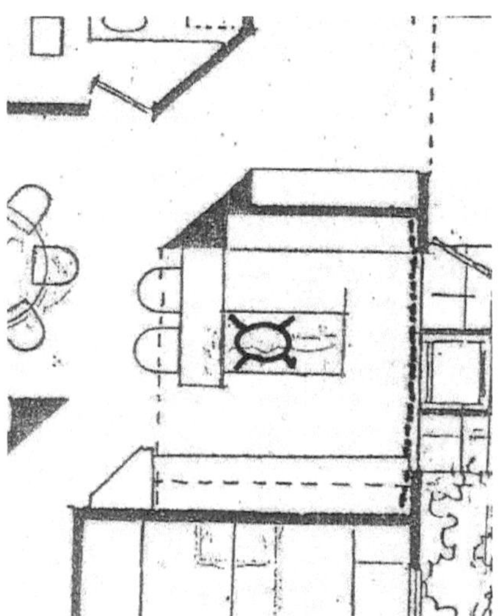

Imagen 20. Cocina Casa Castillo. Detalle de plano a mano alzada del Arq. Alejandro Castillo Orejel, con una modificación hecha por el Arq. Arturo García de Haro del sembrado de luminarias en el recinto.

RECÁMARA PRINCIPAL: Esta habitación principal al igual que las dos aledañas tenían la intención de tener una interacción directa con el jardín exterior que se orientaba hacia el sur, que es la latitud en la que el verano no permite la entrada de los rayos del sol a las habitaciones y en el invierno sí, con el objeto de crear habitaciones cálidas en invierno y frescas en verano, el techo inclinado tiene la función de que en su parte más alta tiene una ventilación que sirve para que salga el aire caliente ya que la Ciudad tiene un clima seco que en verano tiende a ser muy caliente. La iluminación consta de una luminaria de techo, las dos de mesa a los costados de la cama, y una cuarta en un escritorio aledaño a la cama, que es donde la esposa del Arquitecto realiza sus actividades de trabajo personal y lecturas. El espacio que se remodeló en 2011 cambio su piso de alfombra a madera y se cambiaron algunos colores en muros para mejor la calidez en este espacio de la residencia.

Imagen 21. (Derecha) Recámara principal Casa Castillo (Foto de 1986) Tomada por el Arq. Alejandro Castillo Orejel

Imagen 22. (Izquierda) Recámara principal Casa Castillo (Foto de 2011) Tomada por el Arq. Alejandro Castillo Orejel

Al cambiar a tecnología de Leds se puede observar en la imagen 21 que la luminaria de techo genera una iluminación del tono natural pero que no es amigable con el techo y vigas de madera, ya que la luz cálida además de crear espacios acogedores ayuda a resaltar los colores en la paleta de los cálidos para que pueda resaltar su color. Lo que hace la luz fría es iluminar el espacio resaltar los blancos y los colores fríos y se puede observar como el muro en la cabecera de la cama pierde un poco su color amarillo ya que la luz fría atenúa su intensidad de color.

Como se observa en las diferentes sombras nuevamente los filtros empleados en lámparas de techo (vidrio esmerilado) y de mesa (pantalla de tela) provocan una luz difusa que difumina las sombras para que no se proyectan tan pronunciadas y dando así una armonía mayor en el espacio.

Imagen 23. Recámara principal Casa Castillo (Foto de 2011) Tomada por el Arq. Alejandro Castillo Orejel

PLANO DE LA RECÁMARA PRINCIPAL EN CASA CASTILLO

La presente imagen muestra una sección del plano arquitectónico de la Casa Castillo hecho a mano por el Arq. Alejandro Castillo Orejel, donde se aprecia la planificación de la recámara principal. Se le agrega al plano el sembrado de luminarias con el fin de entender la ubicación de las diferentes luminarias que conciernen en la realización de la actividad de lectura en este espacio de la residencia.

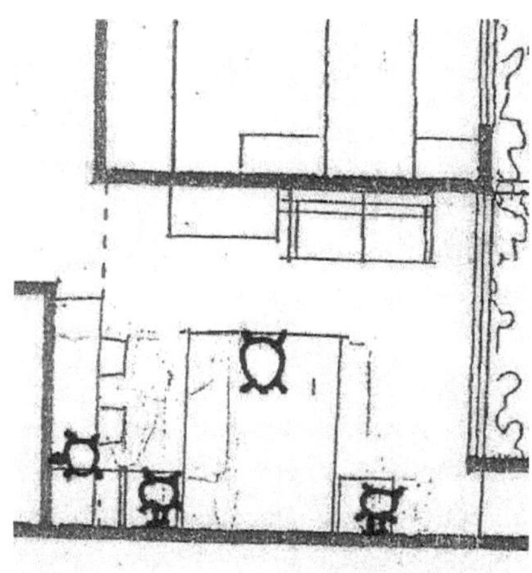

Imagen 24. Recámara principal. Casa Castillo. Detalle de plano a mano alzada del Arq. Alejandro Castillo Orejel, con una modificación hecha por el Arq. Arturo García de Haro del sembrado de luminarias en el recinto.

4.1.4 FAMILIA GUILLÉN LIBERA

La Casa Guillén fue diseñada en 2014 para la familia Guillen Libera conformada por la señora Gabriela Libera de 56 años actualmente, su esposo de 56 años y sus dos hijos, los cuales eran en ese entonces estudiantes de Universidad y requerían de espacios privados para realizar sus actividades escolares, pero no querían un espacio destinado a un estudio para ello. Se buscaba un espacio destinado a lo social y que fuera amplio para poder realizar fiestas familiares como la boda de una de las hijas de la pareja.

Requerimientos pragmáticos

Las habitaciones de los hijos tenían que tener un ambiente adecuado para el estudio ya que acostumbraban realizar sus actividades universitarias en sus habitaciones, la Señora comenta que no querían un área destinada como estudio debido a que cada integrante prefería la privacidad de su recámara para realizar cualquier actividad. La señora prepara alimentos en la cocina sólo por la mañana y por las noches dedicándole cuarenta minutos a la actividad en cada horario. La persona que realiza la preparación de alimentos por las tardes es una señorita de 21 años que ayuda en las labores.

Requerimientos existenciales

La familia tiene un vivero de negocio, por lo que para ellos es muy importante la interacción con lo natural en cada espacio de la vivienda, así como de tener las condiciones adecuadas para que viva. La familia es religiosa y muy espiritual cuando se construyó la casa se planeaba que en la terraza se acondicionaría para realizar una boda muy íntima para su hija. Tienen un gusto por las reuniones tanto sociales como familiares siendo esto algo fundamental para la distribución de los espacios.

4.1.5 CASA GUILLEN

La casa Guillén fue diseñada por el Arq. Alejandro Castillo Orejel para una familia potosina que consta de la pareja, un hijo y una hija. Esta casa fue premiada en la Bienal de Arquitectura 2016 con la "Medalla de oro" que es el gran premio que se otorga en la bienal siendo la primera vez que San Luis Potosí recibe este premio y por el "Cali" en su categoría de vivienda residencial. La casa fue hecha por el Arquitecto en tan solo 5 meses.

Imagen 25. Fachada principal Casa Guillén (Foto de 2014) Tomada por el Arq. Alejandro Castillo Orejel

El terreno tiene una pendiente de siete metros los cuales fueron aprovechados por el arquitecto para crear los espacios. El techo ubicado a medio nivel arriba de banqueta por la puerta de acceso es una amplia terraza que ofrece una vista al valle de la Ciudad, seguido a este espacio a medio nivel debajo de banqueta se encuentran los espacios públicos y semipúblicos, y en el nivel más bajo de la residencia se encuentran los espacios privados que tienen una orientación hacia el jardín de la residencia para tener siempre un contacto con lo natural e iluminar correctamente los espacios. Toda la iluminación en la residencia esta propuesta con tecnologías LED tanto en interiores como en exteriores, utilizándose una combinación de temperatura de color en luz cálida y fría para crear un contraste en la iluminación.

Imagen 26. Acceso Casa Guillén (Foto de 2014) Tomada por el Arq. Alejandro Castillo Orejel

El acceso vehicular es separado de la vivienda por un puente que cruza un pozo de luz que sirve de iluminación a los espacios orientados en esa parte. La iluminación enfatiza este camino por ser el trayecto de recibimiento hacia la puerta principal. Al costado izquierdo de la residencia se encuentra de manera independiente el acceso para subir a la terraza sin necesidad de entrar a la residencia en caso de tener alguna reunión. El volumen inmediato a este acceso es una escalera pensada para unificar de manera independiente las áreas de servicios, que conecta a la cocina en un nivel y al cuarto de lavado en otro nivel para mejor funcionamiento de estas áreas.

Imagen 27. Fachada posterior Casa Guillén (Foto de 2014) Tomada por el Arq. Alejandro Castillo Orejel

4.1.6 ANÁLISIS DE LOS RECINTOS

SALA: Este recinto se diseñó para la convivencia familiar y social de la familia, creando un espacio amplio y con gran altura que pudiera extenderse en caso de contar con un número mayor de visitas, por lo que se planteó una terraza interior en el espacio aledaño que sirve además de tener una conexión directa a este recinto también utilizado para la convivencia social, como un remate verde a un costado de este recinto y del otro lado una vista hacia el Valle de la Ciudad aprovechado por la pendiente del terreno, ambos remates de cancelería iluminan el espacio de forma natural de día.

La iluminación artificial propuesta consta de diferentes escenas que el habitante puede manipular desde el acceso de la sala, teniendo la posibilidad de iluminar el espacio con todas las luces prendidas, o escoger entre la luminaria de techo, los *spots* empotrados en losa o las luminarias de mesa que en su totalidad generan una combinación del contraste entre iluminación cálida y fría.

Imagen 28. Sala Casa Guillén (Foto de 2014) Tomada por el Arq. Alejandro Castillo Orejel

Imagen 29. Sala Casa Guillén (Foto de 2014) Tomada por el Arq. Alejandro Castillo Orejel

La sala comparte el espacio con recintos destinados a lo público y a lo semipúblico en el mismo nivel. Las luminarias de techo como parte de una identidad del Arquitecto por esconder las fuentes de iluminación y crean luz sin que se note éste último, tienen un vidrio que funciona como filtro para la luz que no permite que se direccione la iluminación sino al contrario que se haga difusa y elimina las sombras contorneadas y las difumine sobre los espacios. Eso es algo importante en recintos como la sala ya que la creación de sombras muy contorneadas enfoca la atención en ese espacio e inconscientemente dan una jerarquía visual importante. La iluminación difusa lo que ocasiona en el habitante es que los espacios estén iluminados de una forma general y la nitidez de las sombras da un claro oscuro difuminado sin resaltar de más algo a menos que se tenga la intención de hacerlo.

Los cuadros y esculturas en la vivienda también son obra del Arquitecto Alejandro Castillo Orejel y crean una atmósfera interesante enfocada por la iluminación artificial directa por medio de *spots* empotrados en loza que dirigen la luz específicamente para resaltar y llamar su atención.

PLANO DE LA SALA EN CASA GUILLÉN

La presente imagen muestra una sección del plano arquitectónico de la Casa Guillén hecho a mano por el Arq. Alejandro Castillo Orejel, donde se aprecia la planificación de la sala. Se le agrega al plano el sembrado de luminarias con el fin de entender la ubicación de las diferentes luminarias que conciernen en la realización de la actividad de conversar en este espacio de la residencia.

Imagen 30. Sala. Casa Guillén. Detalle de plano a mano alzada del Arq. Alejandro Castillo Orejel, con una modificación hecha por el Arq. Arturo García de Haro del sembrado de luminarias en el recinto.

COCINA: Este espacio se diseñó con la premisa de tener un lugar amplio, fresco y en conjunto a un bloque de servicios que se conecta de manera independiente por una escalera de servicios. La iluminación es directa por los spots empotrados en techo en lugares específicos donde se realizan actividades principales y difusa por las lámparas de techo que ayudan a maximizar la cantidad de luz.

Imagen 31. Cocina Casa Guillén (Foto de 2014) Tomada por el Arq. Alejandro Castillo Orejel

Imagen 32. Cocina Casa Guillén (Foto de 2014) Tomada por el Arq. Alejandro Castillo Orejel

Imagen 33. (Izquierda) Barra Cocina Casa Guillén (Foto de 2014) Tomada por el Arq. Alejandro Castillo Orejel
Imagen 34. (Derecha) Isla central de antecomedor y preparación de alimentos Casa Guillén (Foto de 2014) Tomada por el Arq. Alejandro Castillo Orejel

La preparación de alimentos es una actividad que disfruta la señora Guillén hacer por las mañanas y en las noches, horarios en los que es vital el empleo de iluminación artificial adecuada en la zona de la isla central que es donde acostumbra a lavar y picar los alimentos y a lado de la estufa donde sazona y los cose. Por las tardes la persona que les ayuda es quien se encarga de realizar la preparación de alimentos, pero la iluminación natural del recinto es adecuada para que pueda realizarse la actividad sin necesidad de tener las fuentes de iluminación prendidas.

Se emplea un detalle verde sobre la zona de la isla central que sirve para contrastar con el minimalismo del espacio, pero que a su vez atenúan de manera suave la intensidad lumínica proveniente de los spots empotrados en techo, a este proceso se le llama refracción que, aunque sucede en una cantidad muy pequeña pero afecta en la transmisión de la luz al espacio dirigido. Además, funciona para crear sombras en el plano de trabajo y crean una visión atmosférica agradable al realizar la actividad.

PLANO DE LA COCINA EN CASA GUILLEN

La presente imagen muestra una sección del plano arquitectónico de la Casa Guillén hecho a mano por el Arq. Alejandro Castillo Orejel, donde se aprecia la planificación de la cocina. Se le agrega al plano el sembrado de luminarias con el fin de entender la ubicación de las diferentes luminarias que conciernen en la realización de la actividad de preparación de alimentos en este espacio de la residencia.

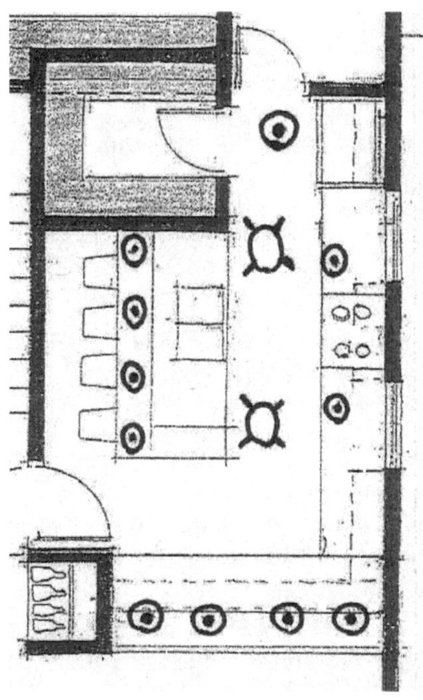

Imagen 35. Cocina. Casa Guillén. Detalle de plano a mano alzada del Arq. Alejandro Castillo Orejel, con una modificación hecha por el Arq. Arturo García de Haro del sembrado de luminarias en el recinto.

RECÁMARA: Este espacio de la residencia además de buscar la privacidad del habitante, también requería tener un contacto con la Naturaleza y a su vez iluminar el espacio de forma natural de manera adecuada. Las tres recámaras cuentan con vestidor y baño independientes. La iluminación artificial se propone por una luminaria de techo que genera luz artificial difusa en la habitación para crear la calidez necesaria en la iluminación, así como de visibilidad, y spots empotrados a techo que enfatizan ciertas cosas en específico poniendo una línea de *spots* aledaños al muro de ventana e inmediato a la puerta de acceso donde se tiene un escritorio donde se realizan actividades de trabajo personal. En el espacio entre la cama y la puerta al vestidor no se colocaron *spots* debido a considerarse como un área de transición en la misma habitación, por lo que no requería de una iluminación especialmente dirigida. El *spot* de la esquina cercano a la cama además de enfatizar el detalle de la decoración facilita la actividad de la lectura que puede realizarse desde la cama o bien en el escritorio inmediato a la puerta de acceso.

Imagen 36. Recámara Casa Guillén (Foto de 2016) Tomada por el Arq. Arturo García de Haro

PLANO DE LA RECÁMARA EN CASA GUILLEN

La presente imagen muestra una sección del plano arquitectónico de la Casa Guillén hecho a mano por el Arq. Alejandro Castillo Orejel, donde se aprecia la planificación de una recámara. Se le agrega al plano el sembrado de luminarias con el fin de entender la ubicación de las diferentes luminarias que conciernen en la realización de la actividad de lectura en este espacio de la residencia.

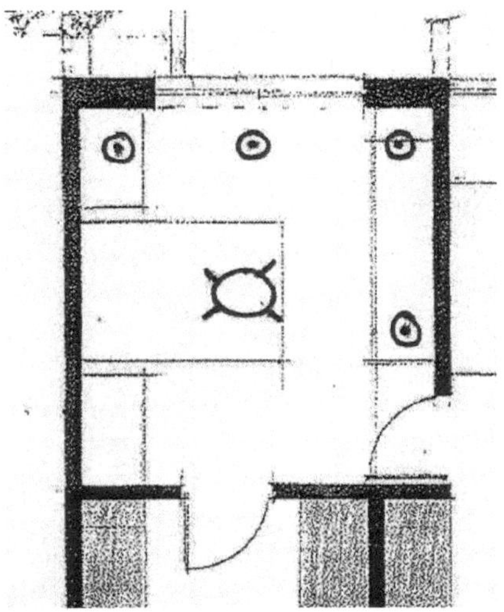

Imagen 37. Recámara. Casa Guillén. Detalle de plano a mano alzada del Arq. Alejandro Castillo Orejel, con una modificación hecha por el Arq. Arturo García de Haro del sembrado de luminarias en el recinto.

5

CAPITULO V

EXPERIMENTACIÓN EN LAS UNIDADES DE ANÁLISIS

5.1 CASA CASTILLO

Se tomó la medida de la iluminancia, de la temperatura y la humedad relativa dados por las luminarias en sala, cocina y recámara principal por medio de un hobo que nos dio la información programada a cada minuto en un lapso total de 70 minutos, obteniendo de 20 minutos previos al encendido datos para determinar las características iniciales a tomar en cuenta previo al encendido, después 30 minutos con las luminarias encendidas que nos simulan un tiempo promedio del que se realiza la actividad y después 20 minutos posteriores al encendido para observar cómo es que influye en el espacio el haber tenido las luminarias encendidas. Se colocó el dispositivo recolector de datos en un lugar concreto a donde se realizan las actividades de conversar, preparación de alimentos y leer. Los resultados se presentan a manera detallada en tablas y gráficas en el final del documento en la sección de Anexos.

Imagen 38. Toma medidas en Sala Casa Castillo (Foto de 2016) Tomada por el Arq. Arturo García de Haro

Imagen 39. Toma medidas en Cocina Casa Castillo (Foto de 2016) Tomada por el Arq. Arturo García de Haro

Imagen 40. Toma medidas en Recámara principal Casa Castillo (Foto de 2016) Tomada por el Arq. Arturo García de Haro

5.2 CASA GUILLÉN

Se tomó la medida de la iluminancia, de la temperatura y la humedad relativa dados por las luminarias en sala, cocina y recámara principal por medio de un hobo que nos dio la información programada a cada minuto en un lapso total de 70 minutos, obteniendo de 20 minutos previos al encendido datos para determinar las características iniciales a tomar en cuenta previo al encendido, después 30 minutos con las luminarias encendidas que nos simulan un tiempo promedio del que se realiza la actividad y después 20 minutos posteriores al encendido para observar cómo es que influye en el espacio el haber tenido las luminarias encendidas. Se colocó el dispositivo recolector de datos en un lugar concreto a donde se realizan las actividades de conversar, preparación de alimentos y leer. Los resultados se presentan a manera detallada en tablas y gráficas en el final del documento en la sección de Anexos.

Imagen 41. (Izquierda) Toma medidas en Sala Casa Guillén (Foto de 2016) Tomada por el Arq. Arturo García de Haro

Imagen 42. (Derecha) Detalle hobo en Sala Casa Guillén (Foto de 2016) Tomada por el Arq. Arturo García de Haro

Imagen 43. (Izquierda) Toma medidas en Cocina Casa Guillén (Foto de 2016) Tomada por el Arq. Arturo García de Haro

Imagen 44. (Derecha) Detalle hobo en Cocina Casa Guillén (Foto de 2016) Tomada por el Arq. Arturo García de Haro

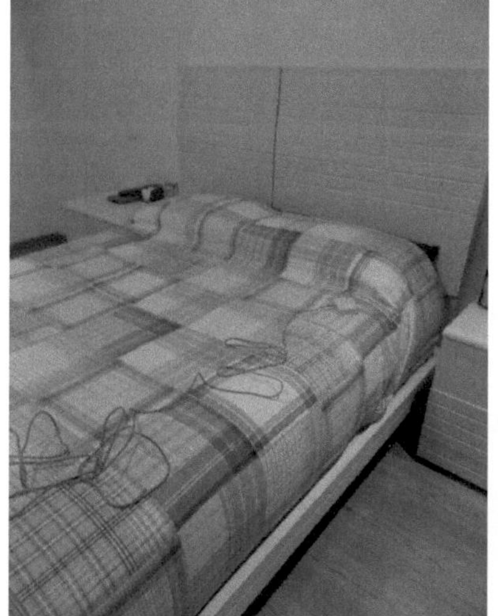

Imagen 45. (Izquierda) Toma medidas en recámara Casa Guillén (Foto de 2016) Tomada por el Arq. Arturo García de Haro

Imagen 46. (Derecha) Detalle hobo en recámara Casa Guillén (Foto de 2016) Tomada por el Arq. Arturo García de Haro

5.3 RESULTADOS

A continuación, se muestra una tabla en la que se valoran los resultados obtenidos en la cantidad de iluminancia en las unidades de análisis, donde se marca en rojo en las actividades de preparación de alimentos y lectura, las que no cumplen con recomendaciones dadas por IESNA, SMII y recopilados en literatura, en verde las que si cumplen. En la actividad de conversar, los marcados en verde sirven para deliberar el tipo de ambiente por la cantidad de iluminancia creado en la sala de ambas residencias.

Actividad	Max 1.25	IESNA	Min. 0.85	Max 1.25	SMII	Min 0.85	Lit	Valor	Casa Castillo	Casa Guillén
Preparación de alimentos	625	**500**	425	375	**300**	255	500	Promedio	271.47	192.41
								Máximo	295.6	193.2
								Moda	264.1	193.2
Sala Íntimo ligero	125	**100**	85	75	**60**	51	100	Promedio	58.57	170.55
								Máximo	59.1	177.40
								Moda	59.1	169.5
Sala Íntimo acogedor	37.5	**30**	25.5	37.5	**30**	25.5	100	Promedio	58.57	170.55
								Máximo	59.1	177.40
								Moda	59.1	169.5
Sala Ordinario ligero	37.5	**300**	255	250	**200**	170	100	Promedio	58.57	170.55
								Máximo	59.1	177.40
								Moda	59.1	169.5
Sala Ordinario acogedor	187.5	**150**	127.5	125	**100**	85	100	Promedio	58.57	170.55
								Máximo	59.1	177.40
								Moda	59.1	169.5
Lectura en habitación	375	**300**	255	250	**200**	170	500	Promedio	156.34	178.19
								Máximo	161.6	185.3
								Moda	161.6	177.4

Tabla 11. Compendio de resultados de en experimentación en las unidades de análisis y comparativa con datos duros

6

CAPÍTULO VI

SIMULACION DE ACTIVIDADES EN LABORATORIO

6.1 EL LABORATORIO

Se hizo una selección de luminarias en el Laboratorio de Iluminación de la Facultad del Hábitat en donde se buscó principalmente una variación de luminarias LED, halógenas y fluorescentes, en sus combinaciones de temperaturas de color en lámparas con luces cálidas, naturales y frías, y a su vez tener algunas que cuenten con algún tipo de filtro y otras que no lo tienen.

Imagen 47. Plafón en Laboratorio de Iluminación de la Facultad del Hábitat (Foto de 2016) Tomada por el Arq. Arturo García de Haro

El laboratorio de Iluminación de la Facultad del Hábitat está formado por circuitos que son encendidos por pastillas desde un centro de carga que se encuentra en el Cuarto de Control aledaño al Laboratorio y cada pastilla abarca un grupo de luminarios, algunos de la misma tipología de luminaria y foco, algunos de la misma tipología de luminaria mas no de foco, y algunos que varían por tener diferentes temperaturas de color para observar sus diferencias a pesar de usar una misma tecnología o tipo de luminaria.

Se realizaron 70 pruebas de 70 minutos cada una dando un total de 4900 minutos o 81.6 horas en el laboratorio, en 4 etapas que se expondrán a continuación.

En la primera etapa se hicieron pruebas con 12 de las luminarias escogidas, con el objeto de tomar la medición de luminosidad y de la temperatura generado tanto en el espacio donde se puede realizar una actividad, así como también la temperatura obtenida de la luminaria.

A continuación, se muestra un croquis sobre el sembrado de las luminarias en el Laboratorio de Iluminación, las cuales están numeradas correspondiendo al grupo de lámparas por el que se encuentran dependiendo su tipología de luminaria que puede contener uno o varios tipo de fuentes de iluminación, una misma o varias temperaturas de color para observar sus diferencias, pueden tener o no el uso de filtros para observar cómo es que dispersan y difuminan la luz al ser utilizados y distinta apertura de ángulo para observar el haz de luz que los mismos luminarios reflejan.

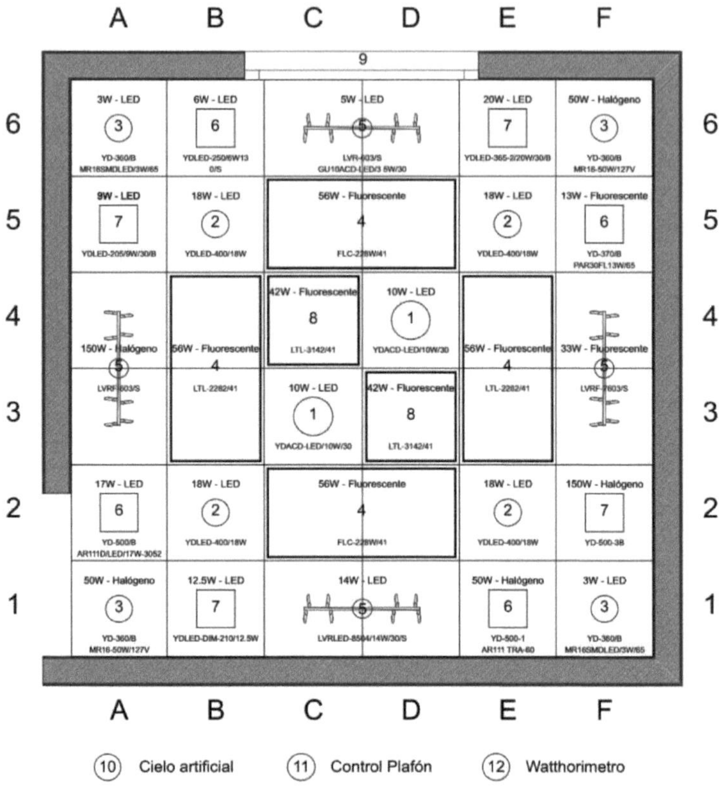

Imagen 48. Planta de luminarias detallada de Laboratorio de Iluminación de la Facultad del Hábitat. Croquis elaborado por el Arq. Arturo García de Haro

6.1.1 ETAPA 1. SELECCIÓN DE LUMINARIAS

Se tomó la medida de la luminancia, la temperatura y la humedad relativa dadas por la luminarias seleccionadas en el Laboratorio de iluminación de la Facultad del Hábitat con un hobo que se colocó en un espacio que simularía un área de trabajo, y se programó a tomar información a cada minuto en un lapso total de 70 mins.: 20 minutos previos al encendido para determinar las características que debemos de considerar como parámetro previo al encendido, después 30 minutos con las luminarias encendidas que nos simulan un tiempo promedio en el que se realiza una actividad y después 20 minutos más posteriores al encendido para observar cómo es que influye en el espacio el haber tenido la luminaria encendida. Se colocó el plafón a 2.40 m. y el hobo en un lugar que simulaba un área de trabajo a 0.96 m. a nivel de piso y a 1.44 mts. de la fuente de luz. Los resultados se presentan a manera detallada en tablas y gráficas en el final del documento en la sección de Anexos.

TOMA 1

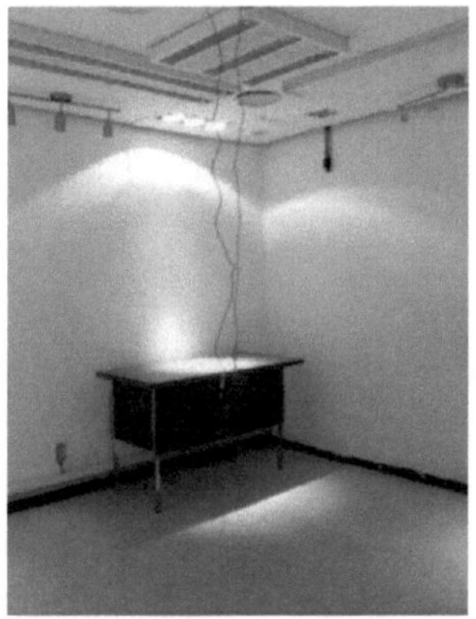

Lámpara halógena YD-500-3B

Circuito: 7. Ubicación en el plano: F-7

			Luminaria: YD-500-3B (Halógeno)		
Potencia	**Volts**	**Temp.**	**IRC**	**Lámp**	**Corte de emp.**
150 W	100-240 V/12 V	3000 K	80	AR-111	472 x 150 mm

Tabla 12. Información general sobre Lámpara YD-500-3B

Imagen 49. Toma 1 Lámpara halógena YD-500-3B (Foto de 2016) Tomada por el Arq. Arturo García de Haro

TOMA 2

Lámpara LED YDLED-205/9W/30/B

Circuito: 7. Ubicación en el plano: A-5

				Luminaria: YDLED-205/9W/30/B (LED)		
Pot.	**Volts**	**Lúm.**	**Temp**	**IRC**	**Angulo**	**Corte emp.**
7 W	100 – 240 V	350 lm	3000 K	80	30	85 mm

Imagen 50. Toma 2 Lámpara LED YDLED-205/9W/30/B (Foto de 2016) por el Arq. Arturo García de Haro

Tabla 13. Información general sobre Lámpara YDLED-205/9W/30/

TOMA 3

Lámpara fluorescente LTL-3142/41

Circuito: 8. Ubicación en el plano: C-4

			Luminaria: LTL-3142/41 (Fluorescente)		
Pot	**Volts**	**Lúm**	**Temp**	**IRC**	**Tipo de lámpara**
42 W	100 – 277 V	3000 lm	4100 K	80	3 x F14T5

Tabla 14. Información general sobre Lámpara LTL-3142/41

Imagen 51. Toma 3 Lámpara fluorescente LTL-3142/41 (Foto de 2016) Tomada por el Arq. Arturo García de Haro.

TOMA 4

Lámpara LED YDLED-DIM-210/12.5W

Circuito: 7. Ubicación en el plano: E-6

			Luminaria: YDLED-DIM-210/12.5W (LED)		
Pot	**Volts**	**Lúmenes**	**Temp.**	**IRC**	**Corte emp.**
12.5 W	100 – 127 V	580 lm	3000 K	80	127 mm

Tabla 15. Información general sobre Lámpara YDLED-DIM-210/12.5W

Imagen 52. Toma 4 Lámpara LED YDLED-DIM-210/12.5W (Foto de 2016) Tomada por el Arq. Arturo García de Haro

TOMA 5

Lámpara LED YDACD-LED/10W/30

Circuito: 1. Ubicación en el plano: D-4

			Luminaria: YDACD-LED/10W/30 (LED)			
Aplic.	**Pot.**	**Volts**	**Lúm**	**Temp**	**IRC**	**A**
Emp. techo	10 W	100 – 240 V	400 lm	3000 K	80	25°

Tabla 16. Información general sobre Lámpara YDACD-LED/10W/30

Imagen 53. Toma 5 Lámpara halógena YD-500-3B (Foto de 2016) Tomada por el Arq. Arturo García de Haro

TOMA 6

Lámpara halógena LVRF-603/S

Circuito: 5. Ubicación en el plano: A-3,4

		Luminaria: LVRF-603/S (Halógeno)		
Potencia	**Volts**	**Temp.**	**IRC**	**Tipo de lámpara**
150 W	100-240V / 12 V	4000 K	80	3 x GU10

Tabla 17. Información general sobre Lámpara LVRF-603/S

Imagen 54. Toma 6 Lámpara halógena LVRF-603/S (Foto de 2016) Tomada por el Arq. Arturo García de Haro

TOMA 7

Lámpara fluorescente FLC-228W/41

Circuito: 4. Ubicación en el plano: CD-5

			Luminaria: FLC-228W/41 (Fluorescente)		
Potencia	**Volts**	**Lúmenes**	**Temp.**	**IRC**	**Tipo de lámpara**
56 W	100 – 127	4200 lm	4100 K	80	2 x F28T5

Tabla 18. Información general sobre Lámpara FLC-228W/41

Imagen 55. Toma 7 Lámpara fluorescente FLC-228W/41 (Foto de 2016) Tomada por el Arq. Arturo García de Haro

TOMA 8

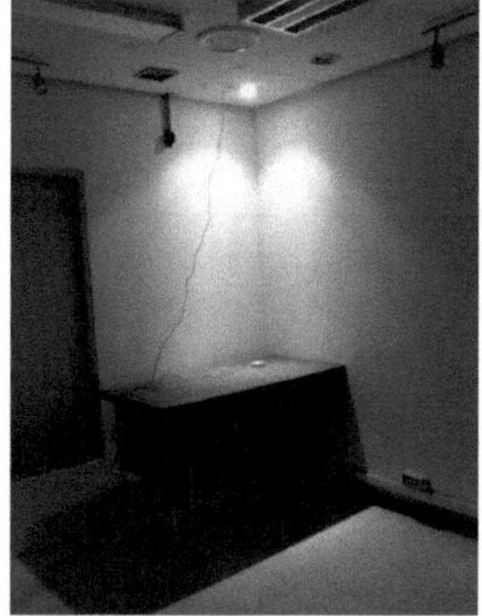

Lámpara halógena YD-360/B MR16-50W/127V

Circuito: 3. Ubicación en el plano: F-6

		Luminaria: YD-360/B MR16-50W/127V (Halógeno)		
Potencia	**Volts**	**Temp.**	**Tipo de lámpara**	**Corte de emp.**
50 W	100 - 240 V	4000 K	MR16	86 MM

Tabla 19. Información general sobre Lámpara YD-360/B MR16-50W/127V

Imagen 56. Toma 8 Lámpara halógena YD-360/B MR16-50W/127V (Foto de 2016) Tomada por el Arq. Arturo García de Haro

TOMA 9

Lámpara LED YD-360/B MR16SMLED/3W/65

Circuito: 3. Ubicación en el plano: A-6

		Luminaria: YD-360/B MR16SMLED/3W/65 (LED)		
Potencia	**Volts**	**Temp.**	**Tipo de lámpara**	**Corte de emp.**
3 W	100 – 240 V	6500 K	MR16	86 MM

Tabla 20. Información general sobre LED YD-360/B MR16SMLED/3W/65

Imagen 57. Toma 9 Lámpara LED YD-360/B MR16SMLED/3W/65 (Foto de 2016) Tomada por el Arq. Arturo García de Haro

TOMA 10

Lámpara fluorescente YD-370/B PAR30FL13W/65

Circuito: 6. Ubicación en el plano: F-5

<table>
<tr><td colspan="4"></td><td colspan="2">Luminaria: YD-370/B PAR30FL13W/65 (Fluorescente)</td></tr>
<tr><th>Pot</th><th>Volts</th><th>Temp.</th><th>IRC</th><th>Tipo de lámpara</th><th>Corte emp.</th></tr>
<tr><td>5 W</td><td>100 - 240 V - 12 V</td><td>6500 K</td><td>80</td><td>MR16</td><td>86 mm</td></tr>
</table>

Tabla 21. Información general sobre Lámpara YD-370/BPAR30FL13W/65

Imagen 58. Toma 10 Lámpara fluorescente YD-370/B PAR30FL13W/65 (Foto de 2016) Tomada por el Arq. Arturo García de Haro

TOMA 11

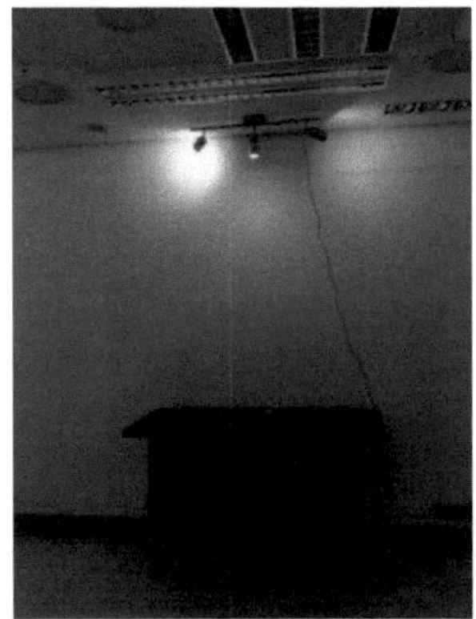

Lámpara fluorescente LVRF-7603/S

Circuito: 5. Ubicación en el plano: F-3,4

<table>
<tr><td colspan="2"></td><td colspan="3">Luminaria: LVRF-7603/S (Fluorescente)</td></tr>
<tr><th>Potencia</th><th>Volts</th><th>Temp.</th><th>IRC</th><th>Tipo lámp</th></tr>
<tr><td>33 W</td><td>100 – 240V / 12 V</td><td>4000 K</td><td>80</td><td>3 x GU10</td></tr>
</table>

Tabla 22. Información general sobre Lámpara LVRF-7603/S

Imagen 59. Toma 11 Lámpara fluorescente LVRF-7603/S (Foto de 2016) Tomada por el Arq. Arturo García de Haro

TOMA 12

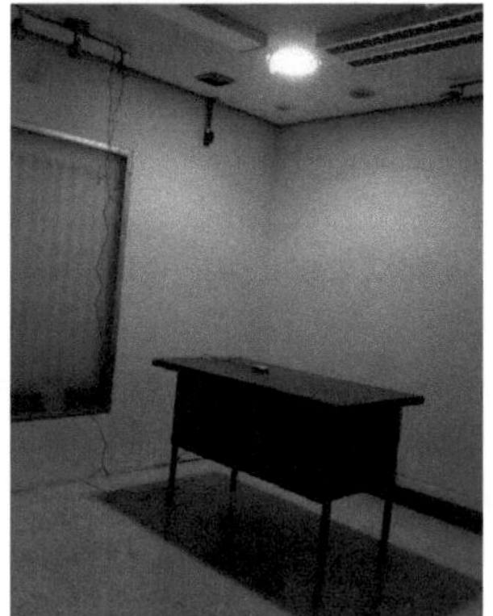

Lámpara LED YDLED-400/18W 30/B

Circuito: 2. Ubicación en el plano: E-5

<table>
<tr><td colspan="3"></td><td colspan="3">Luminaria: YDLED-400/18W 30/B (LED)</td></tr>
<tr><th>Potencia</th><th>Volts</th><th>Lúmenes</th><th>Temp.</th><th>IRC</th><th>Corte de emp.</th></tr>
<tr><td>18 W</td><td>100 – 240</td><td>1300 lm</td><td>3000 K</td><td>80</td><td>245 mm</td></tr>
</table>

Tabla 23. Información general sobre Lámpara YDLED-400/18W 30/B

Imagen 60. Toma 12 Lámpara LED YDLED-400/18W 30/B (Foto de 2016) Tomada por el Arq. Arturo García de Haro

COMPENDIO DE RESULTADOS PARA SELECCIÓN DE LUMINARIOS

En las siguientes tablas se hace un recopilado sobre los resultados que se obtuvieron en las pruebas para la evaluación de las diferentes luminarias del Laboratorio de Iluminación de la Facultad del Hábitat en donde se sacaron los valores promedio de cada una, los valores máximos obtenidos y los valores moda que son los que más se repiten para poder hacer una valoración en sus categorías, temperatura, humedad relativa y luminancia. Como conclusiones en base a la teoría en el marco conceptual se obtuvo que la luminaria adecuada para la actividad de preparación de alimentos sería la No. 6 por sus cumplimientos en requerimientos pragmáticos y por ser de una temperatura de color agradable para poder utilizarse en largos periodos de tiempo, para la actividad de lectura se optó por la luminaria no. 12 ya que tenía un rango cercano al recomendado por SMII además de ser una luminaria que cuenta con un filtro para evitar deslumbramientos en el objeto de trabajo y cuenta con la temperatura de color recomendada que es la natural, para la actividad de conversar se decidió la luminaria no. 5 por cumplir con requerimientos tanto pragmáticos como existenciales al mismo tiempo y además de ser una tecnología que nos ayuda a ahorrar energía en actividades que requieren de mucho tiempo de encendido, inclusive si no se realiza la actividad.

LA IMPORTANCIA DE LA ILUMINACIÓN ARTIFICIAL PARA REALIZAR ACTIVIDADES COTIDIANAS

Tabla de recopilado de medidas de propiedades lumínicas utilizado para realizar actividades cotidianas.

El presente es un recopilado de los resultados obtenidos en el levantamiento de tomas de las 12 luminarias escogidas dentro del Laboratorio de Iluminación para la evaluación de las actividades cotidianas que se simularán dentro del mismo Laboratorio con las diferentes características del espacio.

	No.	Tipo/circuito / Temp. Color	Temp 1, °C	HR, %	Intensidad, lux	Temp 2, °C
Promedio	1	**Hal / c7 / cálida**	22.4711	25.483333	2910.6867	21.8379
	2	**LED / c7 / cálida**	20.070133	26.6017	293.96897	21.8226
	3	**Flr / c8 / fría**	19.699	28.889433	479.37	21.5989
	4	**LED / c7 / cálida**	18.302933	52.6566	859.08	18.487633
	5	**LED / c1 / cálida**	18.3869	54.399533	156.60667	20.363733
	6	**Hal / c5 / cálida**	19.706167	52.249	503.76667	21.5562
	7	**Flr / c4 / fría**	19.158833	60.763667	481.16667	23.57
	8	**Hal / c3 / cálida**	19.356367	62.233733	413.63667	32.052067
	9	**LED / c3 / fría**	16.864633	33.121767	118.77667	18.615967
	10	**Flr / c6 / fría**	16.764967	32.669867	93.806667	18.7016
	11	**Flr / c5 / cálida**	16.8496	32.2452	90.646667	19.095333
	12	**LED / c2 / fría**	18.3853	29.261633	348.17	18.367067
Máxima	1	**Hal / c7 / cálida**	24.122	28.851	2991.9	22.944
	2	**LED / c7 / cálida**	20.341	26.952	295.6	22.106
	3	**Flr / c8 / fría**	19.793	30.711	484.9	22.753
	4	**LED / c7 / cálida**	18.414	53.199	879	18.794
	5	**LED / c1 / cálida**	18.414	54.671	177.4	21.652
	6	**Hal / c5 / cálida**	20.412	54.426	516.4	22.92
	7	**Flr / c4 / fría**	19.246	61.33	500.6	25.404
	8	**Hal / c3 / cálida**	19.484	62.77	421.8	42.267
	9	**LED / c3 / fría**	17.034	33.432	130.1	18.913
	10	**Flr / c6 / fría**	16.796	33.304	106.4	19.199
	11	**Flr / c5 / cálida**	16.939	32.589	106.4	21.413
	12	**LED / c2 / fría**	18.937	29.488	358.7	19.151

Moda	1	**Hal / c7 / cálida**	N/A	N/A	2905.2	22.896
	2	**LED / c7 / cálida**	20.007	26.794	295.6	21.652
	3	**Flr / c8 / fría**	19.746	28.922	484.9	21.127
	4	**LED / c7 / cálida**	18.343	53.079	855.4	18.438
	5	**LED / c1 / cálida**	18.39	54.552	161.6	N/A
	6	**Hal / c5 / cálida**	N/A	N/A	500.6	20.77
	7	**Flr / c4 / fría**	19.103	61.149	492.7	N/A
	8	**Hal / c3 / cálida**	19.46	62.718	413.9	N/A
	9	**LED / c3 / fría**	16.796	33.4	122.2	18.699
	10	**Flr / c6 / fría**	16.773	32.842	98.5	18.366
	11	**Flr / c5 / cálida**	16.773	32.589	98.5	16.939
	12	**LED / c2 / fría**	18.152	29.198	350.8	18.176

Tabla 24. Recopilado de resultados sobre medidas tomadas de las propiedades lumínicas de todas las luminarias en el Laboratorio de Iluminación de la Facultad del Hábitat

6.1.2 ETAPA 2 SIMULACION DE ACTIVIDAD PREPARACION DE ALIMENTOS

A continuación, se presentará la segunda etapa de pruebas realizadas en el Laboratorio de Iluminación de la Facultad del Hábitat, donde se simuló la actividad de preparación de alimentos con un área de trabajo a 0.86 mts. a nivel del suelo y un plafón a 2.40 mts. de altura. Se tomó la medida de la luminancia, la temperatura y la humedad relativa dadas por la luminaria halógena LVRF-603/S (A34) con un hobo que se colocó en un espacio que simularía un área de trabajo, y se programó a que tomara información a cada minuto en un lapso total de 70 mins.: 20 minutos previos al encendido para determinar las características que debemos de considerar como parámetro previo al encendido, después 30 minutos con las luminarias encendidas que nos simulan un tiempo promedio en el que se realiza una actividad y después 20 minutos más posteriores al encendido para observar cómo es que influye en el espacio el haber tenido la luminaria encendida. Se alteraron condiciones del espacio como el área de trabajo utilizando un material acromático y otro acromático y diferentes colores de muro próximo a la luminaria para observar su afectación. Cada procedimiento se realizó tres veces para observar factores de similitud que autentican la información. Los resultados se presentan a manera detallada en tablas y gráficas de manera digital en el cd del documento sección de Anexos.

TOMA 1.1: Preparación de alimentos madera 1

Imagen 61. Detalle de toma simulación preparación de alimentos sup. acromática (Izquierda) (Foto 2016)
Imagen 62. Toma simulación preparación de alimentos en superficie acromática (Derecha) (Foto de 2016)

TOMA 2.1: Preparación de alimentos acero 1

Imagen 63. Detalle de toma simulación prep de alimentos en superficie cromática (Izquierda) (2016)
Imagen 64. Toma simulación preparación de alimentos en superficie cromática (Derecha) (Foto de 2016)

TOMA 3.1: Preparación de alimentos muro rosa 1

Imagen 65. Toma simulación preparación de alimentos con muro rosa (Foto de 2016) Tomada por el Arq. Arturo García de Haro

TOMA 4.1: Preparación de alimentos muro beige 1

Imagen 66. Toma simulación preparación de alimentos con muro beige (Foto de 2016) Tomada por el Arq. Arturo García de Haro

TOMA 5.1: Preparación de alimentos muro rojo 1

Imagen 67. Toma simulación preparación de alimentos con muro rojo (Foto de 2016) Tomada por el Arq. Arturo García de Haro

TOMA 6.1: Preparación de alimentos muro azul 1

Imagen 68. Toma simulación preparación de alimentos con muro azul (Foto de 2016) Tomada por el Arq. Arturo García de Haro

TOMA 7.1: Preparación de alimentos muro gris 1

Imagen 69. Toma simulación preparación de alimentos con muro gris (Foto de 2016) Tomada por el Arq. Arturo García de Haro

Las fotos usadas anteriormente fueron tomadas por un iPhone 5 con cámara de 8 MP, 3264x2448 pixeles y se emplean solo de manera representativa y para evidenciar lo realizado en el Laboratorio de Iluminación, ya que no fueron tomadas con una cámara fotográfica profesional.

LA IMPORTANCIA DE LA ILUMINACIÓN ARTIFICIAL PARA REALIZAR ACTIVIDADES COTIDIANAS

Tabla de recopilado de medidas de propiedades lumínicas utilizado para realizar actividades cotidianas.

El presente es un recopilado de los promedios obtenidos en el levantamiento de tomas en la simulación de la actividad de preparación de alimentos en una cocina llevándolo a la práctica dentro del Laboratorio de Iluminación para la evaluación con la luminaria no. 6 Halógeno, circuito 5 con las diferentes características del espacio a evaluar.

PROMEDIOS						
	No.	**Nombre de prueba**	**Temp 1, °C**	**HR, %**	**I.l. lux**	**Temp 2, °C**
Material	1	**Prueba cocina Madera 1**	18.26647	57.8858	444.0833	25.09293
	2	**Prueba cocina Madera 2**	18.22767	49.67297	444.6167	25.44543
	3	Prueba cocina Madera 3	18.33777	46.3526	443.5667	24.89787
		PROMEDIO	18.24707	53.77938	444.35	25.26918
	4	Prueba cocina Metal 1	17.83053	51.82357	443.2933	26.2422
	5	**Prueba cocina Metal 2**	18.09203	61.46177	449.88	24.2718
	6	**Prueba cocina Metal 3**	17.6402	53.59333	449.0867	25.391
		PROMEDIO	17.86612	57.52755	449.4833	24.8314
Distinto color de muro aledaño	7	Prueba cocina muro rosa 1	19.83533	64.29553	446.2033	33.1543
	8	**Prueba cocina muro rosa 2**	19.88303	42.99607	460.1467	47.80167
	9	**Prueba cocina muro rosa 3**	19.94257	41.62863	455.9333	51.76783
		PROMEDIO	19.9128	42.31235	458.04	49.78475
	10	Prueba cocina muro beige 1	20.0552	43.3768	459.3567	22.27707
	11	**Prueba cocina muro beige 2**	21.6506	38.09667	410.2133	33.90643
	12	**Prueba cocina muro beige 3**	20.91193	35.77453	409.95	33.11623
		PROMEDIO	21.28127	36.9356	410.0817	33.51133
	13	**Prueba cocina muro rojo 1**	20.55913	43.23167	415.7433	33.1484
	14	Prueba cocina muro rojo 2	20.54957	41.0015	406.2633	39.74523
	15	**Prueba cocina muro rojo 3**	20.2655	41.81673	418.3767	21.51097
		PROMEDIO	20.41232	42.5242	417.06	27.32968
	16	Prueba cocina muro azul 1	20.34013	41.88753	420.4833	31.07327
	17	**Prueba cocina muro azul 2**	20.3965	40.00003	428.3833	21.12403
	18	**Prueba cocina muro azul 3**	20.3662	39.1277	427.0633	30.27383
		PROMEDIO	20.38135	39.56387	427.7233	25.69893
	19	**Prueba cocina muro gris 1**	20.34403	40.3314	414.1633	34.57567
	20	**Prueba cocina muro gris 2**	21.14867	34.6695	401.53	41.20233

	21	Prueba cocina muro gris 3	20.79273	32.91587	382.1367	43.19887
		PROMEDIO	20.74635	37.50045	407.8467	37.889

MÁXIMAS

	No.	Nombre de prueba	Temp 1, °C	HR, %	I.l. lux	Temp 2, °C
Material	1	Prueba cocina Madera 1	18.58	63.633	445.4	30.167
	2	**Prueba cocina Madera 2**	18.794	53.103	453.3	29.941
	3	**Prueba cocina Madera 3**	18.889	49.889	453.3	29.414
		PROMEDIO	18.8415	51.496	453.3	29.6775
	4	Prueba cocina Metal 1	18.224	55.829	445.4	30.167
	5	**Prueba cocina Metal 2**	18.224	63.948	461.2	29.215
	6	**Prueba cocina Metal 3**	18.295	59.853	461.2	29.991
		PROMEDIO	18.2595	61.9005	461.2	29.603
Distinto color de muro aledaño	7	Prueba cocina muro rosa 1	20.293	70.538	477	59.196
	8	**Prueba cocina muro rosa 2**	20.388	45.068	469.1	61.627
	9	**Prueba cocina muro rosa 3**	20.484	**42.768**	461.2	65.869
		PROMEDIO	20.436	43.918	465.15	63.748
	10	Prueba cocina muro beige 1	20.579	44.549	469.1	24.267
	11	**Prueba cocina muro beige 2**	21.724	38.882	421.8	40.92
	12	**Prueba cocina muro beige 3**	21.39	37.46	421.8	40.746
		PROMEDIO	21.557	38.171	421.8	40.833
	13	Prueba cocina muro rojo 1	20.817	44.852	429.7	41.913
	14	**Prueba cocina muro rojo 2**	20.817	42.076	421.8	72.768
	15	**Prueba cocina muro rojo 3**	20.841	43.046	421.8	22.8
		PROMEDIO	20.829	42.561	421.8	47.784
	16	**Prueba cocina muro azul 1**	20.984	43.553	429.7	36.308
	17	**Prueba cocina muro azul 2**	20.913	41.29	429.7	22.178
	18	Prueba cocina muro azul 3	20.865	40.806	437.5	37.37
		PROMEDIO	20.9485	42.4215	429.7	29.243
	19	**Prueba cocina muro gris 1**	20.889	41.596	421.8	46.067
	20	**Prueba cocina muro gris 2**	21.485	35.384	413.9	53.627
	21	Prueba cocina muro gris 3	21.294	35.322	382.4	55.949
		PROMEDIO	21.187	38.49	417.85	49.847

MODAS

	No.	Nombre de prueba	Temp 1, °C	HR, %	I.l. lux	Temp 2, °C
Material	1	**Prueba cocina Madera 1**	17.986	59.736	445.4	19.603
	2	**Prueba cocina Madera 2**	-	-	445.4	20.031
	3	Prueba cocina Madera 3	17.605	-	445.4	-
		PROMEDIO	17.986	59.736	445.4	19.817
	4	Prueba cocina Metal 1	18.2	-	445.4	30.167
	5	**Prueba cocina Metal 2**	18.057	63.195	453.3	-
	6	**Prueba cocina Metal 3**	-	-	453.3	29.54
		PROMEDIO	18.057	63.195	453.3	29.54

Distinto color de muro aledaño	7	Prueba cocina muro rosa 1	19.222	63.291	445.4	-
	8	**Prueba cocina muro rosa 2**	20.317	-	461.2	-
	9	**Prueba cocina muro rosa 3**	20.436	-	461.2	65.869
		PROMEDIO	20.3765	63.291	461.2	65.869
	10	Prueba cocina muro beige 1	20.484	-	453.3	21.939
	11	**Prueba cocina muro beige 2**	21.676	38.555	406	-
	12	**Prueba cocina muro beige 3**	21.294	-	406	-
		PROMEDIO	21.485	38.555	406	21.939
	13	**Prueba cocina muro rojo 1**	20.817	-	421.8	41.883
	14	Prueba cocina muro rojo 2	20.603	40.978	406	-
	15	**Prueba cocina muro rojo 3**	-	-	421.8	20.007
		PROMEDIO	20.817	40.978	421.8	30.945
	16	Prueba cocina muro azul 1	20.913	41.468	421.8	33.914
	17	**Prueba cocina muro azul 2**	20.913	-	429.7	19.77
	18	**Prueba cocina muro azul 3**	20.746	-	429.7	-
		PROMEDIO	20.8295	41.468	429.7	19.77
	19	**Prueba cocina muro gris 1**	20.746	-	413.9	-
	20	**Prueba cocina muro gris 2**	21.461	34.502	398.1	-
	21	Prueba cocina muro gris 3	-	-	382.4	23.16
		PROMEDIO	21.1035	34.502	406	23.16

Tabla 25. Recopilado de resultados sobre medidas tomadas de las propiedades lumínicas la lámpara halógena LVRF-603/S (A34) en la simulación de una cocina en el Laboratorio de Iluminación de la Facultad del Hábitat

Se muestra un resumen de los resultados de las pruebas realizadas, las cuales se exponen de manera más detallada de forma digital en las tablas de Anexos. Se realizaron tres pruebas para reconocer el posible margen de error y se marca en rojo la prueba que no fue tomada en cuenta por obtener valores distintos. Se presenta la información sobre temperatura y humedad relativa obtenida, pero no será relevante para fines de la investigación.

6.1.3 ETAPA 3 SIMULACIÓN DE ACTIVIDAD LECTURA

A continuación, se presentará las realizadas en el Laboratorio de Iluminación de la Facultad del Hábitat, donde se simuló la actividad de lectura con un área de trabajo a 1.10 mts. a nivel del suelo y un plafón a 2.40 mts. de altura. Se tomó la medida de la luminancia, la temperatura y la humedad relativa dadas por la luminaria led YDLED-400/18W 30/B (E5) con un hobo que se colocó en un espacio que simularía un área de trabajo, y se programó a que tomara información a cada minuto en un lapso total de 70 mins.: 20 minutos previos al encendido para determinar las características que debemos de considerar como parámetro previo al encendido, después 30 minutos con las luminarias encendidas que nos simulan un tiempo promedio en el que se realiza una actividad y después 20 minutos más posteriores al encendido para observar cómo es que influye en el espacio el haber tenido la luminaria encendida. Se alteraron condiciones del espacio como diferentes colores de muro próximo a la luminaria para observar su afectación. Cada procedimiento se realizó tres veces para observar factores de similitud que autentican la información. Los resultados se presentan a manera detallada en tablas y gráficas en sección de Anexos.

TOMA 8.1: Lectura 1

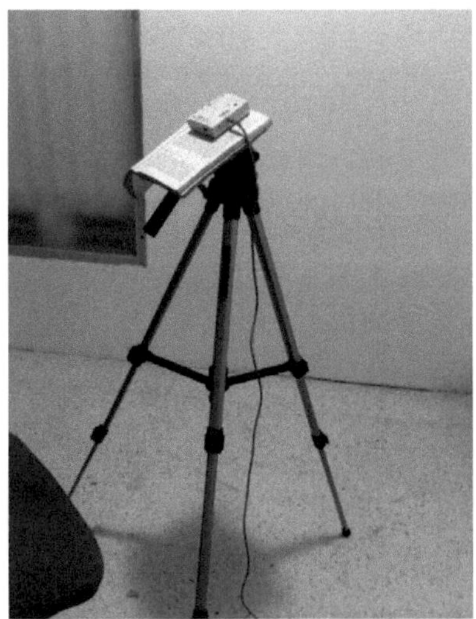

Imagen 70. Toma simulación lectura (Izquierda) (2016) Tomada por el Arq. Arturo García de Haro
Imagen 71. Detalle tripeé usado para simulación de lectura (Derecha) (Foto de 2016) Tomada por el Arq. Arturo García de Haro

TOMA 9.1: Lectura muro rosa 1

Imagen 72. Detalle de hobo en toma de simulación lectura con muro rosa (Izquierda) (Foto de 2016)
Imagen 73. Toma simulación de lectura con muro rosa (Derecha) (Foto de 2016)

TOMA 10.1: Lectura muro beige 1

Imagen 74. Detalle de hobo en toma de simulación lectura con muro beige (Izquierda) (Foto de 2016)
Imagen 75. Toma simulación de lectura con muro beige (Derecha) (Foto de 2016)
Tomadas por el Arq. Arturo García de Haro

TOMA 11.1: Lectura muro rojo 1

Imagen 76. Detalle de hobo en toma de simulación lectura con muro rojo (Izquierda) (Foto de 2016)
Imagen 77. Toma simulación de lectura con muro rojo (Derecha) (Foto de 2016)

TOMA 12.1: Lectura muro azul 1

Imagen 78. Detalle de hobo en toma de simulación lectura con muro azul (Izquierda) (Foto de 2016)
Imagen 79. Toma simulación de lectura con muro azul (Derecha) (Foto de 2016)
Tomadas por el Arq. Arturo García de Haro

TOMA 13.1: Lectura muro gris 1

Imagen 80. Detalle de hobo en toma de simulación lectura con muro gris (Izquierda) (Foto de 2016) Tomada por el Arq. Arturo García de Haro

Imagen 81. Toma simulación de lectura con muro gris (Derecha) (Foto de 2016) Tomada por el Arq. Arturo García de Haro

Las fotos usadas anteriormente fueron tomadas por un iPhone 5 con cámara de 8 MP, 3264x2448 pixeles y se emplean solo de manera representativa y para evidenciar lo realizado en el Laboratorio de Iluminación, ya que no fueron tomadas con una cámara fotográfica profesional.

LA IMPORTANCIA DE LA ILUMINACIÓN ARTIFICIAL PARA REALIZAR ACTIVIDADES COTIDIANAS

Tabla de recopilado de medidas de propiedades lumínicas utilizado para realizar actividades cotidianas.

El presente es un recopilado de los promedios obtenidos en el levantamiento de tomas en la simulación de la actividad de lectura en una recámara llevándolo a la práctica dentro del Laboratorio de Iluminación para la evaluación con la luminaria no. 6 Halógeno, circuito 5 con las diferentes características del espacio a evaluar.

PROMEDIOS						
	No.	**Tipo/circuito / Temp. Color**	**Temp 1, °C**	**HR, %**	**Intensidad, lux**	**Temp 2, °C**
Prueba	1	**Prueba recámara 1**	20.70127	34.55047	402.05	22.75607
	2	**Prueba recámara 2**	20.2212	33.92903	401.26	22.3678
	3	Prueba recámara 3	20.3701	32.62143	400.47	22.19033
		PROMEDIO	20.43086	33.70031	401.655	22.43807
Distinto color de muro aledaño	4	Prueba recámara muro rosa 1	16.99707	55.27167	406.2633	18.12607
	5	**Prueba recámara muro rosa 2**	16.7354	55.03133	400.9967	18.5145
	6	**Prueba recámara muro rosa 3**	17.1525	55.69983	399.9433	19.1757
		PROMEDIO	16.96166	55.33428	400.47	18.60542
	7	**Prueba recámara muro beige 1**	18.39897	50.43047	350.8	20.84537
	8	**Prueba recámara muro beige 2**	18.8299	47.29687	351.8533	20.9026
	9	Prueba recámara muro beige 3	18.72217	45.82837	345.2967	21.04447
		PROMEDIO	18.65034	47.8519	351.3267	20.93081
	10	Prueba recámara muro rojo 1	18.61677	54.78903	296.9367	19.35253
	11	**Prueba recámara muro rojo 2**	18.13087	53.4893	294.85	19.7951
	12	**Prueba recámara muro rojo 3**	17.9804	53.26133	293.7867	19.6555
		PROMEDIO	18.24268	53.84656	294.3183	19.60104
	13	Prueba recámara muro azul 1	17.5538	55.86033	376.5933	19.78477
	14	**Prueba recámara muro azul 2**	17.67913	53.6272	372.92	19.7865
	15	**Prueba recámara muro azul 3**	17.89473	51.53467	372.3933	20.24347
		PROMEDIO	17.70922	53.67407	372.6567	19.93824
	16	Prueba recámara muro gris 1	19.74987	49.76083	276.74	20.10117
	17	**Prueba recámara muro gris 2**	18.35687	50.30417	278.3167	20.35133
	18	**Prueba recámara muro gris 3**	18.40757	48.596	278.32	20.43783
		PROMEDIO	18.8381	49.55367	278.3183	20.29678
MÁXIMAS						
Prueb	**No.**	**Tipo/circuito / Temp. Color**	**Temp 1, °C**	**HR, %**	**Intensidad, lux**	**Temp 2, °C**

	1	Prueba recámara 1	20.913	34.775	421.8	23.761
	2	**Prueba recámara 2**	20.246	34.412	413.9	23.256
	3	**Prueba recámara 3**	20.46	34.889	413.9	22.944
		PROMEDIO	20.53967	34.692	413.9	23.32033
Distinto color de muro aledaño	4	**Prueba recámara muro rosa 1**	17.32	55.62	421.8	19.175
	5	**Prueba recámara muro rosa 2**	16.796	55.22	429.7	19.579
	6	Prueba recámara muro rosa 3	17.201	56.04	413.9	20.174
		PROMEDIO	17.10567	55.62667	425.75	19.64267
	7	Prueba recámara muro beige 1	18.438	50.656	358.7	21.7
	8	**Prueba recámara muro beige 2**	18.913	48.11	366.6	21.724
	9	**Prueba recámara muro beige 3**	19.793	55.952	366.6	27.21
		PROMEDIO	19.048	51.57267	366.6	23.54467
	10	**Prueba recámara muro rojo 1**	18.961	55.097	311.4	20.388
	11	Prueba recámara muro rojo 2	18.176	53.71	327.2	20.627
	12	**Prueba recámara muro rojo 3**	18.033	53.45	303.5	20.507
		PROMEDIO	18.39	54.08567	307.45	20.50733
	13	Prueba recámara muro azul 1	17.629	56.287	469.1	20.627
	14	**Prueba recámara muro azul 2**	17.748	54.165	382.4	20.865
	15	**Prueba recámara muro azul 3**	17.962	52.493	382.4	21.27
		PROMEDIO	17.77967	54.315	382.4	20.92067
	16	**Prueba recámara muro gris 1**	21.056	50.34	287.8	20.603
	17	Prueba recámara muro gris 2	18.39	50.646	295.6	21.079
	18	Prueba recámara muro gris 3	18.461	49.115	287.8	21.103
		PROMEDIO	19.30233	50.03367	287.8	20.92833

MODAS

	No.	Tipo/circuito / Temp. Color	Temp 1, °C	HR, %	Intensidad, lux	Temp 2, °C
Prueba	1	Prueba recámara 1	20.674	34.659	398.1	23.737
	2	**Prueba recámara 2**	20.222	34.412	406	23.088
	3	**Prueba recámara 3**	20.436	31.838	406	22.609
		PROMEDIO	20.444	33.63633	406	23.14467
Distinto color de muro aledaño	4	**Prueba recámara muro rosa 1**	16.82	55.194	406	19.103
	5	**Prueba recámara muro rosa 2**	16.773	55.082	406	#N/A
	6	Prueba recámara muro rosa 3	17.177	55.569	398.1	#N/A
		PROMEDIO	16.92333	55.28167	406	#N/A
	7	**Prueba recámara muro beige 1**	18.438	50.656	350.8	19.912
	8	Prueba recámara muro beige 2	18.889	47.044	342.9	19.793
	9	**Prueba recámara muro beige 3**	18.604	44.854	358.7	20.984
		PRMEDIO	18.64367	47.518	354.75	20.22967
	10	**Prueba recámara muro rojo 1**	18.485	54.723	295.6	18.794
	11	**Prueba recámara muro rojo 2**	18.152	53.408	295.6	18.557
	12	Prueba recámara muro rojo 3	17.986	53.292	295.6	20.222
		PROMEDIO	18.20767	53.80767	295.6	19.191
	13	Prueba recámara muro azul 1	17.558	55.748	374.5	20.531

	14	**Prueba recámara muro azul 2**	17.67913	53.6272	372.92	19.7865
	15	**Prueba recámara muro azul 3**	17.89473	51.53467	372.3933	20.24347
		PROMEDIO	17.71062	53.63662	372.6567	20.18699
	16	Prueba recámara muro gris 1	#N/A	#N/A	272	20.174
	17	**Prueba recámara muro gris 2**	18.366	50.179	279.9	21.032
	18	**Prueba recámara muro gris 3**	18.438	48.617	279.9	20.984
		PROMEDIO	#N/A	#N/A	279.9	20.73

Tabla 26. Recopilado de resultados sobre medidas tomadas de las propiedades lumínicas la lámpara led YDLED-400/18W 30/B (E5) en la simulación de una recámara en el Laboratorio de Iluminación de la Facultad del Hábitat

Se muestra un resumen de los resultados de las pruebas realizadas, las cuales se exponen de manera más detallada de forma digital en las tablas de Anexos. Se realizaron tres pruebas para reconocer el posible margen de error y se marca en rojo la prueba que no fue tomada en cuenta por obtener valores distintos. Se presenta la información sobre temperatura y humedad relativa obtenida, pero no será relevante para fines de la investigación.

6.1.4 ETAPA 4. SIMULACIÓN DE ACTIVIDAD CONVERSAR

A continuación, se presentará las realizadas en el Laboratorio de Iluminación de la Facultad del Hábitat, donde se simuló la actividad de conversar con un área de trabajo a 1.10 mts. a nivel del suelo y un plafón a 2.40 mts. de altura. Se tomó la medida de la luminancia, la temperatura y la humedad relativa dadas por la luminaria led YDACD-LED/10W/30 (D4) con un hobo que se colocó en un espacio que simularía un área de trabajo, y se programó a que tomara información a cada minuto en un lapso total de 70 mins.: 20 minutos previos al encendido para determinar las características que debemos de considerar como parámetro previo al encendido, después 30 minutos con las luminarias encendidas que nos simulan un tiempo promedio en el que se realiza una actividad y después 20 minutos más posteriores al encendido para observar cómo es que influye en el espacio el haber tenido la luminaria encendida. Se alteraron condiciones del espacio como diferentes colores de muro próximo a la luminaria para observar su afectación. Cada procedimiento se realizó tres veces para observar factores de similitud que autentican la información. Los resultados se presentan a manera detallada en tablas y gráficas de manera digital en sección de Anexos.

TOMA 14.1: Conversar 1

Imagen 82. Toma de simulación conversar (Foto de 2016) Tomada por el Arq. Arturo García de Haro

TOMA 15.1: Conversar muro rosa 1

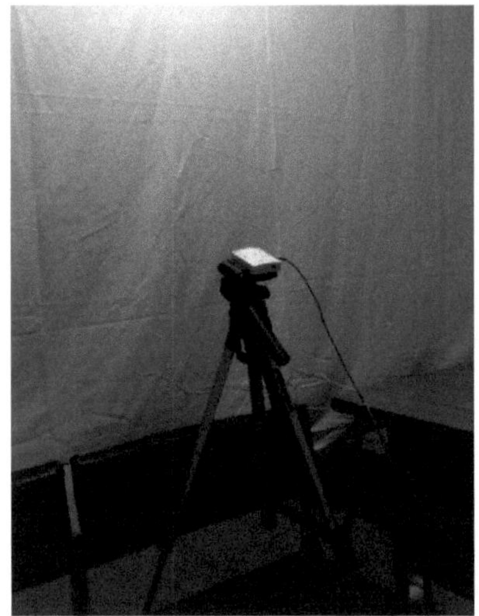

Imagen 83. Detalle de hobo en toma de simulación conversar con muro rosa (Izquierda) (Foto de 2016)
Imagen 84. Toma simulación de conversar con muro rosa (Derecha) (Foto de 2016)

TOMA 16.1: Conversar muro beige 1

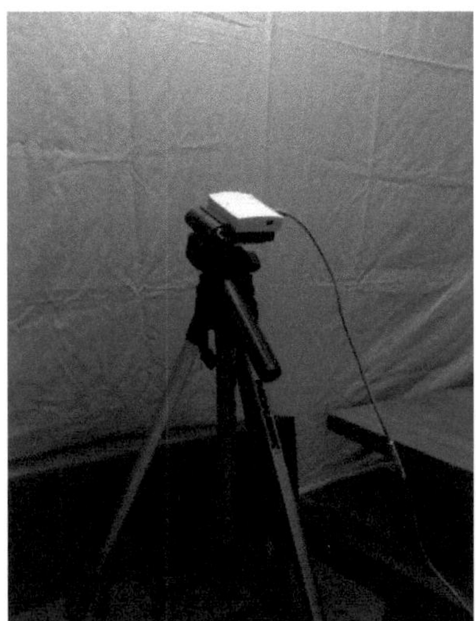

Imagen 85. Detalle de hobo en toma de simulación conversar con muro rosa (Izquierda) (Foto de 2016)
Imagen 86. Toma simulación de conversar con muro rosa (Derecha) (Foto de 2016)
Tomadas por el Arq. Arturo García de Haro

TOMA 17.1: Conversar muro rojo 1

Imagen 87. Detalle de hobo en toma de simulación conversar con muro rojo (Izquierda) (Foto de 2016)
Imagen 88. Toma simulación de conversar con muro rojo (Derecha) (Foto de 2016)

TOMA 18.1: Conversar muro azul 1

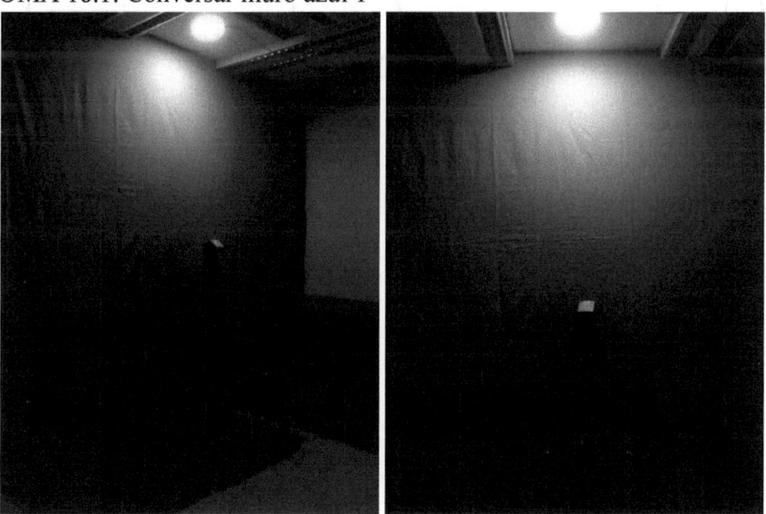

Imagen 89. Detalle de hobo en toma de simulación conversar con muro azul (Izquierda) (Foto de 2016)
Imagen 90. Toma simulación de conversar con muro azul (Derecha) (Foto de 2016)
Tomadas por el Arq. Arturo García de Haro

TOMA 19.1: Conversar muro gris 1

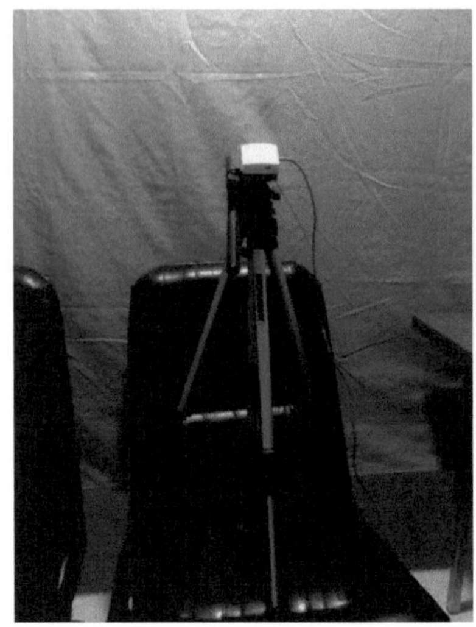

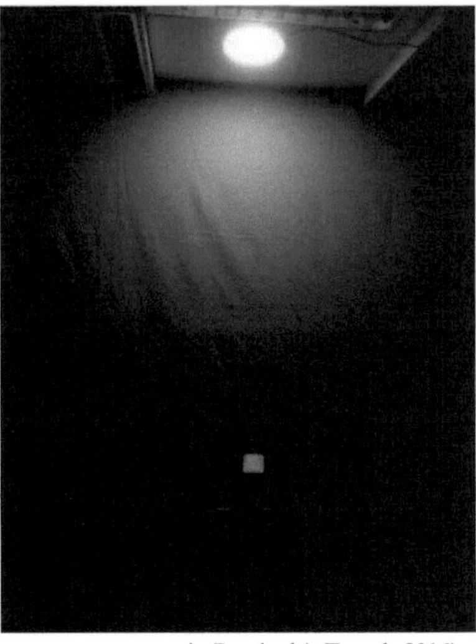

Imagen 91. Detalle de hobo en toma de simulación conversar con muro gris (Izquierda) (Foto de 2016)
Imagen 92. Toma simulación de conversar con muro gris (Derecha) (Foto de 2016)

TOMA 20.1: Conversar plafón a 3 mts. 1

Imagen 93. Toma de simulación conversar con plafón a 3.0 mts. (Foto de 2016)
Tomadas por el Arq. Arturo García de Haro

Las fotos usadas anteriormente fueron tomadas por un iPhone 5 con cámara de 8 MP, 3264x2448 pixeles y se emplean solo de manera representativa y para evidenciar lo realizado en el Laboratorio de Iluminación, ya que no fueron tomadas con una cámara fotográfica profesional.

LA IMPORTANCIA DE LA ILUMINACIÓN ARTIFICIAL PARA REALIZAR ACTIVIDADES COTIDIANAS

Tabla de recopilado de medidas de propiedades lumínicas utilizado para realizar actividades cotidianas.

El presente es un recopilado de los promedios obtenidos en el levantamiento de tomas en la simulación de la actividad de lectura en una recámara llevándolo a la práctica dentro del Laboratorio de Iluminación para la evaluación con la luminaria no. 6 Halógeno, circuito 5 con las diferentes características del espacio a evaluar.

PROMEDIOS						
	No.	**Tipo/circuito / Temp. Color**	**Temp 1, °C**	**HR, %**	**Intensidad, lux**	**Temp 2, °C**
Prueba	1	**Prueba sala 1**	18.85233	56.1345	143.4733	19.343
	2	Prueba sala 2	17.229	56.1658	146.0967	19.7312
	3	**Prueba sala 3**	17.34603	55.62467	140.5833	20.13367
		PROMEDIO	18.09918	55.87958	142.0283	19.73833
Distinto color de muro aledaño	4	**Prueba sala muro rosa 1**	19.54503	42.12847	113.2467	24.914
	5	Prueba sala muro rosa 2	19.8092	39.76673	114.3	25.34817
	6	**Prueba sala muro rosa 3**	20.0431	37.36063	113.51	25.20493
		PROMEDIO	19.79407	39.74455	113.3783	25.05947
	7	**Prueba sala muro beige 1**	20.81087	39.50283	150.04	24.4754
	8	**Prueba sala muro beige 2**	19.62843	35.53103	151.6167	23.64087
	9	Prueba sala muro beige 3	20.16697	28.79927	147.4233	24.4566
		PROMEDIO	20.21965	19.75142	150.8283	24.19096
	10	Prueba sala muro rojo 1	18.85233	56.1345	141.9	19.343
	11	**Prueba sala muro rojo 2**	17.229	56.1658	146.62	19.7312
	12	**Prueba sala muro rojo 3**	17.34603	55.62467	148.2	20.13367
		PROMEDIO	17.80912	55.97499	147.41	19.73596
	13	**Prueba sala muro azul 1**	19.12967	45.3193	115.88	23.4215
	14	**Prueba sala muro azul 2**	18.65563	43.89363	115.3533	23.48683
	15	Prueba sala muro azul 3	18.97903	41.55037	113.2467	24.27713
		PROMEDIO	18.92144	43.58777	115.6167	23.72849
	16	**Prueba sala muro gris 1**	18.76417	47.27623	127.1967	20.49493
	17	**Prueba sala muro gris 2**	18.414	49.247	130.1	19.151
	18	Prueba sala muro gris 3	18.1808	52.429	123.5067	19.56347
		PROMEDIO	18.45299	49.65074	128.6483	19.73647
MÁXIMAS						
Prueba	**No.**	**Tipo/circuito / Temp. Color**	**Temp 1, °C**	**HR, %**	**Intensidad, lux**	**Temp 2, °C**
	1	Prueba sala 1	20.317	62.299	153.7	20.507

	No.	Tipo/circuito / Temp. Color	Temp 1, °C	HR, %	Intensidad, lux	Temp 2, °C
	2	**Prueba sala 2**	17.249	56.43	153.7	21.246
	3	**Prueba sala 3**	17.51	56.798	153.7	21.724
		PROMEDIO	18.35867	58.509	153.7	21.159
Distinto color de muro aledaño	4	**Prueba sala muro rosa 1**	19.627	42.314	130.1	27.235
	5	**Prueba sala muro rosa 2**	19.888	40.496	130.1	27.628
	6	Prueba sala muro rosa 3	20.103	38.156	138	27.505
		PROMEDIO	19.87267	40.322	130.1	27.456
	7	Prueba sala muro beige 1	23.4	50.727	169.5	26.085
	8	**Prueba sala muro beige 2**	19.77	36.577	169.5	25.186
	9	**Prueba sala muro beige 3**	20.269	28.962	169.5	26.012
		PROMEDIO	21.14633	38.75533	169.5	25.761
	10	Prueba sala muro rojo 1	20.317	62.299	169.5	20.507
	11	**Prueba sala muro rojo 2**	17.249	56.43	169.5	21.246
	12	**Prueba sala muro rojo 3**	17.51	56.798	169.5	21.724
		PROMEDIO	18.35867	58.509	169.5	21.159
	13	**Prueba sala muro azul 1**	19.651	45.524	130.1	25.234
	14	Prueba sala muro azul 2	18.699	44.603	138	25.817
	15	**Prueba sala muro azul 3**	19.103	41.976	130.1	26.598
		PROMEDIO	19.151	44.03433	130.1	25.883
	16	Prueba sala muro gris 1	18.818	47.631	216.8	21.199
	17	**Prueba sala muro gris 2**	18.438	49.619	145.8	20.746
	18	**Prueba sala muro gris 3**	18.2	52.608	145.8	20.46
		PROMEDIO	18.48533	49.95267	145.8	20.80167

MODAS

	No.	Tipo/circuito / Temp. Color	Temp 1, °C	HR, %	Intensidad, lux	Temp 2, °C
Prueba	1	Prueba sala 1	#N/A	#N/A	153.7	18.319
	2	**Prueba sala 2**	17.225	55.946	153.7	#N/A
	3	**Prueba sala 3**	17.272	55.583	153.7	21.294
		PROMEDIO	#N/A	#N/A	153.7	#N/A
Distinto color de muro aledaño	4	**Prueba sala muro rosa 1**	19.555	42.311	114.3	22.25
	5	**Prueba sala muro rosa 2**	19.793	39.889	122.2	#N/A
	6	Prueba sala muro rosa 3	20.007	37.604	106.4	#N/A
		PROMEDIO	19.785	39.93467	118.25	#N/A
	7	**Prueba sala muro beige 1**	#N/A	38.804	145.8	24.847
	8	**Prueba sala muro beige 2**	19.532	36.577	153.7	24.75
	9	Prueba sala muro beige 3	20.103	28.888	138	#N/A
		PROMEDIO	#N/A	34.75633	149.75	#N/A
	10	Prueba sala muro rojo 1	#N/A	#N/A	130.1	18.319
	11	**Prueba sala muro rojo 2**	17.225	55.946	145.8	#N/A
	12	**Prueba sala muro rojo 3**	17.272	55.583	153.7	21.294
		PROMEDIO	#N/A	#N/A	149.75	#N/A
	13	**Prueba sala muro azul 1**	18.866	45.23	122.2	21.509
	14	Prueba sala muro azul 2	18.628	44.157	114.3	#N/A

	15	**Prueba sala muro azul 3**	19.032	41.666	122.2	#N/A
		PROMEDIO	18.842	43.68433	122.2	#N/A
	16	**Prueba sala muro gris 1**	18.794	47.54	130.1	19.936
	17	**Prueba sala muro gris 2**	18.414	49.247	130.1	19.151
	18	Prueba sala muro gris 3	18.176	52.577	122.2	18.794
		PROMEDIO	18.46133	49.788	130.1	19.29367

Tabla 27. Recopilado de resultados sobre medidas tomadas de las propiedades lumínicas la lámpara led YDACD-LED/10W/30 (D4) en la simulación de una sala en el Laboratorio de Iluminación de la Facultad del Hábitat

Se muestra un resumen de los resultados de las pruebas realizadas, las cuales se exponen de manera más detallada de forma digital en las tablas de Anexos. Se realizaron tres pruebas para reconocer el posible margen de error y se marca en rojo la prueba que no fue tomada en cuenta por obtener valores distintos. Se presenta la información sobre temperatura y humedad relativa obtenida, pero no será relevante para fines de la investigación.

7

CAPÍTULO VII

RESULTADOS, RECOMENDACIONES, CRITERIOS Y CONCLUSIONES

7.1 RESULTADOS

7.1.1 RESULTADOS EN CASA CASTILLO

Los resultados sobre la iluminancia en la cocina de la Casa Castillo, nos arrojaron información que en un rango de 260 a 300 lux se puede realizar adecuadamente la actividad de *preparación de alimentos* a pesar de que la SMII (Sociedad Mexicana de Ingenieros en Iluminación) recomienda una luminancia de 300 lux en México y la IESNA (Sociedad de Ingenieros en Iluminación de Norte América) una luminancia de 500 lux. Es recomendable, como se emplea en la Casa Castillo, el uso de filtros o difusores de tipo lechoso en las luminarias específicas para la actividad de *preparación de alimentos* que eviten los deslumbramientos en las áreas de trabajo donde se realiza la actividad por el tipo de materiales que pueden tener características refractivas.

Los resultados sobre la iluminancia en la sala de la Casa Castillo, nos arrojaron información de que es posible realizarse la actividad de *conversar* de manera adecuada dentro del rango de los 55 a 90 luxes, a pesar de que la literatura recomienda que en la sala debe de haber una iluminancia de 100 luxes de manera general en este recinto. Usando los parámetros de la SMII y la IESNA, se podría catalogar la iluminación utilizada del carácter íntimo ligero-acogedor, que nos exige un mínimo de 30 lux en su carácter acogedor y un máximo de 60 a 100 lux en su carácter ligero, cumpliendo así con requerimientos existenciales para poder realizar la actividad plenamente en un periodo largo de tiempo si así se decide. Se recomienda utilizar un color cálido en muros que ayude a que la iluminación empleada pueda responder a un espacio de estar y se pueda realizar la actividad de conversar con mayor disfrute.

Los resultados sobre la iluminancia en la recámara de la Casa Castillo, nos arrojaron información de que es posible realizar la actividad de *lectura* en un rango de 160 a 200 lux a pesar de que la SMII recomienda una luminancia de 200 lux y la IESNA una luminancia de 300 lux utilizando una iluminación que se acerque o iguale a una temperatura de color de 5000 Kelvin (luz

natural) para poder realizar de manera adecuada la actividad. Es recomendable, como se emplea en la Casa Castillo, el uso de luminarias de tareas específicas para actividades como la *lectura*, ya que requieren de un flujo específico y adecuado para cumplir con los requerimientos pragmáticos al realizarse la actividad. También se recomienda utilizar un foco que brinde una mayor cantidad de luz para poder realizar la actividad sin dañar la vista en periodos largos de tiempo. Se recomienda el uso de filtros en la luminaria que hagan una iluminación difusa y que eviten deslumbramientos en cierto tipo de materiales de lectura.
El Arq. Alejandro Castillo Orejel se pudo percatar de que el cambio de tecnología de halógenos a Led para mejoras de eficiencia energética en el consumo de la residencia le hizo cambiar el ambiente que tenía de luz cálida de 4000/4500 Kelvin a 6500K debido a que en la ciudad de San Luis Potosí la tecnología de Leds solo ofrecía dos temperaturas de color, la 6500K muy blanca y la 3500K que es demasiado amarilla, por lo que optó por una blanca. Comentó que ahora se verá en la tarea de buscar en otro estado una temperatura en Leds similar a la que tenía en el ambiente anterior debido a que con el uso de las nuevas tecnologías se perdió la esencia que se pretendía en algunos espacios.

7.1.2 RESULTADOS EN CASA GUILLÉN

Los resultados sobre la iluminancia en la cocina de la Casa Guillen, nos arrojaron información que en un rango de 190 a 300 lux la persona de edad joven que realiza la actividad de *preparación de alimentos* lo hace de una manera adecuada a pesar de que la SMII (Sociedad Mexicana de Ingenieros en Iluminación) recomienda una luminancia de 300 lux en México y la IESNA (Sociedad de Ingenieros en Iluminación de Norte América) una luminancia de 500 lux, aunque si es recomendable utilizar una fuente de iluminación un poco más potente y de igual manera focalizada que propicie a que usuarios de edad avanzada puedan realizar la actividad de mejor manera por los largos periodos de tiempo como lo exige la propia actividad. Es recomendable, como se emplea en la Casa Guillen, focalizar por medio de spots o algún tipo de luminario con iluminación directa en el área de trabajo y el uso de filtros o difusores de tipo lechoso para que en la actividad de *preparación de alimentos* se eviten los deslumbramientos por el tipo de materiales que pueden tener características refractivas.

Los resultados sobre la iluminancia en la sala de la Casa Guillén, nos arrojaron información de que es posible realizarse la actividad de *conversar* de manera adecuada dentro del rango de los 100 a 170 luxes, a pesar de que la literatura recomienda que en la sala debe de haber una iluminancia de 100 luxes de manera general en este recinto. Usando los parámetros de la SMII y la IESNA, se podría catalogar la iluminación del carácter ordinario ligero-acogedor, que nos exige un mínimo de 100 a 150 lux en su carácter acogedor y un máximo de 200 a 300 lux en su carácter ligero, cumpliendo así con requerimientos pragmáticos y existenciales para poder realizar la actividad. Los resultados sobre la iluminancia en la recámara de la Casa Guillén, nos arrojaron información de que es posible realizar la actividad de *lectura* en un rango de 160 a 200 lux a pesar de que la SMII recomienda una luminancia de 200 lux y la IESNA una luminancia de 300 lux utilizando una iluminación que se acerque o iguale a una temperatura de color de 5000 Kelvin (luz natural) para poder realizar de manera adecuada la actividad. Es recomendable, cambiar las lámparas en este recinto a unas de temperatura de color natural ya que la cálida no propicia a la concentración de la actividad de *lectura*, o bien el uso de luminarias de tareas específicas para la *lectura*, ya que requieren de un flujo específico y adecuado para cumplir con los requerimientos pragmáticos.

7.1.3 RESULTADOS EN EL LABORATORIO DE LA FACULTAD DEL HABITAT

La fuente de iluminación más adecuada para la actividad de *preparación de alimentos* en cocina en una altura promedio de 2.40 mts. es preferentemente fluorescente o leds por su nivel de iluminancia y menor cantidad de temperatura en lapsos de 30 a 60 mins. en los que se realiza la actividad y deberá contar con filtros que hagan una luz difusa en el espacio o directa específicamente al espacio de la preparación de alimentos por medio de luminarias dirigibles o spots. El cambio de material de una superficie cromática a una superficie acromática en el área de trabajo de la actividad de *preparación de alimentos* no tiene un impacto prescindible para fines pragmáticos, pero si deberá cumplir aspectos existenciales según las personas que lo utilicen.

Cualidad modificada en el espacio	Porcentaje de incidencia
Simulación con superficie acromática	100%
Simulación con superficie cromática	101.77%
Simulación muro rosa	103.55%
Simulación muro beige	91.15%
Simulación muro rojo	94.70%
Simulación muro azul	96.47%
Simulación muro gris	91.15%

Tabla 28. Porcentajes de incidencia obtenida en los resultados de la simulación de la actividad de preparación de alimentos.

La fuente de iluminación más adecuada para la actividad de *lectura* en recámara en una altura promedio de 2.40 mts. es preferentemente LED con filtros que hagan una luz difusa en el espacio que evite los deslumbramientos en el material de lectura, o la fluorescente con luz directa focalizada que sea dirigida al espacio donde se realiza la actividad por medio de luminarias adicionales de tareas específicas. La temperatura de color en esta actividad es muy importante ya que debe de ser igual o asemejarse a los 5000 Kelvin que es la luz natural, ya que es la que propicia se pueda concentrar el lector y evita efectos psicológicos de aburrimiento o estrés al realizarse la actividad.

Los colores en muro que tuvieron más absorción en las actividades fueron el rojo y el gris, reduciendo considerablemente la luminosidad en el área específica donde se realiza la actividad. Platicando con el Arquitecto Orejel se comentó en la necesidad de pintar muros en interiores donde se pasa mucho tiempo de color gris claro o blanco ostión y evitar en lo posible los blancos que todo mundo utiliza, ya que éste ocasiona deslumbramientos tanto de la entrada de luz solar como la disipación de la luz artificial.

Cualidad modificada en el espacio	Porcentaje de incidencia
Simulación de actividad	100%
Simulación muro rosa	100%
Simulación muro beige	85.16%
Simulación muro rojo	72.80%
Simulación muro azul	91.78%
Simulación muro gris	68.94%

Tabla 29. Porcentajes de incidencia obtenida en los resultados de la simulación de la actividad de leer.

La fuente de iluminación más adecuada para la actividad de *conversar* en sala en una altura promedio de 2.40 mts. es la LED con temperatura cálida y con filtros que hagan una luz difusa en el espacio ya que permite difuminar las sombras y crea espacios más agradables para estar, o la halógena con luz difusa o indirecta que sea dirigida a espacios dichos por el arquitecto que cause un efecto emocional positivo en el habitante.
Es importante tomar en cuenta que las actividades se evaluaron con las luminarias ubicadas a plafón en 2.40 mts. de altura, pero al ubicarse el plafón a 3.00 mts. de altura, el resultado del flujo lumínico puede reducir considerablemente hasta un 60%, por lo que esta consideración deberá ser muy tomada en cuenta por el arquitecto ya que afecta los requerimientos pragmáticos y existenciales.

Cualidad modificada en el espacio	Porcentaje de incidencia
Simulación de actividad	100%
Simulación muro rosa	76.93%
Simulación muro beige	97.07%
Simulación muro rojo	97.43%
Simulación muro azul	79.50%
Simulación muro gris	84.64%

Tabla 30. Porcentajes de incidencia obtenida en los resultados de la simulación de la actividad de conversar

7.2 RECOMENDACIONES Y CRITERIOS

7.2.1 RECOMENDACIONES EN CASA CASTILLO

- Utilizar en la recámara una luminaria de tareas específicas para la actividad de *lectura* con una lámpara LED de 7W, de aprox. 350 lúmenes y temperatura de color de 5000 K (natural).
- Utilizar una lámpara de tipo fluorescente compacta o LED de 18W de aproximadamente 1300 lúmenes en una distancia de 1.44 metros y una temperatura de color de 5000 Kelvin (natural) que deberá ir dirigida a la superficie de lectura con el empleo de un filtro que brinde iluminación difusa, evite deslumbramientos y propicie la atenuación de sombras.

Estas recomendaciones ayudan a mejorar las condiciones para los requerimientos pragmáticos.

- Regresar a las fuentes de iluminación artificial con temperatura de color 3500-4000 Kelvin (cálida) en sala para crear un ambiente confortable al realizar la actividad de *conversar*.

Estas recomendaciones ayudan a mejorar las condiciones para los requerimientos existenciales.

- De ser posible utilizar una segunda luminaria en cocina, focalizada en la superficie donde se realiza la actividad de *preparación de alimentos*. Deberá tener una lámpara halógena de 150 W y 4000 K, fluorescente de 42 o 56 W, 4100 Kelvin y 3100-4200 lúmenes o la más recomendable la LED de 7 W de 350 lúmenes y temperatura de color de 3000-4000 Kelvin.

Estas recomendaciones ayudan de manera conjunta tanto a mejorar las condiciones para los requerimientos tanto pragmáticos como existenciales.

7.2.2 RECOMENDACIONES EN CASA GUILLÉN

- Pintar de color rosa pálido, crema, beige, marrón o tonalidades cercanas al gris al ser estos considerados como colores neutros, en la cocina de esta residencia al muro próximo a la actividad de *preparación de alimentos* para aumentar la cantidad de iluminancia.

- Sustituir las lámparas en cocina por unas LED de 18 W de 1300 lúmenes con una temperatura de color de 3000 a 4000 Kelvin.
- Sustituir las lámparas en recámara por unas LED de 18 W de 1300 lúmenes con filtro y de una temperatura de color de 5000 Kelvin (natural) para poder realizar adecuadamente la actividad de *lectura*

Estas recomendaciones ayudan de manera conjunta tanto a mejorar las condiciones para los requerimientos tanto pragmáticos como existenciales.

7.2.3 CRITERIOS

- El tipo de material en la superficie de *preparación de alimentos* en la cocina no representa un cambio considerable en la cantidad de iluminancia y por tanto en los requerimientos pragmáticos, pero si debe tomarse en cuenta para responder a requerimientos existenciales.
- Utilizar iluminación dirigida sin filtros a las superficies donde se realiza la actividad de *preparación de alimentos*, donde el arquitecto deberá además usar varias temperaturas de color en el ambiente en general para crear una dinámica interesante en la imagen no focalizada del usuario.
- Evitar el uso de focos halógenos en actividades que requieran más de 40 minutos de iluminación artificial, debido a que la temperatura en el haz de luz que abarca aumenta considerablemente de un 12 a un 25% tomando como referencia una altura de 2.40 metros a la fuente de iluminación.
- Utilizar filtros en luminarias para la actividad de *lectura* que eviten deslumbramiento directo en la superficie donde se realiza la actividad, además de una temperatura de color de 5000 Kelvin (natural) recomendada por la literatura para concentración durante la actividad.
- Utilizar filtros o pantallas en espacios donde se realiza la actividad de *conversar* para difuminar las sombras en el espacio, crear una iluminación difusa y agradable en el entorno, además de lámparas con una temperatura de color de 3000 a 4100 Kelvin.

7.3 CONCLUSIONES

7.3.1 CONCLUSIONES GENERALES

Al iniciar la investigación se tenía un interés por encontrar información competente que pudiera ayudarnos a diseñar la iluminación en espacios que respondieran a actividades cotidianas que se hacen en viviendas residenciales cumpliendo con aspectos tanto pragmáticos como existenciales, se planteó inicialmente que se tiene poco interés en temas de iluminación tanto en la práctica como a nivel académico y es necesario darle la importancia que tiene la iluminación artificial en un proyecto doméstico para poder realizar la cotidianidad de manera adecuada sin afectar la salud ni el confort. Se determinó que existen recomendaciones por la SMII (Sociedad Mexicana de Ingenieros en Iluminación) y la IESNA (Sociedad de Ingenieros en Iluminación de Norte América) quienes dan valores recomendados de cantidades de iluminación óptimas en recintos de una vivienda entre otros y de ciertas actividades en específico que requieren de valores concretos.

Como se planteó en la hipótesis se confirma que las tecnologías en fuentes de iluminación artificial repercuten en la forma en que se realizan actividades cotidianas en lo pragmático y lo existencial. En la práctica en el estudio de dos viviendas residenciales y en la simulación de las actividades en el Laboratorio de Iluminación de la Facultad del Hábitat se pudieron observar parámetros sobre rangos aceptables para poder realizar las actividades adecuadamente, recomendaciones de temperatura de color que según la literatura nos crean atmósferas para cumplir con requerimientos existenciales, así como recomendaciones específicas de las luminarias como el uso de filtros para ciertas actividades que crean una luz difusa atenuando las sombras del espacio y evitan deslumbramiento, el uso de difusores que direccionan la luz en cierto ángulo en específico, entre otras, y que facilitan un entorno adecuado dado por la iluminación para poder realizar adecuadamente una actividad cotidiana.

Aunque algunas de las presentes conclusiones puedan resultar evidentes u obvias, el documento en sí mismo pretende crear una consciencia del valor que tienen las actividades en cada recinto de una vivienda residencial, para que al momento de ir planificando los espacios a la par de la iluminación artificial propuesta, ésta pueda responder a los requerimientos tanto pragmáticos como existenciales de los habitantes en una totalidad, pero enfatizando cada actividad en el espacio. Esto hace que el arquitecto o profesional enfocado al diseño de interiores pueda tener una gama de posibilidades para poder combinarlas y crear sus propios lenguajes por medio de la luz ya que los parámetros recomendados en este documento no son exactos, más sin embargo si deben de respetar el rango y las cualidades ya mencionadas para que puedan realizarse las actividades cotidianas en las viviendas residenciales de la Ciudad de San Luis Potosí.

7.3.2 PROYECTOS DE INVESTIGACIÓN A LAS QUE SE CONTRIBUYE

- El estudio de las propiedades de la luz que no se estudiaron a detalle en este documento en cada actividad evaluada: la reflexión, la refracción, las sombras que se generan en el espacio y como afectan a la visión.
- La absorción que tiene el uso de materiales en la iluminancia recomendada para realizar las actividades cotidianas.
- La repercusión en la temperatura y humedad relativa por el uso de tecnologías en fuentes de iluminación artificial en los espacios o áreas donde se ejecuten actividades cotidianas.
- La pertinencia que tiene la materia de iluminación en planes de estudio de la carrera de arquitectura en México y la especialización.
- Las diferentes etapas de vida del ser humano y los criterios recomendados de iluminación para realizar las actividades cotidianas.

7.3.3 REFLEXION

Esta investigación sirve como referente para los proyectos de investigación a los que contribuye este documento y como modelo para estudiar tanto otras actividades cotidianas, como en otros proyectos arquitectónicos además de una vivienda residencial. En el ámbito académico sirve como referente en la práctica en materia de iluminación artificial y para su concientización sobre la importancia que tiene el conocer los resultados obtenidos a la hora de iluminar los espacios de una vivienda que no debería ser del interés de unos cuantos, sino una materia obligatoria y no optativa. Donde se pueda debatir, dialogar y concluir aspectos importantes que faciliten la toma de decisiones al presentar un proyecto de iluminación en los proyectos de taller y posteriormente al ejercer la profesión cumpliendo con lo necesario para no afectar la salud ni el confort de las personas que realizan en este caso, actividades cotidianas en sus viviendas.

Nota: El documento está sujeto a estándares que pudieran diferir por aspectos culturales, regionales, o inclusive de preferencias del usuario, ya que en el proceso de investigación se observó que los propios valores recomendados por IESNA y SMII difieren de una manera considerable, por lo que abre la puerta a estudios profundos de anatomía del ojo humano para cuestionar o verificar las normas de iluminación artificial recomendada para las actividades.

LISTA DE TABLAS

Tabla 103. Recopilado de resultados sobre medidas tomadas de las propiedades lumínicas de Lámpara YDACD-LED/10W/30 en la simulación de una sala con muro gris 1.
Tabla 104. Recopilado de resultados sobre medidas tomadas de las propiedades lumínicas de Lámpara YDACD-LED/10W/30 en la simulación de una sala con muro gris 2.
Tabla 105. Recopilado de resultados sobre medidas tomadas de las propiedades lumínicas de Lámpara YDACD-LED/10W/30 en la simulación de una sala con muro gris 3.
Tabla 106. Recopilado de resultados sobre medidas tomadas de las propiedades lumínicas de Lámpara YDACD-LED/10W/30 en la simulación de una sala con plafón a 3.0 mts. 1.

LISTA DE GRAFICAS

Gráfica 70. Gráfica proporcionada del programa HOBOware de resultados sobre medidas tomadas de las propiedades lumínicas de Lámpara YDACD-LED/10W/30 en la simulación de una sala con plafón a 3.0 mts. 1.
Gráfica 71. Gráfica proporcionada del programa HOBOware de resultados sobre medidas tomadas de las propiedades lumínicas de Lámpara YDACD-LED/10W/30 en la simulación de una sala con plafón a 3.0 mts. 2.
Gráfica 72. Gráfica proporcionada del programa HOBOware de resultados sobre medidas tomadas de las propiedades lumínicas de Lámpara YDACD-LED/10W/30 en la simulación de una sala con plafón a 3.0 mts. 3.

LISTA DE IMÁGENES

Imagen 17 Estudio, actual cocina Casa Castillo (Foto de 1986) Tomada por el Arq. Alejandro Castillo Orejel
Imagen 18. Cocina Casa Castillo (Foto de 2011) Tomada por el Arq. Alejandro Castillo Orejel
Imagen 19. Cocina Casa Castillo (Foto de 2016) Tomada por el Arq. Alejandro Castillo Orejel
Imagen 20. Cocina Casa Castillo. Detalle de plano a mano alzada del Arq. Alejandro Castillo Orejel, con una modificación hecha por el Arq. Arturo García de Haro del sembrado de luminarias en el recinto.
Imagen 21. Recámara principal Casa Castillo (Foto de 1986) Tomada por el Arq. Alejandro Castillo Orejel
Imagen 22. Recámara principal Casa Castillo (Foto de 2011) Tomada por el Arq. Alejandro Castillo Orejel
Imagen 23. Recámara principal Casa Castillo (Foto de 2011) Tomada por el Arq. Alejandro Castillo Orejel
Imagen 24. Recámara principal. Casa Castillo. Detalle de plano a mano alzada del Arq. Alejandro Castillo Orejel, con una modificación hecha por el Arq. Arturo García de Haro del sembrado de luminarias en el recinto.
Imagen 25. Fachada principal Casa Guillén (Foto de 2014) Tomada por el Arq. Alejandro Castillo Orejel
Imagen 26. Acceso Casa Guillén (Foto de 2014) Tomada por el Arq. Alejandro Castillo Orejel
Imagen 27. Fachada posterior Casa Guillén (Foto de 2014) Tomada por el Arq. Alejandro Castillo Orejel
Imagen 28. Sala Casa Guillén (Foto de 2014) Tomada por el Arq. Alejandro Castillo Orejel
Imagen 29. Sala Casa Guillén (Foto de 2014) Tomada por el Arq. Alejandro Castillo Orejel
Imagen 30. Sala. Casa Guillén. Detalle de plano a mano alzada del Arq. Alejandro Castillo Orejel, con una modificación hecha por el Arq. Arturo García de Haro del sembrado de luminarias en el recinto.
Imagen 31. Cocina Casa Guillén (Foto de 2014) Tomada por el Arq. Alejandro Castillo Orejel
Imagen 32. Cocina Casa Guillén (Foto de 2014) Tomada por el Arq. Alejandro Castillo Orejel

Imagen 33. Barra Cocina Casa Guillén (Foto de 2014) Tomada por el Arq. Alejandro Castillo Orejel
Imagen 34. Isla central de antecomedor y preparación de alimentos Casa Guillén (Foto de 2014) Tomada por el Arq. Alejandro Castillo Orejel
Imagen 35. Cocina. Casa Guillén. Detalle de plano a mano alzada del Arq. Alejandro Castillo Orejel, con una modificación hecha por Arturo García de Haro del sembrado de luminarias en el recinto.
Imagen 36. Recámara Casa Guillén (Foto de 2016) Tomada por Arturo García de Haro
Imagen 37. Recámara. Casa Guillén. Detalle de plano a mano alzada del Arq. Alejandro Castillo Orejel, con una modificación hecha por el Arq. Arturo García de Haro del sembrado de luminarias en el recinto.
Imagen 38. Toma medidas en Sala Casa Castillo (Foto de 2016) Tomada por el Arq. Arturo García de Haro
Imagen 39. Toma medidas en Cocina Casa Castillo (Foto de 2016) Tomada por el Arq. Arturo García de Haro
Imagen 40. Toma medidas en Recámara principal Casa Castillo (Foto de 2016) Tomada por el Arq. Arturo García de Haro
Imagen 41. Toma medidas en Sala Casa Guillén (Foto de 2016) Tomada por el Arq. Arturo García de Haro
Imagen 42. Detalle hobo en Sala Casa Guillén (Foto de 2016) Tomada por el Arq. Arturo García de Haro
Imagen 43. Toma medidas en Cocina Casa Guillén (Foto de 2016) Tomada por el Arq. Arturo García de Haro
Imagen 44. Detalle hobo en Cocina Casa Guillén (Foto de 2016) Tomada por el Arq. Arturo García de Haro
Imagen 45. Toma medidas en recámara Casa Guillén (Foto de 2016) Tomada por el Arq. Arturo García de Haro
Imagen 46. Detalle hobo en recámara Casa Guillén (Foto de 2016) Tomada por el Arq. Arturo García de Haro
Imagen 47. Plafón en Laboratorio de Iluminación de la Facultad del Hábitat (Foto de 2016) Tomada por el Arq. Arturo García de Haro
Imagen 48. Planta de luminarias detallada de Laboratorio de Iluminación de la Facultad del Hábitat. Elaborado por el Arq. Arturo García de Haro
Imagen 49. Toma 1 Lámpara halógena YD-500-3B (Foto de 2016) Tomada por el Arq. Arturo García de Haro

Imagen 50. Toma 2 Lámpara LED YDLED-205/9W/30/B (Foto de 2016) Tomada por el Arq. Arturo García de Haro
Imagen 51. Toma 3 Lámpara fluorescente LTL-3142/41 (Foto de 2016) Tomada por el Arq. Arturo García de Haro.
Imagen 52. Toma 4 Lámpara LED YDLED-DIM-210/12.5W (Foto de 2016) Tomada por el Arq. Arturo García de Haro
Imagen 53. Toma 5 Lámpara halógena YD-500-3B (Foto de 2016) Tomada por el Arq. Arturo García de Haro
Imagen 54. Toma 6 Lámpara halógena LVRF-603/S (Foto de 2016) Tomada por el Arq. Arturo García de Haro
Imagen 55. Toma 7 Lámpara fluorescente FLC-228W/41 (Foto de 2016) Tomada por el Arq. Arturo García de Haro
Imagen 56. Toma 8 Lámpara halógena YD-360/B MR16-50W/127V (Foto de 2016) Tomada por el Arq. Arturo García de Haro
Imagen 57. Toma 9 Lámpara LED YD-360/B MR16SMLED/3W/65 (Foto de 2016) Tomada por el Arq. Arturo García de Haro
Imagen 58. Toma 10 Lámpara fluorescente YD-370/B PAR30FL13W/65 (Foto de 2016) Tomada por el Arq. Arturo García de Haro
Imagen 59. Toma 11 Lámpara fluorescente LVRF-7603/S (Foto de 2016) Tomada por el Arq. Arturo García de Haro
Imagen 60. Toma 12 Lámpara LED YDLED-400/18W 30/B (Foto de 2016) Tomada por el Arq. Arturo García de Haro
Imagen 61. Detalle de toma simulación preparación de alimentos en superficie acromática (Izquierda) (Foto de 2016) Tomada por el Arq. Arturo García de Haro
Imagen 62. Toma simulación preparación de alimentos en superficie acromática (Foto de 2016) Tomada por el Arq. Arturo García de Haro
Imagen 63. Detalle de toma simulación preparación de alimentos en superficie cromática (Izquierda) (Foto de 2016) Tomada por el Arq. Arturo García de Haro
Imagen 64. Toma simulación preparación de alimentos en superficie cromática (Foto de 2016) Tomada por el Arq. Arturo García de Haro
Imagen 65. Toma simulación preparación de alimentos con muro rosa (Foto de 2016) Tomada por el Arq. Arturo García de Haro
Imagen 66. Toma simulación preparación de alimentos con muro beige (Foto de 2016) Tomada por el Arq. Arturo García de Haro

Imagen 67. Toma simulación preparación de alimentos con muro rojo (Foto de 2016) Tomada por el Arq. Arturo García de Haro
Imagen 68. Toma simulación preparación de alimentos con muro azul (Foto de 2016) Tomada por el Arq. Arturo García de Haro
Imagen 69. Toma simulación preparación de alimentos con muro gris (Foto de 2016) Tomada por el Arq. Arturo García de Haro
Imagen 70. Toma simulación lectura (Foto de 2016) Tomada por el Arq. Arturo García de Haro
Imagen 71. Detalle tripeé usado para simulación de lectura (Foto de 2016) Tomada por el Arq. Arturo García de Haro
Imagen 72. Detalle de hobo en toma de simulación lectura con muro rosa (Foto de 2016) Tomada por el Arq. Arturo García de Haro
Imagen 73. Toma simulación de lectura con muro rosa (Foto de 2016) Tomada por el Arq. Arturo García de Haro
Imagen 74. Detalle de hobo en toma de simulación lectura con muro beige (Foto de 2016) Tomada por el Arq. Arturo García de Haro
Imagen 75. Toma simulación de lectura con muro beige (Foto de 2016) Tomada por el Arq. Arturo García de Haro
Imagen 76. Detalle de hobo en toma de simulación lectura con muro rojo (Foto de 2016) Tomada por el Arq. Arturo García de Haro
Imagen 77. Toma simulación de lectura con muro rojo (Foto de 2016) Tomada por el Arq. Arturo García de Haro
Imagen 78. Detalle de hobo en toma de simulación lectura con muro azul (Foto de 2016) Tomada por el Arq. Arturo García de Haro
Imagen 79. Toma simulación de lectura con muro azul (Foto de 2016) Tomada por el Arq. Arturo García de Haro
Imagen 80. Detalle de hobo en toma de simulación lectura con muro gris (Foto de 2016) Tomada por el Arq. Arturo García de Haro
Imagen 81. Toma simulación de lectura con muro gris (Foto de 2016) Tomada por el Arq. Arturo García de Haro
Imagen 82. Toma de simulación conversar (Foto de 2016) Tomada por el Arq. Arturo García de Haro
Imagen 83. Detalle de hobo en toma de simulación conversar con muro rosa (Foto de 2016) Tomada por el Arq. Arturo García de Haro
Imagen 84. Toma simulación de conversar con muro rosa (Foto de 2016) Tomada por el Arq. Arturo García de Haro

BIBLIOGRAFÍA

ÁLAVREZ Ana María, Luz color y sonido, efectos sensoriales en la arquitectura contemporánea. Barcelona España Parramon Ediciones 2010

ARISTA González Gerardo, La iluminación en el espacio arquitectónico, su uso y práctica. Manual de prácticas para el Laboratorio de la Facultad del Hábitat de la UASLP. (2016)

BOWERS, A. R., Meek, C., & Stewart, N. Illumination and reading performance in age-related macular degeneration. 2001. Clinical and Experimental Optometry, 84, 139–147. Recuperado de Online Libray el 30 de octubre de 2016 de: http://onlinelibrary.wiley.com/doi/10.1111/j.1444-0938.2001.tb04957.x/abstract;jsessionid=FD692086D1ABFE67FCED81B444C21FB

BARSTOW, B. A., Bennet D. K., & Vogtle, L. K. Perspectives on home safety: Do home safety assessments address the concerns of clients with vision loss? 2011, Recuperado de American Journal of Ocupational Therapy, 65, 635-642 el 30 de octubre de 2016 de: http://ajot.aota.org/article.aspx?articleid=1851517

CARIGNAN, M., Rousseau, J., Gresset, J., & Couturier, J. A. Content validity of a home-based person–environment interaction assessment tool for visually impaired adults. 2008 Recuperado de Journal of Rehabilitation Research and Development, 45, 1037–1051el 30 de octubre de 2016 de: http://dx.doi.org/doi:10.1682/JRRD.2007.10.0158

CHARNESS, N., & Dijkstra, K. Age, luminance, and print legibility in homes, offices, and public places, 1999. Recuperado de Human Factors no. 41, el 30 de octubre de 2016 de: http://hfs.sagepub.com/content/41/2/173.abstract

CORTES, Maricarmen Prohíbe México comercialización de focos incandescentes 2010 Recuperado del Universal el 5 de noviembre de 2016 de: http://archivo.eluniversal.com.mx/columnas/87513.html

EDELMAN, Bernard. La maison de Kant. Paris: Payot, 1984, 25-26 (cit. por Perrot, Michelle. "Formas de habitación" en Ariès, Philippe y Georges Duby. Historia de la vida privada. Sociedad burguesa: aspectos concretos de la vida privada. Madrid: Taurus, 1987, vol. 8, 9-12).

ELDRED, K. B. Optimal illumination for reading in patients with age-related maculopathy. 1992 Recuperado de Journals el 29 de octubre de 2016 de: Journals el 29 de octubre de 2016 de: http://journals.lww.com/optvissci/abstract/1992/01000/optimal_illumination_for_reading_in_patients_with.7.aspx

ESCANDELL Vidal, Mª Victoria Introducción a la pragmática, Barcelona: Ariel Lingüística. 1996

EHRENZWEIG, ANTON, The psycoanalisis of arristic vision and hearing: an introduction for a theory of unconscious perception, Sheldon Press, Londres, J 975.

FILLIPO Rugles, Victor Hugo, Chaves Osorio, José Andrés, Cano Garzón, Hugo Baldomiro, Aplicaciones de iluminación con leds Scientia Et Technica 2010 Recuperado de Redalyc el 5 de noviembre de 2016 de: http://www.redalyc.org/articulo.oa?id=84917249003 ISSN 0122-1701

GARCIA Flors Humberto, Niveles Medios de Iluminación al plano de trabajo recomendados para la República Mexicana recuperado de enquitoecuador el 1 de diciembre de 2016 de http://www.enquitoecuador.com/userfiles/niveles-iluminacion-en-mexico.pdf

LINDNER, H., Rinnert, T., Illumination conditions of visually impaired people under private domestic circumstances 2001, 218, 774–781. Recuperado el 30 de octubre de 2016 de https://www.ncbi.nlm.nih.gov/pubmed/11805869

HARVEY, David, The condition of postmodernity: an enquiry into the origins of cultural change, Basil Blackwell, Cambridge, 1992, pág. 327

HORGARS, A. L., Wilms, H. U., & Baltes, M. M. Daily life in very old age: Everyday activities as expression of successful living. 1998, 38, 5 556–568 Recuperado de Gerontologist el 28 de octubre de 2016 de https://gerontologist.oxfordjournals.org/content/38/5/556.full.pdf

IBACOS. Illumination Engineering Society of North America guidelines, 2013. Recuperado de IBACOS el 28 de octubre de 2016 de: www.ibacos.com/highperformance-lighting-guide/iesna-guidelines

KRUITHOF, Arie Andries Tubular Luminescence Lamps for General Illumination. 1941. Philips Technical Review 6 (3): 65-96. ISSN 0031-7926

MARKOWITZ, S. N. Principles of modern low vision rehabilitation 2006. Recuperado de Canadian Journal of Ophthalmology 41, 289–312 el 1 de noviembre de 2016 de http://www.canadianjournalofophthalmology.ca/article/S0008-4182(06)80045-1/abstract

MARTINEZ Marcos, Oriente Ponitente, 2015 Recuperado de Lighting el 29 de mayo de 2016 en: http://lightroom.lighting/oriente_poniente/

MERCADO Segoviano José Luis La iluminación: un elemento de composición plástica, Consejo Superior de investigaciones científicas, España, 1983. recuperado de informes de la construcción el 13 de octubre de 2016 de: http://informesdelaconstruccion.revistas.csic.es/index.php/informesdelaconstruccion/article/viewArticle/1991

MERRIAM-Webster. Lux. In Merriam-Webster's online dictionary. Recuperado de Merriam Webster el 29 de octubre de 2016 de http://www.merriam-webster.com/dictionary/lux?show50&t51373217003

MONTALVO Hernández Gloria del Rocío, "El Proceso de electrificación en San Luis Potosí 1880-1910" Tesis de maestría 2010 recuperado el 12 de diciembre de 2016 de http://biblio.colsan.edu.mx/tesis/MontalvoHernandezGloriadelRocio.pdf

NIEBEL Benjamin W. Ingeniería Industrial. Métodos, y tiempos y movimientos 11ª edición, Alfaomega. pag. 235.

Norma Oficial Mexicana NOM-025-STPS-2008, Condiciones de iluminación en los centros de trabajo. recuperado de Secretaría de Trabajo y Previsión social el 1 de noviembre de 2016 de: http://www.stps.gob.mx/bp/secciones/dgsst/normatividad/normas/Nom-025.pdf

PALLASMA, Juhani, Los ojos de la piel Gustavo Gili, SL, Barcelona, 2006

PEREZ Mendizabal Daniela, La iluminación en la arquitectura contemporánea Tesis México UASLP 2013

PERLMUTTER, M. S., Bhorade, A., Gordon, M., Hollingsworth, H., Engsberg, J. E., & Baum, M. C. (2013). Home lighting assessment for clients with low vision. American Journal of Occupational Therapy, 67(6), 674-682

PIZZA, Antonio y Josep María Rovira (eds.). En busca del hogar. Coderch 1940-1964. Barcelona: Col·legi d'Arquitectes de Catalunya, 2000, 143

QUEVEDO, Raquel La influencia de nuestro entorno en la percepción de la luz, 2015. Recuperado de Lightroom el 29 de mayo de 2016 en http://lightroom.lighting/percepcion_parte2/

RAMÍREZ Cedillo Manual de principios de Iluminación, México: Holophane 2013

S.A. Características generales de las fuentes de luz, recuperado de DPE el 29 de noviembre de 2016 de: http://grlum.dpe.upc.edu/manual/sistemasIluminacion-fuentesDeLuz.php

S.A. Historia de la energía eléctrica en México Recuperado el 1 de noviembre del Ombligo de la Luna en http://www.elombligodelaluna.com.mx/energia-electrica

SANCHEZ Maza Miguel Angel, Luminotecnia, IC editorial, España 2007

SLAUH, B. Enabler FAQ., 2001. Recuperado de Enabler el 30 de octubre de 2016 de www.enabler.nu/

SINI, Carlo. El pragmatismo. Ediciones AKAL. 1999 p. 80

Sociedad Mexicana de Ingeniería e Iluminación, Principios de Iluminación y Niveles de Iluminación en México, Asociación Civil. Revista Ingeniería de Iluminación, mayo-junio 1967, México.

SONTAG Susan, Sobre la fotografía Recuperado el 4 de noviembre de 2016 de:

http://www.rcbsam.com/uploads/4/1/9/6/41960/sontag_on_photography.pd f

TARÍN Mendoza Pedro Alejandro, "Elementos de iluminación para el diseño arquitectónico" Tesis de licenciatura UASLP 2000

VÁZQUEZ González Octavio "Sensación Percepción y emoción, efectos en el ser humano provocados por el color, la iluminación, la acústica y los materiales" Tesis de licenciatura de la Facultad del Hábitat de UASLP 2016

WANG, King Influence of color temperature on comfort and preference for LED indoor lighting 2016. Recuperado de Science Direct el 1 de noviembre de 2016 de: http://www.sciencedirect.com/science/article/pii/S0030402616312165

WEISS Salas, Philip, i Mas, Marc Jané, El espacio doméstico DEARQ - Revista de Arquitectura / Journal of Architecture Recuperado de Redalyc el 2 de noviembre de 2016 de: http://www.redalyc.org/articulo.oa?id=341630316002 ISSN 2011-3188

8

CAPÍTULO VIII
ANEXOS

INDICE

INTRODUCCION

El presente documento recopila los anexos del trabajo de investigación "*La iluminación artificial en las actividades cotidianas de viviendas residenciales*" realizado en las unidades de análisis (Casa Castillo y Casa Guillén) y en el Laboratorio de Iluminación de la facultad del Hábitat.

Se presenta la toma de datos en forma de tablas que muestran el periodo de encendido y apagado de la luminaria usada, el número de toma que se realizó a cada minuto, la fecha y hora, del espacio donde se realiza la actividad: la temperatura generada, la humedad relativa, el valor de iluminancia obtenida y una segunda toma de temperatura que se referirá a la tomada próxima a la lámpara. Dichos valores fueron registrados por un higrotermómetro (hobo) que se programó con anticipación en cada toma y después se vació la información al programa Hoboware para obtención y graficación de los resultados en las distintas pruebas.

Además de cada tabla se muestra la gráfica antes mencionada del programa Hoboware que coincide perfectamente con fecha, hora y valores expuestos en la tabla correspondiente. La cual se marca con una línea color azul los valores obtenidos de la iluminancia, con una azul los valores de humedad relativa, con color negro el comportamiento de la temperatura y con línea punteada los valores de temperatura de la luminaria.

Por último, se exponen los cuestionarios que se realizaron en la visita a las familias para tomar los valores de ambas casas.

TOMA A1: Recámara Casa Castillo

LA IMPORTANCIA DE LA ILUMINACIÓN ARTIFICIAL EN VIVIENDAS RESIDENCIALES

Tabla registro. Recopilado de medidas sobre propiedades lumínicas utilizado para realizar actividades cotidianas.

La presente tabla muestra el recopilado de información sobre temperatura (T1), humedad relativa (H.R.), e intensidad luminosa (I.L.) producidos por los luminarios especificados en el lugar del recinto donde se realiza la actividad evaluada, haciéndose una toma con un hobo a cada minuto en un lapso total de 70 mins. obteniendo 20 mins. previos al encendido, 30 mins. con el luminario encendido y 20 mins. posteriores al encendido. Se incorpora una segunda toma de temperatura (T2) generada por el mismo luminario.

Recinto evaluado:	Recámara	**U. de análisis:**	Casa Castillo
Actividad evaluada:	Lectura		
No. y tipo de luminario:	De techo (1) y de mesa (3)	**No. y tipo de foco:**	M: Flc (3), T:LED (3)
Temperatura de color:	Cálida (3) y fría (1)	**Filtro:**	Con Filtro

Título de trazado: Prueba Recámara Casa Castillo													
Light O	**No. (#)**	**Fecha, Hora. GMT-06:00**	**T. 1 (°C)**	**H.R. (%)**	**I.L. (lux)**	**T. 2 (°C)**	**Light O**	**No. (#)**	**Fecha, Hora. GMT-06:00**	**T. 1 (°C)**	**H.R. (%)**	**I.L. (lux)**	**T. 2 (°C)**
OFF	1	11/24/16 07:18:00 PM	21.08	54.79	11.8	19.91	ON	36	11/24/16 07:53:00 PM	19.32	57.66	161.6	20.6
OFF	2	11/24/16 07:19:00 PM	20.89	54.61	11.8	19.94	ON	37	11/24/16 07:54:00 PM	19.32	57.66	153.7	20.65
OFF	3	11/24/16 07:20:00 PM	20.7	54.8	11.8	19.87	ON	38	11/24/16 07:55:00 PM	19.34	57.67	161.6	20.67
OFF	4	11/24/16 07:21:00 PM	20.53	55.02	11.8	19.77	ON	39	11/24/16 07:56:00 PM	19.34	57.67	161.6	20.65
OFF	5	11/24/16 07:22:00 PM	20.39	55.18	3.9	19.67	ON	40	11/24/16 07:57:00 PM	19.34	57.7	161.6	20.67
OFF	6	11/24/16 07:23:00 PM	20.25	55.41	11.8	19.6	ON	41	11/24/16 07:58:00 PM	19.34	57.7	161.6	20.65
OFF	7	11/24/16 07:24:00 PM	20.13	55.64	11.8	19.51	ON	42	11/24/16 07:59:00 PM	19.34	57.67	161.6	20.67
OFF	8	11/24/16 07:25:00 PM	20.01	55.81	11.8	19.44	ON	43	11/24/16 08:00:00 PM	19.34	57.76	161.6	20.7
OFF	9	11/24/16 07:26:00 PM	19.91	56.01	11.8	19.37	ON	44	11/24/16 08:01:00 PM	19.34	57.7	153.7	20.65
OFF	10	11/24/16 07:27:00 PM	19.84	56.18	11.8	19.29	ON	45	11/24/16 08:02:00 PM	19.34	57.73	153.7	20.67
OFF	11	11/24/16 07:28:00 PM	19.75	56.35	11.8	19.25	ON	46	11/24/16 08:03:00 PM	19.34	57.73	161.6	20.72
OFF	12	11/24/16 07:29:00 PM	19.7	56.53	11.8	19.22	ON	47	11/24/16 08:04:00 PM	19.34	57.73	161.6	20.72
OFF	13	11/24/16 07:30:00 PM	19.63	56.64	11.8	19.18	ON	48	11/24/16 08:05:00 PM	19.34	57.73	161.6	20.75
OFF	14	11/24/16 07:31:00 PM	19.58	56.76	11.8	19.15	ON	49	11/24/16 08:06:00 PM	19.34	57.76	161.6	20.72
OFF	15	11/24/16 07:32:00 PM	19.53	56.9	11.8	19.15	ON	50	11/24/16 08:07:00 PM	19.34	57.73	161.6	20.72
OFF	16	11/24/16 07:33:00 PM	19.48	56.99	11.8	19.15	OFF	51	11/24/16 08:08:00 PM	19.37	57.92	27.6	20.67
OFF	17	11/24/16 07:34:00 PM	19.46	57.07	11.8	19.15	OFF	52	11/24/16 08:09:00 PM	19.37	57.98	11.8	20.41
OFF	18	11/24/16 07:35:00 PM	19.44	57.16	3.9	19.1	OFF	53	11/24/16 08:10:00 PM	19.34	57.97	11.8	20.22
OFF	19	11/24/16 07:36:00 PM	19.39	57.22	11.8	19.08	OFF	54	11/24/16 08:11:00 PM	19.34	58	11.8	20.06
OFF	20	11/24/16 07:37:00 PM	19.37	57.34	11.8	19.08	OFF	55	11/24/16 08:12:00 PM	19.34	58.03	11.8	19.94
ON	21	11/24/16 07:38:00 PM	19.34	57.48	130.1	19.15	OFF	56	11/24/16 08:13:00 PM	19.32	58.09	11.8	19.84
ON	22	11/24/16 07:39:00 PM	19.32	57.51	161.6	19.39	OFF	57	11/24/16 08:14:00 PM	19.32	58.15	11.8	19.75
ON	23	11/24/16 07:40:00 PM	19.32	57.6	153.7	19.6	OFF	58	11/24/16 08:15:00 PM	19.32	58.15	11.8	19.65
ON	24	11/24/16 07:41:00 PM	19.32	57.6	153.7	19.75	OFF	59	11/24/16 08:16:00 PM	19.32	58.18	11.8	19.58
ON	25	11/24/16 07:42:00 PM	19.32	57.63	145.8	19.91	OFF	60	11/24/16 08:17:00 PM	19.29	58.21	11.8	19.51
ON	26	11/24/16 07:43:00 PM	19.32	57.6	138	20.06	OFF	61	11/24/16 08:18:00 PM	19.29	58.27	11.8	19.46
ON	27	11/24/16 07:44:00 PM	19.32	57.66	145.8	20.15	OFF	62	11/24/16 08:19:00 PM	19.29	58.27	3.9	19.41
ON	28	11/24/16 07:45:00 PM	19.32	57.66	153.7	20.27	OFF	63	11/24/16 08:20:00 PM	19.27	58.3	11.8	19.37
ON	29	11/24/16 07:46:00 PM	19.32	57.63	161.6	20.32	OFF	64	11/24/16 08:21:00 PM	19.27	58.36	11.8	19.34
ON	30	11/24/16 07:47:00 PM	19.32	57.66	161.6	20.41	OFF	65	11/24/16 08:22:00 PM	19.27	58.36	11.8	19.32
ON	31	11/24/16 07:48:00 PM	19.32	57.66	161.6	20.48	OFF	66	11/24/16 08:23:00 PM	19.27	58.42	11.8	19.27
ON	32	11/24/16 07:49:00 PM	19.32	57.66	153.7	20.53	OFF	67	11/24/16 08:24:00 PM	19.27	58.45	11.8	19.25
ON	33	11/24/16 07:50:00 PM	19.32	57.66	153.7	20.53	OFF	68	11/24/16 08:25:00 PM	19.25	58.45	3.9	19.22
ON	34	11/24/16 07:51:00 PM	19.32	57.66	161.6	20.56	OFF	69	11/24/16 08:26:00 PM	19.25	58.48	3.9	19.22
ON	35	11/24/16 07:52:00 PM	19.32	57.66	153.7	20.56	OFF	70	11/24/16 08:27:00 PM	19.25	58.51	11.8	19.2

Tabla 24. Recopilado de resultados sobre medidas tomadas de las propiedades lumínicas en Recámara en Casa Castillo

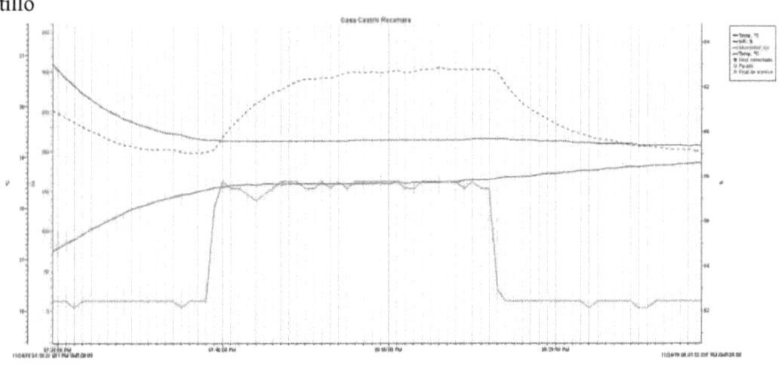

Gráfica 1. Gráfica proporcionada del programa HOBOware de resultados sobre medidas tomadas de las propiedades lumínicas Recámara en Casa Castillo.

TOMA A2: Cocina Casa Castillo

LA IMPORTANCIA DE LA ILUMINACIÓN ARTIFICIAL EN VIVIENDAS RESIDENCIALES

Tabla registro. Recopilado de medidas sobre propiedades lumínicas utilizado para realizar actividades cotidianas.

La presente tabla muestra el recopilado de información sobre temperatura (T1), humedad relativa (H.R.), e intensidad luminosa (I.L.) producidos por los luminarios especificados en el lugar del recinto donde se realiza la actividad evaluada, haciéndose una toma con un hobo a cada minuto en un lapso total de 70 mins. obteniendo 20 mins. previos al encendido, 30 mins. con el luminario encendido y 20 mins. posteriores al encendido. Se incorpora una segunda toma de temperatura (T2) generada por el mismo luminario.

Recinto evaluado:	Cocina	**U. de análisis:**	Casa Castillo
Actividad evaluada:	Preparación de alimentos		
No. y tipo de luminario:	De techo (1)	**No. y tipo de foco:**	LED (3)
Temperatura de color:	Cálida	**Filtro:**	Con Filtro

Título de trazado: Prueba Cocina Casa Castillo													
Light O	**No. (#)**	**Fecha, Hora. GMT-06:00**	**T. 1 (°C)**	**H.R. (%)**	**I.L. (lux)**	**T. 2 (°C)**	**Light O**	**No. (#)**	**Fecha, Hora. GMT-06:00**	**T. 1 (°C)**	**H.R. (%)**	**I.L. (lux)**	**T. 2 (°C)**
OFF	1	11/24/16 07:18:00 PM	20.89	50.96	11.8	22.3	ON	36	11/24/16 07:53:00 PM	19.6	51.94	272	26.74
OFF	2	11/24/16 07:19:00 PM	20.72	51	3.9	21.87	ON	37	11/24/16 07:54:00 PM	19.6	51.91	264.1	26.89
OFF	3	11/24/16 07:20:00 PM	20.58	50.98	11.8	21.6	ON	38	11/24/16 07:55:00 PM	19.6	51.91	264.1	27.01
OFF	4	11/24/16 07:21:00 PM	20.44	51.15	3.9	21.41	ON	39	11/24/16 07:56:00 PM	19.6	51.91	264.1	27.16
OFF	5	11/24/16 07:22:00 PM	20.32	51.22	3.9	21.29	ON	40	11/24/16 07:57:00 PM	19.6	51.88	272	27.48
OFF	6	11/24/16 07:23:00 PM	20.22	51.3	11.8	21.25	ON	41	11/24/16 07:58:00 PM	19.6	51.84	264.1	27.73
OFF	7	11/24/16 07:24:00 PM	20.15	51.42	11.8	21.2	ON	42	11/24/16 07:59:00 PM	19.6	51.84	264.1	27.8
OFF	8	11/24/16 07:25:00 PM	20.08	51.54	11.8	21.2	ON	43	11/24/16 08:00:00 PM	19.6	51.88	264.1	27.85
OFF	9	11/24/16 07:26:00 PM	20.01	51.59	11.8	21.15	ON	44	11/24/16 08:01:00 PM	19.6	51.91	272	28.15
OFF	10	11/24/16 07:27:00 PM	19.96	51.61	11.8	21.13	ON	45	11/24/16 08:02:00 PM	19.6	51.97	264.1	28.25
OFF	11	11/24/16 07:28:00 PM	19.91	51.73	11.8	21.1	ON	46	11/24/16 08:03:00 PM	19.6	52.03	256.2	28.44
OFF	12	11/24/16 07:29:00 PM	19.87	51.76	3.9	21.08	ON	47	11/24/16 08:04:00 PM	19.6	52.12	264.1	28.54
OFF	13	11/24/16 07:30:00 PM	19.82	51.84	11.8	21.06	ON	48	11/24/16 08:05:00 PM	19.6	52.25	264.1	28.62
OFF	14	11/24/16 07:31:00 PM	19.79	51.87	11.8	20.98	ON	49	11/24/16 08:06:00 PM	19.6	52.37	264.1	24.68
OFF	15	11/24/16 07:32:00 PM	19.77	51.87	11.8	20.98	ON	50	11/24/16 08:07:00 PM	19.6	52.53	264.1	22.25
OFF	16	11/24/16 07:33:00 PM	19.75	51.96	11.8	20.96	OFF	51	11/24/16 08:08:00 PM	19.58	53.21	11.8	20.22
OFF	17	11/24/16 07:34:00 PM	19.72	51.92	3.9	20.96	OFF	52	11/24/16 08:09:00 PM	19.58	53.24	11.8	20.46
OFF	18	11/24/16 07:35:00 PM	19.7	51.92	3.9	20.91	OFF	53	11/24/16 08:10:00 PM	19.58	53.27	11.8	20.6
OFF	19	11/24/16 07:36:00 PM	19.7	51.92	3.9	20.89	OFF	54	11/24/16 08:11:00 PM	19.58	53.27	3.9	20.7
OFF	20	11/24/16 07:37:00 PM	19.67	51.92	3.9	20.89	OFF	55	11/24/16 08:12:00 PM	19.58	53.27	11.8	20.77
ON	21	11/24/16 07:38:00 PM	19.67	51.98	295.6	20.96	OFF	56	11/24/16 08:13:00 PM	19.58	53.33	11.8	20.79
ON	22	11/24/16 07:39:00 PM	19.67	51.92	287.8	22.15	OFF	57	11/24/16 08:14:00 PM	19.58	53.27	11.8	20.82
ON	23	11/24/16 07:40:00 PM	19.65	51.91	279.9	22.9	OFF	58	11/24/16 08:15:00 PM	19.58	53.33	11.8	20.82
ON	24	11/24/16 07:41:00 PM	19.63	51.91	287.8	23.5	OFF	59	11/24/16 08:16:00 PM	19.56	53.36	11.8	20.82
ON	25	11/24/16 07:42:00 PM	19.63	51.97	279.9	24	OFF	60	11/24/16 08:17:00 PM	19.56	53.39	3.9	20.79
ON	26	11/24/16 07:43:00 PM	19.63	51.97	279.9	24.36	OFF	61	11/24/16 08:18:00 PM	19.56	53.42	11.8	20.79
ON	27	11/24/16 07:44:00 PM	19.63	51.97	279.9	24.65	OFF	62	11/24/16 08:19:00 PM	19.56	53.45	11.8	20.67
ON	28	11/24/16 07:45:00 PM	19.63	51.97	279.9	24.94	OFF	63	11/24/16 08:20:00 PM	19.56	53.48	11.8	20.72
ON	29	11/24/16 07:46:00 PM	19.6	51.97	279.9	25.21	OFF	64	11/24/16 08:21:00 PM	19.56	53.52	11.8	20.77
ON	30	11/24/16 07:47:00 PM	19.6	51.97	272	25.48	OFF	65	11/24/16 08:22:00 PM	19.56	53.52	11.8	20.77
ON	31	11/24/16 07:48:00 PM	19.6	51.91	272	25.72	OFF	66	11/24/16 08:23:00 PM	19.56	53.52	11.8	20.79
ON	32	11/24/16 07:49:00 PM	19.6	51.91	272	25.94	OFF	67	11/24/16 08:24:00 PM	19.56	53.52	11.8	20.79
ON	33	11/24/16 07:50:00 PM	19.6	51.91	272	26.18	OFF	68	11/24/16 08:25:00 PM	19.53	53.51	11.8	20.77
ON	34	11/24/16 07:51:00 PM	19.6	51.91	264.1	26.38	OFF	69	11/24/16 08:26:00 PM	19.53	53.45	3.9	20.77
ON	35	11/24/16 07:52:00 PM	19.6	51.91	264.1	26.52	OFF	70	11/24/16 08:27:00 PM	19.53	53.45	11.8	20.75

Tabla 25. Recopilado de resultados sobre medidas tomadas de las propiedades lumínicas en Cocina en Casa Castillo

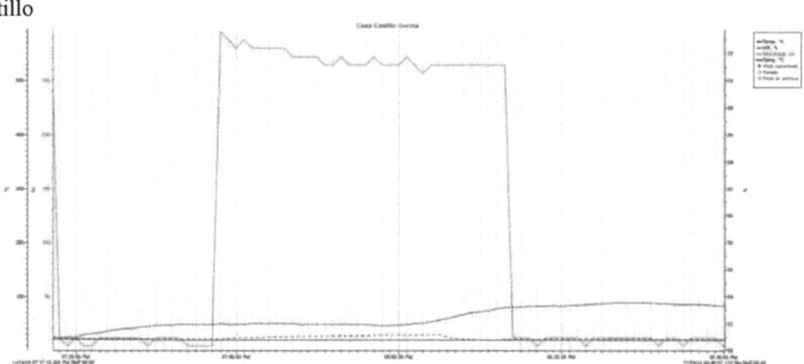

Gráfica 70. Gráfica proporcionada del programa HOBOware de resultados sobre medidas tomadas de las propiedades lumínicas Cocina en Casa Castillo.E

TOMA A3: Sala Casa Castillo

LA IMPORTANCIA DE LA ILUMINACIÓN ARTIFICIAL EN VIVIENDAS RESIDENCIALES

Tabla registro. Recopilado de medidas sobre propiedades lumínicas utilizado para realizar actividades cotidianas.

La presente tabla muestra el recopilado de información sobre temperatura (T1), humedad relativa (H.R.), e intensidad luminosa (I.L.) producidos por los luminarios especificados en el lugar del recinto donde se realiza la actividad evaluada, haciéndose una toma con un hobo a cada minuto en un lapso total de 70 mins. obteniendo 20 mins. previos al encendido, 30 mins. con el luminario encendido y 20 mins. posteriores al encendido. Se incorpora una segunda toma de temperatura (T2) generada por el mismo luminario.

Recinto evaluado:	Sala	**U. de análisis:**	Casa Castillo
Actividad evaluada:	Conversar		
No. y tipo de luminario:	De techo (1) y de mesa (2)	**No. y tipo de foco:**	M: LED (3), T:LED (3)
Temperatura de color:	Fría (3)	**Filtro:**	Con Filtro

Título de trazado: Prueba Sala Casa Castillo

Light O	No. (#)	Fecha, Hora. GMT-06:00	T. 1 (°C)	H.R. (%)	I.L. (lux)	T. 2 (°C)	Light O	No. (#)	Fecha, Hora. GMT-06:00	T. 1 (°C)	H.R. (%)	I.L. (lux)	T. 2 (°C)
OFF	1	11/24/16 07:18:00 PM	19.56	53.64	11.8	18.27	ON	36	11/24/16 07:53:00 PM	16.84	60.12	59.1	17.77
OFF	2	11/24/16 07:19:00 PM	19.34	54.17	11.8	18.01	ON	37	11/24/16 07:54:00 PM	16.84	60.03	59.1	17.77
OFF	3	11/24/16 07:20:00 PM	19.15	54.32	11.8	17.77	ON	38	11/24/16 07:55:00 PM	16.82	60.06	59.1	17.77
OFF	4	11/24/16 07:21:00 PM	18.96	54.67	11.8	17.58	ON	39	11/24/16 07:56:00 PM	16.8	59.99	59.1	17.75
OFF	5	11/24/16 07:22:00 PM	18.79	55.01	11.8	17.39	ON	40	11/24/16 07:57:00 PM	16.77	60.11	51.2	17.75
OFF	6	11/24/16 07:23:00 PM	18.65	55.42	11.8	17.27	ON	41	11/24/16 07:58:00 PM	16.77	60.2	59.1	17.75
OFF	7	11/24/16 07:24:00 PM	18.51	55.74	11.8	17.18	ON	42	11/24/16 07:59:00 PM	16.75	60.77	59.1	17.75
OFF	8	11/24/16 07:25:00 PM	18.37	56.02	11.8	17.11	ON	43	11/24/16 08:00:00 PM	16.73	61.48	59.1	17.75
OFF	9	11/24/16 07:26:00 PM	18.25	56.31	11.8	17.03	ON	44	11/24/16 08:01:00 PM	16.73	61.87	51.2	17.75
OFF	10	11/24/16 07:27:00 PM	18.15	56.51	11.8	16.96	ON	45	11/24/16 08:02:00 PM	16.73	61.87	59.1	17.75
OFF	11	11/24/16 07:28:00 PM	18.03	56.74	11.8	16.89	ON	46	11/24/16 08:03:00 PM	16.7	61.93	59.1	17.72
OFF	12	11/24/16 07:29:00 PM	17.96	56.76	11.8	16.87	ON	47	11/24/16 08:04:00 PM	16.7	61.93	59.1	17.7
OFF	13	11/24/16 07:30:00 PM	17.87	57.26	11.8	16.82	ON	48	11/24/16 08:05:00 PM	16.7	61.9	59.1	17.7
OFF	14	11/24/16 07:31:00 PM	17.8	57.31	11.8	16.8	ON	49	11/24/16 08:06:00 PM	16.68	61.71	59.1	17.68
OFF	15	11/24/16 07:32:00 PM	17.72	57.54	11.8	16.8	ON	50	11/24/16 08:07:00 PM	16.65	61.77	59.1	17.68
OFF	16	11/24/16 07:33:00 PM	17.65	57.68	11.8	16.77	OFF	51	11/24/16 08:08:00 PM	16.61	62.3	11.8	17.58
OFF	17	11/24/16 07:34:00 PM	17.58	57.79	11.8	16.75	OFF	52	11/24/16 08:09:00 PM	16.58	62.32	11.8	17.42
OFF	18	11/24/16 07:35:00 PM	17.51	57.75	11.8	16.73	OFF	53	11/24/16 08:10:00 PM	16.58	62.38	11.8	17.23
OFF	19	11/24/16 07:36:00 PM	17.46	58.02	11.8	16.7	OFF	54	11/24/16 08:11:00 PM	16.56	62.29	11.8	17.11
OFF	20	11/24/16 07:37:00 PM	17.39	58.1	11.8	16.7	OFF	55	11/24/16 08:12:00 PM	16.56	62.44	11.8	17.01
ON	21	11/24/16 07:38:00 PM	17.34	58.24	59.1	16.75	OFF	56	11/24/16 08:13:00 PM	16.53	62.76	11.8	16.89
ON	22	11/24/16 07:39:00 PM	17.3	58.45	59.1	16.94	OFF	57	11/24/16 08:14:00 PM	16.51	62.88	11.8	16.84
ON	23	11/24/16 07:40:00 PM	17.25	58.53	59.1	17.11	OFF	58	11/24/16 08:15:00 PM	16.51	62.82	11.8	16.75
ON	24	11/24/16 07:41:00 PM	17.2	58.7	59.1	17.23	OFF	59	11/24/16 08:16:00 PM	16.51	62.64	11.8	16.7
ON	25	11/24/16 07:42:00 PM	17.15	58.88	59.1	17.37	OFF	60	11/24/16 08:17:00 PM	16.49	62.99	11.8	16.65
ON	26	11/24/16 07:43:00 PM	17.11	59.08	59.1	17.44	OFF	61	11/24/16 08:18:00 PM	16.49	63.05	11.8	16.61
ON	27	11/24/16 07:44:00 PM	17.08	59.2	59.1	17.51	OFF	62	11/24/16 08:19:00 PM	16.46	62.84	11.8	16.56
ON	28	11/24/16 07:45:00 PM	17.03	59.31	59.1	17.58	OFF	63	11/24/16 08:20:00 PM	16.46	63.02	11.8	16.53
ON	29	11/24/16 07:46:00 PM	17.01	59.4	59.1	17.61	OFF	64	11/24/16 08:21:00 PM	16.46	62.99	11.8	16.51
ON	30	11/24/16 07:47:00 PM	16.99	59.51	59.1	17.63	OFF	65	11/24/16 08:22:00 PM	16.44	62.89	11.8	16.46
ON	31	11/24/16 07:48:00 PM	16.96	59.69	59.1	17.65	OFF	66	11/24/16 08:23:00 PM	16.42	62.92	11.8	16.46
ON	32	11/24/16 07:49:00 PM	16.94	59.72	59.1	17.68	OFF	67	11/24/16 08:24:00 PM	16.42	63.01	11.8	16.44
ON	33	11/24/16 07:50:00 PM	16.92	59.8	59.1	17.7	OFF	68	11/24/16 08:25:00 PM	16.42	63.07	11.8	16.44
ON	34	11/24/16 07:51:00 PM	16.89	59.89	59.1	17.7	OFF	69	11/24/16 08:26:00 PM	16.39	63.03	11.8	16.42
ON	35	11/24/16 07:52:00 PM	16.87	60.16	59.1	17.72	OFF	70	11/24/16 08:27:00 PM	16.39	63.09	11.8	16.39

Tabla 26. Recopilado de resultados sobre medidas tomadas de las propiedades lumínicas en Sala en Casa Castillo

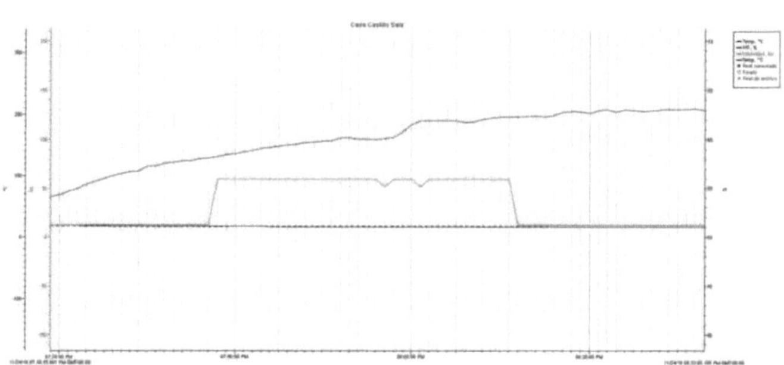

Gráfica 70. Gráfica proporcionada del programa HOBOware de resultados sobre medidas tomadas de las propiedades lumínicas Sala en Casa Castillo.

TOMA A4: Recámara Casa Guillén

LA IMPORTANCIA DE LA ILUMINACIÓN ARTIFICIAL EN VIVIENDAS RESIDENCIALES

Tabla registro. Recopilado de medidas sobre propiedades lumínicas utilizado para realizar actividades cotidianas.

La presente tabla muestra el recopilado de información sobre temperatura (T1), humedad relativa (H.R.), e intensidad luminosa (I.L.) producidos por los luminarios especificados en el lugar del recinto donde se realiza la actividad evaluada, haciéndose una toma con un hobo a cada minuto en un lapso total de 70 mins. obteniendo 20 mins. previos al encendido, 30 mins. con el luminario encendido y 20 mins. posteriores al encendido. Se incorpora una segunda toma de temperatura (T2) generada por el mismo luminario.

Recinto evaluado:	Recámara	**U. de análisis:**	Casa Guillén
Actividad evaluada:	Lectura		
No. y tipo de luminario:	De techo (1) y de spots (3)	**No. y tipo de foco:**	S: LED (3), T:LED (1)
Temperatura de color:	Cálida (3) y fría (1)	**Filtro:**	Sin filtro

Título de trazado: Prueba Recámara Casa Guillén

Light O	No. (#)	Fecha, Hora. GMT-06:00	T. 1 (°C)	H.R. (%)	I.L. (lux)	T. 2 (°C)	Light O	No. (#)	Fecha, Hora. GMT-06:00	T. 1 (°C)	H.R. (%)	I.L. (lux)	T. 2 (°C)
OFF	1	12/02/2016 18:36	26.11	56.05	3.9	23.33	ON	36	12/02/2016 19:11	19.25	65.66	177.4	18.34
OFF	2	12/02/2016 18:37	25.94	56.46	11.8	23.57	ON	37	12/02/2016 19:12	19.29	61.9	177.4	18.68
OFF	3	12/02/2016 18:38	25.82	57.07	3.9	23.76	ON	38	12/02/2016 19:13	19.37	61.25	177.4	18.89
OFF	4	12/02/2016 18:39	25.72	57.59	3.9	23.93	ON	39	12/02/2016 19:14	19.44	60.93	177.4	19.03
OFF	5	12/02/2016 18:40	25.65	58.14	3.9	24.05	ON	40	12/02/2016 19:15	19.48	60.76	177.4	19.15
OFF	6	12/02/2016 18:41	25.57	58.56	3.9	24.17	ON	41	12/02/2016 19:16	19.53	60.58	177.4	19.27
OFF	7	12/02/2016 18:42	25.53	58.8	3.9	24.29	ON	42	12/02/2016 19:17	19.58	61.02	177.4	19.51
OFF	8	12/02/2016 18:43	25.48	59.2	3.9	24.46	ON	43	12/02/2016 19:18	19.67	61.06	177.4	19.65
OFF	9	12/02/2016 18:44	25.43	58.29	11.8	24.32	ON	44	12/02/2016 19:19	19.72	61.01	177.4	19.7
OFF	10	12/02/2016 18:45	25.33	57.4	3.9	24.32	ON	45	12/02/2016 19:20	19.79	60.93	177.4	19.72
OFF	11	12/02/2016 18:46	25.11	57.5	3.9	23.52	ON	46	12/02/2016 19:21	19.87	60.79	177.4	19.7
OFF	12	12/02/2016 18:47	24.82	55.24	3.9	22.51	ON	47	12/02/2016 19:22	19.94	60.71	177.4	19.65
OFF	13	12/02/2016 18:48	24.41	48.44	161.6	21.44	ON	48	12/02/2016 19:23	19.98	60.63	177.4	19.63
OFF	14	12/02/2016 18:49	23.93	50.8	185.3	20.44	ON	49	12/02/2016 19:24	20.03	60.57	177.4	19.6
OFF	15	12/02/2016 18:50	23.38	51.39	3.9	19.87	ON	50	12/02/2016 19:25	20.08	60.46	177.4	19.58
OFF	16	12/02/2016 18:51	22.9	52.24	3.9	19.48	OFF	51	12/02/2016 19:26	20.25	60.12	3.9	19.65
OFF	17	12/02/2016 18:52	22.49	53	3.9	19.18	OFF	52	12/02/2016 19:27	20.29	60.07	11.8	19.6
OFF	18	12/02/2016 18:53	22.13	53.7	3.9	18.94	OFF	53	12/02/2016 19:28	20.29	60.01	11.8	19.63
OFF	19	12/02/2016 18:54	21.8	54.3	3.9	18.72	OFF	54	12/02/2016 19:29	20.34	59.93	3.9	19.72
OFF	20	12/02/2016 18:55	21.51	54.88	11.8	18.58	OFF	55	12/02/2016 19:30	20.34	59.9	3.9	20.03
ON	21	12/02/2016 18:56	21.01	55.92	153.7	18.37	OFF	56	12/02/2016 19:31	20.37	59.87	3.9	20.03
ON	22	12/02/2016 18:57	20.79	56.23	185.3	18.32	OFF	57	12/02/2016 19:32	20.39	59.87	3.9	20.17
ON	23	12/02/2016 18:58	20.6	56.79	185.3	18.25	OFF	58	12/02/2016 19:33	20.41	60.03	11.8	20.41
ON	24	12/02/2016 18:59	20.44	57.22	185.3	18.2	OFF	59	12/02/2016 19:34	20.41	60.15	11.8	20.48
ON	25	12/02/2016 19:00	20.27	57.44	185.3	18.18	OFF	60	12/02/2016 19:35	20.44	60.24	3.9	20.46
ON	26	12/02/2016 19:01	20.1	57.81	185.3	18.15	OFF	61	12/02/2016 19:36	20.44	60.24	11.8	20.46
ON	27	12/02/2016 19:02	19.98	58.13	185.3	18.13	OFF	62	12/02/2016 19:37	20.44	60.18	11.8	20.51
ON	28	12/02/2016 19:03	19.87	58.39	177.4	18.11	OFF	63	12/02/2016 19:38	20.46	60.19	3.9	20.58
ON	29	12/02/2016 19:04	19.75	58.65	177.4	18.11	OFF	64	12/02/2016 19:39	20.46	60.16	11.8	20.63
ON	30	12/02/2016 19:05	19.65	58.97	177.4	18.08	OFF	65	12/02/2016 19:40	20.46	60.13	11.8	20.58
ON	31	12/02/2016 19:06	19.53	59.1	177.4	18.08	OFF	66	12/02/2016 19:41	20.46	60.04	11.8	20.41
ON	32	12/02/2016 19:07	19.44	59.36	177.4	18.08	OFF	67	12/02/2016 19:42	20.48	59.95	11.8	20.29
ON	33	12/02/2016 19:08	19.37	59.56	177.4	18.08	OFF	68	12/02/2016 19:43	20.48	59.86	11.8	20.27
ON	34	12/02/2016 19:09	19.29	59.79	177.4	18.08	OFF	69	12/02/2016 19:44	20.48	59.77	3.9	20.29
ON	35	12/02/2016 19:10	19.22	59.87	177.4	18.06	OFF	70	12/02/2016 19:45	20.48	59.7	3.9	20.22

Tabla 27. Recopilado de resultados sobre medidas tomadas de las propiedades lumínicas en Recámara en Casa Guillén

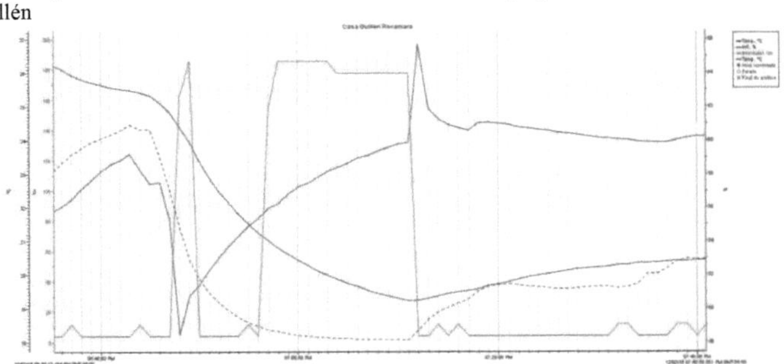

Gráfica 70. Gráfica proporcionada del programa HOBOware de resultados sobre medidas tomadas de las propiedades lumínicas Recámara en Casa Guillén.

TOMA A5: Cocina Casa Guillén

LA IMPORTANCIA DE LA ILUMINACIÓN ARTIFICIAL EN VIVIENDAS RESIDENCIALES

Tabla registro. Recopilado de medidas sobre propiedades lumínicas utilizado para realizar actividades cotidianas.

La presente tabla muestra el recopilado de información sobre temperatura (T1), humedad relativa (H.R.), e intensidad luminosa (I.L.) producidos por los luminarios especificados en el lugar del recinto donde se realiza la actividad evaluada, haciéndose una toma con un hobo a cada minuto en un lapso total de 70 mins. obteniendo 20 mins. previos al encendido, 30 mins. con el luminario encendido y 20 mins. posteriores al encendido. Se incorpora una segunda toma de temperatura (T2) generada por el mismo luminario.

Recinto evaluado:	Cocina	**U. de análisis:**	Casa Guillén
Actividad evaluada:	Preparación de alimentos		
No. y tipo de luminario:	De techo (2) y spots (7)	**No. y tipo de foco:**	S: LED (7), T:LED (2)
Temperatura de color:	Fría	**Filtro:**	Con Filtro

Título de trazado: Prueba Cocina Casa Guillén													
Light O	**No. (#)**	**Fecha, Hora. GMT-06:00**	**T. 1 (°C)**	**H.R. (%)**	**I.L. (lux)**	**T. 2 (°C)**	**Light O**	**No. (#)**	**Fecha, Hora. GMT-06:00**	**T. 1 (°C)**	**H.R. (%)**	**I.L. (lux)**	**T. 2 (°C)**
OFF	1	12/02/2016 18:35	23.62	52.84	3.9	23.67	ON	36	12/02/2016 19:10	19.91	57.66	193.2	19.79
OFF	2	12/02/2016 18:36	23.76	55.36	11.8	23.88	ON	37	12/02/2016 19:11	20.03	57.53	193.2	19.94
OFF	3	12/02/2016 18:37	24.1	57.06	11.8	24.12	ON	38	12/02/2016 19:12	20.15	57.3	193.2	20.01
OFF	4	12/02/2016 18:38	24.44	58.01	3.9	24.34	ON	39	12/02/2016 19:13	20.27	56.98	193.2	20.03
OFF	5	12/02/2016 18:39	24.75	58.25	11.8	24.53	ON	40	12/02/2016 19:14	20.37	56.66	193.2	20.06
OFF	6	12/02/2016 18:40	25.02	58.13	11.8	24.73	ON	41	12/02/2016 19:15	20.46	56.12	193.2	20.06
OFF	7	12/02/2016 18:41	25.26	58.29	11.8	24.9	ON	42	12/02/2016 19:16	20.56	56.38	193.2	20.1
OFF	8	12/02/2016 18:42	25.48	58.36	3.9	25.07	ON	43	12/02/2016 19:17	20.65	56.3	193.2	20.15
OFF	9	12/02/2016 18:43	25.62	55.57	3.9	25.02	ON	44	12/02/2016 19:18	20.72	56.22	193.2	20.17
OFF	10	12/02/2016 18:44	25.48	53.1	11.8	24.77	ON	45	12/02/2016 19:19	20.79	56.14	193.2	20.22
OFF	11	12/02/2016 18:45	25.23	52.43	11.8	24.53	ON	46	12/02/2016 19:20	20.84	55.99	193.2	20.27
OFF	12	12/02/2016 18:46	24.99	68.56	11.8	24.29	ON	47	12/02/2016 19:21	20.89	55.81	193.2	20.32
OFF	13	12/02/2016 18:47	24.65	49.62	98.5	22.85	ON	48	12/02/2016 19:22	20.96	55.64	193.2	20.37
OFF	14	12/02/2016 18:48	24.12	48.34	3.9	21.27	ON	49	12/02/2016 19:23	20.98	55.55	193.2	20.44
OFF	15	12/02/2016 18:49	23.57	48.24	11.8	20.37	ON	50	12/02/2016 19:24	21.06	55.4	193.2	20.48
OFF	16	12/02/2016 18:50	23.04	48.56	11.8	19.82	OFF	51	12/02/2016 19:25	21.2	54.87	11.8	20.65
OFF	17	12/02/2016 18:51	22.56	49.07	11.8	19.51	OFF	52	12/02/2016 19:26	21.22	54.81	11.8	20.67
OFF	18	12/02/2016 18:52	22.15	49.52	3.9	19.32	OFF	53	12/02/2016 19:27	21.25	54.75	3.9	20.7
OFF	19	12/02/2016 18:53	21.8	49.95	3.9	19.2	OFF	54	12/02/2016 19:28	21.27	54.75	11.8	20.75
OFF	20	12/02/2016 18:54	21.51	50.85	11.8	19.13	OFF	55	12/02/2016 19:29	21.32	54.89	11.8	20.77
ON	21	12/02/2016 18:55	20.82	52.64	193.2	19.03	OFF	56	12/02/2016 19:30	21.34	54.89	11.8	20.79
ON	22	12/02/2016 18:56	20.65	53.24	193.2	19.01	OFF	57	12/02/2016 19:31	21.37	55.14	3.9	20.84
ON	23	12/02/2016 18:57	20.51	53.56	193.2	19.01	OFF	58	12/02/2016 19:32	21.39	55.45	3.9	20.84
ON	24	12/02/2016 18:58	20.37	54.03	193.2	18.99	OFF	59	12/02/2016 19:33	21.41	55.39	11.8	20.87
ON	25	12/02/2016 18:59	20.25	54.17	193.2	18.99	OFF	60	12/02/2016 19:34	21.44	55.4	3.9	20.87
ON	26	12/02/2016 19:00	20.15	54.47	193.2	18.99	OFF	61	12/02/2016 19:35	21.46	55.4	3.9	20.87
ON	27	12/02/2016 19:01	20.08	54.74	185.3	18.99	OFF	62	12/02/2016 19:36	21.49	55.37	3.9	20.89
ON	28	12/02/2016 19:02	20.01	54.91	193.2	18.99	OFF	63	12/02/2016 19:37	21.51	55.32	3.9	20.89
ON	29	12/02/2016 19:03	19.94	55.3	193.2	18.96	OFF	64	12/02/2016 19:38	21.53	55.32	3.9	20.89
ON	30	12/02/2016 19:04	19.87	55.48	193.2	18.96	OFF	65	12/02/2016 19:39	21.56	55.35	11.8	20.91
ON	31	12/02/2016 19:05	19.82	55.84	185.3	18.96	OFF	66	12/02/2016 19:40	21.56	55.32	11.8	20.91
ON	32	12/02/2016 19:06	19.77	56.02	193.2	18.96	OFF	67	12/02/2016 19:41	21.58	55.2	11.8	20.91
ON	33	12/02/2016 19:07	19.75	55.98	193.2	18.94	OFF	68	12/02/2016 19:42	21.6	55.08	11.8	20.91
ON	34	12/02/2016 19:08	19.7	55.88	185.3	19.01	OFF	69	12/02/2016 19:43	21.63	54.93	11.8	20.91
ON	35	12/02/2016 19:09	19.77	58.07	193.2	19.56	OFF	70	12/02/2016 19:44	21.63	54.81	11.8	20.91

Tabla 28. Recopilado de resultados sobre medidas tomadas de las propiedades lumínicas en Cocina en Casa Guillén

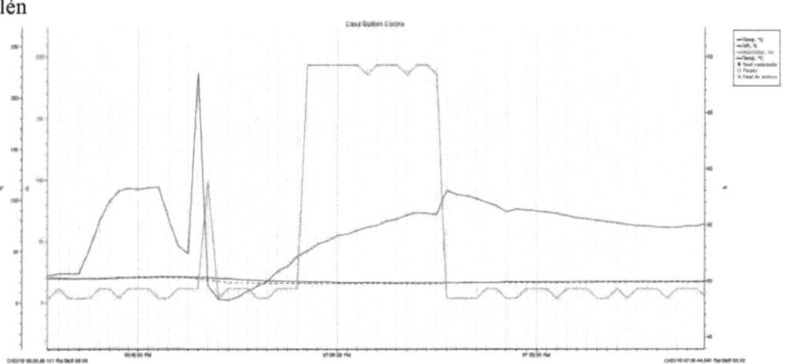

Gráfica 70. Gráfica proporcionada del programa HOBOware de resultados sobre medidas tomadas de las propiedades lumínicas Cocina en Casa Guillén.

TOMA A6: Sala Casa Guillén

LA IMPORTANCIA DE LA ILUMINACIÓN ARTIFICIAL EN VIVIENDAS RESIDENCIALES

Tabla registro. Recopilado de medidas sobre propiedades lumínicas utilizado para realizar actividades cotidianas.

La presente tabla muestra el recopilado de información sobre temperatura (T1), humedad relativa (H.R.), e intensidad luminosa (I.L.) producidos por los luminarios especificados en el lugar del recinto donde se realiza la actividad evaluada, haciéndose una toma con un hobo a cada minuto en un lapso total de 70 mins. obteniendo 20 mins. previos al encendido, 30 mins. con el luminario encendido y 20 mins. posteriores al encendido. Se incorpora una segunda toma de temperatura (T2) generada por el mismo luminario.

Recinto evaluado:	Sala	**U. de análisis:**	Casa Guillén
Actividad evaluada:	Conversar		
No. y tipo de luminario:	De techo 1 de mesa (2) spots (11)	**No. y tipo de foco:**	T:(1) S (11) M:(2)
Temperatura de color:	Cálida (3) y fría (11)	**Filtro:**	Con Filtro

Título de trazado: Prueba Sala Casa Guillén

Light O	No. (#)	Fecha, Hora. GMT-06:00	T. 1 (°C)	H.R. (%)	I.L. (lux)	T. 2 (°C)	Light O	No. (#)	Fecha, Hora. GMT-06:00	T. 1 (°C)	H.R. (%)	I.L. (lux)	T. 2 (°C)
OFF	1	12/02/2016 18:35	25.38	53.18	11.8	25.21	ON	36	12/02/2016 19:10	20.56	57.3	169.5	19.89
OFF	2	12/02/2016 18:36	25.28	54.93	11.8	25.33	ON	37	12/02/2016 19:11	20.6	57.31	169.5	19.91
OFF	3	12/02/2016 18:37	25.21	56.45	11.8	25.38	ON	38	12/02/2016 19:12	20.63	57.19	169.5	19.94
OFF	4	12/02/2016 18:38	25.19	57.26	11.8	25.38	ON	39	12/02/2016 19:13	20.67	56.95	169.5	19.94
OFF	5	12/02/2016 18:39	25.21	57.88	11.8	25.36	ON	40	12/02/2016 19:14	20.7	56.74	169.5	19.94
OFF	6	12/02/2016 18:40	25.26	58.76	11.8	25.31	ON	41	12/02/2016 19:15	20.7	56.15	169.5	19.98
OFF	7	12/02/2016 18:41	25.36	59.33	11.8	25.28	ON	42	12/02/2016 19:16	20.72	56.59	169.5	20.56
OFF	8	12/02/2016 18:42	25.43	59.71	11.8	25.26	ON	43	12/02/2016 19:17	20.72	56.68	169.5	19.94
OFF	9	12/02/2016 18:43	25.55	56.81	11.8	25.21	ON	44	12/02/2016 19:18	20.75	56.87	169.5	19.94
OFF	10	12/02/2016 18:44	25.57	55.16	11.8	424.8	ON	45	12/02/2016 19:19	20.77	56.93	169.5	20.01
OFF	11	12/02/2016 18:45	25.38	49.24	11.8	23.16	ON	46	12/02/2016 19:20	20.82	56.97	169.5	20.06
OFF	12	12/02/2016 18:46	24.92	49.85	11.8	22.27	ON	47	12/02/2016 19:21	20.84	56.95	169.5	20.13
OFF	13	12/02/2016 18:47	24.48	50.33	11.8	21.6	ON	48	12/02/2016 19:22	20.89	56.92	169.5	20.2
OFF	14	12/02/2016 18:48	24.07	50.56	11.8	21.08	ON	49	12/02/2016 19:23	20.94	56.87	169.5	20.27
OFF	15	12/02/2016 18:49	23.69	51.02	11.8	20.7	ON	50	12/02/2016 19:24	20.98	56.84	169.5	20.34
OFF	16	12/02/2016 18:50	23.38	51.61	11.8	20.37	OFF	51	12/02/2016 19:25	21.2	56.48	11.8	20.58
OFF	17	12/02/2016 18:51	23.06	52.01	11.8	20.13	OFF	52	12/02/2016 19:26	21.22	56.39	11.8	20.63
OFF	18	12/02/2016 18:52	22.8	52.47	11.8	19.94	OFF	53	12/02/2016 19:27	21.25	56.33	11.8	20.63
OFF	19	12/02/2016 18:53	22.54	52.91	11.8	19.79	OFF	54	12/02/2016 19:28	21.29	56.18	11.8	20.7
OFF	20	12/02/2016 18:54	22.32	53.38	11.8	19.67	OFF	55	12/02/2016 19:29	21.32	56.18	11.8	20.67
ON	21	12/02/2016 18:55	21.75	54.51	177.4	19.46	OFF	56	12/02/2016 19:30	21.37	56.07	11.8	20.7
ON	22	12/02/2016 18:56	21.58	54.8	177.4	19.44	OFF	57	12/02/2016 19:31	21.39	55.82	11.8	20.72
ON	23	12/02/2016 18:57	21.44	55.15	177.4	19.39	OFF	58	12/02/2016 19:32	21.44	55.83	11.8	20.75
ON	24	12/02/2016 18:58	21.29	55.47	177.4	19.39	OFF	59	12/02/2016 19:33	21.49	55.68	11.8	20.77
ON	25	12/02/2016 18:59	21.18	55.76	169.5	19.37	OFF	60	12/02/2016 19:34	21.53	55.54	11.8	20.77
ON	26	12/02/2016 19:00	21.06	56.02	169.5	19.34	OFF	61	12/02/2016 19:35	21.58	55.33	11.8	20.77
ON	27	12/02/2016 19:01	20.94	56.28	169.5	19.34	OFF	62	12/02/2016 19:36	21.63	55.18	11.8	20.79
ON	28	12/02/2016 19:02	20.84	56.45	169.5	19.32	OFF	63	12/02/2016 19:37	21.65	55.12	11.8	20.82
ON	29	12/02/2016 19:03	20.75	56.62	169.5	19.29	OFF	64	12/02/2016 19:38	21.68	55.12	11.8	20.82
ON	30	12/02/2016 19:04	20.67	57.07	169.5	19.29	OFF	65	12/02/2016 19:39	21.7	55.44	11.8	20.84
ON	31	12/02/2016 19:05	20.58	57.24	169.5	19.29	OFF	66	12/02/2016 19:40	21.72	55.56	11.8	20.84
ON	32	12/02/2016 19:06	20.51	57.54	169.5	19.29	OFF	67	12/02/2016 19:41	21.75	55.44	11.8	20.84
ON	33	12/02/2016 19:07	20.44	57.96	169.5	19.27	OFF	68	12/02/2016 19:42	21.77	55.51	11.8	20.87
ON	34	12/02/2016 19:08	20.44	57.65	169.5	19.87	OFF	69	12/02/2016 19:43	21.8	55.36	11.8	20.87
ON	35	12/02/2016 19:09	20.51	57.48	169.5	19.82	OFF	70	12/02/2016 19:44	21.8	55.17	11.8	20.87

Tabla 29. Recopilado de resultados sobre medidas tomadas de las propiedades lumínicas en Sala en Casa Guillén

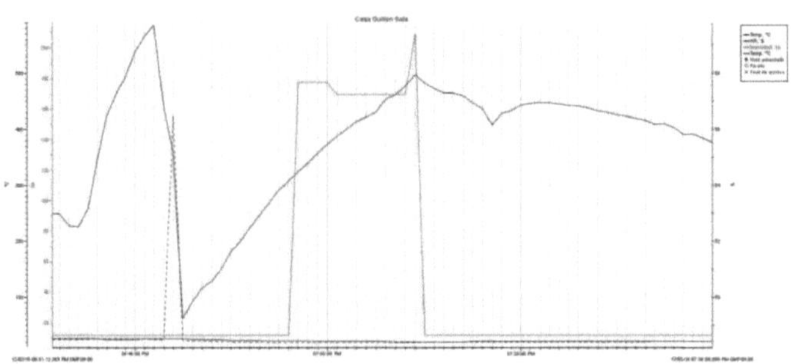

Gráfica 70. Gráfica proporcionada del programa HOBOware de resultados sobre medidas tomadas de las propiedades lumínicas Sala en Casa Guillén.

TOMA B1: Lámpara halógena YD-500-3B

LA IMPORTANCIA DE LA ILUMINACIÓN ARTIFICIAL EN VIVIENDAS RESIDENCIALES

Tabla registro. Recopilado de medidas sobre propiedades lumínicas utilizado para realizar actividades cotidianas.

La presente tabla muestra el recopilado de información sobre temperatura (T1), humedad relativa (H.R.), e intensidad luminosa (I.L.) producidos por los luminarios especificados en el lugar del recinto donde se realiza la actividad evaluada, haciéndose una toma con un hobo a cada minuto en un lapso total de 70 mins. obteniendo 20 mins. previos al encendido, 30 mins. con el luminario encendido y 20 mins. posteriores al encendido. Se incorpora una segunda toma de temperatura (T2) generada por el mismo luminario.

Recinto evaluado:	Ninguno	**U. de análisis:**	Laboratorio
Actividad evaluada:	Evaluación de luminaria		
No. y tipo de luminario:	Spot (1)	**No. y tipo de foco:**	Halógeno (3)
Temperatura de color:	Cálida	**Filtro:**	Sin Filtro

Título de trazado: Prueba laboratorio luminaria no. 7 halógena

Light O	No. (#)	Fecha, Hora. GMT-06:00	T. 1 (°C)	H.R. (%)	I.L. (lux)	T. 2 (°C)	Light O	No. (#)	Fecha, Hora. GMT-06:00	T. 1 (°C)	H.R. (%)	I.L. (lux)	T. 2 (°C)
OFF	1	01/23/17 05:00:00 PM	20.15	28.56	3.9	20.46	ON	36	01/23/17 05:35:00 PM	22.8	25.11	2921	22.03
OFF	2	01/23/17 05:01:00 PM	20.08	28.48	11.8	20.44	ON	37	01/23/17 05:36:00 PM	22.9	24.98	2929	22.15
OFF	3	01/23/17 05:02:00 PM	20.01	28.51	11.8	20.41	ON	38	01/23/17 05:37:00 PM	23.02	24.89	2905	22.3
OFF	4	01/23/17 05:03:00 PM	19.96	28.51	11.8	20.39	ON	39	01/23/17 05:38:00 PM	23.14	24.76	2921	22.3
OFF	5	01/23/17 05:04:00 PM	19.89	28.54	11.8	20.39	ON	40	01/23/17 05:39:00 PM	23.26	24.6	2905	22.39
OFF	6	01/23/17 05:05:00 PM	19.84	28.67	11.8	20.37	ON	41	01/23/17 05:40:00 PM	23.4	24.47	2960	22.54
OFF	7	01/23/17 05:06:00 PM	19.79	28.66	11.8	20.37	ON	42	01/23/17 05:41:00 PM	23.55	24.21	2992	22.63
OFF	8	01/23/17 05:07:00 PM	19.75	28.59	11.8	20.37	ON	43	01/23/17 05:42:00 PM	23.67	24.08	2937	22.68
OFF	9	01/23/17 05:08:00 PM	19.72	28.59	11.8	20.34	ON	44	01/23/17 05:43:00 PM	23.79	23.88	2953	22.8
OFF	10	01/23/17 05:09:00 PM	19.67	28.59	11.8	20.34	ON	45	01/23/17 05:44:00 PM	23.91	23.68	2905	22.9
OFF	11	01/23/17 05:10:00 PM	19.65	28.58	11.8	20.34	ON	46	01/23/17 05:45:00 PM	23.95	23.41	2905	22.94
OFF	12	01/23/17 05:11:00 PM	19.63	28.62	11.8	20.32	ON	47	01/23/17 05:46:00 PM	23.98	23.41	2929	22.87
OFF	13	01/23/17 05:12:00 PM	19.58	28.61	3.9	20.32	ON	48	01/23/17 05:47:00 PM	24.05	23.38	2929	22.82
OFF	14	01/23/17 05:13:00 PM	19.56	28.61	11.8	20.32	ON	49	01/23/17 05:48:00 PM	24.1	23.21	2968	22.9
OFF	15	01/23/17 05:14:00 PM	19.53	28.64	11.8	20.32	ON	50	01/23/17 05:49:00 PM	24.12	23.18	2968	22.9
OFF	16	01/23/17 05:15:00 PM	19.51	28.64	11.8	20.32	OFF	51	01/23/17 05:50:00 PM	24.2	23.22	3.9	23.02
OFF	17	01/23/17 05:16:00 PM	19.51	28.64	11.8	20.29	OFF	52	01/23/17 05:51:00 PM	24.03	23.11	3.9	23.18
OFF	18	01/23/17 05:17:00 PM	19.48	28.7	11.8	20.29	OFF	53	01/23/17 05:52:00 PM	23.83	23.27	3.9	23.11
OFF	19	01/23/17 05:18:00 PM	19.46	28.84	11.8	20.27	OFF	54	01/23/17 05:53:00 PM	23.64	23.25	11.8	23.06
OFF	20	01/23/17 05:19:00 PM	19.46	29.04	3.9	20.29	OFF	55	01/23/17 05:54:00 PM	23.45	23.27	11.8	23.02
ON	21	01/23/17 05:20:00 PM	19.65	28.85	2834	20.37	OFF	56	01/23/17 05:55:00 PM	23.26	23.36	3.9	22.97
ON	22	01/23/17 05:21:00 PM	19.94	28.64	2834	20.46	OFF	57	01/23/17 05:56:00 PM	23.09	23.49	11.8	22.92
ON	23	01/23/17 05:22:00 PM	20.22	28.36	2858	20.53	OFF	58	01/23/17 05:57:00 PM	22.92	23.62	3.9	22.87
ON	24	01/23/17 05:23:00 PM	20.51	27.98	2882	20.6	OFF	59	01/23/17 05:58:00 PM	22.73	23.81	11.8	22.82
ON	25	01/23/17 05:24:00 PM	20.77	27.63	2882	20.7	OFF	60	01/23/17 05:59:00 PM	22.56	23.83	3.9	22.78
ON	26	01/23/17 05:25:00 PM	21.03	27.42	2889	20.79	OFF	61	01/23/17 06:00:00 PM	22.42	23.99	3.9	22.71
ON	27	01/23/17 05:26:00 PM	21.29	27.13	2905	20.89	OFF	62	01/23/17 06:01:00 PM	22.27	24.19	11.8	22.63
ON	28	01/23/17 05:27:00 PM	21.53	26.71	2874	20.98	OFF	63	01/23/17 06:02:00 PM	22.15	24.31	11.8	22.54
ON	29	01/23/17 05:28:00 PM	21.72	26.42	2905	21.1	OFF	64	01/23/17 06:03:00 PM	22.03	24.37	11.8	22.47
ON	30	01/23/17 05:29:00 PM	21.92	26.13	2921	21.25	OFF	65	01/23/17 06:04:00 PM	21.92	24.5	3.9	22.37
ON	31	01/23/17 05:30:00 PM	22.08	25.94	2897	21.41	OFF	66	01/23/17 06:05:00 PM	21.82	24.53	11.8	22.3
ON	32	01/23/17 05:31:00 PM	22.23	25.75	2897	21.53	OFF	67	01/23/17 06:06:00 PM	21.72	24.66	11.8	22.23
ON	33	01/23/17 05:32:00 PM	22.39	25.59	2897	21.68	OFF	68	01/23/17 06:07:00 PM	21.63	24.75	11.8	22.13
ON	34	01/23/17 05:33:00 PM	22.56	25.43	2913	21.77	OFF	69	01/23/17 06:08:00 PM	21.56	24.82	11.8	22.06
ON	35	01/23/17 05:34:00 PM	22.68	25.27	2905	21.92	OFF	70	01/23/17 06:09:00 PM	21.49	24.95	11.8	21.96

Tabla 30. Recopilado de resultados sobre medidas tomadas de las propiedades lumínicas de Lámpara halógenaYD-500-3B

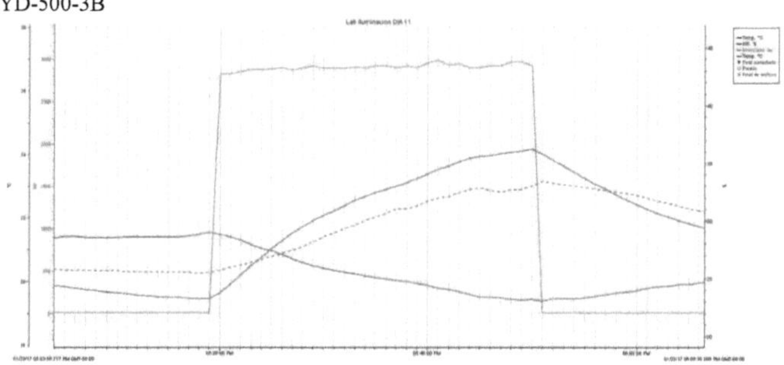

Gráfica 1. Gráfica proporcionada del programa HOBOware de resultados sobre medidas tomadas de las propiedades lumínicas de Lámpara halógena YD-500-3B

TOMA B2: Lámpara LED YDLED-205/9W/30/B

LA IMPORTANCIA DE LA ILUMINACIÓN ARTIFICIAL EN VIVIENDAS RESIDENCIALES

Tabla registro. Recopilado de medidas sobre propiedades lumínicas utilizado para realizar actividades cotidianas.

La presente tabla muestra el recopilado de información sobre temperatura (T1), humedad relativa (H.R.), e intensidad luminosa (I.L.) producidos por los luminarios especificados en el lugar del recinto donde se realiza la actividad evaluada, haciéndose una toma con un hobo a cada minuto en un lapso total de 70 mins. obteniendo 20 mins. previos al encendido, 30 mins. con el luminario encendido y 20 mins. posteriores al encendido. Se incorpora una segunda toma de temperatura (T2) generada por el mismo luminario.

Recinto evaluado:	Ninguno	**U. de análisis:**	Laboratorio
Actividad evaluada:	Evaluación de luminaria		
No. y tipo de luminario:	Spot (1)	**No. y tipo de foco:**	LED (1)
Temperatura de color:	Cálida	**Filtro:**	Sin Filtro

Título de trazado: Prueba laboratorio luminaria no. 7 LED

Light O	No. (#)	Fecha, Hora. GMT-06:00	T. 1 (°C)	H.R. (%)	I.L. (lux)	T. 2 (°C)	Light O	No. (#)	Fecha, Hora. GMT-06:00	T. 1 (°C)	H.R. (%)	I.L. (lux)	T. 2 (°C)
OFF	1	01/23/17 06:10:00 PM	21.41	24.94	11.8	21.92	ON	36	01/23/17 06:45:00 PM	20.06	26.67	295.6	21.84
OFF	2	01/23/17 06:11:00 PM	21.34	25	11.8	21.82	ON	37	01/23/17 06:46:00 PM	20.03	26.67	295.6	21.87
OFF	3	01/23/17 06:12:00 PM	21.29	25.1	11.8	21.75	ON	38	01/23/17 06:47:00 PM	20.01	26.73	295.6	21.89
OFF	4	01/23/17 06:13:00 PM	21.22	25.13	11.8	21.7	ON	39	01/23/17 06:48:00 PM	20.01	26.73	295.6	21.94
OFF	5	01/23/17 06:14:00 PM	21.15	25.13	11.8	21.63	ON	40	01/23/17 06:49:00 PM	20.01	26.77	295.6	21.96
OFF	6	01/23/17 06:15:00 PM	21.13	25.19	11.8	21.56	ON	41	01/23/17 06:50:00 PM	19.98	26.76	295.6	21.96
OFF	7	01/23/17 06:16:00 PM	21.06	25.26	11.8	21.49	ON	42	01/23/17 06:51:00 PM	19.98	26.76	295.6	21.99
OFF	8	01/23/17 06:17:00 PM	21.01	25.32	3.9	21.46	ON	43	01/23/17 06:52:00 PM	19.96	26.73	295.6	22.01
OFF	9	01/23/17 06:18:00 PM	20.96	25.38	11.8	21.41	ON	44	01/23/17 06:53:00 PM	19.96	26.76	295.6	22.03
OFF	10	01/23/17 06:19:00 PM	20.91	25.45	11.8	21.37	ON	45	01/23/17 06:54:00 PM	19.94	26.79	295.6	22.06
OFF	11	01/23/17 06:20:00 PM	20.87	25.45	11.8	21.29	ON	46	01/23/17 06:55:00 PM	19.94	26.79	295.6	22.08
OFF	12	01/23/17 06:21:00 PM	20.82	25.51	11.8	21.25	ON	47	01/23/17 06:56:00 PM	19.94	26.79	295.6	22.11
OFF	13	01/23/17 06:22:00 PM	20.77	25.57	3.9	21.2	ON	48	01/23/17 06:57:00 PM	19.91	26.72	295.6	22.11
OFF	14	01/23/17 06:23:00 PM	20.72	25.6	3.9	21.15	ON	49	01/23/17 06:58:00 PM	19.91	26.46	295.6	21.94
OFF	15	01/23/17 06:24:00 PM	20.7	25.64	11.8	21.1	ON	50	01/23/17 06:59:00 PM	19.91	26.46	287.8	21.96
OFF	16	01/23/17 06:25:00 PM	20.65	25.7	11.8	21.06	OFF	51	01/23/17 07:00:00 PM	19.89	26.42	11.8	21.92
OFF	17	01/23/17 06:26:00 PM	20.63	25.7	3.9	21.03	OFF	52	01/23/17 07:01:00 PM	19.89	26.32	11.8	21.72
OFF	18	01/23/17 06:27:00 PM	20.58	25.69	11.8	20.98	OFF	53	01/23/17 07:02:00 PM	19.87	25.91	11.8	21.63
OFF	19	01/23/17 06:28:00 PM	20.53	25.96	11.8	20.94	OFF	54	01/23/17 07:03:00 PM	19.87	26.01	11.8	21.6
OFF	20	01/23/17 06:29:00 PM	20.48	25.82	11.8	21.08	OFF	55	01/23/17 07:04:00 PM	19.87	26.18	3.9	21.46
ON	21	01/23/17 06:30:00 PM	20.34	25.68	248.3	21.18	OFF	56	01/23/17 07:05:00 PM	19.84	26.18	11.8	21.41
ON	22	01/23/17 06:31:00 PM	20.25	26.58	295.6	21.53	OFF	57	01/23/17 07:06:00 PM	19.84	26.11	11.8	21.39
ON	23	01/23/17 06:32:00 PM	20.25	26.95	295.6	21.65	OFF	58	01/23/17 07:07:00 PM	19.82	26.18	3.9	21.39
ON	24	01/23/17 06:33:00 PM	20.22	26.61	295.6	21.68	OFF	59	01/23/17 07:08:00 PM	19.82	26.21	11.8	21.37
ON	25	01/23/17 06:34:00 PM	20.22	26.51	295.6	21.7	OFF	60	01/23/17 07:09:00 PM	19.79	26.24	11.8	21.34
ON	26	01/23/17 06:35:00 PM	20.2	26.48	295.6	21.72	OFF	61	01/23/17 07:10:00 PM	19.79	26.31	11.8	21.32
ON	27	01/23/17 06:36:00 PM	20.2	26.48	295.6	21.75	OFF	62	01/23/17 07:11:00 PM	19.79	26.38	11.8	21.32
ON	28	01/23/17 06:37:00 PM	20.17	26.48	295.6	21.65	OFF	63	01/23/17 07:12:00 PM	19.77	26.41	11.8	21.29
ON	29	01/23/17 06:38:00 PM	20.15	26.51	295.6	21.63	OFF	64	01/23/17 07:13:00 PM	19.77	26.44	3.9	21.25
ON	30	01/23/17 06:39:00 PM	20.13	26.47	295.6	21.65	OFF	65	01/23/17 07:14:00 PM	19.75	26.44	11.8	21.22
ON	31	01/23/17 06:40:00 PM	20.13	26.47	295.6	21.7	OFF	66	01/23/17 07:15:00 PM	19.75	26.48	11.8	21.18
ON	32	01/23/17 06:41:00 PM	20.1	26.57	295.6	21.72	OFF	67	01/23/17 07:16:00 PM	19.75	26.48	3.9	21.15
ON	33	01/23/17 06:42:00 PM	20.08	26.54	295.6	21.75	OFF	68	01/23/17 07:17:00 PM	19.72	26.47	11.8	21.13
ON	34	01/23/17 06:43:00 PM	20.08	26.54	295.6	21.8	OFF	69	01/23/17 07:18:00 PM	19.72	26.51	11.8	21.08
ON	35	01/23/17 06:44:00 PM	20.06	26.6	295.6	21.82	OFF	70	01/23/17 07:19:00 PM	19.7	26.51	11.8	21.06

Tabla 31. Recopilado de resultados sobre medidas tomadas de las propiedades lumínicas de Lámpara LED YDLED-205/9W/30/B

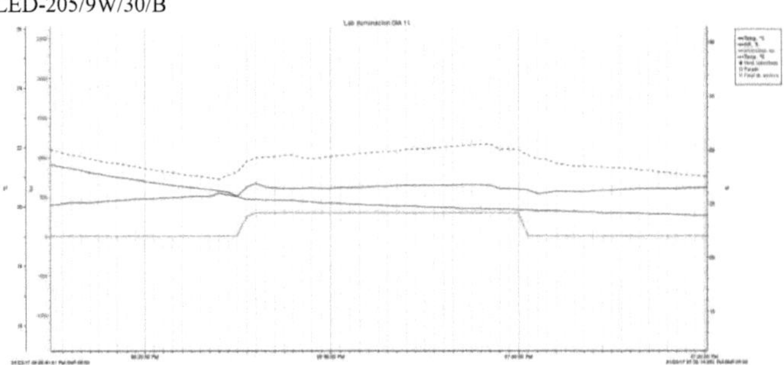

Gráfica 2. Gráfica proporcionada del programa HOBOware de resultados sobre medidas tomadas de las propiedades lumínicas de Lámpara LED YDLED-205/9W/30/B

TOMA B3: Lámpara fluorescente LTL-3142/41

LA IMPORTANCIA DE LA ILUMINACIÓN ARTIFICIAL EN VIVIENDAS RESIDENCIALES

Tabla registro. Recopilado de medidas sobre propiedades lumínicas utilizado para realizar actividades cotidianas.

La presente tabla muestra el recopilado de información sobre temperatura (T1), humedad relativa (H.R.), e intensidad luminosa (I.L.) producidos por los luminarios especificados en el lugar del recinto donde se realiza la actividad evaluada, haciéndose una toma con un hobo a cada minuto en un lapso total de 70 mins. obteniendo 20 mins. previos al encendido, 30 mins. con el luminario encendido y 20 mins. posteriores al encendido. Se incorpora una segunda toma de temperatura (T2) generada por el mismo luminario.

Recinto evaluado:	Ninguno	**U. de análisis:**	Laboratorio
Actividad evaluada:	Evaluación de luminaria		
No. y tipo de luminario:	De techo (1)	**No. y tipo de foco:**	Fluorescente (3)
Temperatura de color:	Fría	**Filtro:**	Sin Filtro

Título de trazado: Prueba laboratorio luminaria no. 8 fluorescente

Light O	No. (#)	Fecha, Hora. GMT-06:00	T. 1 (°C)	H.R. (%)	I.L. (lux)	T. 2 (°C)	Light O	No. (#)	Fecha, Hora. GMT-06:00	T. 1 (°C)	H.R. (%)	I.L. (lux)	T. 2 (°C)
OFF	1	01/23/17 07:20:00 PM	19.7	26.54	11.8	21.03	ON	36	01/23/17 07:55:00 PM	19.72	28.96	484.9	21.72
OFF	2	01/23/17 07:21:00 PM	19.7	26.51	11.8	20.98	ON	37	01/23/17 07:56:00 PM	19.72	28.96	484.9	21.82
OFF	3	01/23/17 07:22:00 PM	19.67	26.5	3.9	20.96	ON	38	01/23/17 07:57:00 PM	19.72	28.92	484.9	21.94
OFF	4	01/23/17 07:23:00 PM	19.67	26.54	3.9	20.91	ON	39	01/23/17 07:58:00 PM	19.72	28.92	477	22.03
OFF	5	01/23/17 07:24:00 PM	19.67	26.54	11.8	20.89	ON	40	01/23/17 07:59:00 PM	19.75	28.86	484.9	22.13
OFF	6	01/23/17 07:25:00 PM	19.65	26.57	11.8	20.84	ON	41	01/23/17 08:00:00 PM	19.75	28.86	484.9	22.2
OFF	7	01/23/17 07:26:00 PM	19.65	26.57	11.8	20.82	ON	42	01/23/17 08:01:00 PM	19.75	28.86	484.9	22.27
OFF	8	01/23/17 07:27:00 PM	19.65	26.57	11.8	20.77	ON	43	01/23/17 08:02:00 PM	19.75	28.79	484.9	22.37
OFF	9	01/23/17 07:28:00 PM	19.63	26.57	11.8	20.75	ON	44	01/23/17 08:03:00 PM	19.77	28.79	484.9	22.44
OFF	10	01/23/17 07:29:00 PM	19.63	26.57	3.9	20.7	ON	45	01/23/17 08:04:00 PM	19.75	28.76	484.9	22.51
OFF	11	01/23/17 07:30:00 PM	19.63	26.6	11.8	20.67	ON	46	01/23/17 08:05:00 PM	19.77	28.73	484.9	22.56
OFF	12	01/23/17 07:31:00 PM	19.6	26.63	3.9	20.65	ON	47	01/23/17 08:06:00 PM	19.77	28.69	484.9	22.63
OFF	13	01/23/17 07:32:00 PM	19.6	26.6	3.9	20.6	ON	48	01/23/17 08:07:00 PM	19.77	28.73	484.9	22.68
OFF	14	01/23/17 07:33:00 PM	19.6	26.63	11.8	20.58	ON	49	01/23/17 08:08:00 PM	19.79	28.7	484.9	22.73
OFF	15	01/23/17 07:34:00 PM	19.6	26.63	11.8	20.58	ON	50	01/23/17 08:09:00 PM	19.79	28.66	484.9	22.75
OFF	16	01/23/17 07:35:00 PM	19.58	26.63	11.8	20.53	OFF	51	01/23/17 08:10:00 PM	19.79	28.66	11.8	22.8
OFF	17	01/23/17 07:36:00 PM	19.58	26.63	11.8	20.53	OFF	52	01/23/17 08:11:00 PM	19.79	28.43	3.9	22.8
OFF	18	01/23/17 07:37:00 PM	19.58	26.63	11.8	20.41	OFF	53	01/23/17 08:12:00 PM	19.79	28.53	11.8	22.73
OFF	19	01/23/17 07:38:00 PM	19.58	26.9	11.8	20.32	OFF	54	01/23/17 08:13:00 PM	19.77	28.46	11.8	22.63
OFF	20	01/23/17 07:39:00 PM	19.58	29.58	3.9	20.32	OFF	55	01/23/17 08:14:00 PM	19.77	28.53	3.9	22.59
ON	21	01/23/17 07:40:00 PM	19.58	27.91	445.4	20.32	OFF	56	01/23/17 08:15:00 PM	19.77	28.53	11.8	22.42
ON	22	01/23/17 07:41:00 PM	19.56	30.71	445.4	20.37	OFF	57	01/23/17 08:16:00 PM	19.75	28.52	11.8	22.25
ON	23	01/23/17 07:42:00 PM	19.56	28.91	445.4	21.13	OFF	58	01/23/17 08:17:00 PM	19.75	28.52	11.8	22.08
ON	24	01/23/17 07:43:00 PM	19.6	28.68	477	20.89	OFF	59	01/23/17 08:18:00 PM	19.72	28.52	3.9	21.92
ON	25	01/23/17 07:44:00 PM	19.63	28.72	477	20.79	OFF	60	01/23/17 08:19:00 PM	19.72	28.52	11.8	21.75
ON	26	01/23/17 07:45:00 PM	19.65	28.92	477	20.63	OFF	61	01/23/17 08:20:00 PM	19.72	28.52	3.9	21.56
ON	27	01/23/17 07:46:00 PM	19.65	29.12	477	20.58	OFF	62	01/23/17 08:21:00 PM	19.7	28.55	3.9	21.41
ON	28	01/23/17 07:47:00 PM	19.65	28.92	477	20.58	OFF	63	01/23/17 08:22:00 PM	19.7	28.59	3.9	21.27
ON	29	01/23/17 07:48:00 PM	19.67	28.95	484.9	20.65	OFF	64	01/23/17 08:23:00 PM	19.7	28.59	11.8	21.15
ON	30	01/23/17 07:49:00 PM	19.67	28.99	484.9	20.79	OFF	65	01/23/17 08:24:00 PM	19.67	28.59	11.8	21.03
ON	31	01/23/17 07:50:00 PM	19.67	28.99	484.9	20.96	OFF	66	01/23/17 08:25:00 PM	19.67	28.59	3.9	20.91
ON	32	01/23/17 07:51:00 PM	19.7	28.92	484.9	21.13	OFF	67	01/23/17 08:26:00 PM	19.65	28.58	11.8	20.82
ON	33	01/23/17 07:52:00 PM	19.7	28.92	484.9	21.29	OFF	68	01/23/17 08:27:00 PM	19.65	28.58	3.9	20.75
ON	34	01/23/17 07:53:00 PM	19.7	28.92	484.9	21.46	OFF	69	01/23/17 08:28:00 PM	19.65	28.58	3.9	20.65
ON	35	01/23/17 07:54:00 PM	19.7	28.92	484.9	21.6	OFF	70	01/23/17 08:29:00 PM	19.65	28.62	3.9	20.58

Tabla 32. Recopilado de resultados sobre medidas tomadas de las propiedades lumínicas de Lámpara fluorescente LTL-3142/41

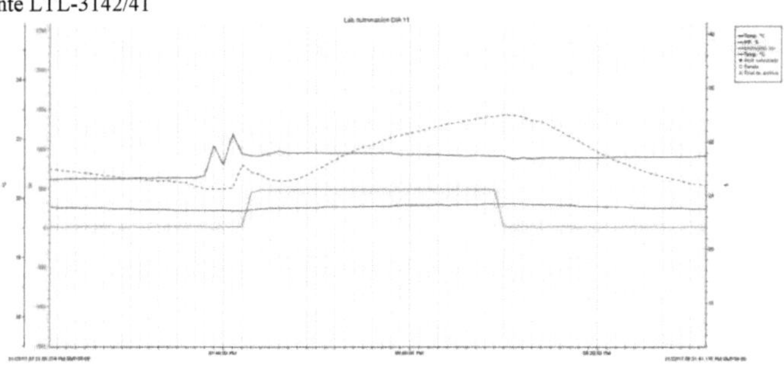

Gráfica 3. Gráfica proporcionada del programa HOBOware de resultados sobre medidas tomadas de las propiedades lumínicas de Lámpara fluorescente LTL-3142/41

TOMA B4: Lámpara LED YDLED-DIM-210/12.5W

LA IMPORTANCIA DE LA ILUMINACIÓN ARTIFICIAL EN VIVIENDAS RESIDENCIALES

Tabla registro. Recopilado de medidas sobre propiedades lumínicas utilizado para realizar actividades cotidianas.

La presente tabla muestra el recopilado de información sobre temperatura (T1), humedad relativa (H.R.), e intensidad luminosa (I.L.) producidos por los luminarios especificados en el lugar del recinto donde se realiza la actividad evaluada, haciéndose una toma con un hobo a cada minuto en un lapso total de 70 mins. obteniendo 20 mins. previos al encendido, 30 mins. con el luminario encendido y 20 mins. posteriores al encendido. Se incorpora una segunda toma de temperatura (T2) generada por el mismo luminario.

Recinto evaluado:	Ninguno	**U. de análisis:**	Laboratorio
Actividad evaluada:	Evaluación de luminaria		
No. y tipo de luminario:	Spot (1)	**No. y tipo de foco:**	LED (1)
Temperatura de color:	Cálida	**Filtro:**	Sin Filtro

Título de trazado: Prueba laboratorio luminaria no. 7 LED

Light O	No. (#)	Fecha, Hora. GMT-06:00	T. 1 (°C)	H.R. (%)	I.L. (lux)	T. 2 (°C)	Light O	No. (#)	Fecha, Hora. GMT-06:00	T. 1 (°C)	H.R. (%)	I.L. (lux)	T. 2 (°C)
OFF	1	12/15/16 10:10:00 AM	18.89	52.31	11.8	18.27	ON	36	12/15/16 10:45:00 AM	18.32	52.66	863.3	18.53
OFF	2	12/15/16 10:11:00 AM	18.79	52.45	3.9	18.22	ON	37	12/15/16 10:46:00 AM	18.32	52.54	855.4	18.53
OFF	3	12/15/16 10:12:00 AM	18.72	52.81	11.8	18.18	ON	38	12/15/16 10:47:00 AM	18.32	52.47	847.5	18.56
OFF	4	12/15/16 10:13:00 AM	18.65	53.05	11.8	18.13	ON	39	12/15/16 10:48:00 AM	18.34	52.42	855.4	18.58
OFF	5	12/15/16 10:14:00 AM	18.6	53.16	11.8	18.11	ON	40	12/15/16 10:49:00 AM	18.34	52.35	855.4	18.6
OFF	6	12/15/16 10:15:00 AM	18.56	53.22	11.8	18.08	ON	41	12/15/16 10:50:00 AM	18.34	52.35	847.5	18.63
OFF	7	12/15/16 10:16:00 AM	18.51	53.12	11.8	18.06	ON	42	12/15/16 10:51:00 AM	18.34	52.42	855.4	18.63
OFF	8	12/15/16 10:17:00 AM	18.46	53.24	3.9	18.06	ON	43	12/15/16 10:52:00 AM	18.37	52.36	855.4	18.65
OFF	9	12/15/16 10:18:00 AM	18.44	53.29	11.8	18.06	ON	44	12/15/16 10:53:00 AM	18.37	52.33	847.5	18.68
OFF	10	12/15/16 10:19:00 AM	18.39	53.32	11.8	18.03	ON	45	12/15/16 10:54:00 AM	18.37	52.33	855.4	18.7
OFF	11	12/15/16 10:20:00 AM	18.37	53.35	11.8	18.03	ON	46	12/15/16 10:55:00 AM	18.37	52.26	847.5	18.72
OFF	12	12/15/16 10:21:00 AM	18.34	53.4	11.8	18.03	ON	47	12/15/16 10:56:00 AM	18.39	52.27	855.4	18.72
OFF	13	12/15/16 10:22:00 AM	18.32	53.4	11.8	18.03	ON	48	12/15/16 10:57:00 AM	18.39	52.27	847.5	18.75
OFF	14	12/15/16 10:23:00 AM	18.3	53.4	3.9	18.03	ON	49	12/15/16 10:58:00 AM	18.39	52.24	847.5	18.77
OFF	15	12/15/16 10:24:00 AM	18.27	53.27	11.8	18.03	ON	50	12/15/16 10:59:00 AM	18.41	52.15	847.5	18.79
OFF	16	12/15/16 10:25:00 AM	18.25	53.36	11.8	18.06	OFF	51	12/15/16 11:00:00 AM	18.39	52.3	11.8	18.75
OFF	17	12/15/16 10:26:00 AM	18.22	53.39	11.8	18.06	OFF	52	12/15/16 11:01:00 AM	18.39	52.39	11.8	18.72
OFF	18	12/15/16 10:27:00 AM	18.22	53.33	3.9	18.06	OFF	53	12/15/16 11:02:00 AM	18.39	52.33	11.8	18.72
OFF	19	12/15/16 10:28:00 AM	18.2	53.42	11.8	18.06	OFF	54	12/15/16 11:03:00 AM	18.37	52.33	11.8	18.72
OFF	20	12/15/16 10:29:00 AM	18.2	53.23	11.8	18.06	OFF	55	12/15/16 11:04:00 AM	18.37	52.39	3.9	18.72
ON	21	12/15/16 10:30:00 AM	18.2	53.2	879	18.11	OFF	56	12/15/16 11:05:00 AM	18.37	52.39	11.8	18.72
ON	22	12/15/16 10:31:00 AM	18.2	52.89	871.2	18.13	OFF	57	12/15/16 11:06:00 AM	18.37	52.36	11.8	18.72
ON	23	12/15/16 10:32:00 AM	18.2	53.17	871.2	18.18	OFF	58	12/15/16 11:07:00 AM	18.34	52.35	3.9	18.72
ON	24	12/15/16 10:33:00 AM	18.22	53.08	879	18.22	OFF	59	12/15/16 11:08:00 AM	18.34	52.48	11.8	18.75
ON	25	12/15/16 10:34:00 AM	18.22	53.14	871.2	18.25	OFF	60	12/15/16 11:09:00 AM	18.34	52.48	11.8	18.75
ON	26	12/15/16 10:35:00 AM	18.22	53.08	871.2	18.27	OFF	61	12/15/16 11:10:00 AM	18.34	52.54	3.9	18.75
ON	27	12/15/16 10:36:00 AM	18.25	52.84	871.2	18.3	OFF	62	12/15/16 11:11:00 AM	18.34	52.48	3.9	18.77
ON	28	12/15/16 10:37:00 AM	18.25	52.9	863.3	18.34	OFF	63	12/15/16 11:12:00 AM	18.32	52.47	3.9	18.77
ON	29	12/15/16 10:38:00 AM	18.25	52.96	855.4	18.37	OFF	64	12/15/16 11:13:00 AM	18.32	52.38	11.8	18.77
ON	30	12/15/16 10:39:00 AM	18.27	52.96	863.3	18.39	OFF	65	12/15/16 11:14:00 AM	18.32	52.29	11.8	18.77
ON	31	12/15/16 10:40:00 AM	18.27	52.96	855.4	18.41	OFF	66	12/15/16 11:15:00 AM	18.32	52.38	3.9	18.77
ON	32	12/15/16 10:41:00 AM	18.27	52.93	863.3	18.44	OFF	67	12/15/16 11:16:00 AM	18.3	52.32	3.9	18.77
ON	33	12/15/16 10:42:00 AM	18.3	52.84	863.3	18.44	OFF	68	12/15/16 11:17:00 AM	18.3	52.28	11.8	18.77
ON	34	12/15/16 10:43:00 AM	18.3	52.72	855.4	18.46	OFF	69	12/15/16 11:18:00 AM	18.3	52.25	3.9	18.77
ON	35	12/15/16 10:44:00 AM	18.3	52.66	855.4	18.49	OFF	70	12/15/16 11:19:00 AM	18.3	52.35	3.9	18.75

Tabla 33. Recopilado de resultados sobre medidas tomadas de las propiedades lumínicas de Lámpara LED YDLED-DIM-210/12.5W

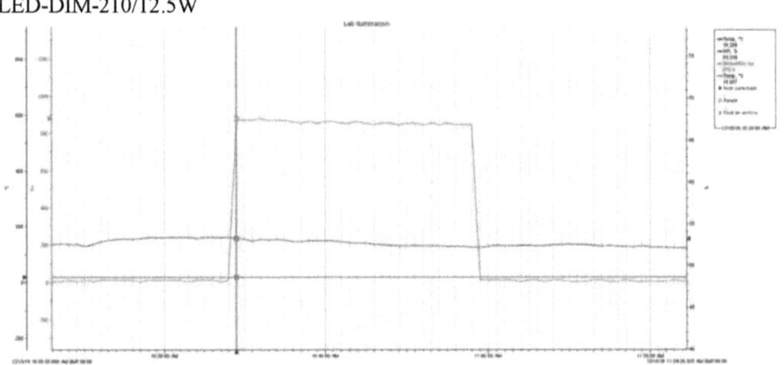

Gráfica 4. Gráfica proporcionada del programa HOBOware de resultados sobre medidas tomadas de las propiedades lumínicas de Lámpara LED YDLED-DIM-210/12.5W

TOMA B5: Lámpara LED YDACD-LED/10W/30

LA IMPORTANCIA DE LA ILUMINACIÓN ARTIFICIAL EN VIVIENDAS RESIDENCIALES

Tabla registro. Recopilado de medidas sobre propiedades lumínicas utilizado para realizar actividades cotidianas.

La presente tabla muestra el recopilado de información sobre temperatura (T1), humedad relativa (H.R.), e intensidad luminosa (I.L.) producidos por los luminarios especificados en el lugar del recinto donde se realiza la actividad evaluada, haciéndose una toma con un hobo a cada minuto en un lapso total de 70 mins. obteniendo 20 mins. previos al encendido, 30 mins. con el luminario encendido y 20 mins. posteriores al encendido. Se incorpora una segunda toma de temperatura (T2) generada por el mismo luminario.

Recinto evaluado:	Ninguno	**U. de análisis:**	Laboratorio
Actividad evaluada:	Evaluación de luminaria		
No. y tipo de luminario:	Spot (1)	**No. y tipo de foco:**	LED (1)
Temperatura de color:	Cálida	**Filtro:**	Con Filtro

Título de trazado: Prueba laboratorio luminaria no. 1 LED

Light O	No. (#)	Fecha, Hora. GMT-06:00	T. 1 (°C)	H.R. (%)	I.L. (lux)	T. 2 (°C)	Light O	No. (#)	Fecha, Hora. GMT-06:00	T. 1 (°C)	H.R. (%)	I.L. (lux)	T. 2 (°C)
OFF	1	12/15/16 11:40:00 AM	18.41	54.22	11.8	18.75	ON	36	12/15/16 12:15:00 PM	18.39	54.46	161.6	20.63
OFF	2	12/15/16 11:41:00 AM	18.39	54.15	11.8	18.7	ON	37	12/15/16 12:16:00 PM	18.39	54.55	153.7	20.75
OFF	3	12/15/16 11:42:00 AM	18.39	54.15	11.8	18.65	ON	38	12/15/16 12:17:00 PM	18.39	54.55	138	20.84
OFF	4	12/15/16 11:43:00 AM	18.39	54.09	11.8	18.6	ON	39	12/15/16 12:18:00 PM	18.39	54.55	145.8	20.94
OFF	5	12/15/16 11:44:00 AM	18.39	54.15	11.8	18.58	ON	40	12/15/16 12:19:00 PM	18.39	54.55	177.4	21.03
OFF	6	12/15/16 11:45:00 AM	18.39	54.15	3.9	18.53	ON	41	12/15/16 12:20:00 PM	18.41	54.49	161.6	21.1
OFF	7	12/15/16 11:46:00 AM	18.37	54.03	11.8	18.53	ON	42	12/15/16 12:21:00 PM	18.39	54.52	161.6	21.18
OFF	8	12/15/16 11:47:00 AM	18.37	54.06	11.8	18.51	ON	43	12/15/16 12:22:00 PM	18.41	54.56	169.5	21.25
OFF	9	12/15/16 11:48:00 AM	18.37	54.06	3.9	18.49	ON	44	12/15/16 12:23:00 PM	18.41	54.56	169.5	21.32
OFF	10	12/15/16 11:49:00 AM	18.37	53.9	11.8	18.49	ON	45	12/15/16 12:24:00 PM	18.41	54.43	161.6	21.39
OFF	11	12/15/16 11:50:00 AM	18.37	53.9	11.8	18.49	ON	46	12/15/16 12:25:00 PM	18.41	54.53	161.6	21.44
OFF	12	12/15/16 11:51:00 AM	18.37	53.93	11.8	18.49	ON	47	12/15/16 12:26:00 PM	18.41	54.53	161.6	21.51
OFF	13	12/15/16 11:52:00 AM	18.37	53.9	11.8	18.46	ON	48	12/15/16 12:27:00 PM	18.41	54.46	153.7	21.56
OFF	14	12/15/16 11:53:00 AM	18.34	53.9	11.8	18.46	ON	49	12/15/16 12:28:00 PM	18.41	54.4	161.6	21.6
OFF	15	12/15/16 11:54:00 AM	18.34	53.9	3.9	18.46	ON	50	12/15/16 12:29:00 PM	18.41	54.34	145.8	21.65
OFF	16	12/15/16 11:55:00 AM	18.34	53.9	11.8	18.46	OFF	51	12/15/16 12:30:00 PM	18.44	54.34	11.8	21.53
OFF	17	12/15/16 11:56:00 AM	18.34	53.84	11.8	18.46	OFF	52	12/15/16 12:31:00 PM	18.44	54.65	11.8	21.51
OFF	18	12/15/16 11:57:00 AM	18.34	53.84	3.9	18.46	OFF	53	12/15/16 12:32:00 PM	18.44	54.59	11.8	21.49
OFF	19	12/15/16 11:58:00 AM	18.34	53.81	11.8	18.44	OFF	54	12/15/16 12:33:00 PM	18.46	54.59	11.8	21.46
OFF	20	12/15/16 11:59:00 AM	18.34	53.71	11.8	18.46	OFF	55	12/15/16 12:34:00 PM	18.46	54.56	11.8	21.44
ON	21	12/15/16 12:00:00 PM	18.34	53.62	153.7	18.53	OFF	56	12/15/16 12:35:00 PM	18.46	54.66	3.9	21.41
ON	22	12/15/16 12:01:00 PM	18.34	53.71	145.8	18.68	OFF	57	12/15/16 12:36:00 PM	18.46	54.75	11.8	21.39
ON	23	12/15/16 12:02:00 PM	18.37	53.87	161.6	18.82	OFF	58	12/15/16 12:37:00 PM	18.46	54.75	11.8	21.34
ON	24	12/15/16 12:03:00 PM	18.34	54.27	145.8	18.94	OFF	59	12/15/16 12:38:00 PM	18.49	54.78	11.8	21.29
ON	25	12/15/16 12:04:00 PM	18.37	54.58	145.8	19.06	OFF	60	12/15/16 12:39:00 PM	18.49	54.78	11.8	21.22
ON	26	12/15/16 12:05:00 PM	18.37	54.67	153.7	19.22	OFF	61	12/15/16 12:40:00 PM	18.49	54.72	11.8	21.15
ON	27	12/15/16 12:06:00 PM	18.37	54.52	138	19.37	OFF	62	12/15/16 12:41:00 PM	18.49	54.75	11.8	21.1
ON	28	12/15/16 12:07:00 PM	18.37	54.46	169.5	19.48	OFF	63	12/15/16 12:42:00 PM	18.49	54.69	11.8	21.01
ON	29	12/15/16 12:08:00 PM	18.37	54.43	161.6	19.65	OFF	64	12/15/16 12:43:00 PM	18.49	54.66	11.8	20.96
ON	30	12/15/16 12:09:00 PM	18.37	54.33	153.7	19.82	OFF	65	12/15/16 12:44:00 PM	18.49	54.54	11.8	20.87
ON	31	12/15/16 12:10:00 PM	18.39	54.31	161.6	19.96	OFF	66	12/15/16 12:45:00 PM	18.49	54.35	11.8	20.79
ON	32	12/15/16 12:11:00 PM	18.39	54.37	161.6	20.1	OFF	67	12/15/16 12:46:00 PM	18.49	54.17	11.8	20.72
ON	33	12/15/16 12:12:00 PM	18.39	54.43	138	20.25	OFF	68	12/15/16 12:47:00 PM	18.49	54.2	11.8	20.67
ON	34	12/15/16 12:13:00 PM	18.39	54.49	161.6	20.37	OFF	69	12/15/16 12:48:00 PM	18.49	54.07	11.8	20.58
ON	35	12/15/16 12:14:00 PM	18.39	54.46	161.6	20.51	OFF	70	12/15/16 12:49:00 PM	18.49	54.23	11.8	20.53

Tabla 34. Recopilado de resultados sobre medidas tomadas de las propiedades lumínicas de Lámpara LED YDACD-LED/10W/30

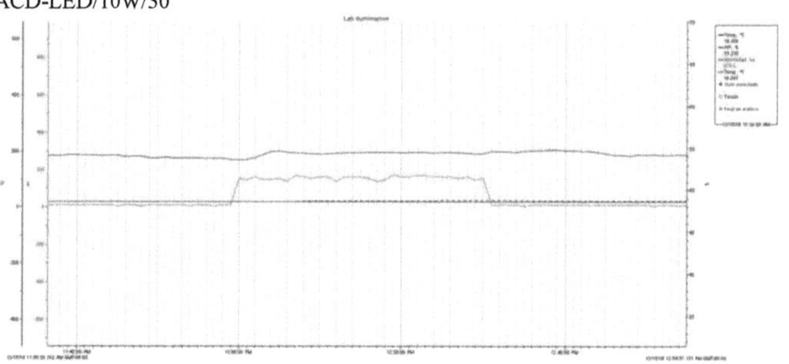

Gráfica 5. Gráfica proporcionada del programa HOBOware de resultados sobre medidas tomadas de las propiedades lumínicas de Lámpara LED YDACD-LED/10W/30

TOMA B6: Lámpara halógena LVRF-603/S

LA IMPORTANCIA DE LA ILUMINACIÓN ARTIFICIAL EN VIVIENDAS RESIDENCIALES

Tabla registro. Recopilado de medidas sobre propiedades lumínicas utilizado para realizar actividades cotidianas.

La presente tabla muestra el recopilado de información sobre temperatura (T1), humedad relativa (H.R.), e intensidad luminosa (I.L.) producidos por los luminarios especificados en el lugar del recinto donde se realiza la actividad evaluada, haciéndose una toma con un hobo a cada minuto en un lapso total de 70 mins. obteniendo 20 mins. previos al encendido, 30 mins. con el luminario encendido y 20 mins. posteriores al encendido. Se incorpora una segunda toma de temperatura (T2) generada por el mismo luminario.

Recinto evaluado:	Ninguno	**U. de análisis:**	Laboratorio
Actividad evaluada:	Evaluación de luminaria		
No. y tipo de luminario:	De techo (1)	**No. y tipo de foco:**	Halógena (3)
Temperatura de color:	Cálida	**Filtro:**	Sin Filtro

Título de trazado: Prueba laboratorio luminaria no. 5 halógena													
Light O	**No. (#)**	**Fecha, Hora. GMT-06:00**	**T. 1 (°C)**	**H.R. (%)**	**I.L. (lux)**	**T. 2 (°C)**	**Light O**	**No. (#)**	**Fecha, Hora. GMT-06:00**	**T. 1 (°C)**	**H.R. (%)**	**I.L. (lux)**	**T. 2 (°C)**
OFF	1	12/15/16 01:10:00 PM	18.6	53.53	11.8	19.18	ON	36	12/15/16 01:45:00 PM	19.82	52.03	516.4	21.84
OFF	2	12/15/16 01:11:00 PM	18.6	53.6	3.9	19.1	ON	37	12/15/16 01:46:00 PM	19.87	51.94	500.6	21.89
OFF	3	12/15/16 01:12:00 PM	18.63	54.19	3.9	19.06	ON	38	12/15/16 01:47:00 PM	19.91	51.7	516.4	21.94
OFF	4	12/15/16 01:13:00 PM	18.63	54.09	3.9	19.01	ON	39	12/15/16 01:48:00 PM	19.96	51.71	508.5	22.01
OFF	5	12/15/16 01:14:00 PM	18.63	54.19	11.8	18.99	ON	40	12/15/16 01:49:00 PM	20.01	51.53	508.5	22.08
OFF	6	12/15/16 01:15:00 PM	18.63	54.28	11.8	18.96	ON	41	12/15/16 01:50:00 PM	20.06	51.41	500.6	22.11
OFF	7	12/15/16 01:16:00 PM	18.63	54.25	11.8	18.96	ON	42	12/15/16 01:51:00 PM	20.08	51.32	500.6	22.2
OFF	8	12/15/16 01:17:00 PM	18.63	54.28	3.9	18.94	ON	43	12/15/16 01:52:00 PM	20.13	51.23	508.5	22.2
OFF	9	12/15/16 01:18:00 PM	18.63	54.28	3.9	18.96	ON	44	12/15/16 01:53:00 PM	20.17	51.05	508.5	22.35
OFF	10	12/15/16 01:19:00 PM	18.63	54.31	3.9	18.96	ON	45	12/15/16 01:54:00 PM	20.22	50.84	500.6	22.49
OFF	11	12/15/16 01:20:00 PM	18.65	54.37	11.8	18.96	ON	46	12/15/16 01:55:00 PM	20.25	50.74	500.6	22.54
OFF	12	12/15/16 01:21:00 PM	18.65	54.13	11.8	18.96	ON	47	12/15/16 01:56:00 PM	20.29	50.69	500.6	22.56
OFF	13	12/15/16 01:22:00 PM	18.65	54.16	11.8	18.96	ON	48	12/15/16 01:57:00 PM	20.32	50.44	508.5	22.71
OFF	14	12/15/16 01:23:00 PM	18.65	54.16	3.9	18.99	ON	49	12/15/16 01:58:00 PM	20.37	50.23	508.5	22.85
OFF	15	12/15/16 01:24:00 PM	18.65	54.1	11.8	18.99	ON	50	12/15/16 01:59:00 PM	20.41	50.23	508.5	22.92
OFF	16	12/15/16 01:25:00 PM	18.65	54.1	3.9	18.99	OFF	51	12/15/16 02:00:00 PM	20.44	50.24	11.8	22.87
OFF	17	12/15/16 01:26:00 PM	18.65	54.19	3.9	19.01	OFF	52	12/15/16 02:01:00 PM	20.37	50.26	11.8	24.73
OFF	18	12/15/16 01:27:00 PM	18.68	54.16	11.8	18.99	OFF	53	12/15/16 02:02:00 PM	20.32	50.41	11.8	24.22
OFF	19	12/15/16 01:28:00 PM	18.68	54.22	3.9	19.01	OFF	54	12/15/16 02:03:00 PM	20.25	50.37	11.8	23.62
OFF	20	12/15/16 01:29:00 PM	18.68	54.19	11.8	19.03	OFF	55	12/15/16 02:04:00 PM	20.22	50.49	3.9	23.35
ON	21	12/15/16 01:30:00 PM	18.7	54.41	461.2	19.1	OFF	56	12/15/16 02:05:00 PM	20.17	50.2	3.9	23.18
ON	22	12/15/16 01:31:00 PM	18.79	54.43	477	19.41	OFF	57	12/15/16 02:06:00 PM	20.13	50.26	3.9	22.85
ON	23	12/15/16 01:32:00 PM	18.91	54.32	492.7	19.72	OFF	58	12/15/16 02:07:00 PM	20.08	50.57	3.9	22.68
ON	24	12/15/16 01:33:00 PM	19.01	54.18	500.6	20.77	OFF	59	12/15/16 02:08:00 PM	20.06	50.78	3.9	22.49
ON	25	12/15/16 01:34:00 PM	19.08	53.94	508.5	20.75	OFF	60	12/15/16 02:09:00 PM	20.01	50.81	11.8	22.27
ON	26	12/15/16 01:35:00 PM	19.18	53.68	500.6	20.63	OFF	61	12/15/16 02:10:00 PM	19.98	50.9	11.8	22.11
ON	27	12/15/16 01:36:00 PM	19.27	53.54	500.6	20.77	OFF	62	12/15/16 02:11:00 PM	19.96	50.96	3.9	22.01
ON	28	12/15/16 01:37:00 PM	19.34	53.36	500.6	20.79	OFF	63	12/15/16 02:12:00 PM	19.91	51.01	3.9	21.89
ON	29	12/15/16 01:38:00 PM	19.39	53.15	500.6	21.15	OFF	64	12/15/16 02:13:00 PM	19.89	51.07	3.9	21.77
ON	30	12/15/16 01:39:00 PM	19.46	53.01	500.6	21.18	OFF	65	12/15/16 02:14:00 PM	19.89	51.13	3.9	21.63
ON	31	12/15/16 01:40:00 PM	19.53	52.74	508.5	21.27	OFF	66	12/15/16 02:15:00 PM	19.87	51.13	11.8	21.56
ON	32	12/15/16 01:41:00 PM	19.58	52.68	516.4	21.49	OFF	67	12/15/16 02:16:00 PM	19.84	51.13	11.8	21.44
ON	33	12/15/16 01:42:00 PM	19.65	52.32	516.4	21.63	OFF	68	12/15/16 02:17:00 PM	19.82	51.31	11.8	21.29
ON	34	12/15/16 01:43:00 PM	19.7	52.42	516.4	21.65	OFF	69	12/15/16 02:18:00 PM	19.79	51.34	11.8	21.25
ON	35	12/15/16 01:44:00 PM	19.75	52.24	516.4	21.7	OFF	70	12/15/16 02:19:00 PM	19.77	51.37	11.8	21.15

Tabla 35. Recopilado de resultados sobre medidas tomadas de las propiedades lumínicas de Lámpara halógena LVRF-603/S

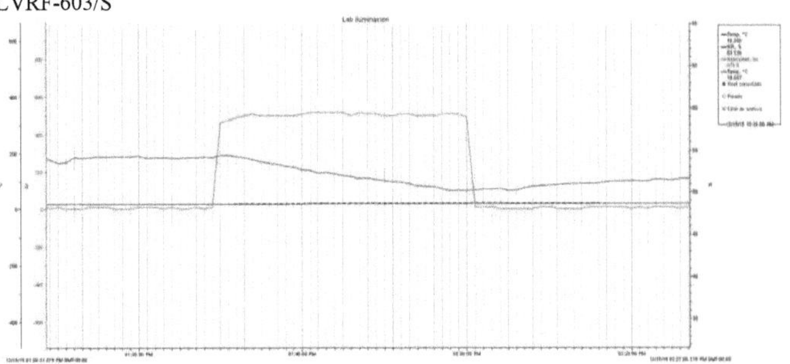

Gráfica 6. Gráfica proporcionada del programa HOBOware de resultados sobre medidas tomadas de las propiedades lumínicas de Lámpara halógena LVRF-603/S

TOMA B7: Lámpara fluorescente FLC-228W/41

LA IMPORTANCIA DE LA ILUMINACIÓN ARTIFICIAL EN VIVIENDAS RESIDENCIALES

Tabla registro. Recopilado de medidas sobre propiedades lumínicas utilizado para realizar actividades cotidianas.

La presente tabla muestra el recopilado de información sobre temperatura (T1), humedad relativa (H.R.), e intensidad luminosa (I.L.) producidos por los luminarios especificados en el lugar del recinto donde se realiza la actividad evaluada, haciéndose una toma con un hobo a cada minuto en un lapso total de 70 mins. obteniendo 20 mins. previos al encendido, 30 mins. con el luminario encendido y 20 mins. posteriores al encendido. Se incorpora una segunda toma de temperatura (T2) generada por el mismo luminario.

Recinto evaluado:	Ninguno	**U. de análisis:**	Laboratorio
Actividad evaluada:	Evaluación de luminaria		
No. y tipo de luminario:	De techo (1)	**No. y tipo de foco:**	Fluorescente (3)
Temperatura de color:	Fría	**Filtro:**	Con Filtro

Título de trazado: Prueba laboratorio luminaria no. 4 fluorescente

Light O	No. (#)	Fecha, Hora. GMT-06:00	T. 1 (°C)	H.R. (%)	I.L. (lux)	T. 2 (°C)	Light O	No. (#)	Fecha, Hora. GMT-06:00	T. 1 (°C)	H.R. (%)	I.L. (lux)	T. 2 (°C)
OFF	1	12/16/16 10:40:00 AM	19.01	62.52	11.8	24.22	ON	36	12/16/16 11:15:00 AM	19.15	60.7	492.7	24.2
OFF	2	12/16/16 10:41:00 AM	19.06	62.41	3.9	24.05	ON	37	12/16/16 11:16:00 AM	19.15	60.67	492.7	24.36
OFF	3	12/16/16 10:42:00 AM	19.1	62.26	11.8	23.88	ON	38	12/16/16 11:17:00 AM	19.18	60.65	492.7	24.53
OFF	4	12/16/16 10:43:00 AM	19.13	62.03	11.8	23.71	ON	39	12/16/16 11:18:00 AM	19.18	60.59	484.9	24.63
OFF	5	12/16/16 10:44:00 AM	19.15	62	11.8	23.47	ON	40	12/16/16 11:19:00 AM	19.18	60.56	484.9	24.8
OFF	6	12/16/16 10:45:00 AM	19.15	61.85	11.8	23.23	ON	41	12/16/16 11:20:00 AM	19.2	60.53	492.7	24.85
OFF	7	12/16/16 10:46:00 AM	19.18	61.76	11.8	22.99	ON	42	12/16/16 11:21:00 AM	19.2	60.47	484.9	24.92
OFF	8	12/16/16 10:47:00 AM	19.18	61.61	3.9	22.75	ON	43	12/16/16 11:22:00 AM	19.2	60.44	492.7	25.02
OFF	9	12/16/16 10:48:00 AM	19.18	61.55	3.9	22.54	ON	44	12/16/16 11:23:00 AM	19.22	60.41	492.7	25.09
OFF	10	12/16/16 10:49:00 AM	19.18	61.46	11.8	22.32	ON	45	12/16/16 11:24:00 AM	19.22	60.35	492.7	25.16
OFF	11	12/16/16 10:50:00 AM	19.18	61.4	3.9	22.11	ON	46	12/16/16 11:25:00 AM	19.22	60.29	484.9	25.21
OFF	12	12/16/16 10:51:00 AM	19.15	61.34	3.9	21.94	ON	47	12/16/16 11:26:00 AM	19.25	60.3	484.9	25.28
OFF	13	12/16/16 10:52:00 AM	19.15	61.31	3.9	21.75	ON	48	12/16/16 11:27:00 AM	19.25	60.21	492.7	25.36
OFF	14	12/16/16 10:53:00 AM	19.15	61.31	11.8	21.58	ON	49	12/16/16 11:28:00 AM	19.25	60.21	484.9	25.38
OFF	15	12/16/16 10:54:00 AM	19.15	61.25	11.8	21.44	ON	50	12/16/16 11:29:00 AM	19.25	60.12	484.9	25.4
OFF	16	12/16/16 10:55:00 AM	19.15	61.22	3.9	21.32	OFF	51	12/16/16 11:30:00 AM	19.25	60.12	11.8	25.43
OFF	17	12/16/16 10:56:00 AM	19.13	61.21	11.8	21.18	OFF	52	12/16/16 11:31:00 AM	19.27	60.09	11.8	25.38
OFF	18	12/16/16 10:57:00 AM	19.13	61.21	11.8	21.08	OFF	53	12/16/16 11:32:00 AM	19.27	60.24	11.8	25.28
OFF	19	12/16/16 10:58:00 AM	19.13	61.21	11.8	20.98	OFF	54	12/16/16 11:33:00 AM	19.27	60.21	11.8	25.09
OFF	20	12/16/16 10:59:00 AM	19.1	61.18	11.8	20.87	OFF	55	12/16/16 11:34:00 AM	19.27	60.27	3.9	24.73
ON	21	12/16/16 11:00:00 AM	19.1	61.18	287.8	20.77	OFF	56	12/16/16 11:35:00 AM	19.27	60.27	3.9	24.58
ON	22	12/16/16 11:01:00 AM	19.1	61.15	406	20.72	OFF	57	12/16/16 11:36:00 AM	19.27	60.27	11.8	24.32
ON	23	12/16/16 11:02:00 AM	19.1	61.33	461.2	20.75	OFF	58	12/16/16 11:37:00 AM	19.27	60.18	3.9	24.05
ON	24	12/16/16 11:03:00 AM	19.08	61.33	484.9	20.87	OFF	59	12/16/16 11:38:00 AM	19.25	60.24	3.9	23.83
ON	25	12/16/16 11:04:00 AM	19.08	61.3	492.7	21.1	OFF	60	12/16/16 11:39:00 AM	19.25	60.24	11.8	23.57
ON	26	12/16/16 11:05:00 AM	19.1	61.24	492.7	21.41	OFF	61	12/16/16 11:40:00 AM	19.25	60.24	3.9	23.33
ON	27	12/16/16 11:06:00 AM	19.1	61.21	500.6	21.75	OFF	62	12/16/16 11:41:00 AM	19.25	60.15	3.9	23.04
ON	28	12/16/16 11:07:00 AM	19.1	61.12	500.6	22.11	OFF	63	12/16/16 11:42:00 AM	19.25	60.18	3.9	22.8
ON	29	12/16/16 11:08:00 AM	19.1	61.15	492.7	22.49	OFF	64	12/16/16 11:43:00 AM	19.22	60.08	11.8	22.61
ON	30	12/16/16 11:09:00 AM	19.13	61.06	500.6	22.82	OFF	65	12/16/16 11:44:00 AM	19.22	60.08	3.9	22.44
ON	31	12/16/16 11:10:00 AM	19.13	60.97	500.6	23.14	OFF	66	12/16/16 11:45:00 AM	19.2	60.08	11.8	22.3
ON	32	12/16/16 11:11:00 AM	19.13	60.91	492.7	23.42	OFF	67	12/16/16 11:46:00 AM	19.2	60.11	11.8	22.15
ON	33	12/16/16 11:12:00 AM	19.13	60.88	492.7	23.67	OFF	68	12/16/16 11:47:00 AM	19.2	60.14	3.9	22.03
ON	34	12/16/16 11:13:00 AM	19.15	60.83	500.6	23.86	OFF	69	12/16/16 11:48:00 AM	19.2	60.14	11.8	21.89
ON	35	12/16/16 11:14:00 AM	19.15	60.77	492.7	24.05	OFF	70	12/16/16 11:49:00 AM	19.2	60.17	11.8	21.82

Tabla 36. Recopilado de resultados sobre medidas tomadas de las propiedades lumínicas de Lámpara fluorescente FLC-228W/41

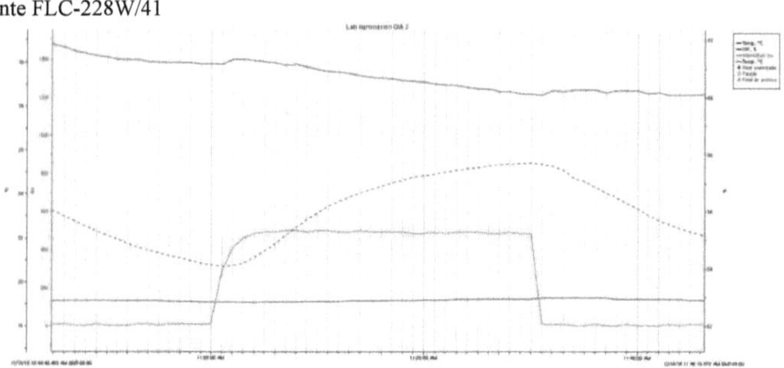

Gráfica 7. Gráfica proporcionada del programa HOBOware de resultados sobre medidas tomadas de las propiedades lumínicas de Lámpara fluorescente FLC-228W/41

TOMA B8: Lámpara halógena YD-360/B MR16-50W/127V

LA IMPORTANCIA DE LA ILUMINACIÓN ARTIFICIAL EN VIVIENDAS RESIDENCIALES

Tabla registro. Recopilado de medidas sobre propiedades lumínicas utilizado para realizar actividades cotidianas.

La presente tabla muestra el recopilado de información sobre temperatura (T1), humedad relativa (H.R.), e intensidad luminosa (I.L.) producidos por los luminarios especificados en el lugar del recinto donde se realiza la actividad evaluada, haciéndose una toma con un hobo a cada minuto en un lapso total de 70 mins. obteniendo 20 mins. previos al encendido, 30 mins. con el luminario encendido y 20 mins. posteriores al encendido. Se incorpora una segunda toma de temperatura (T2) generada por el mismo luminario.

Recinto evaluado:	Ninguno	**U. de análisis:**	Laboratorio
Actividad evaluada:	Evaluación de luminaria		
No. y tipo de luminario:	Spot (1)	**No. y tipo de foco:**	Halógeno (1)
Temperatura de color:	Cálida	**Filtro:**	Sin Filtro

Título de trazado: Prueba laboratorio luminaria no. 3 halógena

Light O	No. (#)	Fecha, Hora. GMT-06:00	T. 1 (°C)	H.R. (%)	I.L. (lux)	T. 2 (°C)	Light O	No. (#)	Fecha, Hora. GMT-06:00	T. 1 (°C)	H.R. (%)	I.L. (lux)	T. 2 (°C)
OFF	1	12/16/16 12:25:00 PM	19.25	63.13	11.8	21.1	ON	36	12/16/16 01:00:00 PM	19.37	62.34	413.9	30.55
OFF	2	12/16/16 12:26:00 PM	19.25	63.04	11.8	21.01	ON	37	12/16/16 01:01:00 PM	19.39	62.28	413.9	31.61
OFF	3	12/16/16 12:27:00 PM	19.25	62.95	11.8	20.89	ON	38	12/16/16 01:02:00 PM	19.39	62.19	413.9	33.34
OFF	4	12/16/16 12:28:00 PM	19.25	62.86	3.9	20.82	ON	39	12/16/16 01:03:00 PM	19.41	62.13	413.9	34.6
OFF	5	12/16/16 12:29:00 PM	19.25	62.8	3.9	20.72	ON	40	12/16/16 01:04:00 PM	19.41	62.04	413.9	35.61
OFF	6	12/16/16 12:30:00 PM	19.25	62.68	3.9	20.65	ON	41	12/16/16 01:05:00 PM	19.41	61.95	413.9	36.55
OFF	7	12/16/16 12:31:00 PM	19.22	62.55	11.8	20.6	ON	42	12/16/16 01:06:00 PM	19.44	61.9	421.8	37.34
OFF	8	12/16/16 12:32:00 PM	19.22	62.52	11.8	20.51	ON	43	12/16/16 01:07:00 PM	19.44	61.9	413.9	37.98
OFF	9	12/16/16 12:33:00 PM	19.22	62.46	11.8	20.46	ON	44	12/16/16 01:08:00 PM	19.44	61.87	406	38.53
OFF	10	12/16/16 12:34:00 PM	19.22	62.46	11.8	20.41	ON	45	12/16/16 01:09:00 PM	19.46	61.84	406	39.01
OFF	11	12/16/16 12:35:00 PM	19.22	62.43	11.8	20.37	ON	46	12/16/16 01:10:00 PM	19.46	61.81	413.9	39.52
OFF	12	12/16/16 12:36:00 PM	19.2	62.43	11.8	20.32	ON	47	12/16/16 01:11:00 PM	19.46	61.72	406	40.14
OFF	13	12/16/16 12:37:00 PM	19.2	62.34	11.8	20.27	ON	48	12/16/16 01:12:00 PM	19.46	61.72	413.9	40.75
OFF	14	12/16/16 12:38:00 PM	19.2	62.37	11.8	20.22	ON	49	12/16/16 01:13:00 PM	19.48	61.69	406	41.53
OFF	15	12/16/16 12:39:00 PM	19.2	62.31	3.9	20.2	ON	50	12/16/16 01:14:00 PM	19.48	61.66	421.8	42.27
OFF	16	12/16/16 12:40:00 PM	19.2	62.31	3.9	20.17	OFF	51	12/16/16 01:15:00 PM	19.48	61.66	11.8	35.1
OFF	17	12/16/16 12:41:00 PM	19.2	62.22	11.8	20.17	OFF	52	12/16/16 01:16:00 PM	19.48	61.81	3.9	30.52
OFF	18	12/16/16 12:42:00 PM	19.18	62.24	3.9	20.15	OFF	53	12/16/16 01:17:00 PM	19.48	61.96	3.9	27.21
OFF	19	12/16/16 12:43:00 PM	19.18	62.18	11.8	20.15	OFF	54	12/16/16 01:18:00 PM	19.46	61.99	3.9	24.87
OFF	20	12/16/16 12:44:00 PM	19.18	62.15	3.9	20.15	OFF	55	12/16/16 01:19:00 PM	19.46	62.11	3.9	23.26
ON	21	12/16/16 12:45:00 PM	19.18	62.15	413.9	20.15	OFF	56	12/16/16 01:20:00 PM	19.44	62.05	11.8	22.13
ON	22	12/16/16 12:46:00 PM	19.2	62.19	413.9	22.06	OFF	57	12/16/16 01:21:00 PM	19.44	62.02	3.9	21.29
ON	23	12/16/16 12:47:00 PM	19.2	62.13	413.9	23.69	OFF	58	12/16/16 01:22:00 PM	19.44	61.99	11.8	20.72
ON	24	12/16/16 12:48:00 PM	19.22	62.28	421.8	24.8	OFF	59	12/16/16 01:23:00 PM	19.41	61.95	11.8	20.27
ON	25	12/16/16 12:49:00 PM	19.25	62.65	413.9	25.74	OFF	60	12/16/16 01:24:00 PM	19.41	62.34	11.8	20.01
ON	26	12/16/16 12:50:00 PM	19.25	62.77	406	26.48	OFF	61	12/16/16 01:25:00 PM	19.41	62.13	11.8	20.53
ON	27	12/16/16 12:51:00 PM	19.27	62.77	413.9	27.11	OFF	62	12/16/16 01:26:00 PM	19.41	62.22	11.8	21.01
ON	28	12/16/16 12:52:00 PM	19.29	62.71	413.9	27.68	OFF	63	12/16/16 01:27:00 PM	19.41	62.16	11.8	21.53
ON	29	12/16/16 12:53:00 PM	19.29	62.74	413.9	28.15	OFF	64	12/16/16 01:28:00 PM	19.41	62.16	11.8	21.94
ON	30	12/16/16 12:54:00 PM	19.32	62.72	413.9	28.57	OFF	65	12/16/16 01:29:00 PM	19.44	62.14	11.8	22.3
ON	31	12/16/16 12:55:00 PM	19.32	62.72	413.9	28.94	OFF	66	12/16/16 01:30:00 PM	19.41	62.07	3.9	22.73
ON	32	12/16/16 12:56:00 PM	19.34	62.66	413.9	29.27	OFF	67	12/16/16 01:31:00 PM	19.41	62.1	11.8	23.33
ON	33	12/16/16 12:57:00 PM	19.34	62.57	421.8	29.57	OFF	68	12/16/16 01:32:00 PM	19.41	62.07	11.8	23.69
ON	34	12/16/16 12:58:00 PM	19.37	62.49	413.9	29.89	OFF	69	12/16/16 01:33:00 PM	19.41	62.16	3.9	22.63
ON	35	12/16/16 12:59:00 PM	19.37	62.43	413.9	30.17	OFF	70	12/16/16 01:34:00 PM	19.41	62.1	11.8	21.82

Tabla 37. Recopilado de resultados sobre medidas tomadas de las propiedades lumínicas de Lámpara halógena YD-360/B MR16-50W/127V

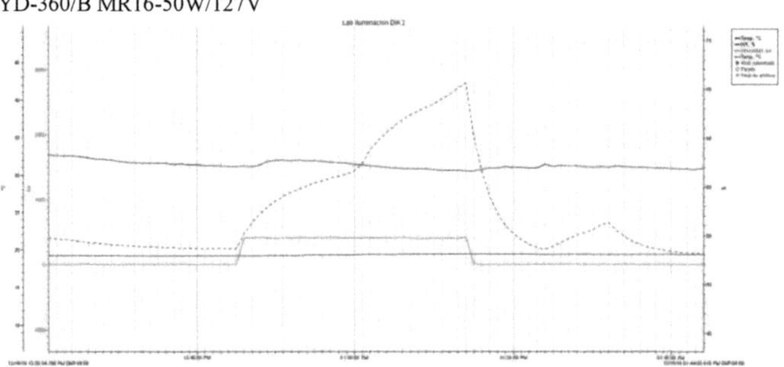

Gráfica 8. Gráfica proporcionada del programa HOBOware de resultados sobre medidas tomadas de las propiedades lumínicas de Lámpara halógena YD-360/B MR16-50W/127V

TOMA B9: Lámpara LED YD-360/B MR16SMLED/3W/65

LA IMPORTANCIA DE LA ILUMINACIÓN ARTIFICIAL EN VIVIENDAS RESIDENCIALES

Tabla registro. Recopilado de medidas sobre propiedades lumínicas utilizado para realizar actividades cotidianas.

La presente tabla muestra el recopilado de información sobre temperatura (T1), humedad relativa (H.R.), e intensidad luminosa (I.L.) producidos por los luminarios especificados en el lugar del recinto donde se realiza la actividad evaluada, haciéndose una toma con un hobo a cada minuto en un lapso total de 70 mins. obteniendo 20 mins. previos al encendido, 30 mins. con el luminario encendido y 20 mins. posteriores al encendido. Se incorpora una segunda toma de temperatura (T2) generada por el mismo luminario.

Recinto evaluado:	Ninguno	**U. de análisis:**	Laboratorio
Actividad evaluada:	Evaluación de luminaria		
No. y tipo de luminario:	Spot (1)	**No. y tipo de foco:**	LED (1)
Temperatura de color:	Fría	**Filtro:**	Sin Filtro

Título de trazado: Prueba laboratorio luminaria no. 3 LED

Light O	No. (#)	Fecha, Hora. GMT-06:00	T. 1 (°C)	H.R. (%)	I.L. (lux)	T. 2 (°C)	Light O	No. (#)	Fecha, Hora. GMT-06:00	T. 1 (°C)	H.R. (%)	I.L. (lux)	T. 2 (°C)
OFF	1	01/10/2017 17:00	19.13	31.34	11.8	18.51	ON	36	01/10/2017 17:35	16.84	33.24	114.3	18.56
OFF	2	01/10/2017 17:01	18.91	31.15	11.8	18.15	ON	37	01/10/2017 17:36	16.84	33.24	122.2	18.58
OFF	3	01/10/2017 17:02	18.7	31.04	3.9	17.82	ON	38	01/10/2017 17:37	16.82	33.27	122.2	18.6
OFF	4	01/10/2017 17:03	18.49	31.02	11.8	17.53	ON	39	01/10/2017 17:38	16.82	33.31	122.2	18.65
OFF	5	01/10/2017 17:04	18.32	31.07	3.9	17.32	ON	40	01/10/2017 17:39	16.82	33.34	114.3	18.68
OFF	6	01/10/2017 17:05	18.18	31.16	3.9	17.13	ON	41	01/10/2017 17:40	16.8	33.34	114.3	18.7
OFF	7	01/10/2017 17:06	18.01	31.24	11.8	16.99	ON	42	01/10/2017 17:41	16.8	33.3	114.3	18.72
OFF	8	01/10/2017 17:07	17.89	31.33	11.8	16.87	ON	43	01/10/2017 17:42	16.8	33.34	122.2	18.77
OFF	9	01/10/2017 17:08	17.77	31.45	11.8	16.8	ON	44	01/10/2017 17:43	16.8	33.37	114.3	18.77
OFF	10	01/10/2017 17:09	17.68	31.54	11.8	16.73	ON	45	01/10/2017 17:44	16.8	33.37	122.2	18.79
OFF	11	01/10/2017 17:10	17.58	31.67	11.8	16.65	ON	46	01/10/2017 17:45	16.77	33.4	122.2	18.82
OFF	12	01/10/2017 17:11	17.51	31.76	3.9	16.61	ON	47	01/10/2017 17:46	16.77	33.43	114.3	18.84
OFF	13	01/10/2017 17:12	17.44	31.85	3.9	16.56	ON	48	01/10/2017 17:47	16.77	33.4	122.2	18.87
OFF	14	01/10/2017 17:13	17.37	31.98	11.8	16.53	ON	49	01/10/2017 17:48	16.77	33.43	122.2	18.89
OFF	15	01/10/2017 17:14	17.3	32.04	11.8	16.51	ON	50	01/10/2017 17:49	16.77	33.4	122.2	18.91
OFF	16	01/10/2017 17:15	17.25	32.1	11.8	16.49	OFF	51	01/10/2017 17:50	16.75	33.4	11.8	18.94
OFF	17	01/10/2017 17:16	17.2	32.13	11.8	16.46	OFF	52	01/10/2017 17:51	16.77	33.04	11.8	18.84
OFF	18	01/10/2017 17:17	17.15	32.22	11.8	16.46	OFF	53	01/10/2017 17:52	16.75	33.14	11.8	18.84
OFF	19	01/10/2017 17:18	17.11	32.15	11.8	16.44	OFF	54	01/10/2017 17:53	16.75	33.17	11.8	18.84
OFF	20	01/10/2017 17:19	17.08	32.21	11.8	16.44	OFF	55	01/10/2017 17:54	16.75	33.2	11.8	18.79
ON	21	01/10/2017 17:20	17.03	32.34	122.2	18.37	OFF	56	01/10/2017 17:55	16.75	33.17	11.8	18.77
ON	22	01/10/2017 17:21	17.01	32.37	122.2	18.7	OFF	57	01/10/2017 17:56	16.73	33.23	11.8	18.75
ON	23	01/10/2017 17:22	17.01	32.6	114.3	18.7	OFF	58	01/10/2017 17:57	16.73	33.17	11.8	18.7
ON	24	01/10/2017 17:23	16.99	32.7	130.1	18.6	OFF	59	01/10/2017 17:58	16.73	33.17	11.8	18.65
ON	25	01/10/2017 17:24	16.96	32.79	122.2	18.53	OFF	60	01/10/2017 17:59	16.73	33.17	11.8	18.6
ON	26	01/10/2017 17:25	16.94	32.79	122.2	18.46	OFF	61	01/10/2017 18:00	16.73	33.1	11.8	18.53
ON	27	01/10/2017 17:26	16.94	32.89	114.3	18.41	OFF	62	01/10/2017 18:01	16.73	33.1	11.8	18.49
ON	28	01/10/2017 17:27	16.92	32.99	114.3	18.39	OFF	63	01/10/2017 18:02	16.73	33.04	11.8	18.44
ON	29	01/10/2017 17:28	16.92	33.05	114.3	18.39	OFF	64	01/10/2017 18:03	16.73	32.97	11.8	18.37
ON	30	01/10/2017 17:29	16.89	33.12	122.2	18.39	OFF	65	01/10/2017 18:04	16.73	32.94	11.8	18.32
ON	31	01/10/2017 17:30	16.89	33.12	114.3	18.44	OFF	66	01/10/2017 18:05	16.73	32.97	11.8	18.27
ON	32	01/10/2017 17:31	16.87	33.15	114.3	18.44	OFF	67	01/10/2017 18:06	16.73	32.97	11.8	18.2
ON	33	01/10/2017 17:32	16.87	33.18	122.2	18.46	OFF	68	01/10/2017 18:07	16.7	32.9	3.9	18.13
ON	34	01/10/2017 17:33	16.87	33.18	114.3	18.51	OFF	69	01/10/2017 18:08	16.7	32.84	11.8	18.06
ON	35	01/10/2017 17:34	16.84	33.21	114.3	18.53	OFF	70	01/10/2017 18:09	16.7	32.84	11.8	18.01

Tabla 38. Recopilado de resultados sobre medidas tomadas de las propiedades lumínicas de Lámpara LED YD-360/B MR16SMLED/3W/65

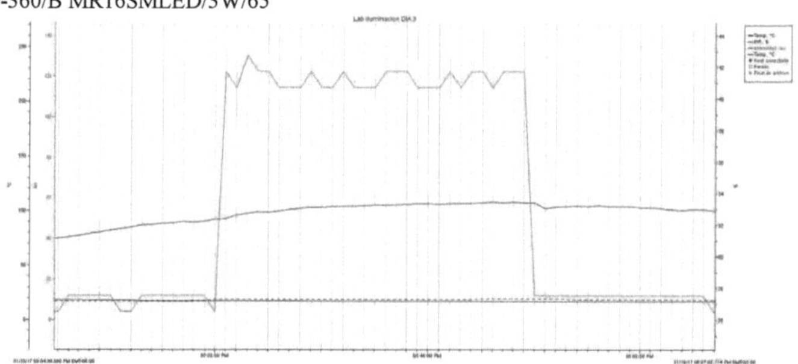

Gráfica 9. Gráfica proporcionada del programa HOBOware de resultados sobre medidas tomadas de las propiedades lumínicas de Lámpara LED YD-360/B MR16SMLED/3W/65

TOMA B10: Lámpara fluorescente YD-370/B PAR30FL13W/65

LA IMPORTANCIA DE LA ILUMINACIÓN ARTIFICIAL EN VIVIENDAS RESIDENCIALES

Tabla registro. Recopilado de medidas sobre propiedades lumínicas utilizado para realizar actividades cotidianas.

La presente tabla muestra el recopilado de información sobre temperatura (T1), humedad relativa (H.R.), e intensidad luminosa (I.L.) producidos por los luminarios especificados en el lugar del recinto donde se realiza la actividad evaluada, haciéndose una toma con un hobo a cada minuto en un lapso total de 70 mins. obteniendo 20 mins. previos al encendido, 30 mins. con el luminario encendido y 20 mins. posteriores al encendido. Se incorpora una segunda toma de temperatura (T2) generada por el mismo luminario.

Recinto evaluado:	Ninguno	**U. de análisis:**	Laboratorio
Actividad evaluada:	Evaluación de luminaria		
No. y tipo de luminario:	Spot (1)	**No. y tipo de foco:**	Fluorescente (1)
Temperatura de color:	Fría	**Filtro:**	Con Filtro

Título de trazado: Prueba laboratorio luminaria no. 6 fluorescente

Light O	No. (#)	Fecha, Hora. GMT-06:00	T. 1 (°C)	H.R. (%)	I.L. (lux)	T. 2 (°C)	Light O	No. (#)	Fecha, Hora. GMT-06:00	T. 1 (°C)	H.R. (%)	I.L. (lux)	T. 2 (°C)
OFF	1	01/10/2017 18:10	16.7	33.66	11.8	17.92	ON	36	01/10/2017 18:45	16.75	32.81	90.7	18.72
OFF	2	01/10/2017 18:11	16.8	34.09	11.8	18.44	ON	37	01/10/2017 18:46	16.77	32.78	98.5	18.77
OFF	3	01/10/2017 18:12	16.84	33.41	11.8	18.7	ON	38	01/10/2017 18:47	16.77	32.74	90.7	18.82
OFF	4	01/10/2017 18:13	16.87	33.7	11.8	18.75	ON	39	01/10/2017 18:48	16.75	32.71	98.5	18.89
OFF	5	01/10/2017 18:14	16.87	33.51	11.8	18.58	ON	40	01/10/2017 18:49	16.75	32.71	98.5	18.91
OFF	6	01/10/2017 18:15	16.87	33.47	11.8	18.46	ON	41	01/10/2017 18:50	16.77	32.61	98.5	18.94
OFF	7	01/10/2017 18:16	16.87	33.57	11.8	18.34	ON	42	01/10/2017 18:51	16.75	32.58	98.5	18.99
OFF	8	01/10/2017 18:17	16.87	33.51	11.8	18.2	ON	43	01/10/2017 18:52	16.75	32.35	98.5	19.01
OFF	9	01/10/2017 18:18	16.87	33.57	11.8	18.11	ON	44	01/10/2017 18:53	16.77	32.28	98.5	19.03
OFF	10	01/10/2017 18:19	16.87	33.64	11.8	18.06	ON	45	01/10/2017 18:54	16.75	32.25	98.5	19.08
OFF	11	01/10/2017 18:20	16.84	33.64	11.8	18.01	ON	46	01/10/2017 18:55	16.75	32.25	98.5	19.13
OFF	12	01/10/2017 18:21	16.84	33.57	11.8	17.96	ON	47	01/10/2017 18:56	16.75	32.18	98.5	19.15
OFF	13	01/10/2017 18:22	16.84	33.44	11.8	17.96	ON	48	01/10/2017 18:57	16.75	32.18	98.5	19.15
OFF	14	01/10/2017 18:23	16.82	33.4	11.8	17.94	ON	49	01/10/2017 18:58	16.75	32.18	98.5	19.2
OFF	15	01/10/2017 18:24	16.82	33.44	11.8	17.92	ON	50	01/10/2017 18:59	16.75	32.12	98.5	19.18
OFF	16	01/10/2017 18:25	16.82	33.37	11.8	17.89	OFF	51	01/10/2017 19:00	16.75	32.12	11.8	19.29
OFF	17	01/10/2017 18:26	16.82	33.37	11.8	17.92	OFF	52	01/10/2017 19:01	16.75	31.46	11.8	19.1
OFF	18	01/10/2017 18:27	16.8	33.37	11.8	17.92	OFF	53	01/10/2017 19:02	16.75	31.49	3.9	19.01
OFF	19	01/10/2017 18:28	16.8	33.3	11.8	17.94	OFF	54	01/10/2017 19:03	16.75	31.46	11.8	18.96
OFF	20	01/10/2017 18:29	16.8	33.21	11.8	17.94	OFF	55	01/10/2017 19:04	16.75	31.46	11.8	18.89
ON	21	01/10/2017 18:30	16.8	33.3	98.5	18.01	OFF	56	01/10/2017 19:05	16.75	31.56	11.8	18.82
ON	22	01/10/2017 18:31	16.77	33.11	106.4	18.2	OFF	57	01/10/2017 19:06	16.73	31.66	11.8	18.79
ON	23	01/10/2017 18:32	16.77	32.91	98.5	18.25	OFF	58	01/10/2017 19:07	16.73	31.62	11.8	18.77
ON	24	01/10/2017 18:33	16.77	32.84	90.7	18.32	OFF	59	01/10/2017 19:08	16.73	31.52	3.9	18.72
ON	25	01/10/2017 18:34	16.77	32.88	90.7	18.34	OFF	60	01/10/2017 19:09	16.73	31.46	11.8	18.72
ON	26	01/10/2017 18:35	16.77	32.88	82.8	18.37	OFF	61	01/10/2017 19:10	16.73	31.23	3.9	18.7
ON	27	01/10/2017 18:36	16.77	32.91	82.8	18.37	OFF	62	01/10/2017 19:11	16.73	31.13	11.8	18.65
ON	28	01/10/2017 18:37	16.77	32.84	82.8	18.39	OFF	63	01/10/2017 19:12	16.73	31.19	11.8	18.63
ON	29	01/10/2017 18:38	16.77	32.84	82.8	18.41	OFF	64	01/10/2017 19:13	16.73	31.19	3.9	18.63
ON	30	01/10/2017 18:39	16.77	32.81	82.8	18.46	OFF	65	01/10/2017 19:14	16.73	31.16	11.8	18.58
ON	31	01/10/2017 18:40	16.77	32.78	90.7	18.51	OFF	66	01/10/2017 19:15	16.73	31.23	11.8	18.56
ON	32	01/10/2017 18:41	16.77	32.78	90.7	18.56	OFF	67	01/10/2017 19:16	16.73	31.03	11.8	18.51
ON	33	01/10/2017 18:42	16.77	32.81	90.7	18.6	OFF	68	01/10/2017 19:17	16.73	30.93	11.8	18.49
ON	34	01/10/2017 18:43	16.77	32.84	90.7	18.63	OFF	69	01/10/2017 19:18	16.73	31	11.8	18.63
ON	35	01/10/2017 18:44	16.77	32.84	90.7	18.68	OFF	70	01/10/2017 19:19	16.75	30.74	11.8	18.77

Tabla 39. Recopilado de resultados sobre medidas tomadas de las propiedades lumínicas de Lámpara fluorescente YD-370/B PAR30FL13W/65

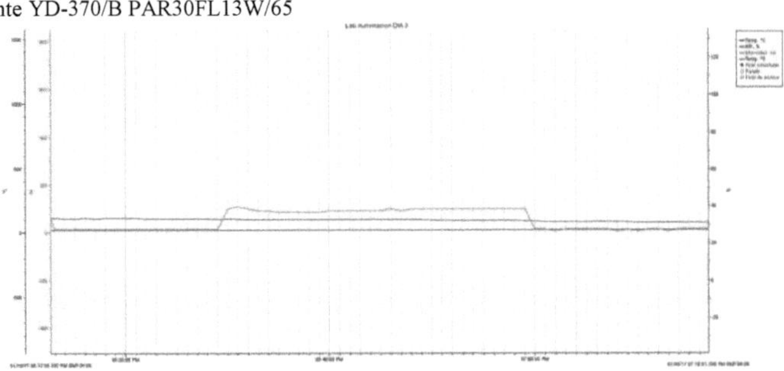

Gráfica 10. Gráfica proporcionada del programa HOBOware de resultados sobre medidas tomadas de las propiedades lumínicas de Lámpara fluorescente YD-370/B PAR30FL13W/65

TOMA B11: Lámpara fluorescente LVRF-7603/S

LA IMPORTANCIA DE LA ILUMINACIÓN ARTIFICIAL EN VIVIENDAS RESIDENCIALES

Tabla registro. Recopilado de medidas sobre propiedades lumínicas utilizado para realizar actividades cotidianas.

La presente tabla muestra el recopilado de información sobre temperatura (T1), humedad relativa (H.R.), e intensidad luminosa (I.L.) producidos por los luminarios especificados en el lugar del recinto donde se realiza la actividad evaluada, haciéndose una toma con un hobo a cada minuto en un lapso total de 70 mins. obteniendo 20 mins. previos al encendido, 30 mins. con el luminario encendido y 20 mins. posteriores al encendido. Se incorpora una segunda toma de temperatura (T2) generada por el mismo luminario.

Recinto evaluado:	Ninguno	**U. de análisis:**	Laboratorio
Actividad evaluada:	Evaluación de luminaria		
No. y tipo de luminario:	De techo (1)	**No. y tipo de foco:**	Fluorescente (3)
Temperatura de color:	Cálida	**Filtro:**	Con Filtro

Título de trazado: Prueba laboratorio luminaria no. 5 fluorescente

Light O	No. (#)	Fecha, Hora. GMT-06:00	T. 1 (°C)	H.R. (%)	I.L. (lux)	T. 2 (°C)	Light O	No. (#)	Fecha, Hora. GMT-06:00	T. 1 (°C)	H.R. (%)	I.L. (lux)	T. 2 (°C)
OFF	1	01/10/2017 19:20	16.75	30.64	11.8	18.84	ON	36	01/10/2017 19:55	16.87	32.59	98.5	19.29
OFF	2	01/10/2017 19:21	16.75	30.74	11.8	19.01	ON	37	01/10/2017 19:56	16.87	32.59	106.4	19.51
OFF	3	01/10/2017 19:22	16.8	38.44	11.8	18.96	ON	38	01/10/2017 19:57	16.87	32.59	106.4	19.7
OFF	4	01/10/2017 19:23	16.89	32.69	11.8	18.49	ON	39	01/10/2017 19:58	16.87	32.59	106.4	19.84
OFF	5	01/10/2017 19:24	16.92	32.13	11.8	18.25	ON	40	01/10/2017 19:59	16.87	32.52	106.4	20.01
OFF	6	01/10/2017 19:25	16.94	32.07	11.8	17.99	ON	41	01/10/2017 20:00	16.89	32.49	106.4	20.17
OFF	7	01/10/2017 19:26	16.94	31.81	3.9	17.77	ON	42	01/10/2017 20:01	16.89	32.46	106.4	20.32
OFF	8	01/10/2017 19:27	16.94	31.94	11.8	17.63	ON	43	01/10/2017 20:02	16.89	32.46	98.5	20.48
OFF	9	01/10/2017 19:28	16.92	31.94	11.8	17.49	ON	44	01/10/2017 20:03	16.89	32.46	106.4	20.65
OFF	10	01/10/2017 19:29	16.92	31.87	11.8	17.37	ON	45	01/10/2017 20:04	16.92	32.36	98.5	20.79
OFF	11	01/10/2017 19:30	16.89	31.93	11.8	17.3	ON	46	01/10/2017 20:05	16.92	32.33	98.5	20.91
OFF	12	01/10/2017 19:31	16.87	31.93	3.9	17.23	ON	47	01/10/2017 20:06	16.92	32.07	98.5	21.06
OFF	13	01/10/2017 19:32	16.87	31.93	11.8	17.18	ON	48	01/10/2017 20:07	16.94	32.2	98.5	21.2
OFF	14	01/10/2017 19:33	16.84	31.86	11.8	17.13	ON	49	01/10/2017 20:08	16.94	32.07	98.5	21.29
OFF	15	01/10/2017 19:34	16.84	31.86	3.9	17.08	ON	50	01/10/2017 20:09	16.94	32	98.5	21.41
OFF	16	01/10/2017 19:35	16.84	31.93	11.8	17.06	OFF	51	01/10/2017 20:10	16.94	31.74	11.8	21.49
OFF	17	01/10/2017 19:36	16.82	31.89	3.9	17.01	OFF	52	01/10/2017 20:11	16.94	31.84	11.8	21.49
OFF	18	01/10/2017 19:37	16.8	31.93	11.8	16.99	OFF	53	01/10/2017 20:12	16.94	32.2	11.8	21.46
OFF	19	01/10/2017 19:38	16.8	31.93	11.8	16.99	OFF	54	01/10/2017 20:13	16.94	32	3.9	21.37
OFF	20	01/10/2017 19:39	16.8	31.93	11.8	16.96	OFF	55	01/10/2017 20:14	16.94	31.94	11.8	21.29
ON	21	01/10/2017 19:40	16.77	31.92	51.2	16.94	OFF	56	01/10/2017 20:15	16.94	31.87	3.9	21.2
ON	22	01/10/2017 19:41	16.77	31.92	90.7	16.94	OFF	57	01/10/2017 20:16	16.94	31.87	3.9	21.22
ON	23	01/10/2017 19:42	16.77	31.66	74.9	16.96	OFF	58	01/10/2017 20:17	16.92	31.8	3.9	21.2
ON	24	01/10/2017 19:43	16.77	31.63	74.9	17.01	OFF	59	01/10/2017 20:18	16.92	31.77	11.8	21.15
ON	25	01/10/2017 19:44	16.77	31.73	82.8	17.11	OFF	60	01/10/2017 20:19	16.92	31.77	11.8	21.08
ON	26	01/10/2017 19:45	16.77	31.66	67	17.23	OFF	61	01/10/2017 20:20	16.92	31.8	3.9	21.01
ON	27	01/10/2017 19:46	16.8	31.89	74.9	17.42	OFF	62	01/10/2017 20:21	16.89	31.74	11.8	20.89
ON	28	01/10/2017 19:47	16.8	32.12	82.8	17.63	OFF	63	01/10/2017 20:22	16.89	31.87	11.8	20.75
ON	29	01/10/2017 19:48	16.8	32.29	74.9	17.82	OFF	64	01/10/2017 20:23	16.89	31.87	3.9	20.6
ON	30	01/10/2017 19:49	16.82	32.35	74.9	18.03	OFF	65	01/10/2017 20:24	16.89	31.57	11.8	20.46
ON	31	01/10/2017 19:50	16.82	32.39	82.8	18.2	OFF	66	01/10/2017 20:25	16.89	31.54	3.9	20.29
ON	32	01/10/2017 19:51	16.82	32.45	82.8	18.41	OFF	67	01/10/2017 20:26	16.89	31.74	3.9	20.15
ON	33	01/10/2017 19:52	16.84	32.46	82.8	18.6	OFF	68	01/10/2017 20:27	16.87	31.41	11.8	20.01
ON	34	01/10/2017 19:53	16.84	32.52	90.7	18.84	OFF	69	01/10/2017 20:28	16.87	31.5	11.8	19.7
ON	35	01/10/2017 19:54	16.84	32.59	98.5	19.08	OFF	70	01/10/2017 20:29	16.87	31.37	11.8	19.51

Tabla 40. Recopilado de resultados sobre medidas tomadas de las propiedades lumínicas de Lámpara fluorescente LVRF-7603/S

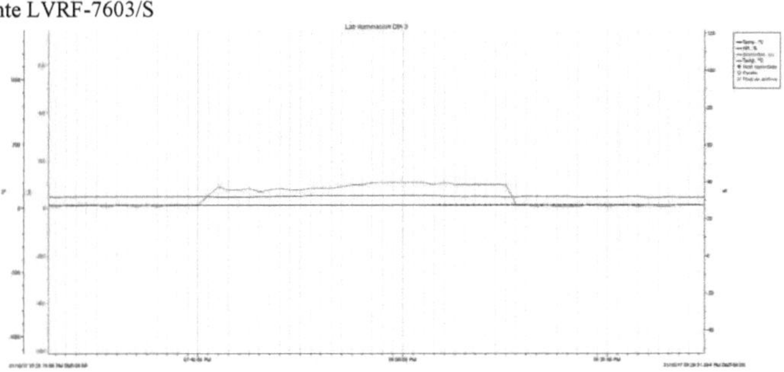

Gráfica 11. Gráfica proporcionada del programa HOBOware de resultados sobre medidas tomadas de las propiedades lumínicas de Lámpara fluorescente LVRF-7603/S

TOMA B12: Lámpara LED YDLED-400/18W 30/B

LA IMPORTANCIA DE LA ILUMINACIÓN ARTIFICIAL EN VIVIENDAS RESIDENCIALES

Tabla registro. Recopilado de medidas sobre propiedades lumínicas utilizado para realizar actividades cotidianas.

La presente tabla muestra el recopilado de información sobre temperatura (T1), humedad relativa (H.R.), e intensidad luminosa (I.L.) producidos por los luminarios especificados en el lugar del recinto donde se realiza la actividad evaluada, haciéndose una toma con un hobo a cada minuto en un lapso total de 70 mins. obteniendo 20 mins. previos al encendido, 30 mins. con el luminario encendido y 20 mins. posteriores al encendido. Se incorpora una segunda toma de temperatura (T2) generada por el mismo luminario.

Recinto evaluado:	Ninguno	**U. de análisis:**	Laboratorio
Actividad evaluada:	Evaluación de luminaria		
No. y tipo de luminario:	Spot (1)	**No. y tipo de foco:**	LED (1)
Temperatura de color:	Fría	**Filtro:**	Con Filtro

Título de trazado: Prueba laboratorio luminaria no. 2 LED

Light O	No. (#)	Fecha, Hora. GMT-06:00	T. 1 (°C)	H.R. (%)	I.L. (lux)	T. 2 (°C)	Light O	No. (#)	Fecha, Hora. GMT-06:00	T. 1 (°C)	H.R. (%)	I.L. (lux)	T. 2 (°C)
OFF	1	01/11/2017 16:50	21.87	32.64	3.9	22.25	ON	36	01/11/2017 17:25	18.3	29.27	335.1	18.27
OFF	2	01/11/2017 16:51	21.87	32.64	11.8	22.23	ON	37	01/11/2017 17:26	18.27	29.31	350.8	18.27
OFF	3	01/11/2017 16:52	21.87	32.38	3.9	22.23	ON	38	01/11/2017 17:27	18.27	29.34	350.8	18.25
OFF	4	01/11/2017 16:53	21.84	31.44	11.8	21.84	ON	39	01/11/2017 17:28	18.25	29.37	342.9	18.25
OFF	5	01/11/2017 16:54	21.77	32.43	11.8	21.87	ON	40	01/11/2017 17:29	18.25	29.34	342.9	18.22
OFF	6	01/11/2017 16:55	21.53	30.14	11.8	21.82	ON	41	01/11/2017 17:30	18.22	29.34	350.8	18.2
OFF	7	01/11/2017 16:56	21.27	29.79	11.8	21.8	ON	42	01/11/2017 17:31	18.2	29.3	350.8	18.2
OFF	8	01/11/2017 16:57	20.98	29.5	11.8	21.8	ON	43	01/11/2017 17:32	18.2	29.2	342.9	18.18
OFF	9	01/11/2017 16:58	20.75	29.21	11.8	21.8	ON	44	01/11/2017 17:33	18.18	29.2	350.8	18.18
OFF	10	01/11/2017 16:59	20.48	29.22	3.9	21.87	ON	45	01/11/2017 17:34	18.18	29.2	342.9	18.18
OFF	11	01/11/2017 17:00	20.27	28.94	11.8	21.89	ON	46	01/11/2017 17:35	18.15	29.2	350.8	18.18
OFF	12	01/11/2017 17:01	20.06	28.95	3.9	21.82	ON	47	01/11/2017 17:36	18.15	29.13	350.8	18.15
OFF	13	01/11/2017 17:02	19.87	29	11.8	21.7	ON	48	01/11/2017 17:37	18.15	29.16	342.9	18.15
OFF	14	01/11/2017 17:03	19.7	29.16	11.8	21.56	ON	49	01/11/2017 17:38	18.13	29.13	342.9	18.15
OFF	15	01/11/2017 17:04	19.56	29.31	11.8	21.39	ON	50	01/11/2017 17:39	18.13	29.13	342.9	18.13
OFF	16	01/11/2017 17:05	19.41	29.37	3.9	21.22	OFF	51	01/11/2017 17:40	18.11	28.69	11.8	18.11
OFF	17	01/11/2017 17:06	19.29	29.46	11.8	21.03	OFF	52	01/11/2017 17:41	18.13	28.86	11.8	18.15
OFF	18	01/11/2017 17:07	19.2	29.48	3.9	20.2	OFF	53	01/11/2017 17:42	18.11	28.79	3.9	18.22
OFF	19	01/11/2017 17:08	19.1	29.51	11.8	19.72	OFF	54	01/11/2017 17:43	18.11	28.83	11.8	18.3
OFF	20	01/11/2017 17:09	19.01	29.47	3.9	19.39	OFF	55	01/11/2017 17:44	18.11	28.86	3.9	18.32
ON	21	01/11/2017 17:10	18.94	29.46	350.8	19.15	OFF	56	01/11/2017 17:45	18.11	28.86	11.8	18.34
ON	22	01/11/2017 17:11	18.87	29.49	350.8	18.96	OFF	57	01/11/2017 17:46	18.08	28.92	3.9	18.34
ON	23	01/11/2017 17:12	18.79	29.45	358.7	18.79	OFF	58	01/11/2017 17:47	18.08	28.92	11.8	18.32
ON	24	01/11/2017 17:13	18.72	29.24	350.8	18.68	OFF	59	01/11/2017 17:48	18.08	28.99	11.8	18.3
ON	25	01/11/2017 17:14	18.68	29.24	350.8	18.58	OFF	60	01/11/2017 17:49	18.06	28.99	11.8	18.27
ON	26	01/11/2017 17:15	18.63	29.24	350.8	18.53	OFF	61	01/11/2017 17:50	18.06	28.99	11.8	18.27
ON	27	01/11/2017 17:16	18.58	29.23	342.9	18.49	OFF	62	01/11/2017 17:51	18.06	28.99	11.8	18.25
ON	28	01/11/2017 17:17	18.53	29.23	350.8	18.44	OFF	63	01/11/2017 17:52	18.03	28.99	11.8	18.22
ON	29	01/11/2017 17:18	18.49	29.22	350.8	18.41	OFF	64	01/11/2017 17:53	18.03	28.99	3.9	18.2
ON	30	01/11/2017 17:19	18.46	29.22	350.8	18.39	OFF	65	01/11/2017 17:54	18.03	28.99	11.8	18.18
ON	31	01/11/2017 17:20	18.44	29.22	350.8	18.37	OFF	66	01/11/2017 17:55	18.01	28.92	11.8	18.15
ON	32	01/11/2017 17:21	18.39	29.25	350.8	18.34	OFF	67	01/11/2017 17:56	18.01	28.85	11.8	18.13
ON	33	01/11/2017 17:22	18.37	29.21	350.8	18.32	OFF	68	01/11/2017 17:57	18.01	28.89	11.8	18.11
ON	34	01/11/2017 17:23	18.34	29.28	350.8	18.32	OFF	69	01/11/2017 17:58	18.01	28.85	3.9	18.11
ON	35	01/11/2017 17:24	18.32	29.28	342.9	18.3	OFF	70	01/11/2017 17:59	17.99	28.85	11.8	18.08

Tabla 41. Recopilado de resultados sobre medidas tomadas de las propiedades lumínicas de Lámpara LED YDLED-400/18W 30/B

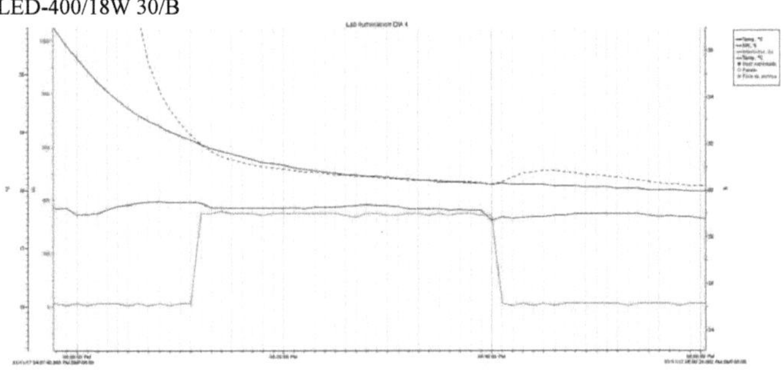

Gráfica 12. Gráfica proporcionada del programa HOBOware de resultados sobre medidas tomadas de las propiedades lumínicas de Lámpara LED YDLED-400/18W 30/B

TOMA C1.1: Preparación de alimentos madera 1

LA IMPORTANCIA DE LA ILUMINACIÓN ARTIFICIAL EN VIVIENDAS RESIDENCIALES

Tabla registro. Recopilado de medidas sobre propiedades lumínicas utilizado para realizar actividades cotidianas.

La presente tabla muestra el recopilado de información sobre temperatura (T1), humedad relativa (H.R.), e intensidad luminosa (I.L.) producidos por los luminarios especificados en el lugar del recinto donde se realiza la actividad evaluada, haciéndose una toma con un hobo a cada minuto en un lapso total de 70 mins. obteniendo 20 mins. previos al encendido, 30 mins. con el luminario encendido y 20 mins. posteriores al encendido. Se incorpora una segunda toma de temperatura (T2) generada por el mismo luminario.

Recinto evaluado:	Cocina	**U. de análisis:**	Laboratorio
Actividad evaluada:	Preparación de alimentos		
No. y tipo de luminario:	De techo (1)	**No. y tipo de foco:**	Halógeno (1)
Temperatura de color:	Cálida	**Filtro:**	Sin Filtro

Título de trazado: Prueba simulación cocina con superficie madera 1

Light O	No. (#)	Fecha, Hora. GMT-06:00	T. 1 (°C)	H.R. (%)	I.L. (lux)	T. 2 (°C)	Light O	No. (#)	Fecha, Hora. GMT-06:00	T. 1 (°C)	H.R. (%)	I.L. (lux)	T. 2 (°C)
OFF	1	01/11/2017 18:20	18.13	27.03	11.8	21.34	ON	36	01/11/2017 18:55	18.3	58.15	445.4	26.09
OFF	2	01/11/2017 18:21	18.15	26.05	11.8	21.46	ON	37	01/11/2017 18:56	18.32	58.21	445.4	26.62
OFF	3	01/11/2017 18:22	18.18	26.26	11.8	21.68	ON	38	01/11/2017 18:57	18.34	58.94	445.4	27.09
OFF	4	01/11/2017 18:23	18.22	26.46	11.8	21.46	ON	39	01/11/2017 18:58	18.37	55.13	445.4	27.65
OFF	5	01/11/2017 18:24	18.3	35.87	11.8	21.1	ON	40	01/11/2017 18:59	18.39	56.27	445.4	28.12
OFF	6	01/11/2017 18:25	18.41	39.39	11.8	20.79	ON	41	01/11/2017 19:00	18.41	56.73	445.4	28.42
OFF	7	01/11/2017 18:26	18.44	43.43	11.8	20.56	ON	42	01/11/2017 19:01	18.44	60.11	445.4	28.82
OFF	8	01/11/2017 18:27	18.44	45.91	3.9	20.44	ON	43	01/11/2017 19:02	18.46	61.2	445.4	29.14
OFF	9	01/11/2017 18:28	18.44	51.99	11.8	20.39	ON	44	01/11/2017 19:03	18.49	60.18	445.4	29.41
OFF	10	01/11/2017 18:29	18.44	55.36	3.9	20.34	ON	45	01/11/2017 19:04	18.49	61.8	445.4	29.57
OFF	11	01/11/2017 18:30	18.39	53.94	11.8	20.27	ON	46	01/11/2017 19:05	18.51	62.34	445.4	29.74
OFF	12	01/11/2017 18:31	18.37	57.52	11.8	20.22	ON	47	01/11/2017 19:06	18.53	63.63	445.4	29.92
OFF	13	01/11/2017 18:32	18.3	51.17	11.8	20.17	ON	48	01/11/2017 19:07	18.56	63.49	445.4	29.97
OFF	14	01/11/2017 18:33	18.27	52.87	11.8	20.13	ON	49	01/11/2017 19:08	18.56	59.98	445.4	30.12
OFF	15	01/11/2017 18:34	18.22	52.06	11.8	20.06	ON	50	01/11/2017 19:09	18.58	59.74	445.4	30.17
OFF	16	01/11/2017 18:35	18.18	58.73	3.9	19.98	OFF	51	01/11/2017 19:10	18.6	62.81	11.8	30.29
OFF	17	01/11/2017 18:36	18.13	59.42	11.8	19.91	OFF	52	01/11/2017 19:11	18.6	63.11	11.8	30.37
OFF	18	01/11/2017 18:37	18.08	60.32	11.8	19.82	OFF	53	01/11/2017 19:12	18.6	62.6	11.8	30.6
OFF	19	01/11/2017 18:38	18.03	60.68	3.9	19.75	OFF	54	01/11/2017 19:13	18.53	56.14	11.8	30.5
OFF	20	01/11/2017 18:39	17.99	61.21	11.8	19.67	OFF	55	02/11/2017 19:13	18.44	55.08	3.9	29.92
ON	21	01/11/2017 18:40	17.92	57.81	437.5	19.6	OFF	56	03/11/2017 19:13	18.34	52.79	11.8	29.82
ON	22	01/11/2017 18:41	17.89	59.14	437.5	19.53	OFF	57	04/11/2017 19:13	18.3	54.82	11.8	29.59
ON	23	01/11/2017 18:42	17.94	53.9	437.5	19.53	OFF	58	05/11/2017 19:13	18.2	53.66	3.9	29.37
ON	24	01/11/2017 18:43	17.99	56.88	437.5	19.6	OFF	59	06/11/2017 19:13	18.13	58.48	11.8	29.04
ON	25	01/11/2017 18:44	17.99	52.55	437.5	19.67	OFF	60	07/11/2017 19:13	18.06	57.01	3.9	28.59
ON	26	01/11/2017 18:45	18.03	53.61	445.4	19.91	OFF	61	08/11/2017 19:13	18.01	56.7	11.8	28.1
ON	27	01/11/2017 18:46	18.06	51.26	445.4	20.17	OFF	62	09/11/2017 19:13	17.94	57.15	11.8	27.58
ON	28	01/11/2017 18:47	18.08	50.08	445.4	20.65	OFF	63	10/11/2017 19:13	17.87	56.86	3.9	27.09
ON	29	01/11/2017 18:48	18.11	50.46	445.4	21.22	OFF	64	11/11/2017 19:13	17.82	56.15	3.9	26.57
ON	30	01/11/2017 18:49	18.15	57.18	445.4	21.89	OFF	65	12/11/2017 19:13	17.77	56.48	11.8	26.06
ON	31	01/11/2017 18:50	18.18	58.58	445.4	22.61	OFF	66	13/11/2017 19:13	17.72	55.96	11.8	25.57
ON	32	01/11/2017 18:51	18.2	59.74	445.4	23.33	OFF	67	14/11/2017 19:13	17.68	55.03	11.8	25.09
ON	33	01/11/2017 18:52	18.22	59.95	445.4	24.07	OFF	68	15/11/2017 19:13	17.63	55.67	11.8	24.61
ON	34	01/11/2017 18:53	18.25	59.9	445.4	24.73	OFF	69	16/11/2017 19:13	17.58	56.36	11.8	24.17
ON	35	01/11/2017 18:54	18.27	59.66	445.4	25.43	OFF	70	17/11/2017 19:13	17.56	56.39	11.8	23.79

Tabla 42. Recopilado de resultados sobre medidas tomadas de las propiedades lumínicas de Lámpara halógena LVRF-603/S en la simulación de una cocina con superficie acromática 1.

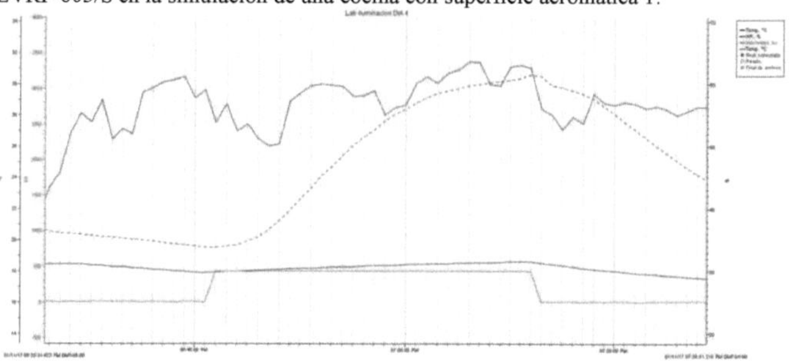

Gráfica 13. Gráfica proporcionada del programa HOBOware de resultados sobre medidas tomadas de las propiedades lumínicas de Lámpara halógena LVRF-603/S en la simulación de una cocina con superficie acromática 1.

TOMA C1.2: Preparación de alimentos madera 2

LA IMPORTANCIA DE LA ILUMINACIÓN ARTIFICIAL EN VIVIENDAS RESIDENCIALES

Tabla registro. Recopilado de medidas sobre propiedades lumínicas utilizado para realizar actividades cotidianas.

La presente tabla muestra el recopilado de información sobre temperatura (T1), humedad relativa (H.R.), e intensidad luminosa (I.L.) producidos por los luminarios especificados en el lugar del recinto donde se realiza la actividad evaluada, haciéndose una toma con un hobo a cada minuto en un lapso total de 70 mins. obteniendo 20 mins. previos al encendido, 30 mins. con el luminario encendido y 20 mins. posteriores al encendido. Se incorpora una segunda toma de temperatura (T2) generada por el mismo luminario.

Recinto evaluado:	Cocina	**U. de análisis:**	Laboratorio
Actividad evaluada:	Preparación de alimentos		
No. y tipo de luminario:	De techo (1)	**No. y tipo de foco:**	Halógeno (1)
Temperatura de color:	Cálida	**Filtro:**	Sin Filtro

Título de trazado: Prueba simulación cocina con superficie madera 2													
Light O	**No. (#)**	**Fecha, Hora. GMT-06:00**	**T. 1 (°C)**	**H.R. (%)**	**I.L. (lux)**	**T. 2 (°C)**	**Light O**	**No. (#)**	**Fecha, Hora. GMT-06:00**	**T. 1 (°C)**	**H.R. (%)**	**I.L. (lux)**	**T. 2 (°C)**
OFF	1	01/12/2017 17:00	17.53	52.33	3.9	22.42	ON	36	01/12/2017 17:35	18.32	49.86	445.4	26.35
OFF	2	01/12/2017 17:01	17.51	54.58	11.8	22.27	ON	37	01/12/2017 17:36	18.37	50.37	445.4	26.87
OFF	3	01/12/2017 17:02	17.49	52.42	11.8	22.03	ON	38	01/12/2017 17:37	18.41	50.5	445.4	27.33
OFF	4	01/12/2017 17:03	17.49	50.25	3.9	21.63	ON	39	01/12/2017 17:38	18.46	50.35	453.3	27.73
OFF	5	01/12/2017 17:04	17.51	51.34	11.8	21.46	ON	40	01/12/2017 17:39	18.49	50.35	445.4	28.1
OFF	6	01/12/2017 17:05	17.51	50.94	11.8	21.32	ON	41	01/12/2017 17:40	18.53	49.67	437.5	28.39
OFF	7	01/12/2017 17:06	17.49	49.94	11.8	21.25	ON	42	01/12/2017 17:41	18.56	49.14	445.4	28.67
OFF	8	01/12/2017 17:07	17.46	50.71	11.8	21.18	ON	43	01/12/2017 17:42	18.6	49.08	445.4	28.89
OFF	9	01/12/2017 17:08	17.44	51.14	11.8	21.1	ON	44	01/12/2017 17:43	18.63	49.31	445.4	29.09
OFF	10	01/12/2017 17:09	17.44	51.3	11.8	21.06	ON	45	01/12/2017 17:44	18.65	49.03	445.4	29.27
OFF	11	01/12/2017 17:10	17.42	52.78	11.8	21.06	ON	46	01/12/2017 17:45	18.7	48.5	445.4	29.44
OFF	12	01/12/2017 17:11	17.42	52.87	11.8	20.98	ON	47	01/12/2017 17:46	18.72	48.75	445.4	29.62
OFF	13	01/12/2017 17:12	17.42	51.39	11.8	20.91	ON	48	01/12/2017 17:47	18.75	48.48	445.4	29.74
OFF	14	01/12/2017 17:13	17.39	51.48	11.8	20.84	ON	49	01/12/2017 17:48	18.77	48.29	445.4	29.84
OFF	15	01/12/2017 17:14	17.39	51.66	11.8	20.72	ON	50	01/12/2017 17:49	18.79	47.85	445.4	29.94
OFF	16	01/12/2017 17:15	17.39	51.17	11.8	20.63	OFF	51	01/12/2017 17:50	18.82	48.3	11.8	30.02
OFF	17	01/12/2017 17:16	17.39	52.87	11.8	20.58	OFF	52	01/12/2017 17:51	18.75	47.72	3.9	29.34
OFF	18	01/12/2017 17:17	17.39	48.21	11.8	20.44	OFF	53	01/12/2017 17:52	18.68	45.59	11.8	28.57
OFF	19	01/12/2017 17:18	17.42	47.86	11.8	20.27	OFF	54	01/12/2017 17:53	18.58	46.37	11.8	28.54
OFF	20	01/12/2017 17:19	17.42	48.58	11.8	20.13	OFF	55	01/12/2017 17:54	18.53	49.2	11.8	28.47
ON	21	01/12/2017 17:20	17.42	48.87	429.7	20.03	OFF	56	01/12/2017 17:55	18.46	50.32	11.8	28.25
ON	22	01/12/2017 17:21	17.46	48.25	429.7	20.03	OFF	57	01/12/2017 17:56	18.41	49.69	11.8	28.02
ON	23	01/12/2017 17:22	17.53	47.53	437.5	20.27	OFF	58	01/12/2017 17:57	18.34	49.86	3.9	27.73
ON	24	01/12/2017 17:23	17.63	47.07	437.5	20.46	OFF	59	01/12/2017 17:58	18.3	48.48	11.8	27.33
ON	25	01/12/2017 17:24	17.7	47.62	437.5	20.65	OFF	60	01/12/2017 17:59	18.25	48.47	11.8	26.87
ON	26	01/12/2017 17:25	17.77	49.26	437.5	20.91	OFF	61	01/12/2017 18:00	18.2	48.75	11.8	26.43
ON	27	01/12/2017 17:26	17.82	50.82	445.4	21.32	OFF	62	01/12/2017 18:01	18.18	48.18	11.8	25.96
ON	28	01/12/2017 17:27	17.89	52.82	445.4	21.8	OFF	63	01/12/2017 18:02	18.13	48.4	11.8	25.55
ON	29	01/12/2017 17:28	17.96	53.1	453.3	22.35	OFF	64	01/12/2017 18:03	18.11	48.36	11.8	25.16
ON	30	01/12/2017 17:29	18.01	52.71	453.3	22.92	OFF	65	01/12/2017 18:04	18.06	48.39	11.8	24.77
ON	31	01/12/2017 17:30	18.08	51.45	453.3	23.5	OFF	66	01/12/2017 18:05	18.03	48.82	11.8	24.41
ON	32	01/12/2017 17:31	18.13	50.52	445.4	24.1	OFF	67	01/12/2017 18:06	18.01	48.69	11.8	24.07
ON	33	01/12/2017 17:32	18.18	49.84	445.4	24.65	OFF	68	01/12/2017 18:07	17.99	49.1	11.8	23.69
ON	34	01/12/2017 17:33	18.22	50.66	453.3	25.28	OFF	69	01/12/2017 18:08	17.96	49	3.9	23.38
ON	35	01/12/2017 17:34	18.27	50.17	453.3	25.84	OFF	70	01/12/2017 18:09	17.94	49.12	11.8	23.11

Tabla 43. Recopilado de resultados sobre medidas tomadas de las propiedades lumínicas de Lámpara halógena LVRF-603/S en la simulación de una cocina con superficie acromática 2.

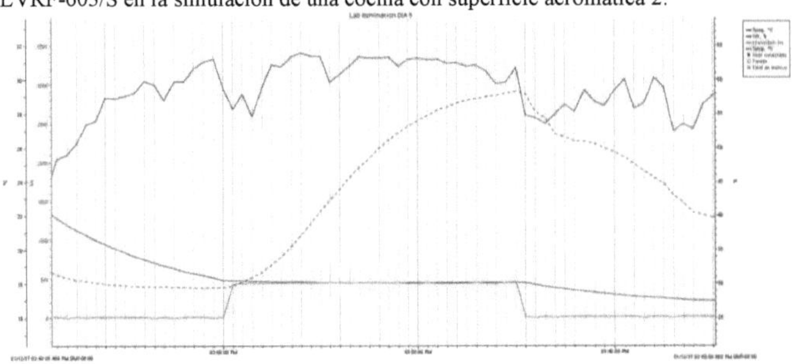

Gráfica 14. Gráfica proporcionada del programa HOBOware de resultados sobre medidas tomadas de las propiedades lumínicas de Lámpara halógena LVRF-603/S en la simulación de una cocina con superficie acromática 2.

TOMA C1.3: Preparación de alimentos madera 3

LA IMPORTANCIA DE LA ILUMINACIÓN ARTIFICIAL EN VIVIENDAS RESIDENCIALES

Tabla registro. Recopilado de medidas sobre propiedades lumínicas utilizado para realizar actividades cotidianas.

La presente tabla muestra el recopilado de información sobre temperatura (T1), humedad relativa (H.R.), e intensidad luminosa (I.L.) producidos por los luminarios especificados en el lugar del recinto donde se realiza la actividad evaluada, haciéndose una toma con un hobo a cada minuto en un lapso total de 70 mins. obteniendo 20 mins. previos al encendido, 30 mins. con el luminario encendido y 20 mins. posteriores al encendido. Se incorpora una segunda toma de temperatura (T2) generada por el mismo luminario.

Recinto evaluado:	Cocina	**U. de análisis:**	Laboratorio
Actividad evaluada:	Preparación de alimentos		
No. y tipo de luminario:	De techo (1)	**No. y tipo de foco:**	Halógeno (1)
Temperatura de color:	Cálida	**Filtro:**	Sin Filtro

Título de trazado: Prueba simulación cocina con superficie madera 3

Light O	No. (#)	Fecha, Hora. GMT-06:00	T. 1 (°C)	H.R. (%)	I.L. (lux)	T. 2 (°C)	Light O	No. (#)	Fecha, Hora. GMT-06:00	T. 1 (°C)	H.R. (%)	I.L. (lux)	T. 2 (°C)
OFF	1	01/12/2017 18:10	17.92	49.46	11.8	22.82	ON	36	01/12/2017 18:45	18.39	46.29	445.4	25.99
OFF	2	01/12/2017 18:11	17.89	49.15	11.8	22.56	ON	37	01/12/2017 18:46	18.46	46.49	445.4	26.57
OFF	3	01/12/2017 18:12	17.87	49.3	3.9	22.35	ON	38	01/12/2017 18:47	18.49	47.18	445.4	26.99
OFF	4	01/12/2017 18:13	17.84	49.36	11.8	22.13	ON	39	01/12/2017 18:48	18.53	46.81	445.4	27.43
OFF	5	01/12/2017 18:14	17.84	49.3	3.9	21.94	ON	40	01/12/2017 18:49	18.56	46.75	445.4	27.83
OFF	6	01/12/2017 18:15	17.82	47.88	3.9	21.58	ON	41	01/12/2017 18:50	18.6	46.53	445.4	28.15
OFF	7	01/12/2017 18:16	17.8	48.13	11.8	21.29	ON	42	01/12/2017 18:51	18.65	46	445.4	28.35
OFF	8	01/12/2017 18:17	17.77	46.53	3.9	20.89	ON	43	01/12/2017 18:52	18.68	46.01	445.4	28.57
OFF	9	01/12/2017 18:18	17.75	47.69	3.9	20.82	ON	44	01/12/2017 18:53	18.72	44.96	445.4	28.77
OFF	10	01/12/2017 18:19	17.72	48.34	11.8	20.77	ON	45	01/12/2017 18:54	18.75	45.44	445.4	28.97
OFF	11	01/12/2017 18:20	17.72	48.88	3.9	20.72	ON	46	01/12/2017 18:55	18.77	45	445.4	28.12
OFF	12	01/12/2017 18:21	17.7	48.9	3.9	20.67	ON	47	01/12/2017 18:56	18.79	44.62	445.4	28.39
OFF	13	01/12/2017 18:22	17.7	49.47	3.9	20.63	ON	48	01/12/2017 18:57	18.82	45.33	453.3	28.82
OFF	14	01/12/2017 18:23	17.68	48.71	11.8	20.56	ON	49	01/12/2017 18:58	18.87	45.24	453.3	29.19
OFF	15	01/12/2017 18:24	17.65	48.52	11.8	20.46	ON	50	01/12/2017 18:59	18.89	45.33	445.4	29.41
OFF	16	01/12/2017 18:25	17.65	50.49	11.8	20.39	OFF	51	01/12/2017 19:00	18.91	45.75	11.8	29.64
OFF	17	01/12/2017 18:26	17.63	50.58	11.8	20.29	OFF	52	01/12/2017 19:01	18.87	44.7	11.8	29.02
OFF	18	01/12/2017 18:27	17.63	49.86	3.9	20.22	OFF	53	01/12/2017 19:02	18.79	45.61	3.9	28.69
OFF	19	01/12/2017 18:28	17.63	49.71	3.9	20.15	OFF	54	01/12/2017 19:03	18.72	45.06	11.8	28.59
OFF	20	01/12/2017 18:29	17.61	49.8	11.8	20.08	OFF	55	01/12/2017 19:04	18.68	45.4	3.9	28.59
ON	21	01/12/2017 18:30	17.61	49.36	429.7	20.01	OFF	56	01/12/2017 19:05	18.6	46	11.8	28.44
ON	22	01/12/2017 18:31	17.61	49.89	429.7	19.94	OFF	57	01/12/2017 19:06	18.56	45.86	3.9	28.17
ON	23	01/12/2017 18:32	17.7	47.46	429.7	19.89	OFF	58	01/12/2017 19:07	18.51	46.49	3.9	27.83
ON	24	01/12/2017 18:33	17.77	47.6	437.5	20.08	OFF	59	01/12/2017 19:08	18.46	45.6	11.8	27.41
ON	25	01/12/2017 18:34	17.84	47.73	437.5	20.17	OFF	60	01/12/2017 19:09	18.41	45.91	11.8	26.97
ON	26	01/12/2017 18:35	17.92	47.74	437.5	20.46	OFF	61	01/12/2017 19:10	18.37	45.68	11.8	26.5
ON	27	01/12/2017 18:36	17.99	47.25	445.4	20.79	OFF	62	01/12/2017 19:11	18.32	45.83	11.8	26.04
ON	28	01/12/2017 18:37	18.06	46.69	445.4	21.29	OFF	63	01/12/2017 19:12	18.3	45.83	11.8	25.6
ON	29	01/12/2017 18:38	18.11	45.21	445.4	21.58	OFF	64	01/12/2017 19:13	18.27	45.86	3.9	25.16
ON	30	01/12/2017 18:39	18.15	46.7	445.4	21.77	OFF	65	01/12/2017 19:14	18.25	46.17	11.8	24.73
ON	31	01/12/2017 18:40	18.2	44.14	445.4	22.3	OFF	66	01/12/2017 19:15	18.2	46.2	11.8	24.34
ON	32	01/12/2017 18:41	18.25	44.94	445.4	23.16	OFF	67	01/12/2017 19:16	18.18	46.2	11.8	23.98
ON	33	01/12/2017 18:42	18.3	45.93	445.4	23.98	OFF	68	01/12/2017 19:17	18.15	46.51	11.8	23.62
ON	34	01/12/2017 18:43	18.32	46.59	445.4	24.65	OFF	69	01/12/2017 19:18	18.13	46.38	11.8	23.28
ON	35	01/12/2017 18:44	18.37	45.4	445.4	25.33	OFF	70	01/12/2017 19:19	18.11	46.41	3.9	23.02

Tabla 44. Recopilado de resultados sobre medidas tomadas de las propiedades lumínicas de Lámpara halógena LVRF-603/S en la simulación de una cocina con superficie acromática 3.

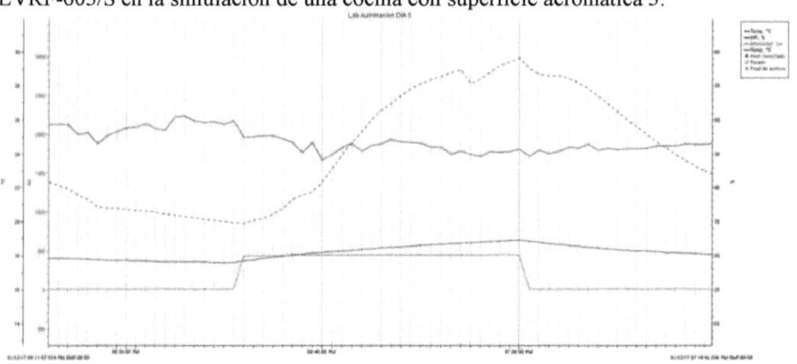

Gráfica 15. Gráfica proporcionada del programa HOBOware de resultados sobre medidas tomadas de las propiedades lumínicas de Lámpara halógena LVRF-603/S en la simulación de una cocina con superficie acromática 3.

TOMA C2.1: Preparación de alimentos acero 1

LA IMPORTANCIA DE LA ILUMINACIÓN ARTIFICIAL EN VIVIENDAS RESIDENCIALES

Tabla registro. Recopilado de medidas sobre propiedades lumínicas utilizado para realizar actividades cotidianas.

La presente tabla muestra el recopilado de información sobre temperatura (T1), humedad relativa (H.R.), e intensidad luminosa (I.L.) producidos por los luminarios especificados en el lugar del recinto donde se realiza la actividad evaluada, haciéndose una toma con un hobo a cada minuto en un lapso total de 70 mins. obteniendo 20 mins. previos al encendido, 30 mins. con el luminario encendido y 20 mins. posteriores al encendido. Se incorpora una segunda toma de temperatura (T2) generada por el mismo luminario.

Recinto evaluado:	Cocina	**U. de análisis:**	Laboratorio
Actividad evaluada:	Preparación de alimentos		
No. y tipo de luminario:	De techo (1)	**No. y tipo de foco:**	Halógeno (1)
Temperatura de color:	Cálida	**Filtro:**	Sin Filtro

Título de trazado: Prueba simulación cocina con superficie metal 1													
Light O	**No. (#)**	**Fecha, Hora. GMT-06:00**	**T. 1 (°C)**	**H.R. (%)**	**I.L. (lux)**	**T. 2 (°C)**	**Light O**	**No. (#)**	**Fecha, Hora. GMT-06:00**	**T. 1 (°C)**	**H.R. (%)**	**I.L. (lux)**	**T. 2 (°C)**
OFF	1	01/11/2017 19:40	18.49	49.26	11.8	24.77	ON	36	01/11/2017 20:15	17.92	53.71	445.4	26.99
OFF	2	01/11/2017 19:41	18.49	50.69	11.8	25.07	ON	37	01/11/2017 20:16	17.94	51.74	445.4	27.16
OFF	3	01/11/2017 19:42	18.56	49.02	11.8	25.55	ON	38	01/11/2017 20:17	17.96	55.72	445.4	27.65
OFF	4	01/11/2017 19:43	18.44	49.81	11.8	25.87	ON	39	01/11/2017 20:18	17.99	50.56	445.4	28.15
OFF	5	01/11/2017 19:44	18.32	48.29	11.8	25.82	ON	40	01/11/2017 20:19	18.01	51.84	445.4	28.49
OFF	6	01/11/2017 19:45	18.18	46.39	3.9	25.87	ON	41	01/11/2017 20:20	18.03	52.19	445.4	28.82
OFF	7	01/11/2017 19:46	18.08	50.45	3.9	26.09	ON	42	01/11/2017 20:21	18.06	53.92	437.5	29.12
OFF	8	01/11/2017 19:47	17.99	51.25	11.8	26.21	ON	43	01/11/2017 20:22	18.08	54.75	445.4	29.24
OFF	9	01/11/2017 19:48	17.89	52.44	11.8	26.26	ON	44	01/11/2017 20:23	18.11	55.83	437.5	29.44
OFF	10	01/11/2017 19:49	17.8	56.52	11.8	26.16	ON	45	01/11/2017 20:24	18.13	49.02	437.5	29.64
OFF	11	01/11/2017 19:50	17.72	51.71	3.9	25.96	ON	46	01/11/2017 20:25	18.15	48.3	437.5	29.82
OFF	12	01/11/2017 19:51	17.65	50.71	11.8	25.65	ON	47	01/11/2017 20:26	18.18	50.59	437.5	29.97
OFF	13	01/11/2017 19:52	17.58	52.77	11.8	25.33	ON	48	01/11/2017 20:27	18.2	55.23	445.4	30.12
OFF	14	01/11/2017 19:53	17.53	54.55	11.8	25.02	ON	49	01/11/2017 20:28	18.2	53.69	437.5	30.17
OFF	15	01/11/2017 19:54	17.49	53.16	11.8	24.61	ON	50	01/11/2017 20:29	18.22	52	445.4	30.17
OFF	16	01/11/2017 19:55	17.44	52.6	11.8	24.24	OFF	51	01/11/2017 20:30	18.25	56.28	11.8	30.22
OFF	17	01/11/2017 19:56	17.39	50.86	3.9	23.88	OFF	52	01/11/2017 20:31	18.15	48.84	3.9	30.24
OFF	18	01/11/2017 19:57	17.34	53.94	3.9	23.47	OFF	53	01/11/2017 20:32	18.08	49.67	3.9	30.12
OFF	19	01/11/2017 19:58	17.3	50.94	11.8	23.11	OFF	54	01/11/2017 20:33	18.01	50.88	11.8	29.87
OFF	20	01/11/2017 19:59	17.27	50.84	11.8	22.78	OFF	55	01/11/2017 20:34	17.96	53.72	11.8	29.46
ON	21	01/11/2017 20:00	17.23	48.4	437.5	22.3	OFF	56	01/11/2017 20:35	17.89	54.23	3.9	29.17
ON	22	01/11/2017 20:01	17.27	47.72	445.4	22.11	OFF	57	01/11/2017 20:36	17.82	53.27	3.9	28.74
ON	23	01/11/2017 20:02	17.34	49.7	445.4	21.92	OFF	58	01/11/2017 20:37	17.77	53.11	11.8	28.2
ON	24	01/11/2017 20:03	17.39	48.74	445.4	21.84	OFF	59	01/11/2017 20:38	17.72	55.22	11.8	27.38
ON	25	01/11/2017 20:04	17.46	46.55	445.4	21.8	OFF	60	01/11/2017 20:39	17.68	57.2	11.8	26.79
ON	26	01/11/2017 20:05	17.51	51.62	445.4	22.08	OFF	61	01/11/2017 20:40	17.63	50.83	11.8	25.72
ON	27	01/11/2017 20:06	17.56	51.07	445.4	22.44	OFF	62	01/11/2017 20:41	17.58	50.76	11.8	25.28
ON	28	01/11/2017 20:07	17.61	53.48	445.4	22.9	OFF	63	01/11/2017 20:42	17.53	48.91	11.8	24.87
ON	29	01/11/2017 20:08	17.65	53.34	445.4	23.38	OFF	64	01/11/2017 20:43	17.49	51.12	11.8	24.51
ON	30	01/11/2017 20:09	17.7	52.67	445.4	23.88	OFF	65	01/11/2017 20:44	17.46	51.27	11.8	24.2
ON	31	01/11/2017 20:10	17.72	53.75	445.4	24.41	OFF	66	01/11/2017 20:45	17.42	47.77	11.8	23.3
ON	32	01/11/2017 20:11	17.77	52.27	445.4	25.04	OFF	67	01/11/2017 20:46	17.37	46.41	11.8	23.04
ON	33	01/11/2017 20:12	17.8	52.77	437.5	25.57	OFF	68	01/11/2017 20:47	17.34	49.79	11.8	22.82
ON	34	01/11/2017 20:13	17.84	52.19	445.4	26.11	OFF	69	01/11/2017 20:48	17.3	50.66	3.9	22.61
ON	35	01/11/2017 20:14	17.89	51.36	445.4	26.57	OFF	70	01/11/2017 20:49	17.25	51.09	11.8	22.3

Tabla 45. Recopilado de resultados sobre medidas tomadas de las propiedades lumínicas de Lámpara halógena LVRF-603/S en la simulación de una cocina con superficie cromática 1.

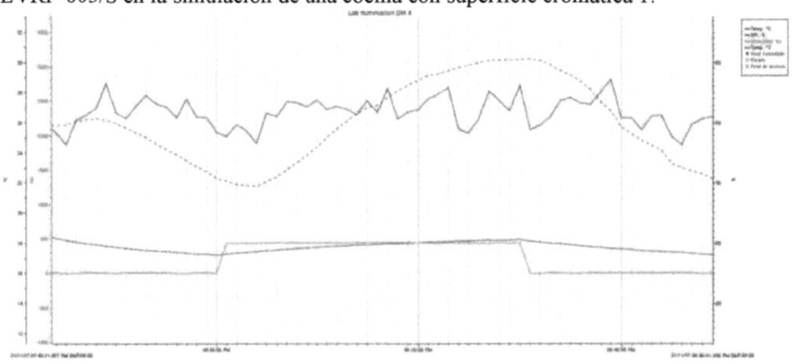

Gráfica 16. Gráfica proporcionada del programa HOBOware de resultados sobre medidas tomadas de las propiedades lumínicas de Lámpara halógena LVRF-603/S en la simulación de una cocina con superficie cromática 1

TOMA C2.2: Preparación de alimentos acero 2

LA IMPORTANCIA DE LA ILUMINACIÓN ARTIFICIAL EN VIVIENDAS RESIDENCIALES

Tabla registro. Recopilado de medidas sobre propiedades lumínicas utilizado para realizar actividades cotidianas.

La presente tabla muestra el recopilado de información sobre temperatura (T1), humedad relativa (H.R.), e intensidad luminosa (I.L.) producidos por los luminarios especificados en el lugar del recinto donde se realiza la actividad evaluada, haciéndose una toma con un hobo a cada minuto en un lapso total de 70 mins. obteniendo 20 mins. previos al encendido, 30 mins. con el luminario encendido y 20 mins. posteriores al encendido. Se incorpora una segunda toma de temperatura (T2) generada por el mismo luminario.

Recinto evaluado:	Cocina	**U. de análisis:**	Laboratorio
Actividad evaluada:	Preparación de alimentos		
No. y tipo de luminario:	De techo (1)	**No. y tipo de foco:**	Halógeno (1)
Temperatura de color:	Cálida	**Filtro:**	Sin Filtro

Título de trazado: Prueba simulación cocina con superficie metal 2													
Light O	**No. (#)**	**Fecha, Hora. GMT-06:00**	**T. 1 (°C)**	**H.R. (%)**	**I.L. (lux)**	**T. 2 (°C)**	**Light O**	**No. (#)**	**Fecha, Hora. GMT-06:00**	**T. 1 (°C)**	**H.R. (%)**	**I.L. (lux)**	**T. 2 (°C)**
OFF	1	01/12/2017 14:40	23.14	44.18	11.8	19.75	ON	36	01/12/2017 15:15	18.06	63.2	453.3	25.4
OFF	2	01/12/2017 14:41	22.71	43.03	3.9	19.22	ON	37	01/12/2017 15:16	18.06	63.17	453.3	25.99
OFF	3	01/12/2017 14:42	22.25	44.2	11.8	18.77	ON	38	01/12/2017 15:17	18.06	63.34	453.3	26.5
OFF	4	01/12/2017 14:43	21.84	48.4	11.8	18.53	ON	39	01/12/2017 15:18	18.06	61.97	445.4	26.92
OFF	5	01/12/2017 14:44	21.49	49.02	3.9	18.37	ON	40	01/12/2017 15:19	18.06	63.02	445.4	27.28
OFF	6	01/12/2017 14:45	21.15	50.68	11.8	18.22	ON	41	01/12/2017 15:20	18.06	63.2	453.3	27.6
OFF	7	01/12/2017 14:46	20.87	53.42	3.9	18.15	ON	42	01/12/2017 15:21	18.06	62.99	445.4	27.92
OFF	8	01/12/2017 14:47	20.58	54	11.8	18.08	ON	43	01/12/2017 15:22	18.06	63.05	445.4	28.22
OFF	9	01/12/2017 14:48	20.32	57.39	11.8	18.01	ON	44	01/12/2017 15:23	18.06	62.42	445.4	28.42
OFF	10	01/12/2017 14:49	20.08	57.32	11.8	17.96	ON	45	01/12/2017 15:24	18.06	62.54	445.4	28.62
OFF	11	01/12/2017 14:50	19.87	57.66	11.8	17.92	ON	46	01/12/2017 15:25	18.06	62.03	453.3	28.79
OFF	12	01/12/2017 14:51	19.63	58.08	11.8	17.89	ON	47	01/12/2017 15:26	18.06	62.09	445.4	28.89
OFF	13	01/12/2017 14:52	19.44	59.81	11.8	17.87	ON	48	01/12/2017 15:27	18.08	61.19	445.4	29.02
OFF	14	01/12/2017 14:53	19.25	59.27	3.9	17.87	ON	49	01/12/2017 15:28	18.08	59.45	453.3	29.09
OFF	15	01/12/2017 14:54	19.08	57.05	11.8	17.84	ON	50	01/12/2017 15:29	18.08	59.66	461.2	29.22
OFF	16	01/12/2017 14:55	18.91	59.79	3.9	17.82	OFF	51	01/12/2017 15:30	18.08	61.85	11.8	29.32
OFF	17	01/12/2017 14:56	18.75	59.73	11.8	17.82	OFF	52	01/12/2017 15:31	18.06	54.81	11.8	29.17
OFF	18	01/12/2017 14:57	18.63	61.64	11.8	17.8	OFF	53	01/12/2017 15:32	17.94	54.43	3.9	28.12
OFF	19	01/12/2017 14:58	18.49	62.67	11.8	17.8	OFF	54	01/12/2017 15:33	17.84	53.58	11.8	27.75
OFF	20	01/12/2017 14:59	18.37	63.1	3.9	17.8	OFF	55	01/12/2017 15:34	17.77	54.98	3.9	26.82
ON	21	01/12/2017 15:00	18.22	58.86	429.7	17.8	OFF	56	01/12/2017 15:35	17.7	56.38	11.8	26.65
ON	22	01/12/2017 15:01	18.18	55.75	445.4	17.92	OFF	57	01/12/2017 15:36	17.61	55.33	11.8	26.4
ON	23	01/12/2017 15:02	18.18	57.95	453.3	18.13	OFF	58	01/12/2017 15:37	17.56	58.46	11.8	26.38
ON	24	01/12/2017 15:03	18.15	54.67	445.4	18.39	OFF	59	01/12/2017 15:38	17.49	56.81	11.8	26.26
ON	25	01/12/2017 15:04	18.15	58.88	453.3	18.7	OFF	60	01/12/2017 15:39	17.42	56.15	11.8	26.01
ON	26	01/12/2017 15:05	18.13	62.19	453.3	19.15	OFF	61	01/12/2017 15:40	17.37	58.49	11.8	25.77
ON	27	01/12/2017 15:06	18.13	61.98	453.3	19.63	OFF	62	01/12/2017 15:41	17.3	60.07	11.8	25.45
ON	28	01/12/2017 15:07	18.13	63.45	453.3	20.22	OFF	63	01/12/2017 15:42	17.25	55.82	11.8	25.04
ON	29	01/12/2017 15:08	18.11	63.95	445.4	20.87	OFF	64	01/12/2017 15:43	17.23	56.55	3.9	24.63
ON	30	01/12/2017 15:09	18.11	63.5	453.3	21.58	OFF	65	01/12/2017 15:44	17.18	60.27	11.8	24.27
ON	31	01/12/2017 15:10	18.08	63.41	453.3	22.27	OFF	66	01/12/2017 15:45	17.15	58.91	11.8	23.91
ON	32	01/12/2017 15:11	18.08	59.69	453.3	22.92	OFF	67	01/12/2017 15:46	17.11	52.46	3.9	23.21
ON	33	01/12/2017 15:12	18.08	60.8	453.3	23.55	OFF	68	01/12/2017 15:47	17.06	53.47	11.8	22.75
ON	34	01/12/2017 15:13	18.06	62.06	453.3	24.29	OFF	69	01/12/2017 15:48	17.03	52.73	11.8	22.18
ON	35	01/12/2017 15:14	18.06	63.43	453.3	24.87	OFF	70	01/12/2017 15:49	17.01	56.4	11.8	22.03

Tabla 46. Recopilado de resultados sobre medidas tomadas de las propiedades lumínicas de Lámpara halógena LVRF-603/S en la simulación de una cocina con superficie cromática 2.

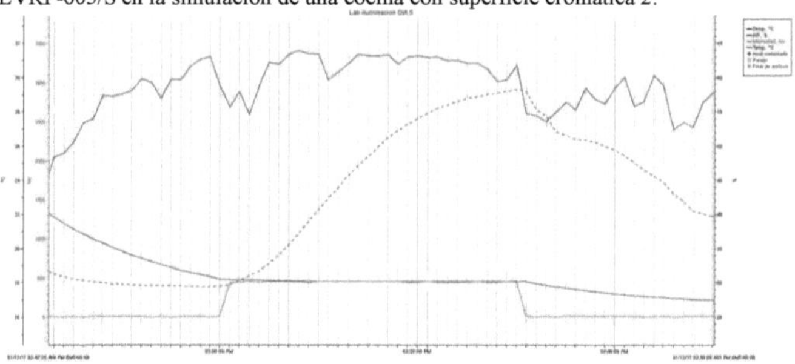

Gráfica 17. Gráfica proporcionada del programa HOBOware de resultados sobre medidas tomadas de las propiedades lumínicas de Lámpara halógena LVRF-603/S en la simulación de una cocina con superficie cromática 2.

TOMA C2.3: Preparación de alimentos acero 3

LA IMPORTANCIA DE LA ILUMINACIÓN ARTIFICIAL EN VIVIENDAS RESIDENCIALES

Tabla registro. Recopilado de medidas sobre propiedades lumínicas utilizado para realizar actividades cotidianas.

La presente tabla muestra el recopilado de información sobre temperatura (T1), humedad relativa (H.R.), e intensidad luminosa (I.L.) producidos por los luminarios especificados en el lugar del recinto donde se realiza la actividad evaluada, haciéndose una toma con un hobo a cada minuto en un lapso total de 70 mins. obteniendo 20 mins. previos al encendido, 30 mins. con el luminario encendido y 20 mins. posteriores al encendido. Se incorpora una segunda toma de temperatura (T2) generada por el mismo luminario.

Recinto evaluado:	Cocina	**U. de análisis:**	Laboratorio
Actividad evaluada:	Preparación de alimentos		
No. y tipo de luminario:	De techo (1)	**No. y tipo de foco:**	Halógeno (1)
Temperatura de color:	Cálida	**Filtro:**	Sin Filtro

Título de trazado: Prueba simulación cocina con superficie metal 3

Light O	No. (#)	Fecha, Hora. GMT-06:00	T. 1 (°C)	H.R. (%)	I.L. (lux)	T. 2 (°C)	Light O	No. (#)	Fecha, Hora. GMT-06:00	T. 1 (°C)	H.R. (%)	I.L. (lux)	T. 2 (°C)
OFF	1	01/12/2017 15:50	16.99	57.73	11.8	21.89	ON	36	01/12/2017 16:25	17.7	52.39	453.3	26.01
OFF	2	01/12/2017 15:51	16.96	58.27	3.9	21.82	ON	37	01/12/2017 16:26	17.75	52.36	445.4	26.55
OFF	3	01/12/2017 15:52	16.96	60.35	11.8	21.72	ON	38	01/12/2017 16:27	17.8	52.28	453.3	27.09
OFF	4	01/12/2017 15:53	16.94	61.93	3.9	21.6	ON	39	01/12/2017 16:28	17.84	50.17	445.4	27.7
OFF	5	01/12/2017 15:54	16.92	61.78	3.9	21.44	ON	40	01/12/2017 16:29	17.89	52.04	445.4	28.1
OFF	6	01/12/2017 15:55	16.89	61.54	3.9	21.29	ON	41	01/12/2017 16:30	17.94	51.68	461.2	28.52
OFF	7	01/12/2017 15:56	16.87	62.76	11.8	21.15	ON	42	01/12/2017 16:31	17.96	51.06	453.3	28.82
OFF	8	01/12/2017 15:57	16.87	63.14	11.8	21.01	ON	43	01/12/2017 16:32	18.03	51.13	453.3	29.12
OFF	9	01/12/2017 15:58	16.84	64.18	11.8	20.87	ON	44	01/12/2017 16:33	18.06	51.97	453.3	29.29
OFF	10	01/12/2017 15:59	16.82	62.81	11.8	20.75	ON	45	01/12/2017 16:34	18.11	51.33	453.3	29.44
OFF	11	01/12/2017 16:00	16.82	63.05	11.8	20.6	ON	46	01/12/2017 16:35	18.15	51.21	453.3	29.54
OFF	12	01/12/2017 16:01	16.82	62.54	3.9	20.51	ON	47	01/12/2017 16:36	18.18	51.21	453.3	29.54
OFF	13	01/12/2017 16:02	16.8	60.8	11.8	20.39	ON	48	01/12/2017 16:37	18.22	51.16	453.3	29.69
OFF	14	01/12/2017 16:03	16.8	62.39	11.8	20.29	ON	49	01/12/2017 16:38	18.27	51.29	461.2	29.79
OFF	15	01/12/2017 16:04	16.77	63.13	3.9	20.2	ON	50	01/12/2017 16:39	18.3	50.98	453.3	29.99
OFF	16	01/12/2017 16:05	16.77	61.7	3.9	20.1	OFF	51	01/12/2017 16:40	18.34	50.89	11.8	30.19
OFF	17	01/12/2017 16:06	16.77	62.15	11.8	20.03	OFF	52	01/12/2017 16:41	18.27	48.51	11.8	30.04
OFF	18	01/12/2017 16:07	16.77	63.01	11.8	19.96	OFF	53	01/12/2017 16:42	18.22	50.07	11.8	29.82
OFF	19	01/12/2017 16:08	16.75	61.51	3.9	19.89	OFF	54	01/12/2017 16:43	18.15	50.03	11.8	29.46
OFF	20	01/12/2017 16:09	16.75	60.74	11.8	19.84	OFF	55	01/12/2017 16:44	18.11	50.55	3.9	28.62
ON	21	01/12/2017 16:10	16.77	55.48	437.5	19.72	OFF	56	01/12/2017 16:45	18.03	50.76	11.8	28.17
ON	22	01/12/2017 16:11	16.87	52.64	437.5	19.79	OFF	57	01/12/2017 16:46	17.99	52.58	11.8	27.95
ON	23	01/12/2017 16:12	16.94	51.76	453.3	19.82	OFF	58	01/12/2017 16:47	17.94	51.99	11.8	27.58
ON	24	01/12/2017 16:13	17.03	54.72	445.4	20.03	OFF	59	01/12/2017 16:48	17.89	51.64	3.9	27.26
ON	25	01/12/2017 16:14	17.11	57.69	437.5	20.39	OFF	60	01/12/2017 16:49	17.84	52.5	11.8	26.87
ON	26	01/12/2017 16:15	17.18	57	437.5	20.79	OFF	61	01/12/2017 16:50	17.8	52.71	11.8	26.48
ON	27	01/12/2017 16:16	17.23	57.5	437.5	21.27	OFF	62	01/12/2017 16:51	17.77	56.12	3.9	26.04
ON	28	01/12/2017 16:17	17.3	59.53	445.4	21.84	OFF	63	01/12/2017 16:52	17.75	57.12	3.9	25.62
ON	29	01/12/2017 16:18	17.37	59.6	445.4	22.44	OFF	64	01/12/2017 16:53	17.7	57.05	11.8	25.21
ON	30	01/12/2017 16:19	17.42	59.85	445.4	23.09	OFF	65	01/12/2017 16:54	17.68	57.78	11.8	24.82
ON	31	01/12/2017 16:20	17.46	55.89	453.3	23.74	OFF	66	01/12/2017 16:55	17.63	52.81	11.8	24.41
ON	32	01/12/2017 16:21	17.51	55.65	453.3	24.39	OFF	67	01/12/2017 16:56	17.61	50.11	11.8	23.67
ON	33	01/12/2017 16:22	17.58	55.11	453.3	24.87	OFF	68	01/12/2017 16:57	17.58	50.1	11.8	23.04
ON	34	01/12/2017 16:23	17.61	50.7	445.4	24.92	OFF	69	01/12/2017 16:58	17.56	51.19	11.8	22.75
ON	35	01/12/2017 16:24	17.65	52.44	453.3	25.45	OFF	70	01/12/2017 16:59	17.56	51.56	11.8	22.56

Tabla 47. Recopilado de resultados sobre medidas tomadas de las propiedades lumínicas de Lámpara halógena LVRF-603/S en la simulación de una cocina con superficie cromática 3.

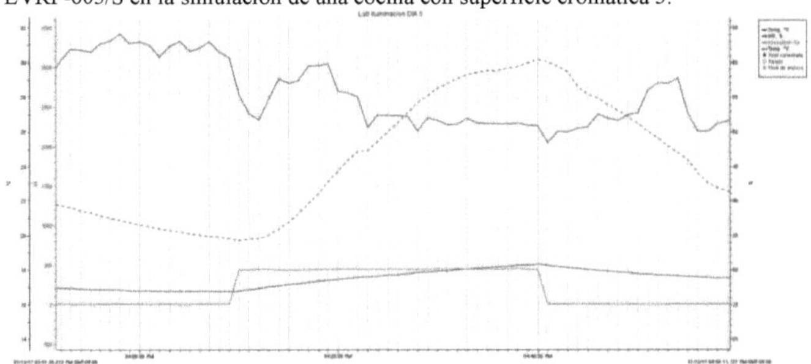

Gráfica 18. Gráfica proporcionada del programa HOBOware de resultados sobre medidas tomadas de las propiedades lumínicas de Lámpara halógena LVRF-603/S en la simulación de una cocina con superficie cromática 3.

TOMA C3.1: Preparación de alimentos muro rosa 1

LA IMPORTANCIA DE LA ILUMINACIÓN ARTIFICIAL EN VIVIENDAS RESIDENCIALES

Tabla registro. Recopilado de medidas sobre propiedades lumínicas utilizado para realizar actividades cotidianas.

La presente tabla muestra el recopilado de información sobre temperatura (T1), humedad relativa (H.R.), e intensidad luminosa (I.L.) producidos por los luminarios especificados en el lugar del recinto donde se realiza la actividad evaluada, haciéndose una toma con un hobo a cada minuto en un lapso total de 70 mins. obteniendo 20 mins. previos al encendido, 30 mins. con el luminario encendido y 20 mins. posteriores al encendido. Se incorpora una segunda toma de temperatura (T2) generada por el mismo luminario.

Recinto evaluado:	Cocina	**U. de análisis:**	Laboratorio
Actividad evaluada:	Preparación de alimentos		
No. y tipo de luminario:	De techo (1)	**No. y tipo de foco:**	Halógeno (1)
Temperatura de color:	Cálida	**Filtro:**	Sin Filtro

Título de trazado: Prueba simulación cocina con muro rosa 1													
Light O	**No. (#)**	**Fecha, Hora. GMT-06:00**	**T. 1 (°C)**	**H.R. (%)**	**I.L. (lux)**	**T. 2 (°C)**	**Light O**	**No. (#)**	**Fecha, Hora. GMT-06:00**	**T. 1 (°C)**	**H.R. (%)**	**I.L. (lux)**	**T. 2 (°C)**
OFF	1	01/16/17 04:40:00 PM	20.72	82.02	11.8	21.8	ON	36	01/16/17 05:15:00 PM	19.96	65.64	445.4	30.8
OFF	2	01/16/17 04:41:00 PM	20.56	82.15	11.8	21.6	ON	37	01/16/17 05:16:00 PM	19.98	64.9	437.5	31.43
OFF	3	01/16/17 04:42:00 PM	20.34	74.44	11.8	21.41	ON	38	01/16/17 05:17:00 PM	20.01	63.85	445.4	32.1
OFF	4	01/16/17 04:43:00 PM	20.15	70.01	11.8	22.32	ON	39	01/16/17 05:18:00 PM	20.03	63.29	445.4	32.85
OFF	5	01/16/17 04:44:00 PM	20.1	70.12	3.9	21.77	ON	40	01/16/17 05:19:00 PM	20.06	63.29	445.4	33.63
OFF	6	01/16/17 04:45:00 PM	20.03	71.04	11.8	21.06	ON	41	01/16/17 05:20:00 PM	20.08	62.45	453.3	34.26
OFF	7	01/16/17 04:46:00 PM	19.98	69.72	11.8	20.6	ON	42	01/16/17 05:21:00 PM	20.1	61.4	437.5	35.16
OFF	8	01/16/17 04:47:00 PM	19.94	70.67	11.8	20.25	ON	43	01/16/17 05:22:00 PM	20.13	60.86	437.5	36.88
OFF	9	01/16/17 04:48:00 PM	19.89	72.67	3.9	19.98	ON	44	01/16/17 05:23:00 PM	20.15	59.32	429.7	40.89
OFF	10	01/16/17 04:49:00 PM	19.82	73.38	3.9	19.77	ON	45	01/16/17 05:24:00 PM	20.17	58.16	469.1	49.48
OFF	11	01/16/17 04:50:00 PM	19.75	73.05	11.8	19.6	ON	46	01/16/17 05:25:00 PM	20.17	57.73	469.1	50.96
OFF	12	01/16/17 04:51:00 PM	19.7	73.04	11.8	19.48	ON	47	01/16/17 05:26:00 PM	20.2	57.46	469.1	54.75
OFF	13	01/16/17 04:52:00 PM	19.63	72.56	11.8	19.39	ON	48	01/16/17 05:27:00 PM	20.22	56.76	469.1	56.74
OFF	14	01/16/17 04:53:00 PM	19.56	71.1	11.8	19.29	ON	49	01/16/17 05:28:00 PM	20.27	55.81	477	58.28
OFF	15	01/16/17 04:54:00 PM	19.48	70.59	3.9	19.27	ON	50	01/16/17 05:29:00 PM	20.29	55.08	477	59.2
OFF	16	01/16/17 04:55:00 PM	19.44	69.41	11.8	19.25	OFF	51	01/16/17 05:30:00 PM	20.32	54.43	11.8	60.18
OFF	17	01/16/17 04:56:00 PM	19.39	71.15	11.8	19.22	OFF	52	01/16/17 05:31:00 PM	20.32	52.32	11.8	61.01
OFF	18	01/16/17 04:57:00 PM	19.37	70.59	11.8	19.22	OFF	53	01/16/17 05:32:00 PM	20.22	51.84	11.8	57.54
OFF	19	01/16/17 04:58:00 PM	19.29	70.84	11.8	19.22	OFF	54	01/16/17 05:33:00 PM	20.15	51.26	3.9	58.57
OFF	20	01/16/17 04:59:00 PM	19.25	70.83	11.8	19.22	OFF	55	01/16/17 05:34:00 PM	20.08	50.85	3.9	57.7
ON	21	01/16/17 05:00:00 PM	19.22	70.54	413.9	19.22	OFF	56	01/16/17 05:35:00 PM	20.01	50.37	11.8	55.75
ON	22	01/16/17 05:01:00 PM	19.22	69.84	421.8	19.25	OFF	57	01/16/17 05:36:00 PM	19.96	49.92	11.8	53.48
ON	23	01/16/17 05:02:00 PM	19.27	68.7	421.8	19.44	OFF	58	01/16/17 05:37:00 PM	19.89	49.5	11.8	51.07
ON	24	01/16/17 05:03:00 PM	19.32	69.62	445.4	20.01	OFF	59	01/16/17 05:38:00 PM	19.84	49.12	11.8	48.5
ON	25	01/16/17 05:04:00 PM	19.37	69.31	445.4	20.72	OFF	60	01/16/17 05:39:00 PM	19.79	48.86	3.9	46.13
ON	26	01/16/17 05:05:00 PM	19.41	68.88	445.4	21.51	OFF	61	01/16/17 05:40:00 PM	19.75	48.54	11.8	43.89
ON	27	01/16/17 05:06:00 PM	19.46	66.97	445.4	22.27	OFF	62	01/16/17 05:41:00 PM	19.7	48.35	11.8	41.91
ON	28	01/16/17 05:07:00 PM	19.51	68.95	445.4	23.28	OFF	63	01/16/17 05:42:00 PM	19.65	48.15	3.9	39.97
ON	29	01/16/17 05:08:00 PM	19.6	67.82	437.5	24.36	OFF	64	01/16/17 05:43:00 PM	19.6	48.08	11.8	38.25
ON	30	01/16/17 05:09:00 PM	19.67	67.93	437.5	25.43	OFF	65	01/16/17 05:44:00 PM	19.56	48.14	11.8	36.72
ON	31	01/16/17 05:10:00 PM	19.75	67.58	437.5	26.45	OFF	66	01/16/17 05:45:00 PM	19.51	48.01	3.9	35.34
ON	32	01/16/17 05:11:00 PM	19.79	67.56	445.4	27.53	OFF	67	01/16/17 05:46:00 PM	19.48	48	11.8	34.1
ON	33	01/16/17 05:12:00 PM	19.84	66.83	445.4	28.39	OFF	68	01/16/17 05:47:00 PM	19.44	47.81	11.8	33.03
ON	34	01/16/17 05:13:00 PM	19.89	66.31	445.4	29.29	OFF	69	01/16/17 05:48:00 PM	19.41	47.99	11.8	31.94
ON	35	01/16/17 05:14:00 PM	19.91	65.96	445.4	30.09	OFF	70	01/16/17 05:49:00 PM	19.39	47.87	3.9	30.98

Tabla 48. Recopilado de resultados sobre medidas tomadas de las propiedades lumínicas de Lámpara halógena LVRF-603/S en la simulación de una cocina con muro rosa 1.

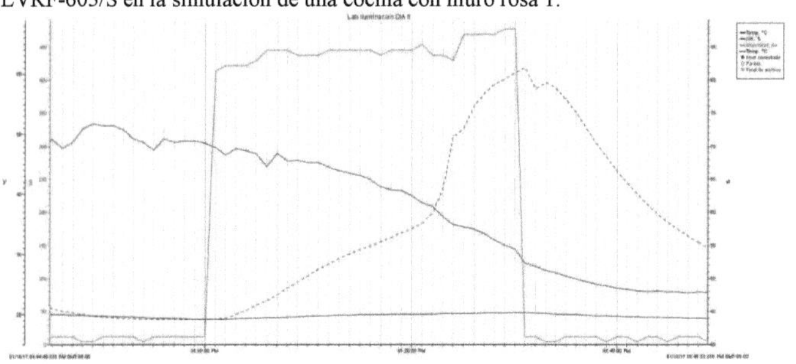

Gráfica 19. Gráfica proporcionada del programa HOBOware de resultados sobre medidas tomadas de las propiedades lumínicas de Lámpara halógena LVRF-603/S en la simulación de una cocina con muro rosa 1.

TOMA C3.2: Preparación de alimentos muro rosa 2

LA IMPORTANCIA DE LA ILUMINACIÓN ARTIFICIAL EN VIVIENDAS RESIDENCIALES

Tabla registro. Recopilado de medidas sobre propiedades lumínicas utilizado para realizar actividades cotidianas.

La presente tabla muestra el recopilado de información sobre temperatura (T1), humedad relativa (H.R.), e intensidad luminosa (I.L.) producidos por los luminarios especificados en el lugar del recinto donde se realiza la actividad evaluada, haciéndose una toma con un hobo a cada minuto en un lapso total de 70 mins. obteniendo 20 mins. previos al encendido, 30 mins. con el luminario encendido y 20 mins. posteriores al encendido. Se incorpora una segunda toma de temperatura (T2) generada por el mismo luminario.

Recinto evaluado:	Cocina	**U. de análisis:**	Laboratorio
Actividad evaluada:	Preparación de alimentos		
No. y tipo de luminario:	De techo (1)	**No. y tipo de foco:**	Halógeno (1)
Temperatura de color:	Cálida	**Filtro:**	Sin Filtro

Título de trazado: Prueba simulación cocina con muro rosa 2													
Light O	**No. (#)**	**Fecha, Hora. GMT-06:00**	**T. 1 (°C)**	**H.R. (%)**	**I.L. (lux)**	**T. 2 (°C)**	**Light O**	**No. (#)**	**Fecha, Hora. GMT-06:00**	**T. 1 (°C)**	**H.R. (%)**	**I.L. (lux)**	**T. 2 (°C)**
OFF	1	01/16/17 05:50:00 PM	19.37	47.8	11.8	30.12	ON	36	01/16/17 06:25:00 PM	19.98	42.91	461.2	53.85
OFF	2	01/16/17 05:51:00 PM	19.34	47.83	3.9	29.37	ON	37	01/16/17 06:26:00 PM	20.03	42.88	461.2	54.87
OFF	3	01/16/17 05:52:00 PM	19.29	47.82	3.9	28.62	ON	38	01/16/17 06:27:00 PM	20.08	42.6	461.2	55.91
OFF	4	01/16/17 05:53:00 PM	19.27	47.72	3.9	27.95	ON	39	01/16/17 06:28:00 PM	20.1	42.47	461.2	56.54
OFF	5	01/16/17 05:54:00 PM	19.25	47.63	11.8	27.36	ON	40	01/16/17 06:29:00 PM	20.15	42.51	469.1	57.06
OFF	6	01/16/17 05:55:00 PM	19.25	47.59	3.9	26.79	ON	41	01/16/17 06:30:00 PM	20.2	42.36	461.2	57.66
OFF	7	01/16/17 05:56:00 PM	19.22	47.53	3.9	26.28	ON	42	01/16/17 06:31:00 PM	20.22	42.23	469.1	58.07
OFF	8	01/16/17 05:57:00 PM	19.2	47.46	11.8	25.82	ON	43	01/16/17 06:32:00 PM	20.25	42.07	461.2	58.65
OFF	9	01/16/17 05:58:00 PM	19.18	47.17	11.8	25.4	ON	44	01/16/17 06:33:00 PM	20.29	41.85	461.2	58.9
OFF	10	01/16/17 05:59:00 PM	19.18	46.42	11.8	24.99	ON	45	01/16/17 06:34:00 PM	20.32	41.79	461.2	59.24
OFF	11	01/16/17 06:00:00 PM	19.18	46.1	3.9	24.63	ON	46	01/16/17 06:35:00 PM	20.34	41.34	461.2	60.01
OFF	12	01/16/17 06:01:00 PM	19.15	45.94	11.8	24.29	ON	47	01/16/17 06:36:00 PM	20.32	41.01	461.2	59.88
OFF	13	01/16/17 06:02:00 PM	19.15	45.87	11.8	23.98	ON	48	01/16/17 06:37:00 PM	20.34	41.28	461.2	61.63
OFF	14	01/16/17 06:03:00 PM	19.13	45.81	3.9	23.71	ON	49	01/16/17 06:38:00 PM	20.37	41.12	461.2	61.23
OFF	15	01/16/17 06:04:00 PM	19.13	45.71	11.8	23.45	ON	50	01/16/17 06:39:00 PM	20.39	40.86	461.2	60.57
OFF	16	01/16/17 06:05:00 PM	19.1	45.65	11.8	23.21	OFF	51	01/16/17 06:40:00 PM	20.39	40.21	11.8	59.45
OFF	17	01/16/17 06:06:00 PM	19.1	45.55	3.9	22.97	OFF	52	01/16/17 06:41:00 PM	20.34	40.76	3.9	60.22
OFF	18	01/16/17 06:07:00 PM	19.08	45.48	11.8	22.75	OFF	53	01/16/17 06:42:00 PM	20.27	41.17	11.8	60.13
OFF	19	01/16/17 06:08:00 PM	19.08	45.45	3.9	22.54	OFF	54	01/16/17 06:43:00 PM	20.2	41.61	11.8	58.24
OFF	20	01/16/17 06:09:00 PM	19.06	45.45	11.8	22.35	OFF	55	01/16/17 06:44:00 PM	20.15	41.77	11.8	55.68
ON	21	01/16/17 06:10:00 PM	19.06	45.07	445.4	22.13	OFF	56	01/16/17 06:45:00 PM	20.1	41.8	11.8	52.96
ON	22	01/16/17 06:11:00 PM	19.15	44.7	445.4	22.2	OFF	57	01/16/17 06:46:00 PM	20.03	42.11	11.8	50.2
ON	23	01/16/17 06:12:00 PM	19.22	44.74	453.3	23.26	OFF	58	01/16/17 06:47:00 PM	19.98	42.07	11.8	47.58
ON	24	01/16/17 06:13:00 PM	19.29	44.71	445.4	26.06	OFF	59	01/16/17 06:48:00 PM	19.94	42.13	11.8	45.06
ON	25	01/16/17 06:14:00 PM	19.37	44.82	445.4	28.99	OFF	60	01/16/17 06:49:00 PM	19.91	42.32	11.8	42.77
ON	26	01/16/17 06:15:00 PM	19.44	44.99	453.3	32.07	OFF	61	01/16/17 06:50:00 PM	19.84	42.06	11.8	40.72
ON	27	01/16/17 06:16:00 PM	19.51	44.55	461.2	35.16	OFF	62	01/16/17 06:51:00 PM	19.82	42.05	11.8	38.92
ON	28	01/16/17 06:17:00 PM	19.56	43.76	461.2	38.2	OFF	63	01/16/17 06:52:00 PM	19.77	42.08	11.8	37.23
ON	29	01/16/17 06:18:00 PM	19.63	43.77	461.2	40.95	OFF	64	01/16/17 06:53:00 PM	19.72	42.01	3.9	35.72
ON	30	01/16/17 06:19:00 PM	19.67	43.58	461.2	43.53	OFF	65	01/16/17 06:54:00 PM	19.67	42.3	3.9	34.39
ON	31	01/16/17 06:20:00 PM	19.75	43.46	461.2	45.91	OFF	66	01/16/17 06:55:00 PM	19.65	41.97	3.9	33.29
ON	32	01/16/17 06:21:00 PM	19.79	43.46	469.1	47.84	OFF	67	01/16/17 06:56:00 PM	19.6	42.03	11.8	32.1
ON	33	01/16/17 06:22:00 PM	19.84	43.21	469.1	49.68	OFF	68	01/16/17 06:57:00 PM	19.58	42.03	3.9	31.1
ON	34	01/16/17 06:23:00 PM	19.91	42.97	469.1	51.31	OFF	69	01/16/17 06:58:00 PM	19.56	41.96	11.8	30.22
ON	35	01/16/17 06:24:00 PM	19.94	42.84	469.1	52.71	OFF	70	01/16/17 06:59:00 PM	19.51	41.89	11.8	29.34

Tabla 49. Recopilado de resultados sobre medidas tomadas de las propiedades lumínicas de Lámpara halógena LVRF-603/S en la simulación de una cocina con muro rosa 2.

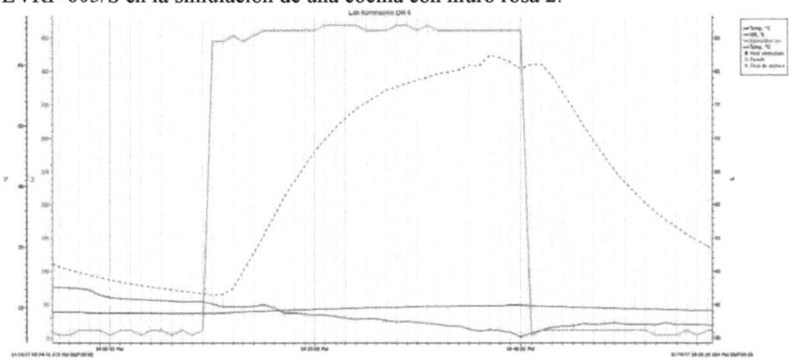

Gráfica 20. Gráfica proporcionada del programa HOBOware de resultados sobre medidas tomadas de las propiedades lumínicas de Lámpara halógena LVRF-603/S en la simulación de una cocina con muro rosa 2.

TOMA C3.3: Preparación de alimentos muro rosa 3

LA IMPORTANCIA DE LA ILUMINACIÓN ARTIFICIAL EN VIVIENDAS RESIDENCIALES

Tabla registro. Recopilado de medidas sobre propiedades lumínicas utilizado para realizar actividades cotidianas.

La presente tabla muestra el recopilado de información sobre temperatura (T1), humedad relativa (H.R.), e intensidad luminosa (I.L.) producidos por los luminarios especificados en el lugar del recinto donde se realiza la actividad evaluada, haciéndose una toma con un hobo a cada minuto en un lapso total de 70 mins. obteniendo 20 mins. previos al encendido, 30 mins. con el luminario encendido y 20 mins. posteriores al encendido. Se incorpora una segunda toma de temperatura (T2) generada por el mismo luminario.

Recinto evaluado:	Cocina	**U. de análisis:**	Laboratorio
Actividad evaluada:	Preparación de alimentos		
No. y tipo de luminario:	De techo (1)	**No. y tipo de foco:**	Halógeno (1)
Temperatura de color:	Cálida	**Filtro:**	Sin Filtro

Título de trazado: Prueba simulación cocina con muro rosa 3													
Light O	**No. (#)**	**Fecha, Hora. GMT-06:00**	**T. 1 (°C)**	**H.R. (%)**	**I.L. (lux)**	**T. 2 (°C)**	**Light O**	**No. (#)**	**Fecha, Hora. GMT-06:00**	**T. 1 (°C)**	**H.R. (%)**	**I.L. (lux)**	**T. 2 (°C)**
OFF	1	01/16/17 07:00:00 PM	19.48	42.02	3.9	28.59	ON	36	01/16/17 07:35:00 PM	20.06	41.41	461.2	60.31
OFF	2	01/16/17 07:01:00 PM	19.46	42.01	11.8	27.92	ON	37	01/16/17 07:36:00 PM	20.08	41.34	461.2	61.58
OFF	3	01/16/17 07:02:00 PM	19.44	41.98	3.9	27.36	ON	38	01/16/17 07:37:00 PM	20.13	41.45	461.2	62.67
OFF	4	01/16/17 07:03:00 PM	19.41	41.98	3.9	26.82	ON	39	01/16/17 07:38:00 PM	20.17	41.35	461.2	63.41
OFF	5	01/16/17 07:04:00 PM	19.39	41.97	3.9	26.26	ON	40	01/16/17 07:39:00 PM	20.2	41.42	461.2	64.45
OFF	6	01/16/17 07:05:00 PM	19.37	42	3.9	25.72	ON	41	01/16/17 07:40:00 PM	20.25	41.2	453.3	65.62
OFF	7	01/16/17 07:06:00 PM	19.34	41.94	11.8	25.28	ON	42	01/16/17 07:41:00 PM	20.27	41.33	461.2	65.87
OFF	8	01/16/17 07:07:00 PM	19.32	42.06	11.8	24.87	ON	43	01/16/17 07:42:00 PM	20.32	41.21	461.2	65.87
OFF	9	01/16/17 07:08:00 PM	19.29	42.03	11.8	24.53	ON	44	01/16/17 07:43:00 PM	20.34	40.92	461.2	65.23
OFF	10	01/16/17 07:09:00 PM	19.27	41.93	3.9	24.24	ON	45	01/16/17 07:44:00 PM	20.37	41.02	461.2	64.69
OFF	11	01/16/17 07:10:00 PM	19.25	41.99	11.8	23.93	ON	46	01/16/17 07:45:00 PM	20.39	41.09	461.2	64.12
OFF	12	01/16/17 07:11:00 PM	19.22	42.12	11.8	23.62	ON	47	01/16/17 07:46:00 PM	20.44	41.12	461.2	63.83
OFF	13	01/16/17 07:12:00 PM	19.22	42.08	11.8	23.35	ON	48	01/16/17 07:47:00 PM	20.44	41.03	461.2	63.5
OFF	14	01/16/17 07:13:00 PM	19.2	42.11	11.8	23.11	ON	49	01/16/17 07:48:00 PM	20.46	41	453.3	63.22
OFF	15	01/16/17 07:14:00 PM	19.18	42.11	11.8	22.92	ON	50	01/16/17 07:49:00 PM	20.48	41	461.2	63.32
OFF	16	01/16/17 07:15:00 PM	19.18	42.17	3.9	22.71	OFF	51	01/16/17 07:50:00 PM	20.51	41.1	11.8	63.13
OFF	17	01/16/17 07:16:00 PM	19.15	42.11	11.8	22.54	OFF	52	01/16/17 07:51:00 PM	20.39	40.89	11.8	60.57
OFF	18	01/16/17 07:17:00 PM	19.13	42.11	3.9	22.37	OFF	53	01/16/17 07:52:00 PM	20.32	40.89	11.8	59.24
OFF	19	01/16/17 07:18:00 PM	19.13	42.11	11.8	22.2	OFF	54	01/16/17 07:53:00 PM	20.22	40.94	3.9	57.02
OFF	20	01/16/17 07:19:00 PM	19.1	42.17	11.8	22.03	OFF	55	01/16/17 07:54:00 PM	20.17	41.13	11.8	53.85
ON	21	01/16/17 07:20:00 PM	19.08	42.2	453.3	21.84	OFF	56	01/16/17 07:55:00 PM	20.1	41.12	11.8	50.82
ON	22	01/16/17 07:21:00 PM	19.18	42.14	445.4	22.03	OFF	57	01/16/17 07:56:00 PM	20.06	41.24	3.9	47.88
ON	23	01/16/17 07:22:00 PM	19.25	42.18	461.2	23.57	OFF	58	01/16/17 07:57:00 PM	20.01	41.14	11.8	45.09
ON	24	01/16/17 07:23:00 PM	19.32	42.77	445.4	26.33	OFF	59	01/16/17 07:58:00 PM	19.94	41.3	11.8	42.68
ON	25	01/16/17 07:24:00 PM	19.41	42.52	437.5	28.05	OFF	60	01/16/17 07:59:00 PM	19.89	41.35	11.8	40.52
ON	26	01/16/17 07:25:00 PM	19.48	42.24	453.3	32.18	OFF	61	01/16/17 08:00:00 PM	19.84	41.28	11.8	38.56
ON	27	01/16/17 07:26:00 PM	19.56	42.06	453.3	36.15	OFF	62	01/16/17 08:01:00 PM	19.82	41.48	3.9	36.93
ON	28	01/16/17 07:27:00 PM	19.63	42.13	453.3	40.14	OFF	63	01/16/17 08:02:00 PM	19.77	41.66	11.8	35.45
ON	29	01/16/17 07:28:00 PM	19.7	42.01	453.3	43.8	OFF	64	01/16/17 08:03:00 PM	19.72	41.66	11.8	34.1
ON	30	01/16/17 07:29:00 PM	19.75	42.11	453.3	47.22	OFF	65	01/16/17 08:04:00 PM	19.7	41.78	3.9	32.79
ON	31	01/16/17 07:30:00 PM	19.82	41.96	453.3	50.13	OFF	66	01/16/17 08:05:00 PM	19.65	41.84	3.9	31.61
ON	32	01/16/17 07:31:00 PM	19.87	41.8	453.3	52.86	OFF	67	01/16/17 08:06:00 PM	19.63	41.9	3.9	30.62
ON	33	01/16/17 07:32:00 PM	19.91	41.74	453.3	55.14	OFF	68	01/16/17 08:07:00 PM	19.6	41.9	11.8	29.74
ON	34	01/16/17 07:33:00 PM	19.96	41.62	453.3	57.1	OFF	69	01/16/17 08:08:00 PM	19.56	41.96	11.8	28.94
ON	35	01/16/17 07:34:00 PM	20.01	41.5	453.3	58.86	OFF	70	01/16/17 08:09:00 PM	19.53	42.18	11.8	28.25

Tabla 50. Recopilado de resultados sobre medidas tomadas de las propiedades lumínicas de Lámpara halógena LVRF-603/S en la simulación de una cocina con muro rosa 3.

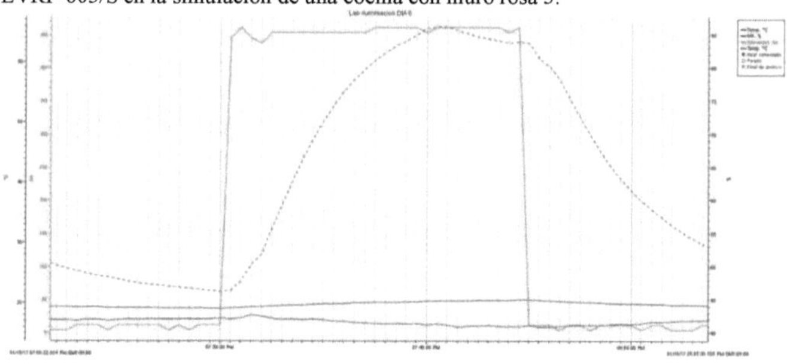

Gráfica 21. Gráfica proporcionada del programa HOBOware de resultados sobre medidas tomadas de las propiedades lumínicas de Lámpara halógena LVRF-603/S en la simulación de una cocina con muro rosa 3.

TOMA C4.1: Preparación de alimentos muro beige 1

LA IMPORTANCIA DE LA ILUMINACIÓN ARTIFICIAL EN VIVIENDAS RESIDENCIALES

Tabla registro. Recopilado de medidas sobre propiedades lumínicas utilizado para realizar actividades cotidianas.

La presente tabla muestra el recopilado de información sobre temperatura (T1), humedad relativa (H.R.), e intensidad luminosa (I.L.) producidos por los luminarios especificados en el lugar del recinto donde se realiza la actividad evaluada, haciéndose una toma con un hobo a cada minuto en un lapso total de 70 mins. obteniendo 20 mins. previos al encendido, 30 mins. con el luminario encendido y 20 mins. posteriores al encendido. Se incorpora una segunda toma de temperatura (T2) generada por el mismo luminario.

Recinto evaluado:	Cocina	**U. de análisis:**	Laboratorio
Actividad evaluada:	Preparación de alimentos		
No. y tipo de luminario:	De techo (1)	**No. y tipo de foco:**	Halógeno (1)
Temperatura de color:	Cálida	**Filtro:**	Sin Filtro

Título de trazado: Prueba simulación cocina con muro beige 1

Light O	No. (#)	Fecha, Hora. GMT-06:00	T. 1 (°C)	H.R. (%)	I.L. (lux)	T. 2 (°C)	Light O	No. (#)	Fecha, Hora. GMT-06:00	T. 1 (°C)	H.R. (%)	I.L. (lux)	T. 2 (°C)
OFF	1	01/16/17 08:10:00 PM	19.51	42.02	11.8	27.48	ON	36	01/16/17 08:45:00 PM	20.17	43.51	469.1	21.94
OFF	2	01/16/17 08:11:00 PM	19.48	42.34	11.8	26.48	ON	37	01/16/17 08:46:00 PM	20.2	43.64	469.1	22.03
OFF	3	01/16/17 08:12:00 PM	19.44	42.14	11.8	26.26	ON	38	01/16/17 08:47:00 PM	20.25	43.45	469.1	22.08
OFF	4	01/16/17 08:13:00 PM	19.46	42.75	11.8	25.77	ON	39	01/16/17 08:48:00 PM	20.29	43.23	453.3	22.11
OFF	5	01/16/17 08:14:00 PM	19.46	42.69	11.8	25.5	ON	40	01/16/17 08:49:00 PM	20.34	43.24	453.3	22.13
OFF	6	01/16/17 08:15:00 PM	19.46	42.3	11.8	25.48	ON	41	01/16/17 08:50:00 PM	20.37	42.86	461.2	22.18
OFF	7	01/16/17 08:16:00 PM	19.46	43.39	11.8	25.31	ON	42	01/16/17 08:51:00 PM	20.41	42.61	453.3	22.25
OFF	8	01/16/17 08:17:00 PM	19.44	43.2	3.9	24.75	ON	43	01/16/17 08:52:00 PM	20.44	42.83	461.2	22.3
OFF	9	01/16/17 08:18:00 PM	19.41	43.39	11.8	24.48	ON	44	01/16/17 08:53:00 PM	20.46	42.67	453.3	22.13
OFF	10	01/16/17 08:19:00 PM	19.41	43.68	11.8	23.91	ON	45	01/16/17 08:54:00 PM	20.48	42.58	453.3	21.94
OFF	11	01/16/17 08:20:00 PM	19.39	44.12	11.8	23.28	ON	46	01/16/17 08:55:00 PM	20.48	42.71	453.3	21.92
OFF	12	01/16/17 08:21:00 PM	19.37	44.25	11.8	22.97	ON	47	01/16/17 08:56:00 PM	20.53	42.65	453.3	21.92
OFF	13	01/16/17 08:22:00 PM	19.37	44.18	11.8	22.73	ON	48	01/16/17 08:57:00 PM	20.56	42.72	453.3	21.84
OFF	14	01/16/17 08:23:00 PM	19.34	44.27	3.9	22.49	ON	49	01/16/17 08:58:00 PM	20.58	42.08	453.3	21.8
OFF	15	01/16/17 08:24:00 PM	19.34	44.34	11.8	22.3	ON	50	01/16/17 08:59:00 PM	20.58	42.37	453.3	21.82
OFF	16	01/16/17 08:25:00 PM	19.32	44.43	11.8	22.08	OFF	51	01/16/17 09:00:00 PM	20.58	41.88	3.9	21.82
OFF	17	01/16/17 08:26:00 PM	19.29	44.49	11.8	21.87	OFF	52	01/16/17 09:01:00 PM	20.48	42.19	11.8	21.7
OFF	18	01/16/17 08:27:00 PM	19.27	44.52	11.8	21.68	OFF	53	01/16/17 09:02:00 PM	20.41	42.15	11.8	21.65
OFF	19	01/16/17 08:28:00 PM	19.27	44.55	11.8	21.46	OFF	54	01/16/17 09:03:00 PM	20.34	42.44	3.9	21.58
OFF	20	01/16/17 08:29:00 PM	19.25	44.55	3.9	21.27	OFF	55	01/16/17 09:04:00 PM	20.29	42.56	11.8	21.46
ON	21	01/16/17 08:30:00 PM	19.25	44.55	453.3	21.1	OFF	56	01/16/17 09:05:00 PM	20.22	42.36	11.8	21.34
ON	22	01/16/17 08:31:00 PM	19.27	44.04	453.3	21.01	OFF	57	01/16/17 09:06:00 PM	20.17	42.61	11.8	21.22
ON	23	01/16/17 08:32:00 PM	19.37	43.86	453.3	21.58	OFF	58	01/16/17 09:07:00 PM	20.1	42.73	11.8	21.1
ON	24	01/16/17 08:33:00 PM	19.44	44.06	461.2	22.2	OFF	59	01/16/17 09:08:00 PM	20.06	42.76	11.8	20.98
ON	25	01/16/17 08:34:00 PM	19.51	44.01	461.2	23.67	OFF	60	01/16/17 09:09:00 PM	20.03	42.88	11.8	20.87
ON	26	01/16/17 08:35:00 PM	19.58	44.02	461.2	23.86	OFF	61	01/16/17 09:10:00 PM	19.98	42.94	11.8	20.75
ON	27	01/16/17 08:36:00 PM	19.65	43.58	461.2	24.27	OFF	62	01/16/17 09:11:00 PM	19.94	42.97	11.8	20.6
ON	28	01/16/17 08:37:00 PM	19.72	43.71	461.2	24.12	OFF	63	01/16/17 09:12:00 PM	19.89	42.9	11.8	20.48
ON	29	01/16/17 08:38:00 PM	19.79	43.59	461.2	23.21	OFF	64	01/16/17 09:13:00 PM	19.84	43.18	11.8	20.39
ON	30	01/16/17 08:39:00 PM	19.84	43.98	461.2	22.61	OFF	65	01/16/17 09:14:00 PM	19.82	42.83	11.8	20.29
ON	31	01/16/17 08:40:00 PM	19.91	43.93	469.1	22.27	OFF	66	01/16/17 09:15:00 PM	19.77	42.6	11.8	20.94
ON	32	01/16/17 08:41:00 PM	19.96	43.23	461.2	22.11	OFF	67	01/16/17 09:16:00 PM	19.75	42.27	3.9	22.01
ON	33	01/16/17 08:42:00 PM	20.03	43.81	469.1	22.01	OFF	68	01/16/17 09:17:00 PM	19.72	42.11	3.9	21.56
ON	34	01/16/17 08:43:00 PM	20.08	43.91	461.2	21.99	OFF	69	01/16/17 09:18:00 PM	19.72	43.3	3.9	21.1
ON	35	01/16/17 08:44:00 PM	20.13	43.89	469.1	21.94	OFF	70	01/16/17 09:19:00 PM	19.72	43.01	3.9	20.89

Tabla 51. Recopilado de resultados sobre medidas tomadas de las propiedades lumínicas de Lámpara halógena LVRF-603/S en la simulación de una cocina con muro beige 1.

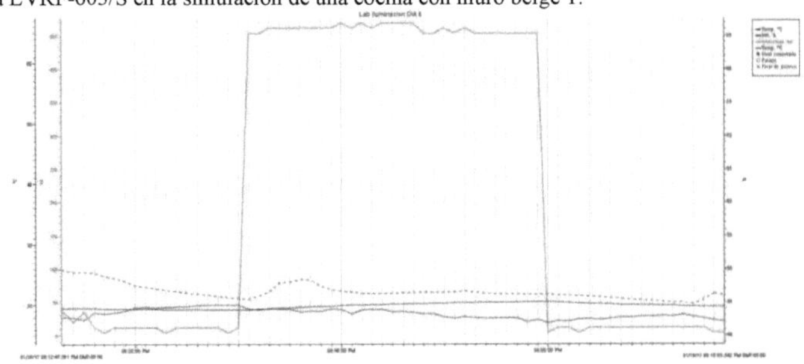

Gráfica 22. Gráfica proporcionada del programa HOBOware de resultados sobre medidas tomadas de las propiedades lumínicas de Lámpara halógena LVRF-603/S en la simulación de una cocina con muro beige 1.

TOMA C4.2: Preparación de alimentos muro beige 2

LA IMPORTANCIA DE LA ILUMINACIÓN ARTIFICIAL EN VIVIENDAS RESIDENCIALES

Tabla registro. Recopilado de medidas sobre propiedades lumínicas utilizado para realizar actividades cotidianas.

La presente tabla muestra el recopilado de información sobre temperatura (T1), humedad relativa (H.R.), e intensidad luminosa (I.L.) producidos por los luminarios especificados en el lugar del recinto donde se realiza la actividad evaluada, haciéndose una toma con un hobo a cada minuto en un lapso total de 70 mins. obteniendo 20 mins. previos al encendido, 30 mins. con el luminario encendido y 20 mins. posteriores al encendido. Se incorpora una segunda toma de temperatura (T2) generada por el mismo luminario.

Recinto evaluado:	Cocina	**U. de análisis:**	Laboratorio
Actividad evaluada:	Preparación de alimentos		
No. y tipo de luminario:	De techo (1)	**No. y tipo de foco:**	Halógeno (1)
Temperatura de color:	Cálida	**Filtro:**	Sin Filtro

Título de trazado: Prueba simulación cocina con muro beige 2

Light O	No. (#)	Fecha, Hora. GMT-06:00	T. 1 (°C)	H.R. (%)	I.L. (lux)	T. 2 (°C)	Light O	No. (#)	Fecha, Hora. GMT-06:00	T. 1 (°C)	H.R. (%)	I.L. (lux)	T. 2 (°C)
OFF	1	01/19/17 04:45:00 PM	24.1	36.01	3.9	23.47	ON	36	01/19/17 05:20:00 PM	21.65	38.13	406	35.45
OFF	2	01/19/17 04:46:00 PM	24.05	35.37	11.8	537.3	ON	37	01/19/17 05:21:00 PM	21.68	38.07	406	36.25
OFF	3	01/19/17 04:47:00 PM	23.95	35.63	11.8	26.79	ON	38	01/19/17 05:22:00 PM	21.68	38.1	406	36.88
OFF	4	01/19/17 04:48:00 PM	23.76	35.31	3.9	27.48	ON	39	01/19/17 05:23:00 PM	21.68	37.91	406	37.45
OFF	5	01/19/17 04:49:00 PM	23.57	35.66	11.8	28.72	ON	40	01/19/17 05:24:00 PM	21.68	37.71	406	38.06
OFF	6	01/19/17 04:50:00 PM	23.4	36.9	11.8	29.99	ON	41	01/19/17 05:25:00 PM	21.68	37.71	406	38.5
OFF	7	01/19/17 04:51:00 PM	23.26	37.54	11.8	30.82	ON	42	01/19/17 05:26:00 PM	21.7	37.78	406	38.87
OFF	8	01/19/17 04:52:00 PM	23.14	37.69	11.8	31.41	ON	43	01/19/17 05:27:00 PM	21.7	37.55	406	39.26
OFF	9	01/19/17 04:53:00 PM	22.99	37.91	11.8	31.56	ON	44	01/19/17 05:28:00 PM	21.7	37.68	406	39.57
OFF	10	01/19/17 04:54:00 PM	22.85	38.06	11.8	31.64	ON	45	01/19/17 05:29:00 PM	21.7	37.58	406	39.83
OFF	11	01/19/17 04:55:00 PM	22.73	38.11	3.9	31.46	ON	46	01/19/17 05:30:00 PM	21.72	37.39	421.8	40.06
OFF	12	01/19/17 04:56:00 PM	22.59	38.2	11.8	31.18	ON	47	01/19/17 05:31:00 PM	21.72	37.32	413.9	40.2
OFF	13	01/19/17 04:57:00 PM	22.47	38.31	3.9	30.82	ON	48	01/19/17 05:32:00 PM	21.72	37.06	413.9	40.57
OFF	14	01/19/17 04:58:00 PM	22.35	38.37	11.8	30.37	ON	49	01/19/17 05:33:00 PM	21.72	36.99	406	40.86
OFF	15	01/19/17 04:59:00 PM	22.25	38.42	11.8	29.92	ON	50	01/19/17 05:34:00 PM	21.72	36.8	406	40.92
OFF	16	01/19/17 05:00:00 PM	22.13	38.51	11.8	29.41	OFF	51	01/19/17 05:35:00 PM	21.75	36.73	11.8	41.04
OFF	17	01/19/17 05:01:00 PM	22.01	38.63	11.8	28.89	OFF	52	01/19/17 05:36:00 PM	21.7	37.19	11.8	41.88
OFF	18	01/19/17 05:02:00 PM	21.92	38.65	11.8	28.37	OFF	53	01/19/17 05:37:00 PM	21.6	36.65	11.8	40.37
OFF	19	01/19/17 05:03:00 PM	21.8	38.44	11.8	27.92	OFF	54	01/19/17 05:38:00 PM	21.51	36.77	3.9	39.83
OFF	20	01/19/17 05:04:00 PM	21.72	38.83	3.9	27.48	OFF	55	01/19/17 05:39:00 PM	21.41	36.86	11.8	39.72
ON	21	01/19/17 05:05:00 PM	21.63	38.88	406	27.04	OFF	56	01/19/17 05:40:00 PM	21.34	36.76	11.8	39.43
ON	22	01/19/17 05:06:00 PM	21.56	38.55	413.9	26.52	OFF	57	01/19/17 05:41:00 PM	21.27	37.14	3.9	38.98
ON	23	01/19/17 05:07:00 PM	21.56	38.81	413.9	26.18	OFF	58	01/19/17 05:42:00 PM	21.2	37.27	3.9	38.37
ON	24	01/19/17 05:08:00 PM	21.56	38.71	413.9	25.94	OFF	59	01/19/17 05:43:00 PM	21.15	37.13	11.8	37.67
ON	25	01/19/17 05:09:00 PM	21.56	38.61	413.9	26.09	OFF	60	01/19/17 05:44:00 PM	21.1	36.93	11.8	36.85
ON	26	01/19/17 05:10:00 PM	21.58	38.81	413.9	26.43	OFF	61	01/19/17 05:45:00 PM	21.03	37.38	11.8	35.96
ON	27	01/19/17 05:11:00 PM	21.58	38.71	413.9	26.94	OFF	62	01/19/17 05:46:00 PM	20.98	37.48	11.8	35.08
ON	28	01/19/17 05:12:00 PM	21.6	38.62	413.9	27.63	OFF	63	01/19/17 05:47:00 PM	20.94	37.47	3.9	34.2
ON	29	01/19/17 05:13:00 PM	21.6	38.42	413.9	28.59	OFF	64	01/19/17 05:48:00 PM	20.89	37.56	11.8	33.34
ON	30	01/19/17 05:14:00 PM	21.63	38.49	413.9	29.67	OFF	65	01/19/17 05:49:00 PM	20.87	37.5	11.8	32.51
ON	31	01/19/17 05:15:00 PM	21.63	38.56	413.9	30.62	OFF	66	01/19/17 05:50:00 PM	20.82	37.49	11.8	31.74
ON	32	01/19/17 05:16:00 PM	21.63	38.56	413.9	31.69	OFF	67	01/19/17 05:51:00 PM	20.79	37.55	11.8	30.98
ON	33	01/19/17 05:17:00 PM	21.65	38.56	406	32.77	OFF	68	01/19/17 05:52:00 PM	20.75	37.48	3.9	30.34
ON	34	01/19/17 05:18:00 PM	21.65	38.43	406	33.73	OFF	69	01/19/17 05:53:00 PM	20.72	37.51	11.8	29.64
ON	35	01/19/17 05:19:00 PM	21.65	38.43	413.9	34.62	OFF	70	01/19/17 05:54:00 PM	20.67	37.64	11.8	29.04

Tabla 52. Recopilado de resultados sobre medidas tomadas de las propiedades lumínicas de Lámpara halógena LVRF-603/S en la simulación de una cocina con muro beige 2.

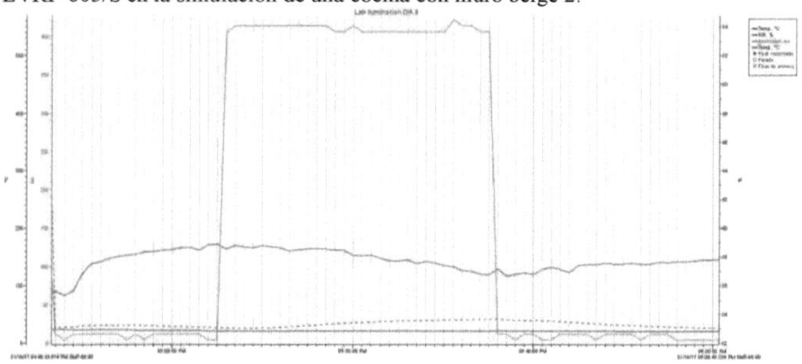

Gráfica 23. Gráfica proporcionada del programa HOBOware de resultados sobre medidas tomadas de las propiedades lumínicas de Lámpara halógena LVRF-603/S en la simulación de una cocina con muro beige 2.

TOMA C4.3: Preparación de alimentos muro beige 3

LA IMPORTANCIA DE LA ILUMINACIÓN ARTIFICIAL EN VIVIENDAS RESIDENCIALES

Tabla registro. Recopilado de medidas sobre propiedades lumínicas utilizado para realizar actividades cotidianas.

La presente tabla muestra el recopilado de información sobre temperatura (T1), humedad relativa (H.R.), e intensidad luminosa (I.L.) producidos por los luminarios especificados en el lugar del recinto donde se realiza la actividad evaluada, haciéndose una toma con un hobo a cada minuto en un lapso total de 70 mins. obteniendo 20 mins. previos al encendido, 30 mins. con el luminario encendido y 20 mins. posteriores al encendido. Se incorpora una segunda toma de temperatura (T2) generada por el mismo luminario.

Recinto evaluado:	Cocina	**U. de análisis:**	Laboratorio
Actividad evaluada:	Preparación de alimentos		
No. y tipo de luminario:	De techo (1)	**No. y tipo de foco:**	Halógeno (1)
Temperatura de color:	Cálida	**Filtro:**	Sin Filtro

Título de trazado: Prueba simulación cocina con muro beige 3													
Light O	**No. (#)**	**Fecha, Hora. GMT-06:00**	**T. 1 (°C)**	**H.R. (%)**	**I.L. (lux)**	**T. 2 (°C)**	**Light O**	**No. (#)**	**Fecha, Hora. GMT-06:00**	**T. 1 (°C)**	**H.R. (%)**	**I.L. (lux)**	**T. 2 (°C)**
OFF	1	01/19/17 05:55:00 PM	20.65	37.6	11.8	28.44	ON	36	01/19/17 06:30:00 PM	21.01	35.67	406	35.45
OFF	2	01/19/17 05:56:00 PM	20.6	37.67	3.9	27.97	ON	37	01/19/17 06:31:00 PM	21.03	35.61	406	36.28
OFF	3	01/19/17 05:57:00 PM	20.58	37.66	3.9	27.53	ON	38	01/19/17 06:32:00 PM	21.08	35.52	406	36.99
OFF	4	01/19/17 05:58:00 PM	20.56	37.73	3.9	27.14	ON	39	01/19/17 06:33:00 PM	21.13	35.42	406	37.73
OFF	5	01/19/17 05:59:00 PM	20.53	37.79	3.9	26.72	ON	40	01/19/17 06:34:00 PM	21.15	35.49	406	38.2
OFF	6	01/19/17 06:00:00 PM	20.51	37.79	3.9	26.33	ON	41	01/19/17 06:35:00 PM	21.18	35.62	406	38.62
OFF	7	01/19/17 06:01:00 PM	20.48	37.82	3.9	25.99	ON	42	01/19/17 06:36:00 PM	21.2	35.16	406	39.21
OFF	8	01/19/17 06:02:00 PM	20.46	37.85	11.8	25.67	ON	43	01/19/17 06:37:00 PM	21.22	35.3	406	39.49
OFF	9	01/19/17 06:03:00 PM	20.41	37.74	11.8	25.33	ON	44	01/19/17 06:38:00 PM	21.27	35.24	406	39.77
OFF	10	01/19/17 06:04:00 PM	20.41	37.78	11.8	25.02	ON	45	01/19/17 06:39:00 PM	21.29	34.84	406	40.23
OFF	11	01/19/17 06:05:00 PM	20.39	37.71	11.8	24.75	ON	46	01/19/17 06:40:00 PM	21.29	34.81	406	40.29
OFF	12	01/19/17 06:06:00 PM	20.37	37.9	11.8	24.48	ON	47	01/19/17 06:41:00 PM	21.34	34.65	406	40.43
OFF	13	01/19/17 06:07:00 PM	20.34	37.64	3.9	24.29	ON	48	01/19/17 06:42:00 PM	21.34	34.45	398.1	40.54
OFF	14	01/19/17 06:08:00 PM	20.32	37.64	3.9	24.07	ON	49	01/19/17 06:43:00 PM	21.37	34.39	398.1	40.63
OFF	15	01/19/17 06:09:00 PM	20.29	37.63	11.8	23.86	ON	50	01/19/17 06:44:00 PM	21.39	34.59	398.1	40.75
OFF	16	01/19/17 06:10:00 PM	20.27	37.73	3.9	23.67	OFF	51	01/19/17 06:45:00 PM	21.34	34.52	11.8	39.49
OFF	17	01/19/17 06:11:00 PM	20.25	37.76	11.8	23.47	OFF	52	01/19/17 06:46:00 PM	21.27	34.71	3.9	39.4
OFF	18	01/19/17 06:12:00 PM	20.25	37.76	3.9	23.3	OFF	53	01/19/17 06:47:00 PM	21.2	34.54	11.8	39.32
OFF	19	01/19/17 06:13:00 PM	20.22	37.56	11.8	23.14	OFF	54	01/19/17 06:48:00 PM	21.13	34.4	3.9	39.6
OFF	20	01/19/17 06:14:00 PM	20.2	37.62	11.8	22.97	OFF	55	01/19/17 06:49:00 PM	21.08	34.63	11.8	39.32
ON	21	01/19/17 06:15:00 PM	20.2	37.46	413.9	22.82	OFF	56	01/19/17 06:50:00 PM	21.01	34.65	3.9	38.76
ON	22	01/19/17 06:16:00 PM	20.27	37.04	413.9	22.42	OFF	57	01/19/17 06:51:00 PM	20.96	34.88	11.8	38.03
ON	23	01/19/17 06:17:00 PM	20.32	36.85	413.9	22.47	OFF	58	01/19/17 06:52:00 PM	20.91	34.87	11.8	37.26
ON	24	01/19/17 06:18:00 PM	20.39	36.66	413.9	22.9	OFF	59	01/19/17 06:53:00 PM	20.87	35.03	3.9	36.42
ON	25	01/19/17 06:19:00 PM	20.46	36.41	421.8	23.42	OFF	60	01/19/17 06:54:00 PM	20.82	35.13	3.9	35.53
ON	26	01/19/17 06:20:00 PM	20.51	36.41	421.8	24.2	OFF	61	01/19/17 06:55:00 PM	20.77	34.99	3.9	34.62
ON	27	01/19/17 06:21:00 PM	20.58	36.29	421.8	25.31	OFF	62	01/19/17 06:56:00 PM	20.72	34.86	11.8	33.73
ON	28	01/19/17 06:22:00 PM	20.63	36.06	421.8	26.5	OFF	63	01/19/17 06:57:00 PM	20.7	34.82	3.9	32.9
ON	29	01/19/17 06:23:00 PM	20.67	36.1	421.8	27.73	OFF	64	01/19/17 06:58:00 PM	20.65	34.78	3.9	32.07
ON	30	01/19/17 06:24:00 PM	20.72	36.3	421.8	28.94	OFF	65	01/19/17 06:59:00 PM	20.6	34.94	3.9	31.36
ON	31	01/19/17 06:25:00 PM	20.77	36.24	421.8	30.19	OFF	66	01/19/17 07:00:00 PM	20.58	34.74	11.8	30.65
ON	32	01/19/17 06:26:00 PM	20.82	36.28	406	31.41	OFF	67	01/19/17 07:01:00 PM	20.56	34.77	11.8	29.97
ON	33	01/19/17 06:27:00 PM	20.87	36.25	406	32.46	OFF	68	01/19/17 07:02:00 PM	20.51	34.57	3.9	29.34
ON	34	01/19/17 06:28:00 PM	20.91	35.93	406	33.5	OFF	69	01/19/17 07:03:00 PM	20.48	34.83	11.8	28.79
ON	35	01/19/17 06:29:00 PM	20.96	36.19	406	34.65	OFF	70	01/19/17 07:04:00 PM	20.46	34.76	3.9	28.27

Tabla 53. Recopilado de resultados sobre medidas tomadas de las propiedades lumínicas de Lámpara halógena LVRF-603/S en la simulación de una cocina con muro beige 3.

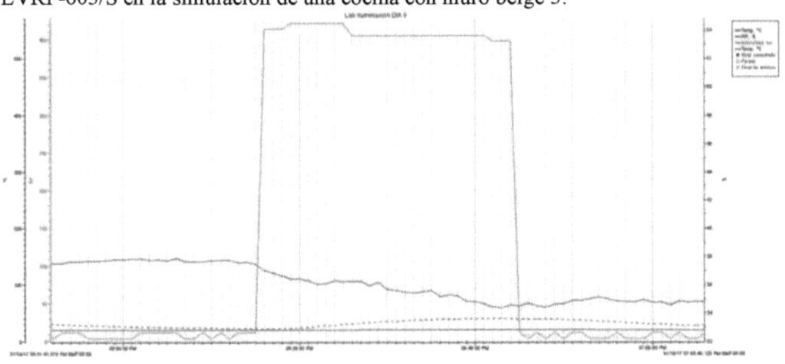

Gráfica 24. Gráfica proporcionada del programa HOBOware de resultados sobre medidas tomadas de las propiedades lumínicas de Lámpara halógena LVRF-603/S en la simulación de una cocina con muro beige 3.

TOMA C5.1: Preparación de alimentos muro rojo 1

LA IMPORTANCIA DE LA ILUMINACIÓN ARTIFICIAL EN VIVIENDAS RESIDENCIALES

Tabla registro. Recopilado de medidas sobre propiedades lumínicas utilizado para realizar actividades cotidianas.

La presente tabla muestra el recopilado de información sobre temperatura (T1), humedad relativa (H.R.), e intensidad luminosa (I.L.) producidos por los luminarios especificados en el lugar del recinto donde se realiza la actividad evaluada, haciéndose una toma con un hobo a cada minuto en un lapso total de 70 mins. obteniendo 20 mins. previos al encendido, 30 mins. con el luminario encendido y 20 mins. posteriores al encendido. Se incorpora una segunda toma de temperatura (T2) generada por el mismo luminario.

Recinto evaluado:	Cocina	**U. de análisis:**	Laboratorio
Actividad evaluada:	Preparación de alimentos		
No. y tipo de luminario:	De techo (1)	**No. y tipo de foco:**	Halógeno (1)
Temperatura de color:	Cálida	**Filtro:**	Sin Filtro

Título de trazado: Prueba simulación cocina con muro rojo 1													
Light O	**No. (#)**	**Fecha, Hora. GMT-06:00**	**T. 1 (°C)**	**H.R. (%)**	**I.L. (lux)**	**T. 2 (°C)**	**Light O**	**No. (#)**	**Fecha, Hora. GMT-06:00**	**T. 1 (°C)**	**H.R. (%)**	**I.L. (lux)**	**T. 2 (°C)**
OFF	1	01/17/17 05:00:00 PM	22.39	43.06	11.8	22.23	ON	36	01/17/17 05:35:00 PM	20.6	43.24	413.9	36.72
OFF	2	01/17/17 05:01:00 PM	22.23	43.39	11.8	21.46	ON	37	01/17/17 05:36:00 PM	20.63	42.95	413.9	37.84
OFF	3	01/17/17 05:02:00 PM	22.06	44.05	3.9	20.94	ON	38	01/17/17 05:37:00 PM	20.65	43.05	421.8	38.76
OFF	4	01/17/17 05:03:00 PM	21.92	44.1	11.8	20.58	ON	39	01/17/17 05:38:00 PM	20.67	42.92	429.7	39.69
OFF	5	01/17/17 05:04:00 PM	21.77	44.08	11.8	20.32	ON	40	01/17/17 05:39:00 PM	20.7	42.8	421.8	40.46
OFF	6	01/17/17 05:05:00 PM	21.63	44.06	3.9	20.15	ON	41	01/17/17 05:40:00 PM	20.7	42.86	421.8	41.01
OFF	7	01/17/17 05:06:00 PM	21.49	44.11	3.9	20.01	ON	42	01/17/17 05:41:00 PM	20.72	42.58	421.8	41.39
OFF	8	01/17/17 05:07:00 PM	21.37	44.16	3.9	19.91	ON	43	01/17/17 05:42:00 PM	20.75	42.35	421.8	41.65
OFF	9	01/17/17 05:08:00 PM	21.25	44.28	11.8	19.84	ON	44	01/17/17 05:43:00 PM	20.77	42.55	421.8	41.88
OFF	10	01/17/17 05:09:00 PM	21.13	44.29	3.9	19.79	ON	45	01/17/17 05:44:00 PM	20.77	42.49	421.8	41.91
OFF	11	01/17/17 05:10:00 PM	21.01	44.38	11.8	19.75	ON	46	01/17/17 05:45:00 PM	20.79	42.42	421.8	41.88
OFF	12	01/17/17 05:11:00 PM	20.91	44.49	11.8	19.72	ON	47	01/17/17 05:46:00 PM	20.82	42.23	406	41.83
OFF	13	01/17/17 05:12:00 PM	20.82	44.55	3.9	19.7	ON	48	01/17/17 05:47:00 PM	20.82	41.88	421.8	41.5
OFF	14	01/17/17 05:13:00 PM	20.72	44.53	3.9	19.67	ON	49	01/17/17 05:48:00 PM	20.82	41.65	413.9	40.95
OFF	15	01/17/17 05:14:00 PM	20.63	44.59	3.9	19.65	ON	50	01/17/17 05:49:00 PM	20.82	41.33	413.9	39.57
OFF	16	01/17/17 05:15:00 PM	20.56	44.64	11.8	19.63	OFF	51	01/17/17 05:50:00 PM	20.82	41.52	11.8	40.14
OFF	17	01/17/17 05:16:00 PM	20.46	44.73	3.9	19.63	OFF	52	01/17/17 05:51:00 PM	20.75	41.13	11.8	39.66
OFF	18	01/17/17 05:17:00 PM	20.39	44.78	3.9	19.6	OFF	53	01/17/17 05:52:00 PM	20.65	41.63	3.9	39.91
OFF	19	01/17/17 05:18:00 PM	20.32	44.81	11.8	19.6	OFF	54	01/17/17 05:53:00 PM	20.58	41.79	11.8	40.37
OFF	20	01/17/17 05:19:00 PM	20.25	44.86	3.9	19.6	OFF	55	01/17/17 05:54:00 PM	20.51	41.88	11.8	40.17
ON	21	01/17/17 05:20:00 PM	20.17	44.85	398.1	19.58	OFF	56	01/17/17 05:55:00 PM	20.46	42.06	11.8	39.52
ON	22	01/17/17 05:21:00 PM	20.2	44.34	406	19.6	OFF	57	01/17/17 05:56:00 PM	20.39	41.99	3.9	38.64
ON	23	01/17/17 05:22:00 PM	20.22	44.47	406	19.77	OFF	58	01/17/17 05:57:00 PM	20.32	42.18	11.8	37.73
ON	24	01/17/17 05:23:00 PM	20.25	44.22	406	20.08	OFF	59	01/17/17 05:58:00 PM	20.27	42.43	3.9	36.77
ON	25	01/17/17 05:24:00 PM	20.29	44.07	413.9	20.72	OFF	60	01/17/17 05:59:00 PM	20.22	42.39	11.8	35.72
ON	26	01/17/17 05:25:00 PM	20.32	44.29	413.9	21.87	OFF	61	01/17/17 06:00:00 PM	20.17	42.26	3.9	34.57
ON	27	01/17/17 05:26:00 PM	20.37	44.2	421.8	23.23	OFF	62	01/17/17 06:01:00 PM	20.13	42.44	11.8	33.47
ON	28	01/17/17 05:27:00 PM	20.39	44.01	421.8	24.75	OFF	63	01/17/17 06:02:00 PM	20.1	42.47	11.8	32.46
ON	29	01/17/17 05:28:00 PM	20.44	43.89	406	26.3	OFF	64	01/17/17 06:03:00 PM	20.06	42.47	11.8	31.46
ON	30	01/17/17 05:29:00 PM	20.46	43.8	406	28.02	OFF	65	01/17/17 06:04:00 PM	20.01	42.49	3.9	30.55
ON	31	01/17/17 05:30:00 PM	20.48	43.67	413.9	29.59	OFF	66	01/17/17 06:05:00 PM	19.96	42.49	11.8	29.67
ON	32	01/17/17 05:31:00 PM	20.51	43.64	413.9	31.28	OFF	67	01/17/17 06:06:00 PM	19.94	42.65	3.9	28.94
ON	33	01/17/17 05:32:00 PM	20.53	43.52	413.9	32.79	OFF	68	01/17/17 06:07:00 PM	19.89	42.58	3.9	28.27
ON	34	01/17/17 05:33:00 PM	20.56	43.33	421.8	34.26	OFF	69	01/17/17 06:08:00 PM	19.87	42.19	3.9	27.65
ON	35	01/17/17 05:34:00 PM	20.58	43.33	421.8	35.58	OFF	70	01/17/17 06:09:00 PM	19.84	42.64	11.8	26.84

Tabla 54. Recopilado de resultados sobre medidas tomadas de las propiedades lumínicas de Lámpara halógena LVRF-603/S en la simulación de una cocina con muro rojo 1.

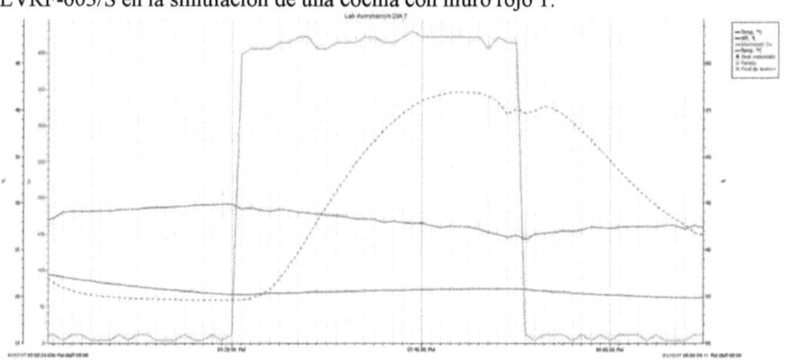

Gráfica 25. Gráfica proporcionada del programa HOBOware de resultados sobre medidas tomadas de las propiedades lumínicas de Lámpara halógena LVRF-603/S en la simulación de una cocina con muro rojo 1.

TOMA C5.2: Preparación de alimentos muro rojo 2

LA IMPORTANCIA DE LA ILUMINACIÓN ARTIFICIAL EN VIVIENDAS RESIDENCIALES

Tabla registro. Recopilado de medidas sobre propiedades lumínicas utilizado para realizar actividades cotidianas.

La presente tabla muestra el recopilado de información sobre temperatura (T1), humedad relativa (H.R.), e intensidad luminosa (I.L.) producidos por los luminarios especificados en el lugar del recinto donde se realiza la actividad evaluada, haciéndose una toma con un hobo a cada minuto en un lapso total de 70 mins. obteniendo 20 mins. previos al encendido, 30 mins. con el luminario encendido y 20 mins. posteriores al encendido. Se incorpora una segunda toma de temperatura (T2) generada por el mismo luminario.

Recinto evaluado:	Cocina	**U. de análisis:**	Laboratorio
Actividad evaluada:	Preparación de alimentos		
No. y tipo de luminario:	De techo (1)	**No. y tipo de foco:**	Halógeno (1)
Temperatura de color:	Cálida	**Filtro:**	Sin Filtro

Título de trazado: Prueba simulación cocina con muro rojo 2													
Light O	**No. (#)**	**Fecha, Hora. GMT-06:00**	**T. 1 (°C)**	**H.R. (%)**	**I.L. (lux)**	**T. 2 (°C)**	**Light O**	**No. (#)**	**Fecha, Hora. GMT-06:00**	**T. 1 (°C)**	**H.R. (%)**	**I.L. (lux)**	**T. 2 (°C)**
OFF	1	01/18/17 04:05:00 PM	21.13	35.75	11.8	20.82	ON	36	01/18/17 04:40:00 PM	20.58	40.98	406	34.68
OFF	2	01/18/17 04:06:00 PM	20.98	38.62	11.8	20.84	ON	37	01/18/17 04:41:00 PM	20.6	41.01	406	36.66
OFF	3	01/18/17 04:07:00 PM	21.01	39.44	11.8	20.6	ON	38	01/18/17 04:42:00 PM	20.6	40.92	406	38.14
OFF	4	01/18/17 04:08:00 PM	21.03	39.54	11.8	20.34	ON	39	01/18/17 04:43:00 PM	20.6	40.95	421.8	38.48
OFF	5	01/18/17 04:09:00 PM	21.01	40.22	11.8	20.15	ON	40	01/18/17 04:44:00 PM	20.63	40.73	413.9	40.49
OFF	6	01/18/17 04:10:00 PM	21.01	41.09	11.8	20.01	ON	41	01/18/17 04:45:00 PM	20.65	40.73	406	47.09
OFF	7	01/18/17 04:11:00 PM	21.01	41.29	11.8	19.89	ON	42	01/18/17 04:46:00 PM	20.65	40.6	406	61.32
OFF	8	01/18/17 04:12:00 PM	20.98	41.09	11.8	19.79	ON	43	01/18/17 04:47:00 PM	20.67	40.57	406	66.88
OFF	9	01/18/17 04:13:00 PM	20.96	40.63	11.8	19.7	ON	44	01/18/17 04:48:00 PM	20.7	40.51	398.1	69.85
OFF	10	01/18/17 04:14:00 PM	20.91	40.82	11.8	19.65	ON	45	01/18/17 04:49:00 PM	20.7	40.38	398.1	71.71
OFF	11	01/18/17 04:15:00 PM	20.84	41.36	3.9	19.58	ON	46	01/18/17 04:50:00 PM	20.72	40.35	406	72.53
OFF	12	01/18/17 04:16:00 PM	20.82	40.94	3.9	19.53	ON	47	01/18/17 04:51:00 PM	20.72	40.41	413.9	72.77
OFF	13	01/18/17 04:17:00 PM	20.75	41.06	11.8	19.51	ON	48	01/18/17 04:52:00 PM	20.75	40.38	421.8	70.8
OFF	14	01/18/17 04:18:00 PM	20.7	41.06	11.8	19.48	ON	49	01/18/17 04:53:00 PM	20.77	40.81	421.8	55.6
OFF	15	01/18/17 04:19:00 PM	20.63	41.53	11.8	19.46	ON	50	01/18/17 04:54:00 PM	20.82	40.94	406	45.15
OFF	16	01/18/17 04:20:00 PM	20.58	41.72	11.8	19.44	OFF	51	01/18/17 04:55:00 PM	20.84	40.46	11.8	38.53
OFF	17	01/18/17 04:21:00 PM	20.51	41.68	11.8	19.41	OFF	52	01/18/17 04:56:00 PM	20.77	40.61	3.9	33.11
OFF	18	01/18/17 04:22:00 PM	20.46	41.87	3.9	19.41	OFF	53	01/18/17 04:57:00 PM	20.67	40.89	11.8	29.94
OFF	19	01/18/17 04:23:00 PM	20.41	41.99	11.8	19.39	OFF	54	01/18/17 04:58:00 PM	20.63	41.02	3.9	27.8
OFF	20	01/18/17 04:24:00 PM	20.34	41.6	11.8	19.37	OFF	55	01/18/17 04:59:00 PM	20.58	41.3	11.8	26.3
ON	21	01/18/17 04:25:00 PM	20.29	42.08	390.2	19.37	OFF	56	01/18/17 05:00:00 PM	20.51	41.33	11.8	25.21
ON	22	01/18/17 04:26:00 PM	20.22	41.78	390.2	19.34	OFF	57	01/18/17 05:01:00 PM	20.46	41.61	11.8	24.36
ON	23	01/18/17 04:27:00 PM	20.27	41.46	390.2	19.6	OFF	58	01/18/17 05:02:00 PM	20.41	41.54	3.9	23.69
ON	24	01/18/17 04:28:00 PM	20.32	41.66	406	19.98	OFF	59	01/18/17 05:03:00 PM	20.37	41.76	11.8	23.16
ON	25	01/18/17 04:29:00 PM	20.34	41.53	406	20.91	OFF	60	01/18/17 05:04:00 PM	20.32	41.79	11.8	22.73
ON	26	01/18/17 04:30:00 PM	20.39	41.28	406	22.87	OFF	61	01/18/17 05:05:00 PM	20.27	41.91	11.8	22.39
ON	27	01/18/17 04:31:00 PM	20.41	41.32	406	23.71	OFF	62	01/18/17 05:06:00 PM	20.22	41.97	3.9	22.11
ON	28	01/18/17 04:32:00 PM	20.44	41.29	406	24.27	OFF	63	01/18/17 05:07:00 PM	20.2	41.97	11.8	21.84
ON	29	01/18/17 04:33:00 PM	20.46	41.16	406	25.36	OFF	64	01/18/17 05:08:00 PM	20.15	41.96	3.9	21.65
ON	30	01/18/17 04:34:00 PM	20.48	41.03	413.9	26.28	OFF	65	01/18/17 05:09:00 PM	20.13	42.03	11.8	21.49
ON	31	01/18/17 04:35:00 PM	20.51	41.23	406	26.87	OFF	66	01/18/17 05:10:00 PM	20.08	42.02	11.8	21.32
ON	32	01/18/17 04:36:00 PM	20.53	40.94	406	28.05	OFF	67	01/18/17 05:11:00 PM	20.06	42.15	11.8	21.2
ON	33	01/18/17 04:37:00 PM	20.53	41.01	406	29.57	OFF	68	01/18/17 05:12:00 PM	20.01	42.21	11.8	21.08
ON	34	01/18/17 04:38:00 PM	20.56	41.07	406	31.2	OFF	69	01/18/17 05:13:00 PM	19.98	42.3	3.9	20.96
ON	35	01/18/17 04:39:00 PM	20.58	40.98	406	32.85	OFF	70	01/18/17 05:14:00 PM	19.96	42.33	11.8	20.87

Tabla 55. Recopilado de resultados sobre medidas tomadas de las propiedades lumínicas de Lámpara halógena LVRF-603/S en la simulación de una cocina con muro rojo 2.

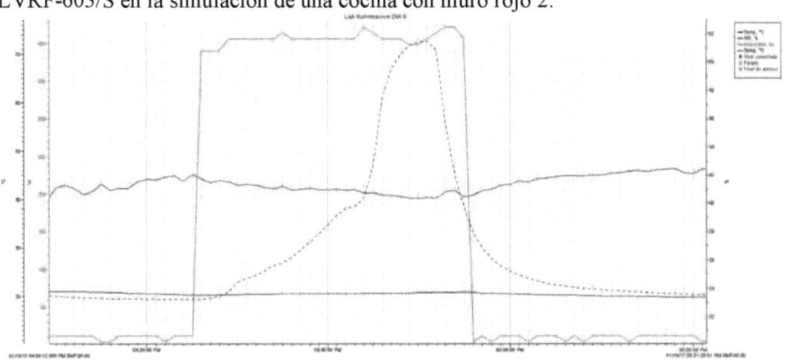

Gráfica 26. Gráfica proporcionada del programa HOBOware de resultados sobre medidas tomadas de las propiedades lumínicas de Lámpara halógena LVRF-603/S en la simulación de una cocina con muro rojo 2.

TOMA C5.3: Preparación de alimentos muro rojo

LA IMPORTANCIA DE LA ILUMINACIÓN ARTIFICIAL EN VIVIENDAS RESIDENCIALES

Tabla registro. Recopilado de medidas sobre propiedades lumínicas utilizado para realizar actividades cotidianas.

La presente tabla muestra el recopilado de información sobre temperatura (T1), humedad relativa (H.R.), e intensidad luminosa (I.L.) producidos por los luminarios especificados en el lugar del recinto donde se realiza la actividad evaluada, haciéndose una toma con un hobo a cada minuto en un lapso total de 70 mins. obteniendo 20 mins. previos al encendido, 30 mins. con el luminario encendido y 20 mins. posteriores al encendido. Se incorpora una segunda toma de temperatura (T2) generada por el mismo luminario.

Recinto evaluado:	Cocina	**U. de análisis:**	Laboratorio
Actividad evaluada:	Preparación de alimentos		
No. y tipo de luminario:	De techo (1)	**No. y tipo de foco:**	Halógeno (1)
Temperatura de color:	Cálida	**Filtro:**	Sin Filtro

Título de trazado: Prueba simulación cocina con muro rojo 3

Light O	No. (#)	Fecha, Hora. GMT-06:00	T. 1 (°C)	H.R. (%)	I.L. (lux)	T. 2 (°C)	Light O	No. (#)	Fecha, Hora. GMT-06:00	T. 1 (°C)	H.R. (%)	I.L. (lux)	T. 2 (°C)
OFF	1	01/18/17 05:15:00 PM	19.94	42.26	11.8	20.77	ON	36	01/18/17 05:50:00 PM	20.34	41.79	413.9	21.8
OFF	2	01/18/17 05:16:00 PM	19.89	42.38	11.8	20.7	ON	37	01/18/17 05:51:00 PM	20.39	41.89	413.9	21.94
OFF	3	01/18/17 05:17:00 PM	19.87	42.41	11.8	20.6	ON	38	01/18/17 05:52:00 PM	20.44	41.74	421.8	22.03
OFF	4	01/18/17 05:18:00 PM	19.84	42.48	11.8	20.56	ON	39	01/18/17 05:53:00 PM	20.48	41.61	421.8	22.18
OFF	5	01/18/17 05:19:00 PM	19.82	42.18	11.8	20.46	ON	40	01/18/17 05:54:00 PM	20.53	41.43	413.9	22.27
OFF	6	01/18/17 05:20:00 PM	19.79	42.12	11.8	20.39	ON	41	01/18/17 05:55:00 PM	20.58	41.37	421.8	22.35
OFF	7	01/18/17 05:21:00 PM	19.77	42.44	3.9	20.32	ON	42	01/18/17 05:56:00 PM	20.6	41.3	421.8	22.44
OFF	8	01/18/17 05:22:00 PM	19.75	42.43	3.9	20.29	ON	43	01/18/17 05:57:00 PM	20.65	41.12	421.8	22.51
OFF	9	01/18/17 05:23:00 PM	19.72	42.37	11.8	20.29	ON	44	01/18/17 05:58:00 PM	20.67	41.15	421.8	22.56
OFF	10	01/18/17 05:24:00 PM	19.7	42.4	3.9	20.25	ON	45	01/18/17 05:59:00 PM	20.7	41.06	421.8	22.61
OFF	11	01/18/17 05:25:00 PM	19.67	42.49	3.9	20.22	ON	46	01/18/17 06:00:00 PM	20.75	40.8	421.8	22.68
OFF	12	01/18/17 05:26:00 PM	19.67	42.71	11.8	20.2	ON	47	01/18/17 06:01:00 PM	20.77	40.68	421.8	22.71
OFF	13	01/18/17 05:27:00 PM	19.65	42.74	11.8	20.17	ON	48	01/18/17 06:02:00 PM	20.79	40.65	421.8	22.73
OFF	14	01/18/17 05:28:00 PM	19.63	43.06	11.8	20.15	ON	49	01/18/17 06:03:00 PM	20.82	40.62	421.8	22.78
OFF	15	01/18/17 05:29:00 PM	19.63	43.12	11.8	20.13	ON	50	01/18/17 06:04:00 PM	20.84	40.65	421.8	22.8
OFF	16	01/18/17 05:30:00 PM	19.6	43.06	11.8	20.1	OFF	51	01/18/17 06:05:00 PM	20.87	40.69	11.8	22.82
OFF	17	01/18/17 05:31:00 PM	19.58	42.73	11.8	20.03	OFF	52	01/18/17 06:06:00 PM	20.79	40.35	11.8	22.71
OFF	18	01/18/17 05:32:00 PM	19.56	42.86	11.8	20.01	OFF	53	01/18/17 06:07:00 PM	20.7	40.25	3.9	22.51
OFF	19	01/18/17 05:33:00 PM	19.56	43.05	11.8	19.98	OFF	54	01/18/17 06:08:00 PM	20.63	40.63	11.8	22.42
OFF	20	01/18/17 05:34:00 PM	19.53	42.7	3.9	20.01	OFF	55	01/18/17 06:09:00 PM	20.58	40.66	11.8	22.35
ON	21	01/18/17 05:35:00 PM	19.53	42.83	413.9	20.01	OFF	56	01/18/17 06:10:00 PM	20.51	40.71	11.8	22.25
ON	22	01/18/17 05:36:00 PM	19.51	43.05	413.9	20.01	OFF	57	01/18/17 06:11:00 PM	20.46	40.84	11.8	22.15
ON	23	01/18/17 05:37:00 PM	19.6	42.87	413.9	20.03	OFF	58	01/18/17 06:12:00 PM	20.41	40.86	11.8	22.03
ON	24	01/18/17 05:38:00 PM	19.67	42.75	406	20.03	OFF	59	01/18/17 06:13:00 PM	20.37	40.92	3.9	21.92
ON	25	01/18/17 05:39:00 PM	19.72	42.65	413.9	20.1	OFF	60	01/18/17 06:14:00 PM	20.32	41.14	11.8	21.77
ON	26	01/18/17 05:40:00 PM	19.79	42.79	413.9	20.2	OFF	61	01/18/17 06:15:00 PM	20.27	41.2	11.8	21.63
ON	27	01/18/17 05:41:00 PM	19.87	42.48	413.9	20.34	OFF	62	01/18/17 06:16:00 PM	20.22	41.17	3.9	21.53
ON	28	01/18/17 05:42:00 PM	19.91	42.29	421.8	20.44	OFF	63	01/18/17 06:17:00 PM	20.2	41.2	11.8	21.41
ON	29	01/18/17 05:43:00 PM	19.98	42.4	421.8	20.58	OFF	64	01/18/17 06:18:00 PM	20.15	41.19	11.8	21.32
ON	30	01/18/17 05:44:00 PM	20.03	42.47	421.8	20.77	OFF	65	01/18/17 06:19:00 PM	20.13	41.15	3.9	21.22
ON	31	01/18/17 05:45:00 PM	20.1	42.31	421.8	20.94	OFF	66	01/18/17 06:20:00 PM	20.08	41.18	11.8	21.15
ON	32	01/18/17 05:46:00 PM	20.15	42.22	413.9	21.13	OFF	67	01/18/17 06:21:00 PM	20.06	41.28	11.8	21.06
ON	33	01/18/17 05:47:00 PM	20.2	41.94	413.9	21.29	OFF	68	01/18/17 06:22:00 PM	20.03	40.95	3.9	20.91
ON	34	01/18/17 05:48:00 PM	20.25	41.85	413.9	21.46	OFF	69	01/18/17 06:23:00 PM	19.98	41.01	3.9	20.77
ON	35	01/18/17 05:49:00 PM	20.29	41.79	421.8	21.63	OFF	70	01/18/17 06:24:00 PM	19.96	41.1	11.8	20.72

Tabla 56. Recopilado de resultados sobre medidas tomadas de las propiedades lumínicas de Lámpara halógena LVRF-603/S en la simulación de una cocina con muro rojo 3.

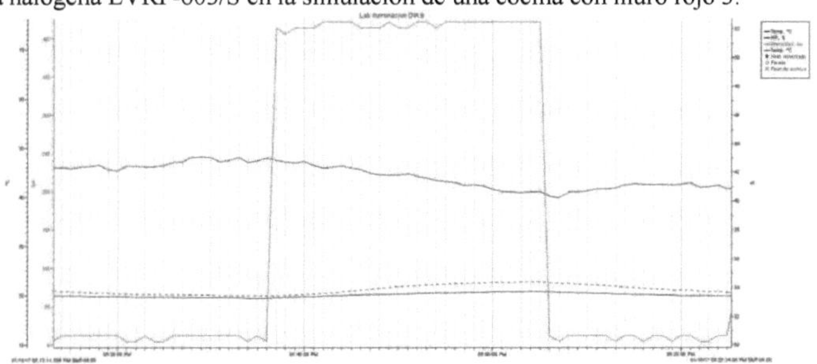

Gráfica 27. Gráfica proporcionada del programa HOBOware de resultados sobre medidas tomadas de las propiedades lumínicas de Lámpara halógena LVRF-603/S en la simulación de una cocina con muro rojo 3.

TOMA C6.1: Preparación de alimentos muro azul 1

LA IMPORTANCIA DE LA ILUMINACIÓN ARTIFICIAL EN VIVIENDAS RESIDENCIALES

Tabla registro. Recopilado de medidas sobre propiedades lumínicas utilizado para realizar actividades cotidianas.

La presente tabla muestra el recopilado de información sobre temperatura (T1), humedad relativa (H.R.), e intensidad luminosa (I.L.) producidos por los luminarios especificados en el lugar del recinto donde se realiza la actividad evaluada, haciéndose una toma con un hobo a cada minuto en un lapso total de 70 mins. obteniendo 20 mins. previos al encendido, 30 mins. con el luminario encendido y 20 mins. posteriores al encendido. Se incorpora una segunda toma de temperatura (T2) generada por el mismo luminario.

Recinto evaluado:	Cocina	**U. de análisis:**	Laboratorio
Actividad evaluada:	Preparación de alimentos		
No. y tipo de luminario:	De techo (1)	**No. y tipo de foco:**	Halógeno (1)
Temperatura de color:	Cálida	**Filtro:**	Sin Filtro

Título de trazado: Prueba simulación cocina con muro azul 1

Light O	No. (#)	Fecha, Hora. GMT-06:00	T. 1 (°C)	H.R. (%)	I.L. (lux)	T. 2 (°C)	Light O	No. (#)	Fecha, Hora. GMT-06:00	T. 1 (°C)	H.R. (%)	I.L. (lux)	T. 2 (°C)
OFF	1	01/17/17 06:15:00 PM	19.77	42.85	11.8	25.62	ON	36	01/17/17 06:50:00 PM	20.44	41.74	413.9	34.39
OFF	2	01/17/17 06:16:00 PM	19.77	43.21	11.8	25.04	ON	37	01/17/17 06:51:00 PM	20.48	41.58	421.8	35.05
OFF	3	01/17/17 06:17:00 PM	19.77	43.08	11.8	24.61	ON	38	01/17/17 06:52:00 PM	20.53	41.47	421.8	35.02
OFF	4	01/17/17 06:18:00 PM	19.77	42.95	3.9	24.27	ON	39	01/17/17 06:53:00 PM	20.58	41.75	421.8	35.18
OFF	5	01/17/17 06:19:00 PM	19.75	42.88	3.9	24.05	ON	40	01/17/17 06:54:00 PM	20.63	41.47	421.8	34.89
OFF	6	01/17/17 06:20:00 PM	19.72	43.33	3.9	23.86	ON	41	01/17/17 06:55:00 PM	20.67	41.73	421.8	34.26
OFF	7	01/17/17 06:21:00 PM	19.72	43.26	11.8	23.67	ON	42	01/17/17 06:56:00 PM	20.72	41.48	421.8	33.91
OFF	8	01/17/17 06:22:00 PM	19.7	43.33	11.8	23.47	ON	43	01/17/17 06:57:00 PM	20.75	41.45	421.8	33.91
OFF	9	01/17/17 06:23:00 PM	19.67	43.58	11.8	23.28	ON	44	01/17/17 06:58:00 PM	20.79	41.39	421.8	33.29
OFF	10	01/17/17 06:24:00 PM	19.65	43.48	11.8	23.09	ON	45	01/17/17 06:59:00 PM	20.84	41.23	421.8	32.79
OFF	11	01/17/17 06:25:00 PM	19.65	43.67	11.8	22.87	ON	46	01/17/17 07:00:00 PM	20.87	41.08	421.8	32.64
OFF	12	01/17/17 06:26:00 PM	19.6	43.51	11.8	22.68	ON	47	01/17/17 07:01:00 PM	20.91	41.21	421.8	32.02
OFF	13	01/17/17 06:27:00 PM	19.6	43.41	11.8	22.51	ON	48	01/17/17 07:02:00 PM	20.91	40.89	429.7	32.15
OFF	14	01/17/17 06:28:00 PM	19.58	43.47	11.8	22.35	ON	49	01/17/17 07:03:00 PM	20.96	40.83	421.8	32.69
OFF	15	01/17/17 06:29:00 PM	19.56	43.44	11.8	22.2	ON	50	01/17/17 07:04:00 PM	20.98	40.63	421.8	32.28
OFF	16	01/17/17 06:30:00 PM	19.56	43.44	3.9	22.06	OFF	51	01/17/17 07:05:00 PM	20.91	40.4	3.9	31.1
OFF	17	01/17/17 06:31:00 PM	19.53	43.5	11.8	21.92	OFF	52	01/17/17 07:06:00 PM	20.82	40.49	11.8	30.19
OFF	18	01/17/17 06:32:00 PM	19.51	43.18	11.8	21.68	OFF	53	01/17/17 07:07:00 PM	20.75	40.67	11.8	29.87
OFF	19	01/17/17 06:33:00 PM	19.48	43.11	11.8	21.46	OFF	54	01/17/17 07:08:00 PM	20.7	41.06	11.8	29.57
OFF	20	01/17/17 06:34:00 PM	19.46	43.23	11.8	21.41	OFF	55	01/17/17 07:09:00 PM	20.63	41.44	11.8	29.02
ON	21	01/17/17 06:35:00 PM	19.46	43.55	413.9	21.37	OFF	56	01/17/17 07:10:00 PM	20.56	40.75	3.9	28.32
ON	22	01/17/17 06:36:00 PM	19.53	43.05	413.9	21.13	OFF	57	01/17/17 07:11:00 PM	20.51	40.78	3.9	27.88
ON	23	01/17/17 06:37:00 PM	19.6	42.77	413.9	21.29	OFF	58	01/17/17 07:12:00 PM	20.44	40.77	11.8	27.48
ON	24	01/17/17 06:38:00 PM	19.67	42.81	413.9	21.87	OFF	59	01/17/17 07:13:00 PM	20.39	41.15	3.9	27.01
ON	25	01/17/17 06:39:00 PM	19.75	42.4	413.9	23.26	OFF	60	01/17/17 07:14:00 PM	20.34	41.21	3.9	26.55
ON	26	01/17/17 06:40:00 PM	19.82	42.63	421.8	24.77	OFF	61	01/17/17 07:15:00 PM	20.29	41.33	3.9	26.09
ON	27	01/17/17 06:41:00 PM	19.89	42.38	421.8	27.46	OFF	62	01/17/17 07:16:00 PM	20.25	41.49	11.8	25.72
ON	28	01/17/17 06:42:00 PM	19.96	42.39	421.8	29.04	OFF	63	01/17/17 07:17:00 PM	20.22	41.49	11.8	25.33
ON	29	01/17/17 06:43:00 PM	20.03	42.34	421.8	30.52	OFF	64	01/17/17 07:18:00 PM	20.17	41.45	11.8	24.97
ON	30	01/17/17 06:44:00 PM	20.08	41.83	421.8	31.77	OFF	65	01/17/17 07:19:00 PM	20.13	41.41	11.8	24.63
ON	31	01/17/17 06:45:00 PM	20.15	42.12	421.8	33.08	OFF	66	01/17/17 07:20:00 PM	20.1	41.48	11.8	24.32
ON	32	01/17/17 06:46:00 PM	20.22	42.2	421.8	34.44	OFF	67	01/17/17 07:21:00 PM	20.08	41.57	11.8	24.1
ON	33	01/17/17 06:47:00 PM	20.27	41.98	421.8	35.4	OFF	68	01/17/17 07:22:00 PM	20.03	41.69	3.9	23.88
ON	34	01/17/17 06:48:00 PM	20.32	41.98	421.8	36.04	OFF	69	01/17/17 07:23:00 PM	20.01	41.72	11.8	23.62
ON	35	01/17/17 06:49:00 PM	20.39	42.06	421.8	36.31	OFF	70	01/17/17 07:24:00 PM	19.98	41.59	3.9	23.38

Tabla 57. Recopilado de resultados sobre medidas tomadas de las propiedades lumínicas de Lámpara halógena LVRF-603/S en la simulación de una cocina con muro azul 1.

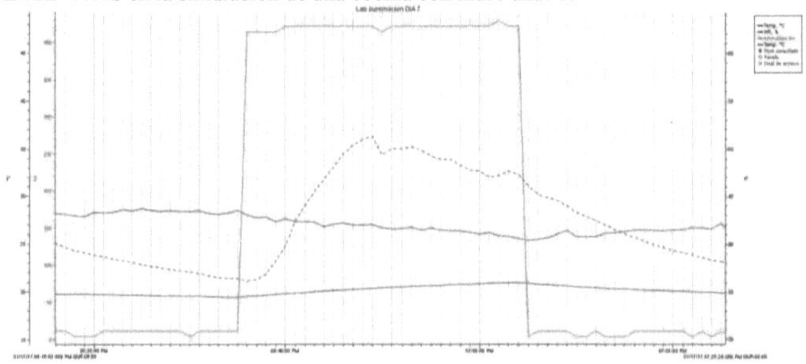

Gráfica 28. Gráfica proporcionada del programa HOBOware de resultados sobre medidas tomadas de las propiedades lumínicas de Lámpara halógena LVRF-603/S en la simulación de una cocina con muro azul 1.

TOMA C6.2: Preparación de alimentos muro azul 2

LA IMPORTANCIA DE LA ILUMINACIÓN ARTIFICIAL EN VIVIENDAS RESIDENCIALES

Tabla registro. Recopilado de medidas sobre propiedades lumínicas utilizado para realizar actividades cotidianas.

La presente tabla muestra el recopilado de información sobre temperatura (T1), humedad relativa (H.R.), e intensidad luminosa (I.L.) producidos por los luminarios especificados en el lugar del recinto donde se realiza la actividad evaluada, haciéndose una toma con un hobo a cada minuto en un lapso total de 70 mins. obteniendo 20 mins. previos al encendido, 30 mins. con el luminario encendido y 20 mins. posteriores al encendido. Se incorpora una segunda toma de temperatura (T2) generada por el mismo luminario.

Recinto evaluado:	Cocina	**U. de análisis:**	Laboratorio
Actividad evaluada:	Preparación de alimentos		
No. y tipo de luminario:	De techo (1)	**No. y tipo de foco:**	Halógeno (1)
Temperatura de color:	Cálida	**Filtro:**	Sin Filtro

Título de trazado: Prueba simulación cocina con muro azul 2

Light O	No. (#)	Fecha, Hora. GMT-06:00	T. 1 (°C)	H.R. (%)	I.L. (lux)	T. 2 (°C)	Light O	No. (#)	Fecha, Hora. GMT-06:00	T. 1 (°C)	H.R. (%)	I.L. (lux)	T. 2 (°C)
OFF	1	01/18/17 06:30:00 PM	19.89	40.48	11.8	20.58	ON	36	01/18/17 07:05:00 PM	20.51	39.9	421.8	21.37
OFF	2	01/18/17 06:31:00 PM	19.89	40.58	3.9	20.51	ON	37	01/18/17 07:06:00 PM	20.53	39.81	429.7	21.46
OFF	3	01/18/17 06:32:00 PM	19.89	40.77	11.8	20.41	ON	38	01/18/17 07:07:00 PM	20.58	39.75	429.7	21.53
OFF	4	01/18/17 06:33:00 PM	19.84	40.96	11.8	20.34	ON	39	01/18/17 07:08:00 PM	20.63	39.66	429.7	21.63
OFF	5	01/18/17 06:34:00 PM	19.82	40.93	11.8	20.32	ON	40	01/18/17 07:09:00 PM	20.65	39.53	429.7	21.7
OFF	6	01/18/17 06:35:00 PM	19.79	40.99	11.8	20.27	ON	41	01/18/17 07:10:00 PM	20.7	39.44	429.7	21.75
OFF	7	01/18/17 06:36:00 PM	19.77	41.05	11.8	20.2	ON	42	01/18/17 07:11:00 PM	20.72	39.34	429.7	21.82
OFF	8	01/18/17 06:37:00 PM	19.75	41.21	3.9	20.17	ON	43	01/18/17 07:12:00 PM	20.75	39.31	429.7	21.89
OFF	9	01/18/17 06:38:00 PM	19.75	41.21	3.9	20.13	ON	44	01/18/17 07:13:00 PM	20.77	39.18	429.7	21.96
OFF	10	01/18/17 06:39:00 PM	19.72	41.17	3.9	20.08	ON	45	01/18/17 07:14:00 PM	20.79	39.06	429.7	22.01
OFF	11	01/18/17 06:40:00 PM	19.7	41.33	11.8	20.06	ON	46	01/18/17 07:15:00 PM	20.84	39.03	429.7	22.06
OFF	12	01/18/17 06:41:00 PM	19.7	41.37	3.9	20.01	ON	47	01/18/17 07:16:00 PM	20.87	39	429.7	22.11
OFF	13	01/18/17 06:42:00 PM	19.67	41.39	11.8	19.98	ON	48	01/18/17 07:17:00 PM	20.89	38.9	429.7	22.13
OFF	14	01/18/17 06:43:00 PM	19.65	41.39	11.8	19.96	ON	49	01/18/17 07:18:00 PM	20.91	38.84	429.7	22.15
OFF	15	01/18/17 06:44:00 PM	19.63	41.39	11.8	19.94	ON	50	01/18/17 07:19:00 PM	20.91	38.35	429.7	22.18
OFF	16	01/18/17 06:45:00 PM	19.63	41.45	11.8	19.91	OFF	51	01/18/17 07:20:00 PM	20.94	39.14	11.8	37.23
OFF	17	01/18/17 06:46:00 PM	19.63	41.52	11.8	19.89	OFF	52	01/18/17 07:21:00 PM	20.91	38.74	11.8	34.05
OFF	18	01/18/17 06:47:00 PM	19.6	41.58	11.8	19.87	OFF	53	01/18/17 07:22:00 PM	20.82	39.19	11.8	33.73
OFF	19	01/18/17 06:48:00 PM	19.58	41.58	11.8	19.84	OFF	54	01/18/17 07:23:00 PM	20.77	39.41	11.8	34.7
OFF	20	01/18/17 06:49:00 PM	19.58	41.51	11.8	19.82	OFF	55	01/18/17 07:24:00 PM	20.7	39.63	11.8	35.34
ON	21	01/18/17 06:50:00 PM	19.6	41.29	413.9	19.77	OFF	56	01/18/17 07:25:00 PM	20.63	39.49	11.8	35.58
ON	22	01/18/17 06:51:00 PM	19.67	41.07	421.8	19.77	OFF	57	01/18/17 07:26:00 PM	20.58	39.68	3.9	35.5
ON	23	01/18/17 06:52:00 PM	19.72	41.24	421.8	19.79	OFF	58	01/18/17 07:27:00 PM	20.53	39.87	3.9	35.18
ON	24	01/18/17 06:53:00 PM	19.79	41.15	429.7	19.87	OFF	59	01/18/17 07:28:00 PM	20.48	39.93	11.8	34.68
ON	25	01/18/17 06:54:00 PM	19.87	41.09	429.7	19.96	OFF	60	01/18/17 07:29:00 PM	20.44	40.02	11.8	34.05
ON	26	01/18/17 06:55:00 PM	19.96	40.85	429.7	20.06	OFF	61	01/18/17 07:30:00 PM	20.39	39.92	11.8	33.31
ON	27	01/18/17 06:56:00 PM	20.01	40.98	429.7	20.2	OFF	62	01/18/17 07:31:00 PM	20.34	39.98	3.9	32.56
ON	28	01/18/17 06:57:00 PM	20.08	40.92	429.7	20.32	OFF	63	01/18/17 07:32:00 PM	20.29	40.11	3.9	31.84
ON	29	01/18/17 06:58:00 PM	20.15	40.71	429.7	20.46	OFF	64	01/18/17 07:33:00 PM	20.25	40.17	3.9	31.1
ON	30	01/18/17 06:59:00 PM	20.2	40.55	429.7	20.6	OFF	65	01/18/17 07:34:00 PM	20.22	40.16	11.8	30.37
ON	31	01/18/17 07:00:00 PM	20.25	40.33	429.7	20.77	OFF	66	01/18/17 07:35:00 PM	20.17	40.25	11.8	29.69
ON	32	01/18/17 07:01:00 PM	20.32	40.27	429.7	20.91	OFF	67	01/18/17 07:36:00 PM	20.15	40.25	3.9	29.02
ON	33	01/18/17 07:02:00 PM	20.37	40.24	429.7	21.06	OFF	68	01/18/17 07:37:00 PM	20.1	40.28	3.9	28.42
ON	34	01/18/17 07:03:00 PM	20.41	40.12	429.7	21.18	OFF	69	01/18/17 07:38:00 PM	20.08	40.41	11.8	27.85
ON	35	01/18/17 07:04:00 PM	20.46	40.12	429.7	21.27	OFF	70	01/18/17 07:39:00 PM	20.06	40.4	11.8	27.33

Tabla 58. Recopilado de resultados sobre medidas tomadas de las propiedades lumínicas de Lámpara halógena LVRF-603/S en la simulación de una cocina con muro azul 2.

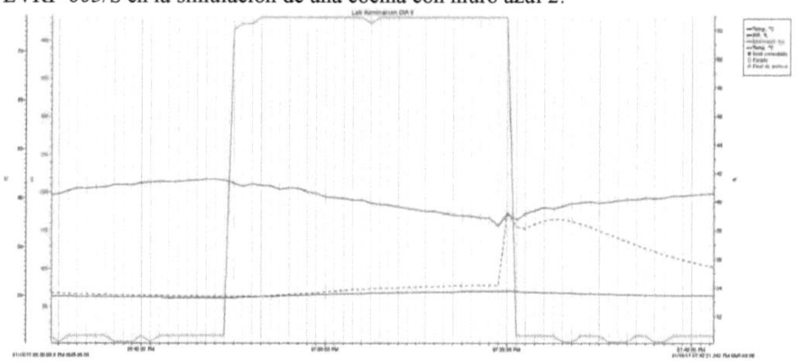

Gráfica 29. Gráfica proporcionada del programa HOBOware de resultados sobre medidas tomadas de las propiedades lumínicas de Lámpara halógena LVRF-603/S en la simulación de una cocina con muro azul 2.

TOMA C6.3: Preparación de alimentos muro azul 3

LA IMPORTANCIA DE LA ILUMINACIÓN ARTIFICIAL EN VIVIENDAS RESIDENCIALES

Tabla registro. Recopilado de medidas sobre propiedades lumínicas utilizado para realizar actividades cotidianas.

La presente tabla muestra el recopilado de información sobre temperatura (T1), humedad relativa (H.R.), e intensidad luminosa (I.L.) producidos por los luminarios especificados en el lugar del recinto donde se realiza la actividad evaluada, haciéndose una toma con un hobo a cada minuto en un lapso total de 70 mins. obteniendo 20 mins. previos al encendido, 30 mins. con el luminario encendido y 20 mins. posteriores al encendido. Se incorpora una segunda toma de temperatura (T2) generada por el mismo luminario.

Recinto evaluado:	Cocina	**U. de análisis:**	Laboratorio
Actividad evaluada:	Preparación de alimentos		
No. y tipo de luminario:	De techo (1)	**No. y tipo de foco:**	Halógeno (1)
Temperatura de color:	Cálida	**Filtro:**	Sin Filtro

Título de trazado: Prueba simulación cocina con muro azul 3

Light O	No. (#)	Fecha, Hora. GMT-06:00	T. 1 (°C)	H.R. (%)	I.L. (lux)	T. 2 (°C)	Light O	No. (#)	Fecha, Hora. GMT-06:00	T. 1 (°C)	H.R. (%)	I.L. (lux)	T. 2 (°C)
OFF	1	01/18/17 07:40:00 PM	20.03	40.47	11.8	26.87	ON	36	01/18/17 08:15:00 PM	20.48	39.22	429.7	32.07
OFF	2	01/18/17 07:41:00 PM	20.01	40.53	11.8	26.4	ON	37	01/18/17 08:16:00 PM	20.51	39.02	429.7	32.82
OFF	3	01/18/17 07:42:00 PM	19.98	40.56	11.8	25.99	ON	38	01/18/17 08:17:00 PM	20.56	39.03	429.7	33.52
OFF	4	01/18/17 07:43:00 PM	19.94	40.58	11.8	25.57	ON	39	01/18/17 08:18:00 PM	20.58	38.9	429.7	34.05
OFF	5	01/18/17 07:44:00 PM	19.91	40.58	11.8	25.19	ON	40	01/18/17 08:19:00 PM	20.6	38.81	429.7	34.6
OFF	6	01/18/17 07:45:00 PM	19.89	40.64	11.8	24.82	ON	41	01/18/17 08:20:00 PM	20.65	38.45	429.7	35.1
OFF	7	01/18/17 07:46:00 PM	19.87	40.64	11.8	24.48	ON	42	01/18/17 08:21:00 PM	20.67	38.39	429.7	35.61
OFF	8	01/18/17 07:47:00 PM	19.84	40.57	3.9	24.2	ON	43	01/18/17 08:22:00 PM	20.7	38.49	429.7	35.9
OFF	9	01/18/17 07:48:00 PM	19.84	40.61	11.8	23.93	ON	44	01/18/17 08:23:00 PM	20.75	38.37	429.7	36.15
OFF	10	01/18/17 07:49:00 PM	19.82	40.64	11.8	23.67	ON	45	01/18/17 08:24:00 PM	20.75	38.2	429.7	36.39
OFF	11	01/18/17 07:50:00 PM	19.79	40.6	11.8	23.42	ON	46	01/18/17 08:25:00 PM	20.79	38.11	429.7	36.66
OFF	12	01/18/17 07:51:00 PM	19.77	40.7	11.8	23.21	ON	47	01/18/17 08:26:00 PM	20.79	38.01	437.5	36.85
OFF	13	01/18/17 07:52:00 PM	19.75	40.69	11.8	22.99	ON	48	01/18/17 08:27:00 PM	20.82	37.82	429.7	37.12
OFF	14	01/18/17 07:53:00 PM	19.72	40.69	11.8	22.78	ON	49	01/18/17 08:28:00 PM	20.87	37.69	429.7	37.29
OFF	15	01/18/17 07:54:00 PM	19.72	40.76	11.8	22.56	ON	50	01/18/17 08:29:00 PM	20.87	37.53	429.7	37.37
OFF	16	01/18/17 07:55:00 PM	19.7	40.82	3.9	22.37	OFF	51	01/18/17 08:30:00 PM	20.87	35.86	11.8	37.81
OFF	17	01/18/17 07:56:00 PM	19.67	40.81	11.8	22.23	OFF	52	01/18/17 08:31:00 PM	20.77	36.31	3.9	37.34
OFF	18	01/18/17 07:57:00 PM	19.65	40.91	11.8	22.06	OFF	53	01/18/17 08:32:00 PM	20.67	36.76	11.8	37.37
OFF	19	01/18/17 07:58:00 PM	19.65	40.78	11.8	21.92	OFF	54	01/18/17 08:33:00 PM	20.6	37.01	11.8	37.15
OFF	20	01/18/17 07:59:00 PM	19.63	40.81	11.8	21.8	OFF	55	01/18/17 08:34:00 PM	20.56	36.42	11.8	36.85
ON	21	01/18/17 08:00:00 PM	19.6	40.81	413.9	21.65	OFF	56	01/18/17 08:35:00 PM	20.48	36.67	11.8	35.85
ON	22	01/18/17 08:01:00 PM	19.67	40.23	413.9	21.29	OFF	57	01/18/17 08:36:00 PM	20.41	36.86	11.8	35.42
ON	23	01/18/17 08:02:00 PM	19.72	40.14	413.9	21.37	OFF	58	01/18/17 08:37:00 PM	20.37	36.56	11.8	34.73
ON	24	01/18/17 08:03:00 PM	19.79	40.25	421.8	21.6	OFF	59	01/18/17 08:38:00 PM	20.29	36.88	11.8	34.1
ON	25	01/18/17 08:04:00 PM	19.87	40.12	421.8	22.08	OFF	60	01/18/17 08:39:00 PM	20.25	36.65	3.9	33.34
ON	26	01/18/17 08:05:00 PM	19.94	39.94	421.8	22.71	OFF	61	01/18/17 08:40:00 PM	20.2	36.64	3.9	32.54
ON	27	01/18/17 08:06:00 PM	20.01	40.14	421.8	23.42	OFF	62	01/18/17 08:41:00 PM	20.17	36.97	11.8	31.64
ON	28	01/18/17 08:07:00 PM	20.06	39.69	429.7	24.34	OFF	63	01/18/17 08:42:00 PM	20.13	37.19	3.9	30.9
ON	29	01/18/17 08:08:00 PM	20.13	39.83	421.8	25.33	OFF	64	01/18/17 08:43:00 PM	20.08	36.96	11.8	30.09
ON	30	01/18/17 08:09:00 PM	20.17	39.64	429.7	26.35	OFF	65	01/18/17 08:44:00 PM	20.06	37.35	11.8	29.37
ON	31	01/18/17 08:10:00 PM	20.22	39.64	429.7	27.36	OFF	66	01/18/17 08:45:00 PM	20.03	37.02	11.8	28.69
ON	32	01/18/17 08:11:00 PM	20.29	39.52	429.7	28.42	OFF	67	01/18/17 08:46:00 PM	19.98	35.7	11.8	27.73
ON	33	01/18/17 08:12:00 PM	20.32	39.46	429.7	29.34	OFF	68	01/18/17 08:47:00 PM	19.94	36.62	3.9	27.06
ON	34	01/18/17 08:13:00 PM	20.39	39.27	429.7	30.24	OFF	69	01/18/17 08:48:00 PM	19.89	35.96	3.9	26.4
ON	35	01/18/17 08:14:00 PM	20.44	39.11	429.7	31.2	OFF	70	01/18/17 08:49:00 PM	19.87	37.13	11.8	26.01

Tabla 59. Recopilado de resultados sobre medidas tomadas de las propiedades lumínicas de Lámpara halógena LVRF-603/S en la simulación de una cocina con muro azul 3.

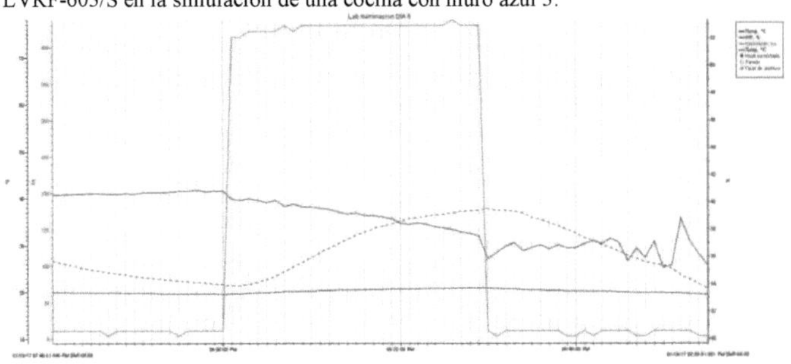

Gráfica 30. Gráfica proporcionada del programa HOBOware de resultados sobre medidas tomadas de las propiedades lumínicas de Lámpara halógena LVRF-603/S en la simulación de una cocina con muro azul 3.

TOMA C7.1: Preparación de alimentos muro gris 1

LA IMPORTANCIA DE LA ILUMINACIÓN ARTIFICIAL EN VIVIENDAS RESIDENCIALES

Tabla registro. Recopilado de medidas sobre propiedades lumínicas utilizado para realizar actividades cotidianas.

La presente tabla muestra el recopilado de información sobre temperatura (T1), humedad relativa (H.R.), e intensidad luminosa (I.L.) producidos por los luminarios especificados en el lugar del recinto donde se realiza la actividad evaluada, haciéndose una toma con un hobo a cada minuto en un lapso total de 70 mins. obteniendo 20 mins. previos al encendido, 30 mins. con el luminario encendido y 20 mins. posteriores al encendido. Se incorpora una segunda toma de temperatura (T2) generada por el mismo luminario.

Recinto evaluado:	Cocina	**U. de análisis:**	Laboratorio
Actividad evaluada:	Preparación de alimentos		
No. y tipo de luminario:	De techo (1)	**No. y tipo de foco:**	Halógeno (1)
Temperatura de color:	Cálida	**Filtro:**	Sin Filtro

Título de trazado: Prueba simulación cocina con muro gris 1													
Light O	**No. (#)**	**Fecha, Hora. GMT-06:00**	**T. 1 (°C)**	**H.R. (%)**	**I.L. (lux)**	**T. 2 (°C)**	**Light O**	**No. (#)**	**Fecha, Hora. GMT-06:00**	**T. 1 (°C)**	**H.R. (%)**	**I.L. (lux)**	**T. 2 (°C)**
OFF	1	01/17/17 07:35:00 PM	19.84	41.74	3.9	21.15	ON	36	01/17/17 08:10:00 PM	20.48	40.16	413.9	40.57
OFF	2	01/17/17 07:36:00 PM	19.84	41.28	11.8	21.63	ON	37	01/17/17 08:11:00 PM	20.51	40.19	413.9	40.37
OFF	3	01/17/17 07:37:00 PM	19.84	41.8	3.9	22.01	ON	38	01/17/17 08:12:00 PM	20.56	39.87	413.9	39.49
OFF	4	01/17/17 07:38:00 PM	19.82	41.89	11.8	22.18	ON	39	01/17/17 08:13:00 PM	20.58	39.97	421.8	39.66
OFF	5	01/17/17 07:39:00 PM	19.79	41.76	11.8	22.3	ON	40	01/17/17 08:14:00 PM	20.6	40.01	413.9	39.72
OFF	6	01/17/17 07:40:00 PM	19.77	42.05	11.8	22.39	ON	41	01/17/17 08:15:00 PM	20.65	39.95	421.8	40.17
OFF	7	01/17/17 07:41:00 PM	19.75	42.11	11.8	22.37	ON	42	01/17/17 08:16:00 PM	20.67	40.05	413.9	40.83
OFF	8	01/17/17 07:42:00 PM	19.75	41.98	11.8	22.32	ON	43	01/17/17 08:17:00 PM	20.72	39.93	413.9	41.71
OFF	9	01/17/17 07:43:00 PM	19.72	41.85	3.9	22.23	ON	44	01/17/17 08:18:00 PM	20.75	39.28	413.9	42.03
OFF	10	01/17/17 07:44:00 PM	19.7	41.75	11.8	22.11	ON	45	01/17/17 08:19:00 PM	20.75	39.18	413.9	41.62
OFF	11	01/17/17 07:45:00 PM	19.67	41.72	3.9	21.99	ON	46	01/17/17 08:20:00 PM	20.77	39.22	413.9	42
OFF	12	01/17/17 07:46:00 PM	19.67	41.65	11.8	21.89	ON	47	01/17/17 08:21:00 PM	20.79	39.38	413.9	42.89
OFF	13	01/17/17 07:47:00 PM	19.65	41.68	11.8	21.77	ON	48	01/17/17 08:22:00 PM	20.82	38.93	413.9	43.71
OFF	14	01/17/17 07:48:00 PM	19.63	41.81	11.8	21.68	ON	49	01/17/17 08:23:00 PM	20.87	39.23	413.9	44.5
OFF	15	01/17/17 07:49:00 PM	19.6	41.35	3.9	21.58	ON	50	01/17/17 08:24:00 PM	20.89	39	413.9	46.07
OFF	16	01/17/17 07:50:00 PM	19.63	41.62	11.8	21.41	OFF	51	01/17/17 08:25:00 PM	20.91	39.2	11.8	44.81
OFF	17	01/17/17 07:51:00 PM	19.63	41.65	11.8	21.34	OFF	52	01/17/17 08:26:00 PM	20.94	39.2	11.8	44.1
OFF	18	01/17/17 07:52:00 PM	19.6	41.77	11.8	21.27	OFF	53	01/17/17 08:27:00 PM	20.89	38.67	11.8	42.68
OFF	19	01/17/17 07:53:00 PM	19.6	41.84	3.9	21.18	OFF	54	01/17/17 08:28:00 PM	20.82	39.12	3.9	42.09
OFF	20	01/17/17 07:54:00 PM	19.58	41.42	11.8	21.01	OFF	55	01/17/17 08:29:00 PM	20.75	38.98	3.9	41.88
ON	21	01/17/17 07:55:00 PM	19.58	41.51	406	20.84	OFF	56	01/17/17 08:30:00 PM	20.67	39.04	11.8	40.66
ON	22	01/17/17 07:56:00 PM	19.6	41.58	406	20.77	OFF	57	01/17/17 08:31:00 PM	20.6	39.26	3.9	39.63
ON	23	01/17/17 07:57:00 PM	19.67	41.36	406	20.96	OFF	58	01/17/17 08:32:00 PM	20.56	39.16	3.9	39.32
ON	24	01/17/17 07:58:00 PM	19.75	41.6	406	21.63	OFF	59	01/17/17 08:33:00 PM	20.51	39.15	11.8	38.42
ON	25	01/17/17 07:59:00 PM	19.82	41.35	413.9	22.42	OFF	60	01/17/17 08:34:00 PM	20.44	39.37	3.9	37.4
ON	26	01/17/17 08:00:00 PM	19.89	41.13	413.9	23.55	OFF	61	01/17/17 08:35:00 PM	20.39	39.43	11.8	36.39
ON	27	01/17/17 08:01:00 PM	19.94	40.78	413.9	25.09	OFF	62	01/17/17 08:36:00 PM	20.34	39.53	3.9	35.48
ON	28	01/17/17 08:02:00 PM	20.01	40.98	413.9	26.52	OFF	63	01/17/17 08:37:00 PM	20.29	39.62	11.8	34.55
ON	29	01/17/17 08:03:00 PM	20.06	40.86	421.8	29.29	OFF	64	01/17/17 08:38:00 PM	20.27	39.62	11.8	33.63
ON	30	01/17/17 08:04:00 PM	20.13	40.9	421.8	31.15	OFF	65	01/17/17 08:39:00 PM	20.22	39.74	11.8	32.74
ON	31	01/17/17 08:05:00 PM	20.17	40.84	413.9	31.66	OFF	66	01/17/17 08:40:00 PM	20.2	39.84	11.8	31.87
ON	32	01/17/17 08:06:00 PM	20.25	40.75	413.9	32.67	OFF	67	01/17/17 08:41:00 PM	20.15	39.8	11.8	31.13
ON	33	01/17/17 08:07:00 PM	20.29	40.88	421.8	33.37	OFF	68	01/17/17 08:42:00 PM	20.13	38.85	3.9	30.52
ON	34	01/17/17 08:08:00 PM	20.37	40.76	413.9	34.62	OFF	69	01/17/17 08:43:00 PM	20.08	39.11	11.8	31.03
ON	35	01/17/17 08:09:00 PM	20.41	40.35	413.9	37.4	OFF	70	01/17/17 08:44:00 PM	20.06	39.63	3.9	29.77

Tabla 60. Recopilado de resultados sobre medidas tomadas de las propiedades lumínicas de Lámpara halógena LVRF-603/S en la simulación de una cocina con muro gris 1.

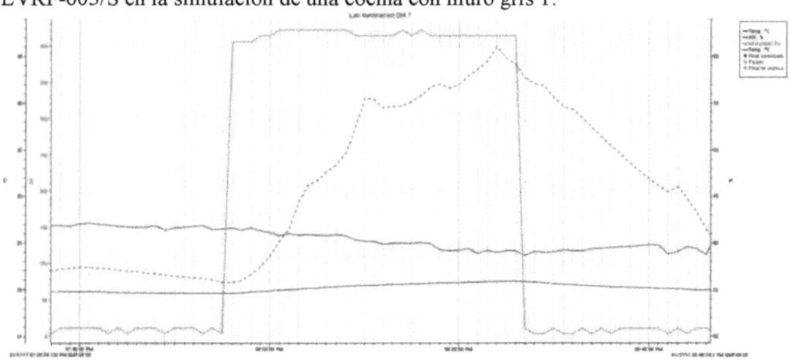

Gráfica 31. Gráfica proporcionada del programa HOBOware de resultados sobre medidas tomadas de las propiedades lumínicas de Lámpara halógena LVRF-603/S en la simulación de una cocina con muro gris 1.

TOMA C7.2: Preparación de alimentos muro gris 2

LA IMPORTANCIA DE LA ILUMINACIÓN ARTIFICIAL EN VIVIENDAS RESIDENCIALES

Tabla registro. Recopilado de medidas sobre propiedades lumínicas utilizado para realizar actividades cotidianas.

La presente tabla muestra el recopilado de información sobre temperatura (T1), humedad relativa (H.R.), e intensidad luminosa (I.L.) producidos por los luminarios especificados en el lugar del recinto donde se realiza la actividad evaluada, haciéndose una toma con un hobo a cada minuto en un lapso total de 70 mins. obteniendo 20 mins. previos al encendido, 30 mins. con el luminario encendido y 20 mins. posteriores al encendido. Se incorpora una segunda toma de temperatura (T2) generada por el mismo luminario.

Recinto evaluado:	Cocina	**U. de análisis:**	Laboratorio
Actividad evaluada:	Preparación de alimentos		
No. y tipo de luminario:	De techo (1)	**No. y tipo de foco:**	Halógeno (1)
Temperatura de color:	Cálida	**Filtro:**	Sin Filtro

Título de trazado: Prueba simulación cocina con muro gris 2

Light O	No. (#)	Fecha, Hora. GMT-06:00	T. 1 (°C)	H.R. (%)	I.L. (lux)	T. 2 (°C)	Light O	No. (#)	Fecha, Hora. GMT-06:00	T. 1 (°C)	H.R. (%)	I.L. (lux)	T. 2 (°C)
OFF	1	01/20/17 05:20:00 PM	22.44	47.43	11.8	22.51	ON	36	01/20/17 05:55:00 PM	21.18	34.5	406	46.29
OFF	2	01/20/17 05:21:00 PM	22.39	47.39	3.9	22.44	ON	37	01/20/17 05:56:00 PM	21.2	34.5	398.1	49.11
OFF	3	01/20/17 05:22:00 PM	22.2	32.71	11.8	22.82	ON	38	01/20/17 05:57:00 PM	21.22	34.57	406	49.41
OFF	4	01/20/17 05:23:00 PM	22.11	36.97	11.8	22.25	ON	39	01/20/17 05:58:00 PM	21.25	34.71	406	50.86
OFF	5	01/20/17 05:24:00 PM	21.99	36.33	11.8	21.75	ON	40	01/20/17 05:59:00 PM	21.27	34.58	406	51.24
OFF	6	01/20/17 05:25:00 PM	21.89	36.32	11.8	21.34	ON	41	01/20/17 06:00:00 PM	21.29	34.51	406	51.7
OFF	7	01/20/17 05:26:00 PM	21.82	36.41	11.8	21.06	ON	42	01/20/17 06:01:00 PM	21.32	34.45	406	53.63
OFF	8	01/20/17 05:27:00 PM	21.72	36.53	3.9	20.82	ON	43	01/20/17 06:02:00 PM	21.34	34.48	413.9	53.55
OFF	9	01/20/17 05:28:00 PM	21.65	36.26	11.8	20.65	ON	44	01/20/17 06:03:00 PM	21.37	34.65	413.9	52.93
OFF	10	01/20/17 05:29:00 PM	21.58	35.99	11.8	20.48	ON	45	01/20/17 06:04:00 PM	21.39	34.42	413.9	51.92
OFF	11	01/20/17 05:30:00 PM	21.49	36.38	11.8	20.34	ON	46	01/20/17 06:05:00 PM	21.41	34.29	413.9	52.28
OFF	12	01/20/17 05:31:00 PM	21.39	35.78	11.8	20.22	ON	47	01/20/17 06:06:00 PM	21.44	34.33	406	52.1
OFF	13	01/20/17 05:32:00 PM	21.29	36.23	3.9	20.17	ON	48	01/20/17 06:07:00 PM	21.46	34.2	413.9	51.21
OFF	14	01/20/17 05:33:00 PM	21.22	35.79	3.9	20.13	ON	49	01/20/17 06:08:00 PM	21.46	34.26	413.9	50.93
OFF	15	01/20/17 05:34:00 PM	21.15	35.79	11.8	20.13	ON	50	01/20/17 06:09:00 PM	21.49	34.1	413.9	51.85
OFF	16	01/20/17 05:35:00 PM	21.08	35.81	11.8	20.1	OFF	51	01/20/17 06:10:00 PM	21.49	34.4	3.9	53.89
OFF	17	01/20/17 05:36:00 PM	20.98	35.93	11.8	20.08	OFF	52	01/20/17 06:11:00 PM	21.41	34.09	11.8	52.38
OFF	18	01/20/17 05:37:00 PM	20.94	35.73	3.9	20.06	OFF	53	01/20/17 06:12:00 PM	21.34	34.29	11.8	51.7
OFF	19	01/20/17 05:38:00 PM	20.87	36.35	3.9	20.03	OFF	54	01/20/17 06:13:00 PM	21.27	34.45	11.8	50.86
OFF	20	01/20/17 05:39:00 PM	20.79	35.59	11.8	20.03	OFF	55	01/20/17 06:14:00 PM	21.22	34.51	3.9	48.5
ON	21	01/20/17 05:40:00 PM	20.75	35.38	319.3	20.01	OFF	56	01/20/17 06:15:00 PM	21.15	34.57	11.8	46.74
ON	22	01/20/17 05:41:00 PM	20.77	35.29	390.2	20.17	OFF	57	01/20/17 06:16:00 PM	21.1	34.56	3.9	45.37
ON	23	01/20/17 05:42:00 PM	20.82	35.26	406	20.56	OFF	58	01/20/17 06:17:00 PM	21.03	34.69	11.8	43.71
ON	24	01/20/17 05:43:00 PM	20.84	35.16	406	21.8	OFF	59	01/20/17 06:18:00 PM	20.98	34.65	3.9	41.74
ON	25	01/20/17 05:44:00 PM	20.87	35.26	398.1	23.26	OFF	60	01/20/17 06:19:00 PM	20.94	34.74	11.8	40.2
ON	26	01/20/17 05:45:00 PM	20.91	35.14	398.1	25.57	OFF	61	01/20/17 06:20:00 PM	20.89	34.67	3.9	39.23
ON	27	01/20/17 05:46:00 PM	20.94	34.91	398.1	28.2	OFF	62	01/20/17 06:21:00 PM	20.84	34.8	3.9	37.98
ON	28	01/20/17 05:47:00 PM	20.96	34.81	398.1	30.17	OFF	63	01/20/17 06:22:00 PM	20.82	34.86	11.8	36.88
ON	29	01/20/17 05:48:00 PM	20.98	34.95	398.1	33.42	OFF	64	01/20/17 06:23:00 PM	20.77	34.73	11.8	35.37
ON	30	01/20/17 05:49:00 PM	21.03	34.82	398.1	35.64	OFF	65	01/20/17 06:24:00 PM	20.75	34.76	11.8	34.41
ON	31	01/20/17 05:50:00 PM	21.06	34.69	398.1	37.87	OFF	66	01/20/17 06:25:00 PM	20.7	34.66	11.8	33.7
ON	32	01/20/17 05:51:00 PM	21.08	34.43	398.1	40	OFF	67	01/20/17 06:26:00 PM	20.67	34.62	11.8	33.13
ON	33	01/20/17 05:52:00 PM	21.1	34.5	398.1	42.62	OFF	68	01/20/17 06:27:00 PM	20.63	34.65	3.9	32.15
ON	34	01/20/17 05:53:00 PM	21.13	34.5	406	43.07	OFF	69	01/20/17 06:28:00 PM	20.6	34.71	11.8	31.03
ON	35	01/20/17 05:54:00 PM	21.15	34.43	398.1	44.75	OFF	70	01/20/17 06:29:00 PM	20.58	34.68	11.8	30.19

Tabla 52. Recopilado de resultados sobre medidas tomadas de las propiedades lumínicas de Lámpara halógena LVRF-603/S en la simulación de una cocina con muro gris 2.

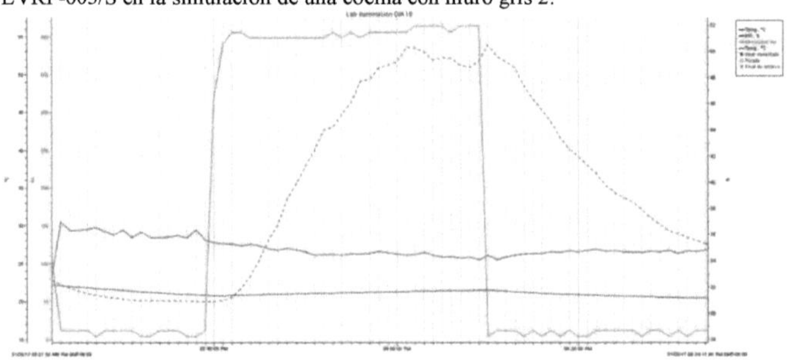

Gráfica 32. Gráfica proporcionada del programa HOBOware de resultados sobre medidas tomadas de las propiedades lumínicas de Lámpara halógena LVRF-603/S en la simulación de una cocina con muro gris 2.

TOMA C7.3: Preparación de alimentos muro gris 3

LA IMPORTANCIA DE LA ILUMINACIÓN ARTIFICIAL EN VIVIENDAS RESIDENCIALES

Tabla registro. Recopilado de medidas sobre propiedades lumínicas utilizado para realizar actividades cotidianas.

La presente tabla muestra el recopilado de información sobre temperatura (T1), humedad relativa (H.R.), e intensidad luminosa (I.L.) producidos por los luminarios especificados en el lugar del recinto donde se realiza la actividad evaluada, haciéndose una toma con un hobo a cada minuto en un lapso total de 70 mins. obteniendo 20 mins. previos al encendido, 30 mins. con el luminario encendido y 20 mins. posteriores al encendido. Se incorpora una segunda toma de temperatura (T2) generada por el mismo luminario.

Recinto evaluado:	Cocina	**U. de análisis:**	Laboratorio
Actividad evaluada:	Preparación de alimentos		
No. y tipo de luminario:	De techo (1)	**No. y tipo de foco:**	Halógeno (1)
Temperatura de color:	Cálida	**Filtro:**	Sin Filtro

Título de trazado: Prueba simulación cocina con muro gris 3

Light O	No. (#)	Fecha, Hora. GMT-06:00	T. 1 (°C)	H.R. (%)	I.L. (lux)	T. 2 (°C)	Light O	No. (#)	Fecha, Hora. GMT-06:00	T. 1 (°C)	H.R. (%)	I.L. (lux)	T. 2 (°C)
OFF	1	01/20/17 06:30:00 PM	20.56	34.77	3.9	29.34	ON	36	01/20/17 07:05:00 PM	20.87	32.39	382.4	48.04
OFF	2	01/20/17 06:31:00 PM	20.53	34.57	11.8	28.92	ON	37	01/20/17 07:06:00 PM	20.91	32.69	382.4	49.48
OFF	3	01/20/17 06:32:00 PM	20.51	34.74	3.9	28.49	ON	38	01/20/17 07:07:00 PM	20.96	32.63	382.4	50.23
OFF	4	01/20/17 06:33:00 PM	20.48	34.73	11.8	28.07	ON	39	01/20/17 07:08:00 PM	20.98	32.7	382.4	51.38
OFF	5	01/20/17 06:34:00 PM	20.46	34.83	11.8	27.63	ON	40	01/20/17 07:09:00 PM	21.03	32.44	382.4	52.06
OFF	6	01/20/17 06:35:00 PM	20.44	34.7	11.8	27.48	ON	41	01/20/17 07:10:00 PM	21.06	32.4	382.4	52.53
OFF	7	01/20/17 06:36:00 PM	20.41	34.03	3.9	26.92	ON	42	01/20/17 07:11:00 PM	21.1	32.31	382.4	52.93
OFF	8	01/20/17 06:37:00 PM	20.39	33.97	11.8	26.74	ON	43	01/20/17 07:12:00 PM	21.13	32.24	382.4	53.66
OFF	9	01/20/17 06:38:00 PM	20.37	34.43	3.9	26.35	ON	44	01/20/17 07:13:00 PM	21.15	32.28	382.4	54.34
OFF	10	01/20/17 06:39:00 PM	20.34	34.23	11.8	26.13	ON	45	01/20/17 07:14:00 PM	21.18	32.15	382.4	55.41
OFF	11	01/20/17 06:40:00 PM	20.32	34.55	11.8	25.84	ON	46	01/20/17 07:15:00 PM	21.2	32.25	382.4	55.91
OFF	12	01/20/17 06:41:00 PM	20.29	34.62	3.9	25.57	ON	47	01/20/17 07:16:00 PM	21.22	32.02	382.4	55.56
OFF	13	01/20/17 06:42:00 PM	20.27	34.75	3.9	25.31	ON	48	01/20/17 07:17:00 PM	21.25	31.92	382.4	55.6
OFF	14	01/20/17 06:43:00 PM	20.27	35.01	3.9	25.07	ON	49	01/20/17 07:18:00 PM	21.27	31.92	382.4	55.91
OFF	15	01/20/17 06:44:00 PM	20.25	34.78	11.8	24.75	ON	50	01/20/17 07:19:00 PM	21.29	31.86	382.4	55.95
OFF	16	01/20/17 06:45:00 PM	20.22	35.04	11.8	24.46	OFF	51	01/20/17 07:20:00 PM	21.32	31.73	11.8	55.95
OFF	17	01/20/17 06:46:00 PM	20.2	35	3.9	24.24	OFF	52	01/20/17 07:21:00 PM	21.25	31.72	11.8	56.22
OFF	18	01/20/17 06:47:00 PM	20.17	35	11.8	24	OFF	53	01/20/17 07:22:00 PM	21.18	30.45	3.9	52.93
OFF	19	01/20/17 06:48:00 PM	20.17	35.2	3.9	23.81	OFF	54	01/20/17 07:23:00 PM	21.08	30.27	11.8	50.75
OFF	20	01/20/17 06:49:00 PM	20.15	35.1	11.8	23.59	OFF	55	01/20/17 07:24:00 PM	21.01	30.64	11.8	48.04
ON	21	01/20/17 06:50:00 PM	20.13	35.19	382.4	23.38	OFF	56	01/20/17 07:25:00 PM	20.94	30.16	11.8	46
ON	22	01/20/17 06:51:00 PM	20.1	35.32	374.5	23.16	OFF	57	01/20/17 07:26:00 PM	20.84	30.35	3.9	44.32
ON	23	01/20/17 06:52:00 PM	20.2	34.34	382.4	23.16	OFF	58	01/20/17 07:27:00 PM	20.79	30.28	3.9	42.62
ON	24	01/20/17 06:53:00 PM	20.25	33.69	382.4	23.26	OFF	59	01/20/17 07:28:00 PM	20.75	30.28	11.8	40.75
ON	25	01/20/17 06:54:00 PM	20.32	33.43	382.4	25.5	OFF	60	01/20/17 07:29:00 PM	20.67	30.61	3.9	39.23
ON	26	01/20/17 06:55:00 PM	20.37	33.53	382.4	27.31	OFF	61	01/20/17 07:30:00 PM	20.65	30.44	11.8	37.89
ON	27	01/20/17 06:56:00 PM	20.44	33.84	382.4	28.94	OFF	62	01/20/17 07:31:00 PM	20.6	30.53	11.8	36.42
ON	28	01/20/17 06:57:00 PM	20.51	33.22	382.4	31.92	OFF	63	01/20/17 07:32:00 PM	20.56	30.46	11.8	35.48
ON	29	01/20/17 06:58:00 PM	20.56	33.06	382.4	35.18	OFF	64	01/20/17 07:33:00 PM	20.51	30.56	11.8	34.52
ON	30	01/20/17 06:59:00 PM	20.6	33.16	382.4	37.48	OFF	65	01/20/17 07:34:00 PM	20.48	30.49	3.9	33.78
ON	31	01/20/17 07:00:00 PM	20.65	32.87	382.4	39.69	OFF	66	01/20/17 07:35:00 PM	20.44	30.52	11.8	32.79
ON	32	01/20/17 07:01:00 PM	20.7	33.04	382.4	41.77	OFF	67	01/20/17 07:36:00 PM	20.41	30.45	11.8	32.1
ON	33	01/20/17 07:02:00 PM	20.75	33.14	382.4	44.01	OFF	68	01/20/17 07:37:00 PM	20.39	30.65	3.9	31.38
ON	34	01/20/17 07:03:00 PM	20.79	32.94	382.4	45.56	OFF	69	01/20/17 07:38:00 PM	20.37	30.45	11.8	30.93
ON	35	01/20/17 07:04:00 PM	20.84	32.52	382.4	46.67	OFF	70	01/20/17 07:39:00 PM	20.34	30.58	11.8	29.89

Tabla 53. Recopilado de resultados sobre medidas tomadas de las propiedades lumínicas de Lámpara halógena LVRF-603/S en la simulación de una cocina con muro gris 3.

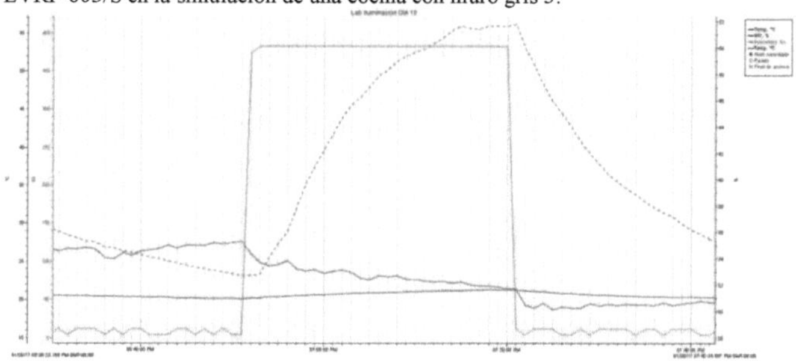

Gráfica 33. Gráfica proporcionada del programa HOBOware de resultados sobre medidas tomadas de las propiedades lumínicas de Lámpara halógena LVRF-603/S en la simulación de una cocina con muro gris 3.

TOMA C8.1: Lectura 1

LA IMPORTANCIA DE LA ILUMINACIÓN ARTIFICIAL EN VIVIENDAS RESIDENCIALES

Tabla registro. Recopilado de medidas sobre propiedades lumínicas utilizado para realizar actividades cotidianas.

La presente tabla muestra el recopilado de información sobre temperatura (T1), humedad relativa (H.R.), e intensidad luminosa (I.L.) producidos por los luminarios especificados en el lugar del recinto donde se realiza la actividad evaluada, haciéndose una toma con un hobo a cada minuto en un lapso total de 70 mins. obteniendo 20 mins. previos al encendido, 30 mins. con el luminario encendido y 20 mins. posteriores al encendido. Se incorpora una segunda toma de temperatura (T2) generada por el mismo luminario.

Recinto evaluado:	Recámara	**U. de análisis:**	Laboratorio
Actividad evaluada:	Lectura		
No. y tipo de luminario:	Spot (1)	**No. y tipo de foco:**	LED (1)
Temperatura de color:	Natural	**Filtro:**	Con Filtro

Título de trazado: Prueba simulación recámara 1													
Light O	**No. (#)**	**Fecha, Hora. GMT-06:00**	**T. 1 (°C)**	**H.R. (%)**	**I.L. (lux)**	**T. 2 (°C)**	**Light O**	**No. (#)**	**Fecha, Hora. GMT-06:00**	**T. 1 (°C)**	**H.R. (%)**	**I.L. (lux)**	**T. 2 (°C)**
OFF	1	01/24/17 05:15:00 PM	21.72	36.96	3.9	21.63	ON	36	01/24/17 05:50:00 PM	20.67	34.65	398.1	22.99
OFF	2	01/24/17 05:16:00 PM	21.68	35.8	11.8	21.72	ON	37	01/24/17 05:51:00 PM	20.67	34.65	398.1	23.09
OFF	3	01/24/17 05:17:00 PM	21.63	35.47	3.9	21.75	ON	38	01/24/17 05:52:00 PM	20.67	34.69	406	23.16
OFF	4	01/24/17 05:18:00 PM	21.58	35.27	11.8	21.72	ON	39	01/24/17 05:53:00 PM	20.65	34.65	390.2	23.26
OFF	5	01/24/17 05:19:00 PM	21.51	35.33	3.9	21.7	ON	40	01/24/17 05:54:00 PM	20.65	34.72	406	23.33
OFF	6	01/24/17 05:20:00 PM	21.46	35.29	11.8	21.68	ON	41	01/24/17 05:55:00 PM	20.63	34.71	398.1	23.42
OFF	7	01/24/17 05:21:00 PM	21.41	35.28	11.8	21.63	ON	42	01/24/17 05:56:00 PM	20.6	34.71	398.1	23.47
OFF	8	01/24/17 05:22:00 PM	21.37	35.18	11.8	21.6	ON	43	01/24/17 05:57:00 PM	20.6	34.75	406	23.52
OFF	9	01/24/17 05:23:00 PM	21.32	35.11	11.8	21.56	ON	44	01/24/17 05:58:00 PM	20.6	34.71	406	23.59
OFF	10	01/24/17 05:24:00 PM	21.27	35.01	3.9	21.53	ON	45	01/24/17 05:59:00 PM	20.58	34.71	398.1	23.62
OFF	11	01/24/17 05:25:00 PM	21.25	34.18	3.9	21.51	ON	46	01/24/17 06:00:00 PM	20.58	34.78	398.1	23.67
OFF	12	01/24/17 05:26:00 PM	21.2	34.7	11.8	21.46	ON	47	01/24/17 06:01:00 PM	20.58	34.74	398.1	23.71
OFF	13	01/24/17 05:27:00 PM	21.15	34.73	11.8	21.44	ON	48	01/24/17 06:02:00 PM	20.56	34.74	398.1	23.74
OFF	14	01/24/17 05:28:00 PM	21.13	34.76	3.9	21.41	ON	49	01/24/17 06:03:00 PM	20.53	34.01	406	23.76
OFF	15	01/24/17 05:29:00 PM	21.08	34.63	11.8	21.39	ON	50	01/24/17 06:04:00 PM	20.53	34.01	406	23.74
OFF	16	01/24/17 05:30:00 PM	21.06	34.56	11.8	21.37	OFF	51	01/24/17 06:05:00 PM	20.51	33.98	3.9	23.69
OFF	17	01/24/17 05:31:00 PM	21.03	34.62	3.9	21.34	OFF	52	01/24/17 06:06:00 PM	20.51	34.04	11.8	23.64
OFF	18	01/24/17 05:32:00 PM	20.98	34.62	11.8	21.34	OFF	53	01/24/17 06:07:00 PM	20.48	33.84	3.9	23.62
OFF	19	01/24/17 05:33:00 PM	20.96	34.61	3.9	21.32	OFF	54	01/24/17 06:08:00 PM	20.48	34.04	3.9	23.57
OFF	20	01/24/17 05:34:00 PM	20.94	34.71	3.9	21.29	OFF	55	01/24/17 06:09:00 PM	20.48	34.21	11.8	23.5
ON	21	01/24/17 05:35:00 PM	20.91	34.68	421.8	21.32	OFF	56	01/24/17 06:10:00 PM	20.46	34.2	11.8	23.42
ON	22	01/24/17 05:36:00 PM	20.89	34.41	390.2	21.41	OFF	57	01/24/17 06:11:00 PM	20.46	34.17	3.9	23.33
ON	23	01/24/17 05:37:00 PM	20.87	34.24	413.9	21.49	OFF	58	01/24/17 06:12:00 PM	20.46	34.07	11.8	23.23
ON	24	01/24/17 05:38:00 PM	20.87	34.41	398.1	21.56	OFF	59	01/24/17 06:13:00 PM	20.44	34.17	11.8	23.11
ON	25	01/24/17 05:39:00 PM	20.84	34.34	413.9	21.65	OFF	60	01/24/17 06:14:00 PM	20.44	34.1	3.9	22.99
ON	26	01/24/17 05:40:00 PM	20.82	34.27	406	21.75	OFF	61	01/24/17 06:15:00 PM	20.41	34.17	11.8	22.87
ON	27	01/24/17 05:41:00 PM	20.79	34.37	413.9	21.87	OFF	62	01/24/17 06:16:00 PM	20.41	34.23	3.9	22.75
ON	28	01/24/17 05:42:00 PM	20.79	34.43	398.1	21.99	OFF	63	01/24/17 06:17:00 PM	20.41	34.23	11.8	22.63
ON	29	01/24/17 05:43:00 PM	20.77	34.46	406	22.13	OFF	64	01/24/17 06:18:00 PM	20.41	34.23	11.8	22.51
ON	30	01/24/17 05:44:00 PM	20.77	34.53	398.1	22.27	OFF	65	01/24/17 06:19:00 PM	20.39	34.26	11.8	22.39
ON	31	01/24/17 05:45:00 PM	20.75	34.66	390.2	22.39	OFF	66	01/24/17 06:20:00 PM	20.39	34.33	11.8	22.3
ON	32	01/24/17 05:46:00 PM	20.75	34.66	406	22.51	OFF	67	01/24/17 06:21:00 PM	20.37	34.36	3.9	22.2
ON	33	01/24/17 05:47:00 PM	20.72	34.59	390.2	22.63	OFF	68	01/24/17 06:22:00 PM	20.37	34.36	3.9	22.11
ON	34	01/24/17 05:48:00 PM	20.7	34.62	398.1	22.78	OFF	69	01/24/17 06:23:00 PM	20.37	34.43	11.8	22.01
ON	35	01/24/17 05:49:00 PM	20.7	34.62	406	22.87	OFF	70	01/24/17 06:24:00 PM	20.34	34.36	11.8	21.94

Tabla 54. Recopilado de resultados sobre medidas tomadas de las propiedades lumínicas de Lámpara YDLED-400/18W 30/B en la simulación de una recámara 1.

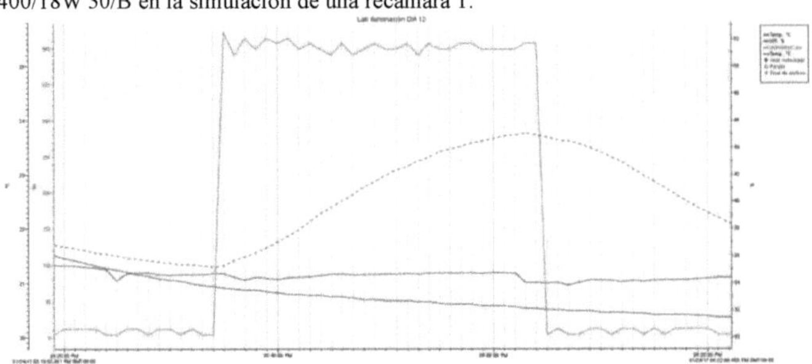

Gráfica 34. Gráfica proporcionada del programa HOBOware de resultados sobre medidas tomadas de las propiedades lumínicas de Lámpara YDLED-400/18W 30/B en la simulación de una recámara 1.

TOMA C8.2: Lectura 2

LA IMPORTANCIA DE LA ILUMINACIÓN ARTIFICIAL EN VIVIENDAS RESIDENCIALES

Tabla registro. Recopilado de medidas sobre propiedades lumínicas utilizado para realizar actividades cotidianas.

La presente tabla muestra el recopilado de información sobre temperatura (T1), humedad relativa (H.R.), e intensidad luminosa (I.L.) producidos por los luminarios especificados en el lugar del recinto donde se realiza la actividad evaluada, haciéndose una toma con un hobo a cada minuto en un lapso total de 70 mins. obteniendo 20 mins. previos al encendido, 30 mins. con el luminario encendido y 20 mins. posteriores al encendido. Se incorpora una segunda toma de temperatura (T2) generada por el mismo luminario.

Recinto evaluado:	Recámara	**U. de análisis:**	Laboratorio
Actividad evaluada:	Lectura		
No. y tipo de luminario:	Spot (1)	**No. y tipo de foco:**	LED (1)
Temperatura de color:	Natural	**Filtro:**	Con Filtro

Título de trazado: Prueba simulación recámara 2

Light O	No. (#)	Fecha, Hora. GMT-06:00	T. 1 (°C)	H.R. (%)	I.L. (lux)	T. 2 (°C)	Light O	No. (#)	Fecha, Hora. GMT-06:00	T. 1 (°C)	H.R. (%)	I.L. (lux)	T. 2 (°C)
OFF	1	01/24/17 06:25:00 PM	20.34	34.42	11.8	21.87	ON	36	01/24/17 07:00:00 PM	20.2	33.59	398.1	22.61
OFF	2	01/24/17 06:26:00 PM	20.34	34.49	11.8	21.8	ON	37	01/24/17 07:01:00 PM	20.22	33.69	390.2	22.73
OFF	3	01/24/17 06:27:00 PM	20.32	34.42	11.8	21.72	ON	38	01/24/17 07:02:00 PM	20.22	33.72	390.2	22.8
OFF	4	01/24/17 06:28:00 PM	20.32	34.42	11.8	21.65	ON	39	01/24/17 07:03:00 PM	20.22	33.75	398.1	22.9
OFF	5	01/24/17 06:29:00 PM	20.32	34.52	3.9	21.58	ON	40	01/24/17 07:04:00 PM	20.22	33.59	406	22.94
OFF	6	01/24/17 06:30:00 PM	20.32	34.49	11.8	21.53	ON	41	01/24/17 07:05:00 PM	20.22	33.69	406	23.06
OFF	7	01/24/17 06:31:00 PM	20.29	34.48	11.8	21.49	ON	42	01/24/17 07:06:00 PM	20.25	33.75	390.2	23.09
OFF	8	01/24/17 06:32:00 PM	20.29	34.55	11.8	21.44	ON	43	01/24/17 07:07:00 PM	20.25	33.72	406	23.09
OFF	9	01/24/17 06:33:00 PM	20.29	34.55	3.9	21.39	ON	44	01/24/17 07:08:00 PM	20.25	33.75	390.2	23.11
OFF	10	01/24/17 06:34:00 PM	20.29	34.55	11.8	21.34	ON	45	01/24/17 07:09:00 PM	20.25	33.82	406	23.14
OFF	11	01/24/17 06:35:00 PM	20.27	34.48	11.8	21.29	ON	46	01/24/17 07:10:00 PM	20.25	33.82	390.2	23.18
OFF	12	01/24/17 06:36:00 PM	20.27	34.55	3.9	21.25	ON	47	01/24/17 07:11:00 PM	20.25	33.72	406	23.23
OFF	13	01/24/17 06:37:00 PM	20.27	34.61	11.8	21.22	ON	48	01/24/17 07:12:00 PM	20.25	33.79	398.1	23.21
OFF	14	01/24/17 06:38:00 PM	20.25	34.58	3.9	21.18	ON	49	01/24/17 07:13:00 PM	20.25	33.69	406	23.21
OFF	15	01/24/17 06:39:00 PM	20.25	34.55	11.8	21.15	ON	50	01/24/17 07:14:00 PM	20.25	33.49	406	23.26
OFF	16	01/24/17 06:40:00 PM	20.25	34.48	3.9	21.1	OFF	51	01/24/17 07:15:00 PM	20.25	33.66	11.8	23.14
OFF	17	01/24/17 06:41:00 PM	20.25	34.61	11.8	21.08	OFF	52	01/24/17 07:16:00 PM	20.25	33.56	11.8	23.02
OFF	18	01/24/17 06:42:00 PM	20.25	34.61	3.9	21.06	OFF	53	01/24/17 07:17:00 PM	20.25	33.69	3.9	22.92
OFF	19	01/24/17 06:43:00 PM	20.22	34.61	11.8	21.03	OFF	54	01/24/17 07:18:00 PM	20.22	33.65	3.9	22.87
OFF	20	01/24/17 06:44:00 PM	20.22	34.64	11.8	21.01	OFF	55	01/24/17 07:19:00 PM	20.22	33.75	11.8	22.8
ON	21	01/24/17 06:45:00 PM	20.22	34.41	406	21.03	OFF	56	01/24/17 07:20:00 PM	20.22	33.75	11.8	22.78
ON	22	01/24/17 06:46:00 PM	20.22	34.08	406	21.13	OFF	57	01/24/17 07:21:00 PM	20.25	33.82	3.9	22.73
ON	23	01/24/17 06:47:00 PM	20.22	33.82	406	21.2	OFF	58	01/24/17 07:22:00 PM	20.22	33.75	11.8	22.66
ON	24	01/24/17 06:48:00 PM	20.22	34.08	413.9	21.27	OFF	59	01/24/17 07:23:00 PM	20.22	33.75	11.8	22.54
ON	25	01/24/17 06:49:00 PM	20.2	34.28	398.1	21.34	OFF	60	01/24/17 07:24:00 PM	20.22	33.65	3.9	22.47
ON	26	01/24/17 06:50:00 PM	20.22	34.35	406	21.44	OFF	61	01/24/17 07:25:00 PM	20.22	33.69	11.8	22.37
ON	27	01/24/17 06:51:00 PM	20.22	34.41	406	21.53	OFF	62	01/24/17 07:26:00 PM	20.22	33.75	11.8	22.27
ON	28	01/24/17 06:52:00 PM	20.2	34.41	406	21.65	OFF	63	01/24/17 07:27:00 PM	20.22	33.62	11.8	22.15
ON	29	01/24/17 06:53:00 PM	20.2	34.34	390.2	21.75	OFF	64	01/24/17 07:28:00 PM	20.22	33.69	11.8	22.01
ON	30	01/24/17 06:54:00 PM	20.2	34.34	406	21.87	OFF	65	01/24/17 07:29:00 PM	20.22	33.75	11.8	21.92
ON	31	01/24/17 06:55:00 PM	20.2	34.21	398.1	22.01	OFF	66	01/24/17 07:30:00 PM	20.22	33.82	11.8	21.82
ON	32	01/24/17 06:56:00 PM	20.2	34.18	406	22.13	OFF	67	01/24/17 07:31:00 PM	20.22	33.82	11.8	21.75
ON	33	01/24/17 06:57:00 PM	20.2	34.21	406	22.27	OFF	68	01/24/17 07:32:00 PM	20.22	33.82	11.8	21.65
ON	34	01/24/17 06:58:00 PM	20.2	33.78	390.2	22.37	OFF	69	01/24/17 07:33:00 PM	20.22	33.72	3.9	21.58
ON	35	01/24/17 06:59:00 PM	20.2	33.39	406	22.49	OFF	70	01/24/17 07:34:00 PM	20.22	33.75	3.9	21.51

Tabla 55. Recopilado de resultados sobre medidas tomadas de las propiedades lumínicas de Lámpara YDLED-400/18W 30/B en la simulación de una recámara 2.

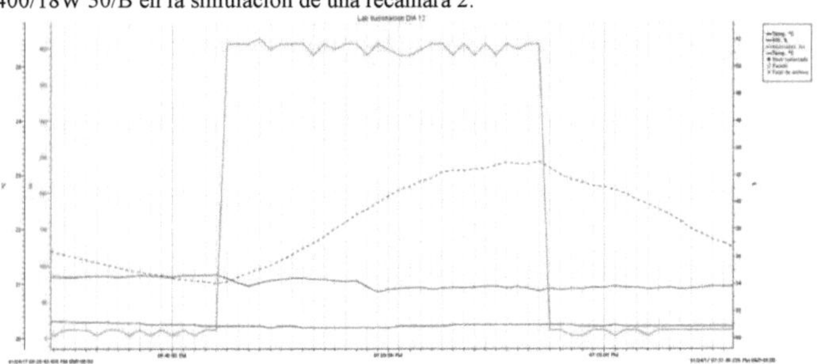

Gráfica 35. Gráfica proporcionada del programa HOBOware de resultados sobre medidas tomadas de las propiedades lumínicas de Lámpara YDLED-400/18W 30/B en la simulación de una recámara 2.

TOMA C8.3: Lectura 3

LA IMPORTANCIA DE LA ILUMINACIÓN ARTIFICIAL EN VIVIENDAS RESIDENCIALES

Tabla registro. Recopilado de medidas sobre propiedades lumínicas utilizado para realizar actividades cotidianas.

La presente tabla muestra el recopilado de información sobre temperatura (T1), humedad relativa (H.R.), e intensidad luminosa (I.L.) producidos por los luminarios especificados en el lugar del recinto donde se realiza la actividad evaluada, haciéndose una toma con un hobo a cada minuto en un lapso total de 70 mins. obteniendo 20 mins. previos al encendido, 30 mins. con el luminario encendido y 20 mins. posteriores al encendido. Se incorpora una segunda toma de temperatura (T2) generada por el mismo luminario.

Recinto evaluado:	Recámara	**U. de análisis:**	Laboratorio
Actividad evaluada:	Lectura		
No. y tipo de luminario:	Spot (1)	**No. y tipo de foco:**	LED (1)
Temperatura de color:	Natural	**Filtro:**	Con Filtro

Título de trazado: Prueba simulación recámara 3													
Light O	**No. (#)**	**Fecha, Hora. GMT-06:00**	**T. 1 (°C)**	**H.R. (%)**	**I.L. (lux)**	**T. 2 (°C)**	**Light O**	**No. (#)**	**Fecha, Hora. GMT-06:00**	**T. 1 (°C)**	**H.R. (%)**	**I.L. (lux)**	**T. 2 (°C)**
OFF	1	01/24/17 07:45:00 PM	20.2	33.75	11.8	20.94	ON	36	01/24/17 08:20:00 PM	20.37	32.48	398.1	22.37
OFF	2	01/24/17 07:46:00 PM	20.2	33.68	11.8	20.91	ON	37	01/24/17 08:21:00 PM	20.37	32.31	398.1	22.42
OFF	3	01/24/17 07:47:00 PM	20.2	33.59	3.9	20.87	ON	38	01/24/17 08:22:00 PM	20.37	32.41	406	22.47
OFF	4	01/24/17 07:48:00 PM	20.2	33.62	3.9	20.84	ON	39	01/24/17 08:23:00 PM	20.34	32.31	406	22.51
OFF	5	01/24/17 07:49:00 PM	20.2	33.55	3.9	20.84	ON	40	01/24/17 08:24:00 PM	20.34	32.11	398.1	22.61
OFF	6	01/24/17 07:50:00 PM	20.2	33.62	3.9	20.82	ON	41	01/24/17 08:25:00 PM	20.34	32.14	390.2	22.61
OFF	7	01/24/17 07:51:00 PM	20.2	33.68	11.8	20.82	ON	42	01/24/17 08:26:00 PM	20.32	32.11	406	22.68
OFF	8	01/24/17 07:52:00 PM	20.2	33.55	11.8	20.82	ON	43	01/24/17 08:27:00 PM	20.32	32.04	390.2	22.73
OFF	9	01/24/17 07:53:00 PM	20.2	33.45	3.9	20.84	ON	44	01/24/17 08:28:00 PM	20.29	31.87	398.1	22.75
OFF	10	01/24/17 07:54:00 PM	20.2	32.82	3.9	20.84	ON	45	01/24/17 08:29:00 PM	20.29	31.94	390.2	22.85
OFF	11	01/24/17 07:55:00 PM	20.22	32.76	3.9	20.84	ON	46	01/24/17 08:30:00 PM	20.29	31.84	398.1	22.85
OFF	12	01/24/17 07:56:00 PM	20.22	33.19	11.8	20.87	ON	47	01/24/17 08:31:00 PM	20.29	32.07	390.2	22.82
OFF	13	01/24/17 07:57:00 PM	20.25	33.49	11.8	20.89	ON	48	01/24/17 08:32:00 PM	20.29	31.84	406	22.82
OFF	14	01/24/17 07:58:00 PM	20.27	33.56	11.8	20.94	ON	49	01/24/17 08:33:00 PM	20.29	31.84	406	22.9
OFF	15	01/24/17 07:59:00 PM	20.27	33.62	11.8	20.98	ON	50	01/24/17 08:34:00 PM	20.29	31.97	390.2	22.94
OFF	16	01/24/17 08:00:00 PM	20.29	33.76	11.8	21.01	OFF	51	01/24/17 08:35:00 PM	20.29	32.17	3.9	22.97
OFF	17	01/24/17 08:01:00 PM	20.32	33.83	11.8	21.03	OFF	52	01/24/17 08:36:00 PM	20.29	32.3	3.9	22.87
OFF	18	01/24/17 08:02:00 PM	20.34	34.16	11.8	21.06	OFF	53	01/24/17 08:37:00 PM	20.29	32.37	11.8	22.82
OFF	19	01/24/17 08:03:00 PM	20.37	34.62	3.9	21.06	OFF	54	01/24/17 08:38:00 PM	20.29	32.3	3.9	22.8
OFF	20	01/24/17 08:04:00 PM	20.39	34.82	11.8	21.08	OFF	55	01/24/17 08:39:00 PM	20.29	32.44	11.8	22.75
ON	21	01/24/17 08:05:00 PM	20.39	34.89	413.9	21.15	OFF	56	01/24/17 08:40:00 PM	20.29	32.44	11.8	22.66
ON	22	01/24/17 08:06:00 PM	20.41	34.63	413.9	21.27	OFF	57	01/24/17 08:41:00 PM	20.27	32.27	3.9	22.56
ON	23	01/24/17 08:07:00 PM	20.44	33.77	406	21.29	OFF	58	01/24/17 08:42:00 PM	20.27	32.43	11.8	22.47
ON	24	01/24/17 08:08:00 PM	20.44	33.51	406	21.34	OFF	59	01/24/17 08:43:00 PM	20.25	32.5	3.9	22.42
ON	25	01/24/17 08:09:00 PM	20.44	33.61	398.1	21.41	OFF	60	01/24/17 08:44:00 PM	20.25	32.56	11.8	22.32
ON	26	01/24/17 08:10:00 PM	20.44	33.14	390.2	21.46	OFF	61	01/24/17 08:45:00 PM	20.25	32.5	3.9	22.23
ON	27	01/24/17 08:11:00 PM	20.44	33.04	406	21.53	OFF	62	01/24/17 08:46:00 PM	20.25	32.56	3.9	22.11
ON	28	01/24/17 08:12:00 PM	20.46	33.11	406	21.65	OFF	63	01/24/17 08:47:00 PM	20.22	32.53	11.8	22.01
ON	29	01/24/17 08:13:00 PM	20.44	32.98	398.1	21.75	OFF	64	01/24/17 08:48:00 PM	20.22	32.53	11.8	21.89
ON	30	01/24/17 08:14:00 PM	20.44	32.71	398.1	21.84	OFF	65	01/24/17 08:49:00 PM	20.22	32.4	11.8	21.77
ON	31	01/24/17 08:15:00 PM	20.41	32.71	406	21.94	OFF	66	01/24/17 08:50:00 PM	20.22	32.4	11.8	21.65
ON	32	01/24/17 08:16:00 PM	20.41	32.28	406	22.03	OFF	67	01/24/17 08:51:00 PM	20.22	32.56	3.9	21.51
ON	33	01/24/17 08:17:00 PM	20.39	32.44	398.1	22.13	OFF	68	01/24/17 08:52:00 PM	20.22	32.6	11.8	21.41
ON	34	01/24/17 08:18:00 PM	20.39	32.18	390.2	22.25	OFF	69	01/24/17 08:53:00 PM	20.22	32.83	11.8	21.37
ON	35	01/24/17 08:19:00 PM	20.39	32.38	406	22.32	OFF	70	01/24/17 08:54:00 PM	20.22	32.99	11.8	21.29

Tabla 56. Recopilado de resultados sobre medidas tomadas de las propiedades lumínicas de Lámpara YDLED-400/18W 30/B en la simulación de una recámara 3.

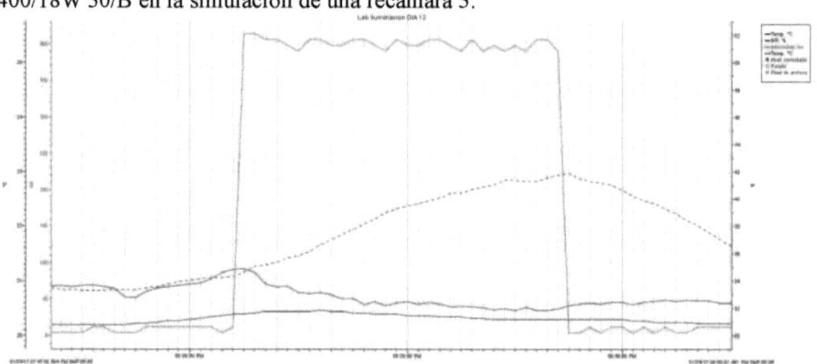

Gráfica 36. Gráfica proporcionada del programa HOBOware de resultados sobre medidas tomadas de las propiedades lumínicas de Lámpara YDLED-400/18W 30/B en la simulación de una recámara 3.

TOMA C9.1: Lectura muro rosa 1

LA IMPORTANCIA DE LA ILUMINACIÓN ARTIFICIAL EN VIVIENDAS RESIDENCIALES

Tabla registro. Recopilado de medidas sobre propiedades lumínicas utilizado para realizar actividades cotidianas.

La presente tabla muestra el recopilado de información sobre temperatura (T1), humedad relativa (H.R.), e intensidad luminosa (I.L.) producidos por los luminarios especificados en el lugar del recinto donde se realiza la actividad evaluada, haciéndose una toma con un hobo a cada minuto en un lapso total de 70 mins. obteniendo 20 mins. previos al encendido, 30 mins. con el luminario encendido y 20 mins. posteriores al encendido. Se incorpora una segunda toma de temperatura (T2) generada por el mismo luminario.

Recinto evaluado:	Recámara	**U. de análisis:**	Laboratorio
Actividad evaluada:	Lectura		
No. y tipo de luminario:	Spot (1)	**No. y tipo de foco:**	LED (1)
Temperatura de color:	Natural	**Filtro:**	Con Filtro

Título de trazado: Prueba simulación recámara muro rosa 1

Light O	No. (#)	Fecha, Hora. GMT-06:00	T. 1 (°C)	H.R. (%)	I.L. (lux)	T. 2 (°C)	Light O	No. (#)	Fecha, Hora. GMT-06:00	T. 1 (°C)	H.R. (%)	I.L. (lux)	T. 2 (°C)
OFF	1	02/02/2017 08:40	18.18	51.74	98.5	17.23	ON	36	02/02/2017 09:15	16.96	55.26	398.1	18.32
OFF	2	02/02/2017 08:41	18.44	54.68	27.6	17.51	ON	37	02/02/2017 09:16	16.94	55.26	413.9	18.41
OFF	3	02/02/2017 08:42	18.58	53.75	27.6	18.03	ON	38	02/02/2017 09:17	16.92	55.19	406	18.51
OFF	4	02/02/2017 08:43	18.51	53.27	11.8	17.77	ON	39	02/02/2017 09:18	16.92	55.19	413.9	18.6
OFF	5	02/02/2017 08:44	18.39	53.1	3.9	17.46	ON	40	02/02/2017 09:19	16.89	55.13	406	18.68
OFF	6	02/02/2017 08:45	18.27	53.21	3.9	17.2	ON	41	02/02/2017 09:20	16.87	55.22	406	18.72
OFF	7	02/02/2017 08:46	18.18	53.35	11.8	17.08	ON	42	02/02/2017 09:21	16.87	55.16	398.1	18.77
OFF	8	02/02/2017 08:47	18.08	53.61	11.8	17.03	ON	43	02/02/2017 09:22	16.84	55.06	406	18.84
OFF	9	02/02/2017 08:48	18.01	53.82	3.9	16.96	ON	44	02/02/2017 09:23	16.84	55.34	406	18.94
OFF	10	02/02/2017 08:49	17.92	54.18	3.9	16.89	ON	45	02/02/2017 09:24	16.82	55.21	406	18.99
OFF	11	02/02/2017 08:50	17.87	54.2	11.8	16.84	ON	46	02/02/2017 09:25	16.82	55.15	398.1	19.01
OFF	12	02/02/2017 08:51	17.8	54.31	11.8	16.84	ON	47	02/02/2017 09:26	16.82	55.09	413.9	19.06
OFF	13	02/02/2017 08:52	17.72	54.49	11.8	16.84	ON	48	02/02/2017 09:27	16.8	55.02	398.1	19.1
OFF	14	02/02/2017 08:53	17.68	54.82	11.8	16.82	ON	49	02/02/2017 09:28	16.8	55.09	390.2	19.1
OFF	15	02/02/2017 08:54	17.61	54.59	3.9	16.75	ON	50	02/02/2017 09:29	16.77	55.2	406	19.18
OFF	16	02/02/2017 08:55	17.56	54.83	11.8	16.7	OFF	51	02/02/2017 09:30	16.77	55.17	11.8	19.2
OFF	17	02/02/2017 08:56	17.51	55.04	11.8	16.65	OFF	52	02/02/2017 09:31	16.77	55.05	11.8	19.22
OFF	18	02/02/2017 08:57	17.44	54.9	11.8	16.61	OFF	53	02/02/2017 09:32	16.77	55.05	11.8	19.2
OFF	19	02/02/2017 08:58	17.42	54.93	11.8	16.61	OFF	54	02/02/2017 09:33	16.75	55.08	3.9	19.06
OFF	20	02/02/2017 08:59	17.37	55.08	11.8	16.61	OFF	55	02/02/2017 09:34	16.75	55.02	3.9	18.94
ON	21	02/02/2017 09:00	17.32	55.16	413.9	16.65	OFF	56	02/02/2017 09:35	16.73	54.95	11.8	18.91
ON	22	02/02/2017 09:01	17.3	55.22	421.8	16.84	OFF	57	02/02/2017 09:36	16.73	54.74	11.8	18.82
ON	23	02/02/2017 09:02	17.27	55.22	406	17.03	OFF	58	02/02/2017 09:37	16.73	55.04	11.8	18.75
ON	24	02/02/2017 09:03	17.25	55.18	413.9	17.06	OFF	59	02/02/2017 09:38	16.73	55.14	11.8	18.72
ON	25	02/02/2017 09:04	17.2	55.3	413.9	17.13	OFF	60	02/02/2017 09:39	16.73	55.04	11.8	18.53
ON	26	02/02/2017 09:05	17.18	55.54	406	17.2	OFF	61	02/02/2017 09:40	16.73	55.04	11.8	18.51
ON	27	02/02/2017 09:06	17.15	55.57	413.9	17.27	OFF	62	02/02/2017 09:41	16.7	54.92	11.8	18.44
ON	28	02/02/2017 09:07	17.13	55.44	406	17.37	OFF	63	02/02/2017 09:42	16.7	54.98	3.9	18.39
ON	29	02/02/2017 09:08	17.11	55.62	413.9	17.49	OFF	64	02/02/2017 09:43	16.7	54.95	11.8	18.3
ON	30	02/02/2017 09:09	17.08	55.46	398.1	17.61	OFF	65	02/02/2017 09:44	16.7	55.04	3.9	18.2
ON	31	02/02/2017 09:10	17.06	55.37	406	17.75	OFF	66	02/02/2017 09:45	16.7	55.07	11.8	18.11
ON	32	02/02/2017 09:11	17.03	55.43	406	17.87	OFF	67	02/02/2017 09:46	16.68	55.01	11.8	18.03
ON	33	02/02/2017 09:12	17.01	55.39	398.1	17.99	OFF	68	02/02/2017 09:47	16.68	54.98	3.9	17.96
ON	34	02/02/2017 09:13	16.99	55.39	406	18.08	OFF	69	02/02/2017 09:48	16.68	54.98	11.8	17.87
ON	35	02/02/2017 09:14	16.96	55.29	398.1	18.22	OFF	70	02/02/2017 09:49	16.68	54.95	11.8	17.82

Tabla 57. Recopilado de resultados sobre medidas tomadas de las propiedades lumínicas de Lámpara YDLED-400/18W 30/B en la simulación de una recámara con muro rosa 1.

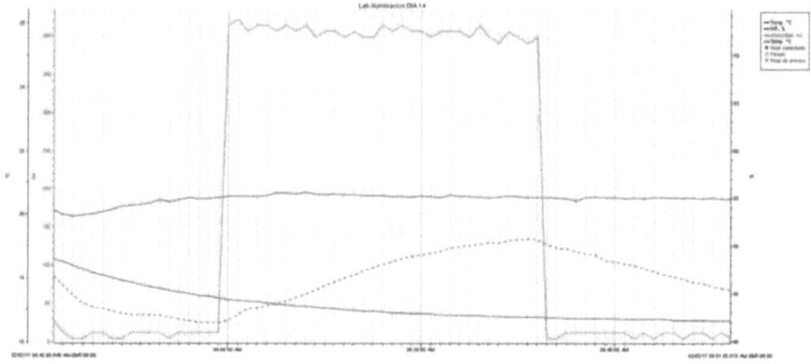

Gráfica 37. Gráfica proporcionada del programa HOBOware de resultados sobre medidas tomadas de las propiedades lumínicas de Lámpara YDLED-400/18W 30/B en la simulación de una recámara con muro rosa 1.

TOMA C9.2: Lectura muro rosa 2

LA IMPORTANCIA DE LA ILUMINACIÓN ARTIFICIAL EN VIVIENDAS RESIDENCIALES

Tabla registro. Recopilado de medidas sobre propiedades lumínicas utilizado para realizar actividades cotidianas.

La presente tabla muestra el recopilado de información sobre temperatura (T1), humedad relativa (H.R.), e intensidad luminosa (I.L.) producidos por los luminarios especificados en el lugar del recinto donde se realiza la actividad evaluada, haciéndose una toma con un hobo a cada minuto en un lapso total de 70 mins. obteniendo 20 mins. previos al encendido, 30 mins. con el luminario encendido y 20 mins. posteriores al encendido. Se incorpora una segunda toma de temperatura (T2) generada por el mismo luminario.

Recinto evaluado:	Recámara	**U. de análisis:**	Laboratorio
Actividad evaluada:	Lectura		
No. y tipo de luminario:	Spot (1)	**No. y tipo de foco:**	LED (1)
Temperatura de color:	Natural	**Filtro:**	Con Filtro

Título de trazado: Prueba simulación recámara muro rosa 2													
Light O	**No. (#)**	**Fecha, Hora. GMT-06:00**	**T. 1 (°C)**	**H.R. (%)**	**I.L. (lux)**	**T. 2 (°C)**	**Light O**	**No. (#)**	**Fecha, Hora. GMT-06:00**	**T. 1 (°C)**	**H.R. (%)**	**I.L. (lux)**	**T. 2 (°C)**
OFF	1	02/02/2017 09:50	16.65	55	3.9	17.72	ON	36	02/02/2017 10:25	16.77	55.08	406	18.72
OFF	2	02/02/2017 09:51	16.65	54.91	11.8	17.68	ON	37	02/02/2017 10:26	16.77	55.08	406	18.82
OFF	3	02/02/2017 09:52	16.65	54.91	3.9	17.61	ON	38	02/02/2017 10:27	16.77	55.11	406	18.91
OFF	4	02/02/2017 09:53	16.65	54.88	11.8	17.56	ON	39	02/02/2017 10:28	16.77	55.08	406	18.96
OFF	5	02/02/2017 09:54	16.65	54.94	11.8	17.49	ON	40	02/02/2017 10:29	16.77	55.08	398.1	19.03
OFF	6	02/02/2017 09:55	16.63	54.94	3.9	17.44	ON	41	02/02/2017 10:30	16.77	55.05	398.1	19.1
OFF	7	02/02/2017 09:56	16.63	54.82	11.8	17.39	ON	42	02/02/2017 10:31	16.77	54.9	398.1	19.18
OFF	8	02/02/2017 09:57	16.63	54.85	11.8	17.34	ON	43	02/02/2017 10:32	16.77	54.93	390.2	19.22
OFF	9	02/02/2017 09:58	16.63	54.91	11.8	17.3	ON	44	02/02/2017 10:33	16.77	54.96	390.2	19.29
OFF	10	02/02/2017 09:59	16.63	54.91	11.8	17.25	ON	45	02/02/2017 10:34	16.8	54.96	390.2	19.37
OFF	11	02/02/2017 10:00	16.63	54.94	3.9	17.23	ON	46	02/02/2017 10:35	16.8	54.99	406	19.44
OFF	12	02/02/2017 10:01	16.63	55	3.9	17.18	ON	47	02/02/2017 10:36	16.77	54.99	406	19.48
OFF	13	02/02/2017 10:02	16.63	55.03	11.8	17.15	ON	48	02/02/2017 10:37	16.8	55.06	398.1	19.51
OFF	14	02/02/2017 10:03	16.63	54.85	3.9	17.13	ON	49	02/02/2017 10:38	16.8	54.96	406	19.56
OFF	15	02/02/2017 10:04	16.61	54.87	11.8	17.08	ON	50	02/02/2017 10:39	16.8	54.9	390.2	19.58
OFF	16	02/02/2017 10:05	16.63	54.88	11.8	17.06	OFF	51	02/02/2017 10:40	16.8	54.96	11.8	19.6
OFF	17	02/02/2017 10:06	16.61	54.87	11.8	17.03	OFF	52	02/02/2017 10:41	16.8	55.06	11.8	19.65
OFF	18	02/02/2017 10:07	16.61	54.84	11.8	17.01	OFF	53	02/02/2017 10:42	16.82	55.09	11.8	19.67
OFF	19	02/02/2017 10:08	16.61	54.84	11.8	16.99	OFF	54	02/02/2017 10:43	16.8	55.02	3.9	19.7
OFF	20	02/02/2017 10:09	16.61	54.81	11.8	16.96	OFF	55	02/02/2017 10:44	16.82	55	11.8	19.72
ON	21	02/02/2017 10:10	16.61	54.84	429.7	16.99	OFF	56	02/02/2017 10:45	16.82	54.91	11.8	19.75
ON	22	02/02/2017 10:11	16.61	54.87	421.8	17.11	OFF	57	02/02/2017 10:46	16.82	54.94	11.8	19.75
ON	23	02/02/2017 10:12	16.61	54.94	398.1	17.2	OFF	58	02/02/2017 10:47	16.82	54.94	11.8	19.77
ON	24	02/02/2017 10:13	16.63	54.94	406	17.3	OFF	59	02/02/2017 10:48	16.82	54.97	11.8	19.79
ON	25	02/02/2017 10:14	16.65	55.06	390.2	17.46	OFF	60	02/02/2017 10:49	16.82	54.94	11.8	19.82
ON	26	02/02/2017 10:15	16.68	55.04	406	17.58	OFF	61	02/02/2017 10:50	16.82	54.91	3.9	19.84
ON	27	02/02/2017 10:16	16.68	55.22	398.1	17.72	OFF	62	02/02/2017 10:51	16.82	54.84	11.8	19.65
ON	28	02/02/2017 10:17	16.7	55.07	390.2	17.84	OFF	63	02/02/2017 10:52	16.84	54.82	11.8	19.39
ON	29	02/02/2017 10:18	16.73	55.14	398.1	17.94	OFF	64	02/02/2017 10:53	16.84	54.97	11.8	19.34
ON	30	02/02/2017 10:19	16.73	55.17	398.1	18.06	OFF	65	02/02/2017 10:54	16.87	55	11.8	19.29
ON	31	02/02/2017 10:20	16.75	55.08	390.2	18.2	OFF	66	02/02/2017 10:55	16.87	55	11.8	19.29
ON	32	02/02/2017 10:21	16.75	55.08	406	18.3	OFF	67	02/02/2017 10:56	16.87	55.03	3.9	19.27
ON	33	02/02/2017 10:22	16.75	55.14	406	18.41	OFF	68	02/02/2017 10:57	16.87	55.07	11.8	19.22
ON	34	02/02/2017 10:23	16.75	55.11	406	18.53	OFF	69	02/02/2017 10:58	16.87	55	11.8	19.18
ON	35	02/02/2017 10:24	16.75	55.11	390.2	18.63	OFF	70	02/02/2017 10:59	16.87	55.03	11.8	19.08

Tabla 58. Recopilado de resultados sobre medidas tomadas de las propiedades lumínicas de Lámpara YDLED-400/18W 30/B en la simulación de una recámara con muro rosa 2.

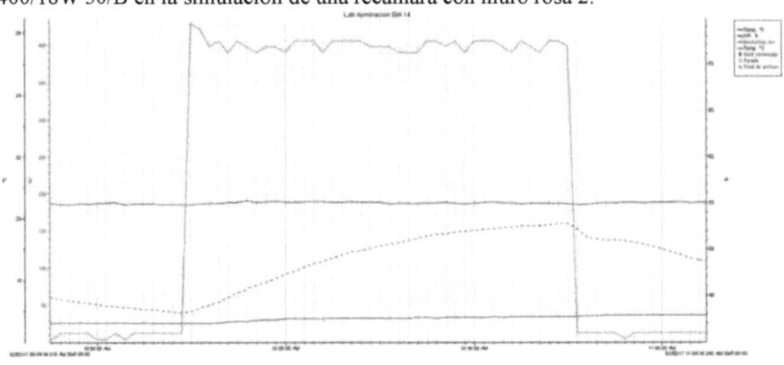

Gráfica 38. Gráfica proporcionada del programa HOBOware de resultados sobre medidas tomadas de las propiedades lumínicas de Lámpara halógena Lámpara YDLED-400/18W 30/B en la simulación de una recámara con muro rosa 2.

TOMA C9.3: Lectura muro rosa 3

LA IMPORTANCIA DE LA ILUMINACIÓN ARTIFICIAL EN VIVIENDAS RESIDENCIALES

Tabla registro. Recopilado de medidas sobre propiedades lumínicas utilizado para realizar actividades cotidianas.

La presente tabla muestra el recopilado de información sobre temperatura (T1), humedad relativa (H.R.), e intensidad luminosa (I.L.) producidos por los luminarios especificados en el lugar del recinto donde se realiza la actividad evaluada, haciéndose una toma con un hobo a cada minuto en un lapso total de 70 mins. obteniendo 20 mins. previos al encendido, 30 mins. con el luminario encendido y 20 mins. posteriores al encendido. Se incorpora una segunda toma de temperatura (T2) generada por el mismo luminario.

Recinto evaluado:	Recámara	**U. de análisis:**	Laboratorio
Actividad evaluada:	Lectura		
No. y tipo de luminario:	Spot (1)	**No. y tipo de foco:**	LED (1)
Temperatura de color:	Natural	**Filtro:**	Con Filtro

Título de trazado: Prueba simulación recámara muro rosa 3													
Light O	**No. (#)**	**Fecha, Hora. GMT-06:00**	**T. 1 (°C)**	**H.R. (%)**	**I.L. (lux)**	**T. 2 (°C)**	**Light O**	**No. (#)**	**Fecha, Hora. GMT-06:00**	**T. 1 (°C)**	**H.R. (%)**	**I.L. (lux)**	**T. 2 (°C)**
OFF	1	02/02/2017 11:10	16.87	54.97	3.9	18.22	ON	36	02/02/2017 11:45	17.18	55.69	390.2	19.34
OFF	2	02/02/2017 11:11	16.87	54.97	3.9	18.15	ON	37	02/02/2017 11:46	17.18	55.66	406	19.44
OFF	3	02/02/2017 11:12	16.87	54.97	3.9	18.11	ON	38	02/02/2017 11:47	17.18	55.66	390.2	19.53
OFF	4	02/02/2017 11:13	16.87	54.94	11.8	18.06	ON	39	02/02/2017 11:48	17.18	55.63	390.2	19.63
OFF	5	02/02/2017 11:14	16.87	54.97	11.8	18.01	ON	40	02/02/2017 11:49	17.18	55.6	390.2	19.7
OFF	6	02/02/2017 11:15	16.87	54.91	11.8	17.96	ON	41	02/02/2017 11:50	17.18	55.57	406	19.77
OFF	7	02/02/2017 11:16	16.87	54.79	11.8	17.87	ON	42	02/02/2017 11:51	17.18	55.57	406	19.84
OFF	8	02/02/2017 11:17	16.87	54.82	11.8	17.84	ON	43	02/02/2017 11:52	17.18	55.57	398.1	19.89
OFF	9	02/02/2017 11:18	16.87	54.88	11.8	17.8	ON	44	02/02/2017 11:53	17.18	55.57	406	19.94
OFF	10	02/02/2017 11:19	16.87	54.82	11.8	17.77	ON	45	02/02/2017 11:54	17.18	55.54	398.1	19.98
OFF	11	02/02/2017 11:20	16.89	55.01	3.9	17.77	ON	46	02/02/2017 11:55	17.2	55.54	398.1	20.03
OFF	12	02/02/2017 11:21	16.89	55.01	3.9	17.8	ON	47	02/02/2017 11:56	17.2	55.51	390.2	20.08
OFF	13	02/02/2017 11:22	16.92	55.19	11.8	17.82	ON	48	02/02/2017 11:57	17.2	55.54	406	20.13
OFF	14	02/02/2017 11:23	16.94	55.38	11.8	17.84	ON	49	02/02/2017 11:58	17.2	55.48	406	20.15
OFF	15	02/02/2017 11:24	16.96	55.48	11.8	17.87	ON	50	02/02/2017 11:59	17.2	55.51	398.1	20.17
OFF	16	02/02/2017 11:25	16.96	55.69	3.9	17.87	OFF	51	02/02/2017 12:00	17.2	55.48	11.8	20.2
OFF	17	02/02/2017 11:26	16.99	55.76	11.8	17.87	OFF	52	02/02/2017 12:01	17.2	55.42	11.8	20.25
OFF	18	02/02/2017 11:27	17.01	56.12	11.8	17.89	OFF	53	02/02/2017 12:02	17.2	55.42	11.8	20.27
OFF	19	02/02/2017 11:28	17.03	56.1	3.9	17.92	OFF	54	02/02/2017 12:03	17.2	55.39	11.8	20.29
OFF	20	02/02/2017 11:29	17.06	56.04	3.9	17.92	OFF	55	02/02/2017 12:04	17.2	55.39	11.8	20.32
ON	21	02/02/2017 11:30	17.06	56.04	413.9	17.87	OFF	56	02/02/2017 12:05	17.2	55.36	11.8	20.34
ON	22	02/02/2017 11:31	17.08	55.89	413.9	17.96	OFF	57	02/02/2017 12:06	17.2	55.27	11.8	20.29
ON	23	02/02/2017 11:32	17.08	55.89	413.9	18.03	OFF	58	02/02/2017 12:07	17.2	55.05	11.8	20.17
ON	24	02/02/2017 11:33	17.08	55.86	406	18.13	OFF	59	02/02/2017 12:08	17.2	54.99	11.8	20.1
ON	25	02/02/2017 11:34	17.11	55.8	406	18.2	OFF	60	02/02/2017 12:09	17.2	55.08	11.8	20.03
ON	26	02/02/2017 11:35	17.11	55.89	398.1	18.25	OFF	61	02/02/2017 12:10	17.2	55.11	11.8	19.98
ON	27	02/02/2017 11:36	17.11	55.8	398.1	18.32	OFF	62	02/02/2017 12:11	17.2	55.11	11.8	19.91
ON	28	02/02/2017 11:37	17.13	55.84	398.1	18.41	OFF	63	02/02/2017 12:12	17.2	55.11	3.9	19.87
ON	29	02/02/2017 11:38	17.13	55.81	390.2	18.58	OFF	64	02/02/2017 12:13	17.2	55.08	3.9	19.77
ON	30	02/02/2017 11:39	17.15	55.84	398.1	18.7	OFF	65	02/02/2017 12:14	17.2	55.08	11.8	19.7
ON	31	02/02/2017 11:40	17.15	55.75	390.2	18.82	OFF	66	02/02/2017 12:15	17.2	55.08	11.8	19.6
ON	32	02/02/2017 11:41	17.15	55.78	398.1	18.94	OFF	67	02/02/2017 12:16	17.2	55.08	3.9	19.51
ON	33	02/02/2017 11:42	17.15	55.75	398.1	19.06	OFF	68	02/02/2017 12:17	17.2	55.05	11.8	19.41
ON	34	02/02/2017 11:43	17.15	55.72	398.1	19.15	OFF	69	02/02/2017 12:18	17.2	55.02	11.8	19.34
ON	35	02/02/2017 11:44	17.15	55.69	398.1	19.25	OFF	70	02/02/2017 12:19	17.2	54.99	11.8	19.25

Tabla 59. Recopilado de resultados sobre medidas tomadas de las propiedades lumínicas de Lámpara YDLED-400/18W 30/B en la simulación de una recámara con muro rosa 3.

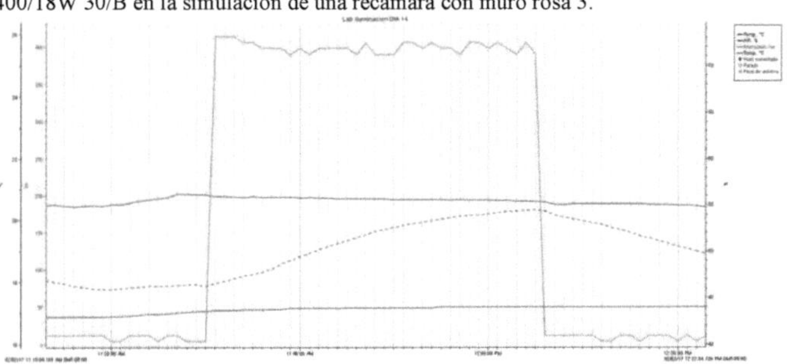

Gráfica 39. Gráfica proporcionada del programa HOBOware de resultados sobre medidas tomadas de las propiedades lumínicas de Lámpara YDLED-400/18W 30/B en la simulación de una recámara con muro rosa 3.

TOMA C10.1: Lectura muro beige 1

LA IMPORTANCIA DE LA ILUMINACIÓN ARTIFICIAL EN VIVIENDAS RESIDENCIALES

Tabla registro. Recopilado de medidas sobre propiedades lumínicas utilizado para realizar actividades cotidianas.

La presente tabla muestra el recopilado de información sobre temperatura (T1), humedad relativa (H.R.), e intensidad luminosa (I.L.) producidos por los luminarios especificados en el lugar del recinto donde se realiza la actividad evaluada, haciéndose una toma con un hobo a cada minuto en un lapso total de 70 mins. obteniendo 20 mins. previos al encendido, 30 mins. con el luminario encendido y 20 mins. posteriores al encendido. Se incorpora una segunda toma de temperatura (T2) generada por el mismo luminario.

Recinto evaluado:	Recámara	**U. de análisis:**	Laboratorio
Actividad evaluada:	Lectura		
No. y tipo de luminario:	Spot (1)	**No. y tipo de foco:**	LED (1)
Temperatura de color:	Natural	**Filtro:**	Con Filtro

Título de trazado: Prueba simulación recámara muro beige 2													
Light O	**No. (#)**	**Fecha, Hora. GMT-06:00**	**T. 1 (°C)**	**H.R. (%)**	**I.L. (lux)**	**T. 2 (°C)**	**Light O**	**No. (#)**	**Fecha, Hora. GMT-06:00**	**T. 1 (°C)**	**H.R. (%)**	**I.L. (lux)**	**T. 2 (°C)**
OFF	1	02/02/2017 15:50	18.03	50.13	11.8	19.84	ON	36	02/02/2017 16:25	18.41	50.59	350.8	20.96
OFF	2	02/02/2017 15:51	18.03	50.13	11.8	19.79	ON	37	02/02/2017 16:26	18.41	50.62	342.9	21.06
OFF	3	02/02/2017 15:52	18.03	50.07	11.8	19.75	ON	38	02/02/2017 16:27	18.41	50.62	358.7	21.13
OFF	4	02/02/2017 15:53	18.03	50.1	3.9	19.7	ON	39	02/02/2017 16:28	18.44	50.59	358.7	21.2
OFF	5	02/02/2017 15:54	18.03	50.13	11.8	19.65	ON	40	02/02/2017 16:29	18.44	50.63	350.8	21.25
OFF	6	02/02/2017 15:55	18.03	50.1	3.9	19.63	ON	41	02/02/2017 16:30	18.44	50.63	342.9	21.32
OFF	7	02/02/2017 15:56	18.03	50.07	3.9	19.6	ON	42	02/02/2017 16:31	18.41	50.62	350.8	21.37
OFF	8	02/02/2017 15:57	18.03	50.01	11.8	19.56	ON	43	02/02/2017 16:32	18.44	50.66	350.8	21.41
OFF	9	02/02/2017 15:58	18.03	50.01	3.9	19.53	ON	44	02/02/2017 16:33	18.44	50.66	350.8	21.46
OFF	10	02/02/2017 15:59	18.03	49.92	11.8	19.48	ON	45	02/02/2017 16:34	18.44	50.66	350.8	21.51
OFF	11	02/02/2017 16:00	18.06	49.64	11.8	19.41	ON	46	02/02/2017 16:35	18.44	50.66	342.9	21.56
OFF	12	02/02/2017 16:01	18.06	49.48	3.9	19.39	ON	47	02/02/2017 16:36	18.44	50.66	350.8	21.6
OFF	13	02/02/2017 16:02	18.08	49.36	3.9	19.53	ON	48	02/02/2017 16:37	18.44	50.63	350.8	21.63
OFF	14	02/02/2017 16:03	18.11	49.46	3.9	19.6	ON	49	02/02/2017 16:38	18.44	50.63	342.9	21.68
OFF	15	02/02/2017 16:04	18.13	49.21	11.8	19.75	ON	50	02/02/2017 16:39	18.44	50.56	342.9	21.7
OFF	16	02/02/2017 16:05	18.13	49.21	11.8	19.87	OFF	51	02/02/2017 16:40	18.46	50.5	11.8	21.72
OFF	17	02/02/2017 16:06	18.15	49.59	11.8	19.82	OFF	52	02/02/2017 16:41	18.46	50.32	11.8	21.63
OFF	18	02/02/2017 16:07	18.18	49.25	11.8	19.96	OFF	53	02/02/2017 16:42	18.44	49.81	11.8	21.51
OFF	19	02/02/2017 16:08	18.2	49.53	3.9	19.96	OFF	54	02/02/2017 16:43	18.44	49.66	11.8	21.44
OFF	20	02/02/2017 16:09	18.22	49.47	3.9	19.94	OFF	55	02/02/2017 16:44	18.44	49.72	11.8	21.37
ON	21	02/02/2017 16:10	18.25	49.51	350.8	19.91	OFF	56	02/02/2017 16:45	18.44	49.78	3.9	21.32
ON	22	02/02/2017 16:11	18.27	49.67	350.8	19.91	OFF	57	02/02/2017 16:46	18.44	49.78	11.8	21.25
ON	23	02/02/2017 16:12	18.3	49.86	358.7	19.94	OFF	58	02/02/2017 16:47	18.44	49.72	3.9	21.18
ON	24	02/02/2017 16:13	18.32	49.89	358.7	19.98	OFF	59	02/02/2017 16:48	18.44	49.69	11.8	21.1
ON	25	02/02/2017 16:14	18.34	50.39	342.9	20.03	OFF	60	02/02/2017 16:49	18.44	49.59	11.8	21.03
ON	26	02/02/2017 16:15	18.37	50.46	342.9	20.1	OFF	61	02/02/2017 16:50	18.44	49.59	3.9	20.94
ON	27	02/02/2017 16:16	18.39	50.34	350.8	20.17	OFF	62	02/02/2017 16:51	18.44	49.63	11.8	20.87
ON	28	02/02/2017 16:17	18.39	50.31	350.8	20.25	OFF	63	02/02/2017 16:52	18.44	49.63	11.8	20.79
ON	29	02/02/2017 16:18	18.39	50.34	358.7	20.34	OFF	64	02/02/2017 16:53	18.44	49.56	11.8	20.7
ON	30	02/02/2017 16:19	18.41	50.34	350.8	20.41	OFF	65	02/02/2017 16:54	18.44	49.5	3.9	20.63
ON	31	02/02/2017 16:20	18.41	50.4	358.7	20.51	OFF	66	02/02/2017 16:55	18.44	49.59	11.8	20.56
ON	32	02/02/2017 16:21	18.41	50.44	350.8	20.6	OFF	67	02/02/2017 16:56	18.44	49.56	11.8	20.48
ON	33	02/02/2017 16:22	18.41	50.5	358.7	20.7	OFF	68	02/02/2017 16:57	18.44	49.59	3.9	20.41
ON	34	02/02/2017 16:23	18.41	50.53	350.8	20.79	OFF	69	02/02/2017 16:58	18.44	49.56	11.8	20.34
ON	35	02/02/2017 16:24	18.41	50.56	350.8	20.89	OFF	70	02/02/2017 16:59	18.44	49.53	3.9	20.27

Tabla 60. Recopilado de resultados sobre medidas tomadas de las propiedades lumínicas de Lámpara YDLED-400/18W 30/B en la simulación de una recámara con muro beige 1.

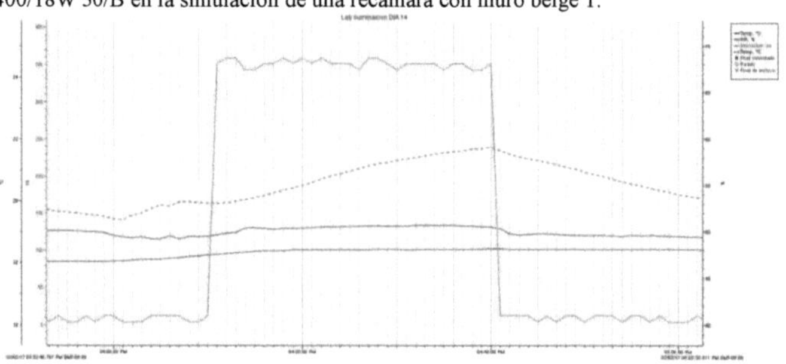

Gráfica 40. Gráfica proporcionada del programa HOBOware de resultados sobre medidas tomadas de las propiedades lumínicas de Lámpara YDLED-400/18W 30/B en la simulación de una recámara con muro beige 1.

TOMA C10.2: Lectura muro beige 2

LA IMPORTANCIA DE LA ILUMINACIÓN ARTIFICIAL EN VIVIENDAS RESIDENCIALES

Tabla registro. Recopilado de medidas sobre propiedades lumínicas utilizado para realizar actividades cotidianas.

La presente tabla muestra el recopilado de información sobre temperatura (T1), humedad relativa (H.R.), e intensidad luminosa (I.L.) producidos por los luminarios especificados en el lugar del recinto donde se realiza la actividad evaluada, haciéndose una toma con un hobo a cada minuto en un lapso total de 70 mins. obteniendo 20 mins. previos al encendido, 30 mins. con el luminario encendido y 20 mins. posteriores al encendido. Se incorpora una segunda toma de temperatura (T2) generada por el mismo luminario.

Recinto evaluado:	Recámara	**U. de análisis:**	Laboratorio
Actividad evaluada:	Lectura		
No. y tipo de luminario:	Spot (1)	**No. y tipo de foco:**	LED (1)
Temperatura de color:	Natural	**Filtro:**	Con Filtro

Título de trazado: Prueba simulación recámara muro beige 2													
Light O	**No. (#)**	**Fecha, Hora. GMT-06:00**	**T. 1 (°C)**	**H.R. (%)**	**I.L. (lux)**	**T. 2 (°C)**	**Light O**	**No. (#)**	**Fecha, Hora. GMT-06:00**	**T. 1 (°C)**	**H.R. (%)**	**I.L. (lux)**	**T. 2 (°C)**
OFF	1	02/02/2017 17:00	18.44	49.53	3.9	20.2	ON	36	02/02/2017 17:35	18.87	47.39	342.9	21.06
OFF	2	02/02/2017 17:01	18.44	49.44	3.9	20.15	ON	37	02/02/2017 17:36	18.87	47.29	342.9	21.13
OFF	3	02/02/2017 17:02	18.44	49.44	11.8	20.1	ON	38	02/02/2017 17:37	18.89	47.04	350.8	21.13
OFF	4	02/02/2017 17:03	18.41	49.4	3.9	20.06	ON	39	02/02/2017 17:38	18.89	47.17	342.9	21.22
OFF	5	02/02/2017 17:04	18.44	49.34	3.9	20.01	ON	40	02/02/2017 17:39	18.89	46.85	342.9	21.27
OFF	6	02/02/2017 17:05	18.41	49.34	11.8	19.96	ON	41	02/02/2017 17:40	18.89	46.85	358.7	21.32
OFF	7	02/02/2017 17:06	18.44	49.31	3.9	19.91	ON	42	02/02/2017 17:41	18.91	46.76	358.7	21.37
OFF	8	02/02/2017 17:07	18.41	49.28	11.8	19.87	ON	43	02/02/2017 17:42	18.91	46.73	358.7	21.44
OFF	9	02/02/2017 17:08	18.41	49.22	11.8	19.84	ON	44	02/02/2017 17:43	18.91	46.79	350.8	21.51
OFF	10	02/02/2017 17:09	18.41	49.18	11.8	19.79	ON	45	02/02/2017 17:44	18.91	46.79	358.7	21.56
OFF	11	02/02/2017 17:10	18.41	48.81	11.8	19.77	ON	46	02/02/2017 17:45	18.89	46.85	350.8	21.6
OFF	12	02/02/2017 17:11	18.44	48.53	3.9	19.77	ON	47	02/02/2017 17:46	18.89	47.01	342.9	21.63
OFF	13	02/02/2017 17:12	18.46	48.44	3.9	19.77	ON	48	02/02/2017 17:47	18.89	47.08	358.7	21.68
OFF	14	02/02/2017 17:13	18.46	48.19	11.8	19.77	ON	49	02/02/2017 17:48	18.89	47.04	358.7	21.7
OFF	15	02/02/2017 17:14	18.49	48	11.8	19.77	ON	50	02/02/2017 17:49	18.89	47.04	350.8	21.72
OFF	16	02/02/2017 17:15	18.51	47.75	11.8	19.77	OFF	51	02/02/2017 17:50	18.87	46.79	11.8	21.63
OFF	17	02/02/2017 17:16	18.51	47.78	11.8	19.77	OFF	52	02/02/2017 17:51	18.87	46.54	11.8	21.49
OFF	18	02/02/2017 17:17	18.53	47.82	3.9	19.77	OFF	53	02/02/2017 17:52	18.87	46.35	3.9	21.39
OFF	19	02/02/2017 17:18	18.56	47.79	11.8	19.79	OFF	54	02/02/2017 17:53	18.84	46.37	11.8	21.34
OFF	20	02/02/2017 17:19	18.58	47.7	11.8	19.79	OFF	55	02/02/2017 17:54	18.84	46.41	11.8	21.29
ON	21	02/02/2017 17:20	18.6	48.11	350.8	19.79	OFF	56	02/02/2017 17:55	18.82	46.47	3.9	21.25
ON	22	02/02/2017 17:21	18.63	47.89	366.6	19.79	OFF	57	02/02/2017 17:56	18.82	46.53	11.8	21.18
ON	23	02/02/2017 17:22	18.65	47.9	342.9	19.82	OFF	58	02/02/2017 17:57	18.79	46.49	11.8	21.08
ON	24	02/02/2017 17:23	18.68	47.52	350.8	19.89	OFF	59	02/02/2017 17:58	18.79	46.49	3.9	20.98
ON	25	02/02/2017 17:24	18.7	47.62	366.6	20.06	OFF	60	02/02/2017 17:59	18.79	46.46	3.9	20.89
ON	26	02/02/2017 17:25	18.72	47.62	342.9	20.2	OFF	61	02/02/2017 18:00	18.79	46.43	11.8	20.82
ON	27	02/02/2017 17:26	18.77	47.6	342.9	20.32	OFF	62	02/02/2017 18:01	18.77	46.46	3.9	20.75
ON	28	02/02/2017 17:27	18.79	47.6	358.7	20.44	OFF	63	02/02/2017 18:02	18.77	46.49	3.9	20.67
ON	29	02/02/2017 17:28	18.82	47.6	342.9	20.56	OFF	64	02/02/2017 18:03	18.77	46.56	3.9	20.58
ON	30	02/02/2017 17:29	18.84	47.61	342.9	20.65	OFF	65	02/02/2017 18:04	18.75	46.52	11.8	20.48
ON	31	02/02/2017 17:30	18.84	47.32	366.6	20.72	OFF	66	02/02/2017 18:05	18.75	46.49	11.8	20.41
ON	32	02/02/2017 17:31	18.87	47.36	350.8	20.77	OFF	67	02/02/2017 18:06	18.75	46.55	11.8	20.32
ON	33	02/02/2017 17:32	18.87	47.23	358.7	20.87	OFF	68	02/02/2017 18:07	18.75	46.52	11.8	20.25
ON	34	02/02/2017 17:33	18.87	47.61	342.9	20.91	OFF	69	02/02/2017 18:08	18.75	46.46	11.8	20.2
ON	35	02/02/2017 17:34	18.87	47.61	358.7	20.98	OFF	70	02/02/2017 18:09	18.72	46.45	11.8	20.13

Tabla 61. Recopilado de resultados sobre medidas tomadas de las propiedades lumínicas de Lámpara YDLED-400/18W 30/B en la simulación de una recámara con muro beige 2.

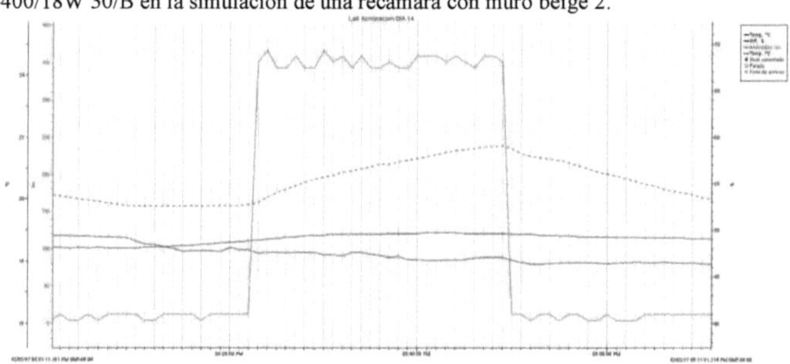

Gráfica 41. Gráfica proporcionada del programa HOBOware de resultados sobre medidas tomadas de las propiedades lumínicas de Lámpara YDLED-400/18W 30/B en la simulación de una recámara con muro beige 2.

TOMA C10.3: Lectura muro beige 3

LA IMPORTANCIA DE LA ILUMINACIÓN ARTIFICIAL EN VIVIENDAS RESIDENCIALES

Tabla registro. Recopilado de medidas sobre propiedades lumínicas utilizado para realizar actividades cotidianas.

La presente tabla muestra el recopilado de información sobre temperatura (T1), humedad relativa (H.R.), e intensidad luminosa (I.L.) producidos por los luminarios especificados en el lugar del recinto donde se realiza la actividad evaluada, haciéndose una toma con un hobo a cada minuto en un lapso total de 70 mins. obteniendo 20 mins. previos al encendido, 30 mins. con el luminario encendido y 20 mins. posteriores al encendido. Se incorpora una segunda toma de temperatura (T2) generada por el mismo luminario.

Recinto evaluado:	Recámara	**U. de análisis:**	Laboratorio
Actividad evaluada:	Lectura		
No. y tipo de luminario:	Spot (1)	**No. y tipo de foco:**	LED (1)
Temperatura de color:	Natural	**Filtro:**	Con Filtro

Título de trazado: Prueba simulación recámara muro beige 3													
Light O	**No. (#)**	**Fecha, Hora. GMT-06:00**	**T. 1 (°C)**	**H.R. (%)**	**I.L. (lux)**	**T. 2 (°C)**	**Light O**	**No. (#)**	**Fecha, Hora. GMT-06:00**	**T. 1 (°C)**	**H.R. (%)**	**I.L. (lux)**	**T. 2 (°C)**
OFF	1	02/02/2017 18:10	18.72	46.39	11.8	20.06	ON	36	02/02/2017 18:45	18.6	44.76	358.7	20.72
OFF	2	02/02/2017 18:11	18.72	46.33	11.8	20.01	ON	37	02/02/2017 18:46	18.6	44.79	358.7	20.79
OFF	3	02/02/2017 18:12	18.7	46.29	11.8	19.96	ON	38	02/02/2017 18:47	18.6	44.66	358.7	20.87
OFF	4	02/02/2017 18:13	18.7	46.29	3.9	19.89	ON	39	02/02/2017 18:48	18.6	44.57	350.8	20.91
OFF	5	02/02/2017 18:14	18.7	46.2	11.8	19.84	ON	40	02/02/2017 18:49	18.6	44.6	350.8	20.94
OFF	6	02/02/2017 18:15	18.7	46.14	11.8	19.79	ON	41	02/02/2017 18:50	18.63	44.73	350.8	20.98
OFF	7	02/02/2017 18:16	18.7	46.1	11.8	19.75	ON	42	02/02/2017 18:51	18.63	44.79	350.8	21.03
OFF	8	02/02/2017 18:17	18.68	46.04	3.9	19.72	ON	43	02/02/2017 18:52	18.65	45.11	350.8	21.06
OFF	9	02/02/2017 18:18	18.68	46.01	3.9	19.67	ON	44	02/02/2017 18:53	18.65	45.02	342.9	20.98
OFF	10	02/02/2017 18:19	18.68	45.94	3.9	19.65	ON	45	02/02/2017 18:54	18.68	45.34	350.8	21.03
OFF	11	02/02/2017 18:20	18.68	45.88	11.8	19.6	ON	46	02/02/2017 18:55	18.72	55.95	295.6	21.1
OFF	12	02/02/2017 18:21	18.65	45.84	3.9	19.58	ON	47	02/02/2017 18:56	18.91	47.21	287.8	27.21
OFF	13	02/02/2017 18:22	18.65	45.81	11.8	19.53	ON	48	02/02/2017 18:57	19.27	52.61	295.6	25.99
OFF	14	02/02/2017 18:23	18.65	45.72	11.8	19.51	ON	49	02/02/2017 18:58	19.63	49.66	287.8	24.53
OFF	15	02/02/2017 18:24	18.65	45.69	3.9	19.46	ON	50	02/02/2017 18:59	19.79	47.54	287.8	23.5
OFF	16	02/02/2017 18:25	18.65	45.56	3.9	19.44	OFF	51	02/02/2017 19:00	19.91	45.81	11.8	22.73
OFF	17	02/02/2017 18:26	18.63	45.46	11.8	19.41	OFF	52	02/02/2017 19:01	19.98	45.08	11.8	22.15
OFF	18	02/02/2017 18:27	18.63	45.46	3.9	19.39	OFF	53	02/02/2017 19:02	20.01	45.02	3.9	21.72
OFF	19	02/02/2017 18:28	18.63	45.4	11.8	19.37	OFF	54	02/02/2017 19:03	20.03	44.96	3.9	21.41
OFF	20	02/02/2017 18:29	18.63	45.3	3.9	19.34	OFF	55	02/02/2017 19:04	20.03	44.87	3.9	21.15
ON	21	02/02/2017 18:30	18.63	45.24	366.6	19.32	OFF	56	02/02/2017 19:05	20.03	44.71	11.8	20.96
ON	22	02/02/2017 18:31	18.6	44.89	366.6	19.41	OFF	57	02/02/2017 19:06	20.03	44.52	3.9	20.79
ON	23	02/02/2017 18:32	18.6	44.92	366.6	19.51	OFF	58	02/02/2017 19:07	20.03	44.48	11.8	20.65
ON	24	02/02/2017 18:33	18.6	44.85	358.7	19.63	OFF	59	02/02/2017 19:08	20.03	44.48	11.8	20.51
ON	25	02/02/2017 18:34	18.6	44.85	358.7	19.7	OFF	60	02/02/2017 19:09	20.03	44.61	3.9	20.44
ON	26	02/02/2017 18:35	18.6	44.79	358.7	19.77	OFF	61	02/02/2017 19:10	20.03	45.35	11.8	20.34
ON	27	02/02/2017 18:36	18.6	44.76	358.7	19.87	OFF	62	02/02/2017 19:11	20.03	45.73	11.8	20.27
ON	28	02/02/2017 18:37	18.6	44.73	358.7	19.96	OFF	63	02/02/2017 19:12	20.06	46.49	3.9	20.22
ON	29	02/02/2017 18:38	18.6	44.79	358.7	20.08	OFF	64	02/02/2017 19:13	20.08	47.16	11.8	20.22
ON	30	02/02/2017 18:39	18.6	44.85	350.8	20.17	OFF	65	02/02/2017 19:14	20.13	47.42	11.8	20.2
ON	31	02/02/2017 18:40	18.6	44.85	358.7	20.27	OFF	66	02/02/2017 19:15	20.15	47.77	11.8	20.22
ON	32	02/02/2017 18:41	18.6	45.01	350.8	20.37	OFF	67	02/02/2017 19:16	20.17	48.38	3.9	20.25
ON	33	02/02/2017 18:42	18.6	45.08	350.8	20.46	OFF	68	02/02/2017 19:17	20.22	48.7	11.8	20.29
ON	34	02/02/2017 18:43	18.6	45.01	358.7	20.56	OFF	69	02/02/2017 19:18	20.27	48.51	11.8	20.34
ON	35	02/02/2017 18:44	18.6	44.89	358.7	20.63	OFF	70	02/02/2017 19:19	20.32	48.3	11.8	20.41

Tabla 62. Recopilado de resultados sobre medidas tomadas de las propiedades lumínicas de Lámpara YDLED-400/18W 30/B en la simulación de una recámara con muro beige 3.

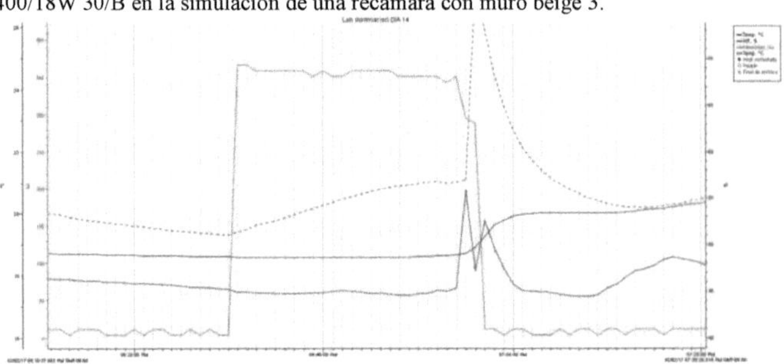

Gráfica 42. Gráfica proporcionada del programa HOBOware de resultados sobre medidas tomadas de las propiedades lumínicas de Lámpara YDLED-400/18W 30/B en la simulación de una recámara con muro beige 3.

TOMA C11.1: Lectura muro rojo 1

LA IMPORTANCIA DE LA ILUMINACIÓN ARTIFICIAL EN VIVIENDAS RESIDENCIALES

Tabla registro. Recopilado de medidas sobre propiedades lumínicas utilizado para realizar actividades cotidianas.

La presente tabla muestra el recopilado de información sobre temperatura (T1), humedad relativa (H.R.), e intensidad luminosa (I.L.) producidos por los luminarios especificados en el lugar del recinto donde se realiza la actividad evaluada, haciéndose una toma con un hobo a cada minuto en un lapso total de 70 mins. obteniendo 20 mins. previos al encendido, 30 mins. con el luminario encendido y 20 mins. posteriores al encendido. Se incorpora una segunda toma de temperatura (T2) generada por el mismo luminario.

Recinto evaluado:	Recámara	**U. de análisis:**	Laboratorio
Actividad evaluada:	Lectura		
No. y tipo de luminario:	Spot (1)	**No. y tipo de foco:**	LED (1)
Temperatura de color:	Natural	**Filtro:**	Con Filtro

Título de trazado: Prueba simulación recámara muro rojo 1

Light O	No. (#)	Fecha, Hora. GMT-06:00	T. 1 (°C)	H.R. (%)	I.L. (lux)	T. 2 (°C)	Light O	No. (#)	Fecha, Hora. GMT-06:00	T. 1 (°C)	H.R. (%)	I.L. (lux)	T. 2 (°C)
OFF	1	02/01/2017 16:50	19.87	55.38	11.8	17.25	ON	36	02/01/2017 17:25	18.58	54.76	287.8	19.27
OFF	2	02/01/2017 16:51	19.79	55.37	11.8	17.25	ON	37	02/01/2017 17:26	18.56	54.76	295.6	19.37
OFF	3	02/01/2017 16:52	19.72	55.24	11.8	17.27	ON	38	02/01/2017 17:27	18.53	54.73	295.6	19.46
OFF	4	02/01/2017 16:53	19.65	55.2	11.8	17.27	ON	39	02/01/2017 17:28	18.51	54.72	295.6	19.56
OFF	5	02/01/2017 16:54	19.58	55.16	11.8	17.37	ON	40	02/01/2017 17:29	18.51	54.72	287.8	19.65
OFF	6	02/01/2017 16:55	19.53	55.21	11.8	17.84	ON	41	02/01/2017 17:30	18.49	54.69	287.8	19.75
OFF	7	02/01/2017 16:56	19.46	55.26	11.8	18.68	ON	42	02/01/2017 17:31	18.49	54.66	295.6	19.84
OFF	8	02/01/2017 16:57	19.41	55.29	11.8	18.91	ON	43	02/01/2017 17:32	18.49	54.66	295.6	19.94
OFF	9	02/01/2017 16:58	19.37	55.28	11.8	18.99	ON	44	02/01/2017 17:33	18.46	54.66	295.6	20.01
OFF	10	02/01/2017 16:59	19.34	55.52	11.8	19.03	ON	45	02/01/2017 17:34	18.44	54.62	303.5	20.1
OFF	11	02/01/2017 17:00	19.32	55.46	11.8	19.06	ON	46	02/01/2017 17:35	18.44	54.59	287.8	20.15
OFF	12	02/01/2017 17:01	19.27	55.39	3.9	19.13	ON	47	02/01/2017 17:36	18.41	54.59	295.6	20.22
OFF	13	02/01/2017 17:02	19.25	55.35	11.8	19.03	ON	48	02/01/2017 17:37	18.41	54.53	295.6	20.32
OFF	14	02/01/2017 17:03	19.22	55.35	11.8	18.99	ON	49	02/01/2017 17:38	18.39	54.46	295.6	20.34
OFF	15	02/01/2017 17:04	19.18	55.31	11.8	18.91	ON	50	02/01/2017 17:39	18.39	54.43	287.8	20.39
OFF	16	02/01/2017 17:05	19.13	55.24	11.8	18.91	OFF	51	02/01/2017 17:40	18.39	54.43	11.8	20.46
OFF	17	02/01/2017 17:06	19.1	55.24	11.8	18.89	OFF	52	02/01/2017 17:41	18.37	54.4	11.8	20.53
OFF	18	02/01/2017 17:07	19.06	55.2	11.8	18.87	OFF	53	02/01/2017 17:42	18.37	54.36	11.8	20.44
OFF	19	02/01/2017 17:08	19.03	55.17	3.9	18.87	OFF	54	02/01/2017 17:43	18.34	54.3	11.8	20.29
OFF	20	02/01/2017 17:09	18.99	55.13	3.9	18.84	OFF	55	02/01/2017 17:44	18.34	54.24	11.8	20.22
ON	21	02/01/2017 17:10	18.96	55.1	311.4	18.82	OFF	56	02/01/2017 17:45	18.32	54.23	11.8	20.17
ON	22	02/01/2017 17:11	18.94	55.06	295.6	18.79	OFF	57	02/01/2017 17:46	18.32	54.2	11.8	20.15
ON	23	02/01/2017 17:12	18.91	55.03	303.5	18.79	OFF	58	02/01/2017 17:47	18.3	54.2	3.9	20.13
ON	24	02/01/2017 17:13	18.87	55.02	303.5	18.77	OFF	59	02/01/2017 17:48	18.3	54.2	11.8	20.08
ON	25	02/01/2017 17:14	18.84	55.02	287.8	18.77	OFF	60	02/01/2017 17:49	18.3	54.17	11.8	20.03
ON	26	02/01/2017 17:15	18.79	54.98	303.5	18.75	OFF	61	02/01/2017 17:50	18.27	54.17	3.9	19.91
ON	27	02/01/2017 17:16	18.79	54.95	303.5	18.72	OFF	62	02/01/2017 17:51	18.27	54.07	3.9	19.82
ON	28	02/01/2017 17:17	18.75	54.94	295.6	18.7	OFF	63	02/01/2017 17:52	18.25	54.04	11.8	19.77
ON	29	02/01/2017 17:18	18.72	54.94	303.5	18.68	OFF	64	02/01/2017 17:53	18.25	54.07	3.9	19.72
ON	30	02/01/2017 17:19	18.7	54.91	295.6	18.68	OFF	65	02/01/2017 17:54	18.22	54.07	3.9	19.65
ON	31	02/01/2017 17:20	18.68	54.87	303.5	18.7	OFF	66	02/01/2017 17:55	18.22	54.04	11.8	19.58
ON	32	02/01/2017 17:21	18.65	54.87	303.5	18.87	OFF	67	02/01/2017 17:56	18.22	54	11.8	19.51
ON	33	02/01/2017 17:22	18.63	54.83	295.6	18.96	OFF	68	02/01/2017 17:57	18.2	53.94	11.8	19.44
ON	34	02/01/2017 17:23	18.6	54.8	295.6	19.06	OFF	69	02/01/2017 17:58	18.2	53.94	11.8	19.37
ON	35	02/01/2017 17:24	18.58	54.8	303.5	19.18	OFF	70	02/01/2017 17:59	18.2	53.94	11.8	19.32

Tabla 63. Recopilado de resultados sobre medidas tomadas de las propiedades lumínicas de Lámpara YDLED-400/18W 30/B en la simulación de una recámara con muro rojo 1.

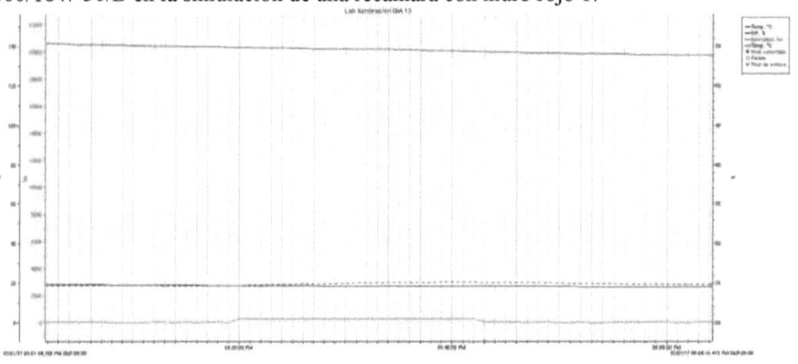

Gráfica 43. Gráfica proporcionada del programa HOBOware de resultados sobre medidas tomadas de las propiedades lumínicas de Lámpara halógena YDLED-400/18W 30/B en la simulación de una recámara con muro rojo 1.

TOMA C11.2: Lectura muro rojo 2

LA IMPORTANCIA DE LA ILUMINACIÓN ARTIFICIAL EN VIVIENDAS RESIDENCIALES

Tabla registro. Recopilado de medidas sobre propiedades lumínicas utilizado para realizar actividades cotidianas.

La presente tabla muestra el recopilado de información sobre temperatura (T1), humedad relativa (H.R.), e intensidad luminosa (I.L.) producidos por los luminarios especificados en el lugar del recinto donde se realiza la actividad evaluada, haciéndose una toma con un hobo a cada minuto en un lapso total de 70 mins. obteniendo 20 mins. previos al encendido, 30 mins. con el luminario encendido y 20 mins. posteriores al encendido. Se incorpora una segunda toma de temperatura (T2) generada por el mismo luminario.

Recinto evaluado:	Recámara	**U. de análisis:**	Laboratorio
Actividad evaluada:	Lectura		
No. y tipo de luminario:	Spot (1)	**No. y tipo de foco:**	LED (1)
Temperatura de color:	Natural	**Filtro:**	Con Filtro

Título de trazado: Prueba simulación recámara muro rojo 2													
Light O	**No. (#)**	**Fecha, Hora. GMT-06:00**	**T. 1 (°C)**	**H.R. (%)**	**I.L. (lux)**	**T. 2 (°C)**	**Light O**	**No. (#)**	**Fecha, Hora. GMT-06:00**	**T. 1 (°C)**	**H.R. (%)**	**I.L. (lux)**	**T. 2 (°C)**
OFF	1	02/01/2017 18:00	18.2	53.94	11.8	19.27	ON	36	02/01/2017 18:35	18.18	53.44	287.8	20.01
OFF	2	02/01/2017 18:01	18.2	53.91	3.9	19.25	ON	37	02/01/2017 18:36	18.15	53.44	295.6	20.08
OFF	3	02/01/2017 18:02	18.18	53.91	3.9	19.18	ON	38	02/01/2017 18:37	18.18	53.44	287.8	20.15
OFF	4	02/01/2017 18:03	18.18	53.91	11.8	19.13	ON	39	02/01/2017 18:38	18.15	53.41	295.6	20.2
OFF	5	02/01/2017 18:04	18.18	53.87	11.8	19.08	ON	40	02/01/2017 18:39	18.15	53.41	295.6	20.25
OFF	6	02/01/2017 18:05	18.15	53.84	11.8	19.03	ON	41	02/01/2017 18:40	18.15	53.41	287.8	20.32
OFF	7	02/01/2017 18:06	18.15	53.81	11.8	18.99	ON	42	02/01/2017 18:41	18.15	53.41	295.6	20.37
OFF	8	02/01/2017 18:07	18.15	53.81	3.9	18.94	ON	43	02/01/2017 18:42	18.15	53.41	295.6	20.41
OFF	9	02/01/2017 18:08	18.15	53.81	11.8	18.91	ON	44	02/01/2017 18:43	18.15	53.38	295.6	20.46
OFF	10	02/01/2017 18:09	18.15	53.81	11.8	18.87	ON	45	02/01/2017 18:44	18.15	53.38	287.8	20.51
OFF	11	02/01/2017 18:10	18.13	53.81	11.8	18.82	ON	46	02/01/2017 18:45	18.13	53.34	287.8	20.53
OFF	12	02/01/2017 18:11	18.13	53.78	3.9	18.79	ON	47	02/01/2017 18:46	18.13	53.34	295.6	20.56
OFF	13	02/01/2017 18:12	18.13	53.74	3.9	18.77	ON	48	02/01/2017 18:47	18.13	53.34	295.6	20.58
OFF	14	02/01/2017 18:13	18.11	53.74	11.8	18.72	ON	49	02/01/2017 18:48	18.13	53.31	287.8	20.6
OFF	15	02/01/2017 18:14	18.11	53.74	3.9	18.7	ON	50	02/01/2017 18:49	18.13	53.28	287.8	20.63
OFF	16	02/01/2017 18:15	18.11	53.74	11.8	18.68	OFF	51	02/01/2017 18:50	18.13	53.25	11.8	20.65
OFF	17	02/01/2017 18:16	18.11	53.71	11.8	18.65	OFF	52	02/01/2017 18:51	18.13	53.25	3.9	20.58
OFF	18	02/01/2017 18:17	18.08	53.74	11.8	18.63	OFF	53	02/01/2017 18:52	18.11	53.19	11.8	20.44
OFF	19	02/01/2017 18:18	18.08	53.71	3.9	18.6	OFF	54	02/01/2017 18:53	18.11	53.15	11.8	20.32
OFF	20	02/01/2017 18:19	18.08	53.71	11.8	18.58	OFF	55	02/01/2017 18:54	18.11	53.12	3.9	20.22
ON	21	02/01/2017 18:20	18.08	53.71	327.2	18.56	OFF	56	02/01/2017 18:55	18.08	53.12	11.8	20.15
ON	22	02/01/2017 18:21	18.08	53.71	311.4	18.56	OFF	57	02/01/2017 18:56	18.08	53.09	11.8	20.1
ON	23	02/01/2017 18:22	18.06	53.64	303.5	18.7	OFF	58	02/01/2017 18:57	18.08	53.12	11.8	20.03
ON	24	02/01/2017 18:23	18.06	53.61	303.5	18.82	OFF	59	02/01/2017 18:58	18.08	53.09	3.9	19.96
ON	25	02/01/2017 18:24	18.08	53.58	287.8	18.89	OFF	60	02/01/2017 18:59	18.06	53.09	11.8	19.89
ON	26	02/01/2017 18:25	18.06	53.67	287.8	19.01	OFF	61	02/01/2017 19:00	18.06	53.09	3.9	19.79
ON	27	02/01/2017 18:26	18.08	53.65	287.8	19.1	OFF	62	02/01/2017 19:01	18.06	53.09	3.9	19.72
ON	28	02/01/2017 18:27	18.11	53.71	287.8	19.22	OFF	63	02/01/2017 19:02	18.06	53.06	3.9	19.65
ON	29	02/01/2017 18:28	18.13	53.65	303.5	19.32	OFF	64	02/01/2017 19:03	18.03	53.08	3.9	19.56
ON	30	02/01/2017 18:29	18.15	53.59	295.6	19.46	OFF	65	02/01/2017 19:04	18.03	53.05	11.8	19.48
ON	31	02/01/2017 18:30	18.15	53.56	287.8	19.51	OFF	66	02/01/2017 19:05	18.03	53.05	3.9	19.41
ON	32	02/01/2017 18:31	18.15	53.5	295.6	19.63	OFF	67	02/01/2017 19:06	18.03	53.05	11.8	19.34
ON	33	02/01/2017 18:32	18.18	53.47	295.6	19.72	OFF	68	02/01/2017 19:07	18.03	53.02	11.8	19.27
ON	34	02/01/2017 18:33	18.18	53.44	295.6	19.82	OFF	69	02/01/2017 19:08	18.01	52.99	11.8	19.2
ON	35	02/01/2017 18:34	18.18	53.44	295.6	19.91	OFF	70	02/01/2017 19:09	18.01	53.02	11.8	19.15

Tabla 64. Recopilado de resultados sobre medidas tomadas de las propiedades lumínicas de Lámpara YDLED-400/18W 30/B en la simulación de una recámara con muro rojo 2.

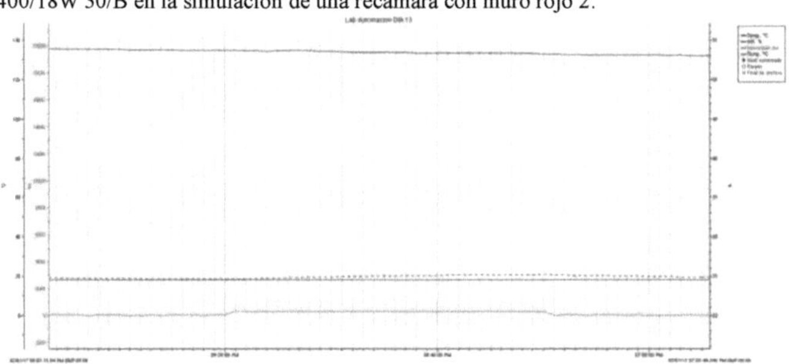

Gráfica 44. Gráfica proporcionada del programa HOBOware de resultados sobre medidas tomadas de las propiedades lumínicas de Lámpara YDLED-400/18W 30/B en la simulación de una recámara con muro rojo 2.

TOMA C11.3: Lectura muro rojo 3

LA IMPORTANCIA DE LA ILUMINACIÓN ARTIFICIAL EN VIVIENDAS RESIDENCIALES

Tabla registro. Recopilado de medidas sobre propiedades lumínicas utilizado para realizar actividades cotidianas.

La presente tabla muestra el recopilado de información sobre temperatura (T1), humedad relativa (H.R.), e intensidad luminosa (I.L.) producidos por los luminarios especificados en el lugar del recinto donde se realiza la actividad evaluada, haciéndose una toma con un hobo a cada minuto en un lapso total de 70 mins. obteniendo 20 mins. previos al encendido, 30 mins. con el luminario encendido y 20 mins. posteriores al encendido. Se incorpora una segunda toma de temperatura (T2) generada por el mismo luminario.

Recinto evaluado:	Recámara	**U. de análisis:**	Laboratorio
Actividad evaluada:	Lectura		
No. y tipo de luminario:	Spot (1)	**No. y tipo de foco:**	LED (1)
Temperatura de color:	Natural	**Filtro:**	Con Filtro

Título de trazado: Prueba simulación recámara muro rojo 3													
Light O	**No. (#)**	**Fecha, Hora. GMT-06:00**	**T. 1 (°C)**	**H.R. (%)**	**I.L. (lux)**	**T. 2 (°C)**	**Light O**	**No. (#)**	**Fecha, Hora. GMT-06:00**	**T. 1 (°C)**	**H.R. (%)**	**I.L. (lux)**	**T. 2 (°C)**
OFF	1	02/01/2017 19:10	18.01	52.99	11.8	19.08	ON	36	02/01/2017 19:45	17.99	53.32	295.6	19.84
OFF	2	02/01/2017 19:11	18.01	53.02	11.8	19.03	ON	37	02/01/2017 19:46	17.99	53.32	295.6	19.89
OFF	3	02/01/2017 19:12	18.01	52.99	11.8	18.96	ON	38	02/01/2017 19:47	17.99	53.35	295.6	19.96
OFF	4	02/01/2017 19:13	17.99	52.98	11.8	18.91	ON	39	02/01/2017 19:48	17.99	53.35	295.6	20.01
OFF	5	02/01/2017 19:14	17.99	52.98	11.8	18.87	ON	40	02/01/2017 19:49	17.99	53.35	295.6	20.06
OFF	6	02/01/2017 19:15	17.99	52.98	3.9	18.82	ON	41	02/01/2017 19:50	18.01	53.33	295.6	20.15
OFF	7	02/01/2017 19:16	17.99	52.95	11.8	18.77	ON	42	02/01/2017 19:51	18.01	53.36	295.6	20.22
OFF	8	02/01/2017 19:17	17.96	52.95	11.8	18.72	ON	43	02/01/2017 19:52	18.01	53.39	295.6	20.22
OFF	9	02/01/2017 19:18	17.96	52.95	11.8	18.7	ON	44	02/01/2017 19:53	18.01	53.39	287.8	20.32
OFF	10	02/01/2017 19:19	17.96	52.95	11.8	18.65	ON	45	02/01/2017 19:54	18.01	53.42	295.6	20.34
OFF	11	02/01/2017 19:20	17.96	52.95	3.9	18.6	ON	46	02/01/2017 19:55	18.01	53.42	295.6	20.39
OFF	12	02/01/2017 19:21	17.96	52.95	11.8	18.58	ON	47	02/01/2017 19:56	18.01	53.45	295.6	20.46
OFF	13	02/01/2017 19:22	17.96	52.95	3.9	18.56	ON	48	02/01/2017 19:57	18.03	53.42	295.6	20.48
OFF	14	02/01/2017 19:23	17.94	52.98	11.8	18.51	ON	49	02/01/2017 19:58	18.03	53.42	287.8	20.51
OFF	15	02/01/2017 19:24	17.94	52.98	11.8	18.49	ON	50	02/01/2017 19:59	18.03	53.42	295.6	20.51
OFF	16	02/01/2017 19:25	17.94	52.98	11.8	18.46	OFF	51	02/01/2017 20:00	18.03	53.45	11.8	20.56
OFF	17	02/01/2017 19:26	17.94	52.98	11.8	18.44	OFF	52	02/01/2017 20:01	18.03	53.45	11.8	20.56
OFF	18	02/01/2017 19:27	17.94	52.95	3.9	18.39	OFF	53	02/01/2017 20:02	18.03	53.45	11.8	20.41
OFF	19	02/01/2017 19:28	17.94	52.98	11.8	18.37	OFF	54	02/01/2017 20:03	18.03	53.45	3.9	20.29
OFF	20	02/01/2017 19:29	17.94	52.98	11.8	18.34	OFF	55	02/01/2017 20:04	18.03	53.48	3.9	20.25
ON	21	02/01/2017 19:30	17.92	52.97	295.6	18.32	OFF	56	02/01/2017 20:05	18.03	53.48	11.8	20.17
ON	22	02/01/2017 19:31	17.92	52.94	303.5	18.44	OFF	57	02/01/2017 20:06	18.01	53.48	11.8	20.1
ON	23	02/01/2017 19:32	17.92	52.97	295.6	18.56	OFF	58	02/01/2017 20:07	18.01	53.51	11.8	20.03
ON	24	02/01/2017 19:33	17.94	53.01	295.6	18.65	OFF	59	02/01/2017 20:08	18.01	53.51	3.9	19.96
ON	25	02/01/2017 19:34	17.94	53.04	303.5	18.75	OFF	60	02/01/2017 20:09	18.01	53.51	11.8	19.87
ON	26	02/01/2017 19:35	17.94	53.04	287.8	18.84	OFF	61	02/01/2017 20:10	18.01	53.48	11.8	19.79
ON	27	02/01/2017 19:36	17.96	53.13	287.8	19.01	OFF	62	02/01/2017 20:11	18.01	53.54	11.8	19.7
ON	28	02/01/2017 19:37	17.96	53.2	287.8	19.13	OFF	63	02/01/2017 20:12	17.99	53.54	11.8	19.6
ON	29	02/01/2017 19:38	17.96	53.2	295.6	19.25	OFF	64	02/01/2017 20:13	17.99	53.54	3.9	19.51
ON	30	02/01/2017 19:39	17.96	53.23	295.6	19.34	OFF	65	02/01/2017 20:14	17.99	53.54	11.8	19.44
ON	31	02/01/2017 19:40	17.96	53.23	295.6	19.44	OFF	66	02/01/2017 20:15	17.96	53.57	3.9	19.34
ON	32	02/01/2017 19:41	17.99	53.29	287.8	19.53	OFF	67	02/01/2017 20:16	17.96	53.6	3.9	19.27
ON	33	02/01/2017 19:42	17.99	53.29	287.8	19.6	OFF	68	02/01/2017 20:17	17.96	53.6	11.8	19.2
ON	34	02/01/2017 19:43	17.99	53.29	287.8	19.7	OFF	69	02/01/2017 20:18	17.96	53.6	11.8	19.13
ON	35	02/01/2017 19:44	17.99	53.29	287.8	19.77	OFF	70	02/01/2017 20:19	17.96	53.6	11.8	19.06

Tabla 65. Recopilado de resultados sobre medidas tomadas de las propiedades lumínicas de Lámpara YDLED-400/18W 30/B en la simulación de una recámara con muro rojo 3.

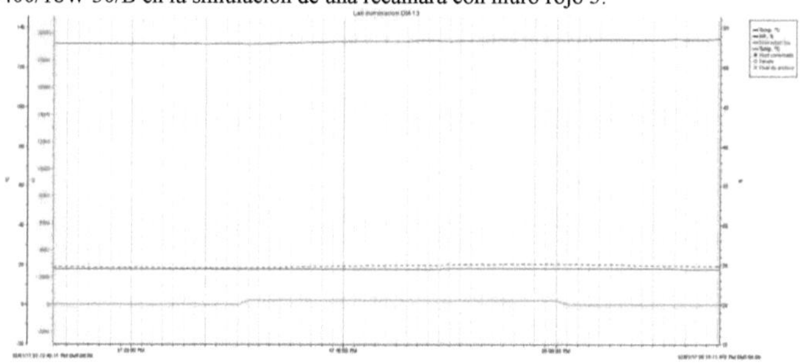

Gráfica 45. Gráfica proporcionada del programa HOBOware de resultados sobre medidas tomadas de las propiedades lumínicas de Lámpara YDLED-400/18W 30/B en la simulación de una recámara con muro rojo 3.

TOMA C12.1: Lectura muro azul 1

LA IMPORTANCIA DE LA ILUMINACIÓN ARTIFICIAL EN VIVIENDAS RESIDENCIALES

Tabla registro. Recopilado de medidas sobre propiedades lumínicas utilizado para realizar actividades cotidianas.

La presente tabla muestra el recopilado de información sobre temperatura (T1), humedad relativa (H.R.), e intensidad luminosa (I.L.) producidos por los luminarios especificados en el lugar del recinto donde se realiza la actividad evaluada, haciéndose una toma con un hobo a cada minuto en un lapso total de 70 mins. obteniendo 20 mins. previos al encendido, 30 mins. con el luminario encendido y 20 mins. posteriores al encendido. Se incorpora una segunda toma de temperatura (T2) generada por el mismo luminario.

Recinto evaluado:	Recámara	**U. de análisis:**	Laboratorio
Actividad evaluada:	Lectura		
No. y tipo de luminario:	Spot (1)	**No. y tipo de foco:**	LED (1)
Temperatura de color:	Natural	**Filtro:**	Con Filtro

Título de trazado: Prueba simulación recámara muro azul 1													
Light O	**No. (#)**	**Fecha, Hora. GMT-06:00**	**T. 1 (°C)**	**H.R. (%)**	**I.L. (lux)**	**T. 2 (°C)**	**Light O**	**No. (#)**	**Fecha, Hora. GMT-06:00**	**T. 1 (°C)**	**H.R. (%)**	**I.L. (lux)**	**T. 2 (°C)**
OFF	1	02/02/2017 12:20	17.2	54.96	3.9	19.15	ON	36	02/02/2017 12:55	17.56	55.75	366.6	19.96
OFF	2	02/02/2017 12:21	17.2	54.96	11.8	19.08	ON	37	02/02/2017 12:56	17.56	55.75	374.5	20.01
OFF	3	02/02/2017 12:22	17.2	54.9	3.9	19.01	ON	38	02/02/2017 12:57	17.56	55.75	358.7	20.1
OFF	4	02/02/2017 12:23	17.2	54.69	11.8	18.91	ON	39	02/02/2017 12:58	17.56	55.75	358.7	20.2
OFF	5	02/02/2017 12:24	17.23	54.78	3.9	18.82	ON	40	02/02/2017 12:59	17.58	55.78	374.5	20.27
OFF	6	02/02/2017 12:25	17.23	54.72	11.8	18.7	ON	41	02/02/2017 13:00	17.58	55.78	374.5	20.34
OFF	7	02/02/2017 12:26	17.23	54.97	11.8	18.65	ON	42	02/02/2017 13:01	17.58	55.69	374.5	20.39
OFF	8	02/02/2017 12:27	17.25	54.94	11.8	18.6	ON	43	02/02/2017 13:02	17.61	55.66	374.5	20.44
OFF	9	02/02/2017 12:28	17.25	54.94	3.9	18.63	ON	44	02/02/2017 13:03	17.61	55.6	374.5	20.48
OFF	10	02/02/2017 12:29	17.27	55.03	3.9	18.63	ON	45	02/02/2017 13:04	17.61	55.57	374.5	20.53
OFF	11	02/02/2017 12:30	17.3	55.13	3.9	18.7	ON	46	02/02/2017 13:05	17.61	55.54	366.6	20.56
OFF	12	02/02/2017 12:31	17.32	55.13	11.8	18.68	ON	47	02/02/2017 13:06	17.61	55.54	374.5	20.58
OFF	13	02/02/2017 12:32	17.32	55.19	11.8	18.6	ON	48	02/02/2017 13:07	17.61	55.42	374.5	20.53
OFF	14	02/02/2017 12:33	17.34	55.32	11.8	18.58	ON	49	02/02/2017 13:08	17.63	55.36	366.6	20.58
OFF	15	02/02/2017 12:34	17.34	55.56	3.9	18.6	ON	50	02/02/2017 13:09	17.63	55.27	366.6	20.63
OFF	16	02/02/2017 12:35	17.37	55.72	11.8	18.58	OFF	51	02/02/2017 13:10	17.63	55.3	11.8	20.72
OFF	17	02/02/2017 12:36	17.39	55.69	11.8	18.6	OFF	52	02/02/2017 13:11	17.65	55.27	11.8	20.7
OFF	18	02/02/2017 12:37	17.39	55.91	11.8	18.53	OFF	53	02/02/2017 13:12	17.65	55.06	11.8	20.56
OFF	19	02/02/2017 12:38	17.42	56.15	11.8	18.49	OFF	54	02/02/2017 13:13	17.65	54.94	11.8	20.51
OFF	20	02/02/2017 12:39	17.44	56.1	11.8	18.44	OFF	55	02/02/2017 13:14	17.65	54.97	11.8	20.44
ON	21	02/02/2017 12:40	17.44	56.04	366.6	18.53	OFF	56	02/02/2017 13:15	17.65	54.94	11.8	20.37
ON	22	02/02/2017 12:41	17.46	56.25	358.7	18.68	OFF	57	02/02/2017 13:16	17.65	54.87	11.8	20.27
ON	23	02/02/2017 12:42	17.49	56.29	374.5	18.75	OFF	58	02/02/2017 13:17	17.65	54.75	3.9	20.17
ON	24	02/02/2017 12:43	17.49	56.2	374.5	18.82	OFF	59	02/02/2017 13:18	17.65	54.81	3.9	20.13
ON	25	02/02/2017 12:44	17.51	56.17	469.1	18.91	OFF	60	02/02/2017 13:19	17.65	54.78	3.9	20.08
ON	26	02/02/2017 12:45	17.51	56.11	453.3	19.01	OFF	61	02/02/2017 13:20	17.65	54.81	11.8	19.98
ON	27	02/02/2017 12:46	17.51	56.17	374.5	19.1	OFF	62	02/02/2017 13:21	17.65	54.84	11.8	19.91
ON	28	02/02/2017 12:47	17.53	56.23	374.5	19.18	OFF	63	02/02/2017 13:22	17.65	54.87	11.8	19.82
ON	29	02/02/2017 12:48	17.53	56.11	366.6	19.27	OFF	64	02/02/2017 13:23	17.65	54.75	11.8	19.72
ON	30	02/02/2017 12:49	17.53	56.08	374.5	19.37	OFF	65	02/02/2017 13:24	17.65	54.51	11.8	19.65
ON	31	02/02/2017 12:50	17.53	56.05	374.5	19.46	OFF	66	02/02/2017 13:25	17.65	54.54	3.9	19.58
ON	32	02/02/2017 12:51	17.53	56.05	366.6	19.58	OFF	67	02/02/2017 13:26	17.65	54.54	3.9	19.51
ON	33	02/02/2017 12:52	17.56	55.99	374.5	19.67	OFF	68	02/02/2017 13:27	17.65	54.57	11.8	19.44
ON	34	02/02/2017 12:53	17.56	55.96	374.5	19.77	OFF	69	02/02/2017 13:28	17.63	54.56	11.8	19.37
ON	35	02/02/2017 12:54	17.56	55.9	366.6	19.87	OFF	70	02/02/2017 13:29	17.63	54.6	3.9	19.32

Tabla 66. Recopilado de resultados sobre medidas tomadas de las propiedades lumínicas de Lámpara YDLED-400/18W 30/B en la simulación de una recámara con muro azul 1.

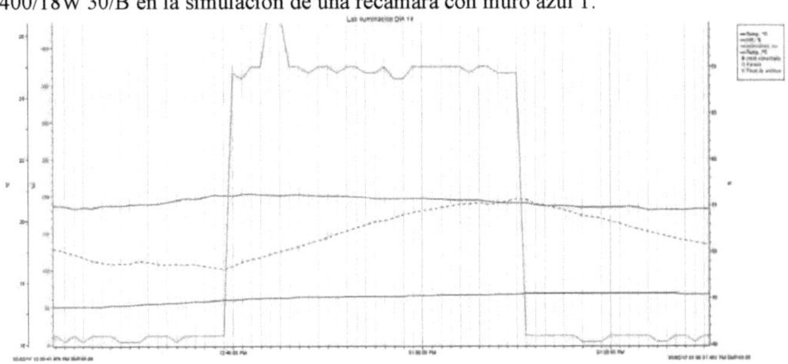

Gráfica 46. Gráfica proporcionada del programa HOBOware de resultados sobre medidas tomadas de las propiedades lumínicas de Lámpara YDLED-400/18W 30/B en la simulación de una recámara con muro azul 1.

TOMA C12.2: Lectura muro azul 2

LA IMPORTANCIA DE LA ILUMINACIÓN ARTIFICIAL EN VIVIENDAS RESIDENCIALES

Tabla registro. Recopilado de medidas sobre propiedades lumínicas utilizado para realizar actividades cotidianas.

La presente tabla muestra el recopilado de información sobre temperatura (T1), humedad relativa (H.R.), e intensidad luminosa (I.L.) producidos por los luminarios especificados en el lugar del recinto donde se realiza la actividad evaluada, haciéndose una toma con un hobo a cada minuto en un lapso total de 70 mins. obteniendo 20 mins. previos al encendido, 30 mins. con el luminario encendido y 20 mins. posteriores al encendido. Se incorpora una segunda toma de temperatura (T2) generada por el mismo luminario.

Recinto evaluado:	Recámara	**U. de análisis:**	Laboratorio
Actividad evaluada:	Lectura		
No. y tipo de luminario:	Spot (1)	**No. y tipo de foco:**	LED (1)
Temperatura de color:	Natural	**Filtro:**	Con Filtro

Título de trazado: Prueba simulación recámara muro azul 2													
Light O	**No. (#)**	**Fecha, Hora. GMT-06:00**	**T. 1 (°C)**	**H.R. (%)**	**I.L. (lux)**	**T. 2 (°C)**	**Light O**	**No. (#)**	**Fecha, Hora. GMT-06:00**	**T. 1 (°C)**	**H.R. (%)**	**I.L. (lux)**	**T. 2 (°C)**
OFF	1	02/02/2017 13:30	17.63	54.6	11.8	19.25	ON	36	02/02/2017 14:05	17.68	53.56	374.5	19.94
OFF	2	02/02/2017 13:31	17.63	54.63	11.8	19.2	ON	37	02/02/2017 14:06	17.68	53.56	374.5	20.03
OFF	3	02/02/2017 13:32	17.63	54.63	11.8	19.15	ON	38	02/02/2017 14:07	17.68	53.53	374.5	20.13
OFF	4	02/02/2017 13:33	17.63	54.63	3.9	19.1	ON	39	02/02/2017 14:08	17.7	53.53	366.6	20.22
OFF	5	02/02/2017 13:34	17.63	54.6	3.9	19.03	ON	40	02/02/2017 14:09	17.7	53.56	382.4	20.29
OFF	6	02/02/2017 13:35	17.63	54.6	3.9	18.99	ON	41	02/02/2017 14:10	17.7	53.53	374.5	20.37
OFF	7	02/02/2017 13:36	17.63	54.56	11.8	18.96	ON	42	02/02/2017 14:11	17.7	53.53	374.5	20.44
OFF	8	02/02/2017 13:37	17.63	54.53	3.9	18.91	ON	43	02/02/2017 14:12	17.72	53.5	374.5	20.51
OFF	9	02/02/2017 13:38	17.63	54.38	11.8	18.84	ON	44	02/02/2017 14:13	17.72	53.5	374.5	20.58
OFF	10	02/02/2017 13:39	17.63	54.26	11.8	18.82	ON	45	02/02/2017 14:14	17.72	53.47	366.6	20.63
OFF	11	02/02/2017 13:40	17.63	54.23	3.9	18.79	ON	46	02/02/2017 14:15	17.72	53.47	374.5	20.67
OFF	12	02/02/2017 13:41	17.63	54.26	11.8	18.77	ON	47	02/02/2017 14:16	17.72	53.41	358.7	20.72
OFF	13	02/02/2017 13:42	17.63	54.23	11.8	18.75	ON	48	02/02/2017 14:17	17.72	53.41	366.6	20.77
OFF	14	02/02/2017 13:43	17.63	54.1	11.8	18.7	ON	49	02/02/2017 14:18	17.72	53.41	366.6	20.82
OFF	15	02/02/2017 13:44	17.63	54.07	11.8	18.68	ON	50	02/02/2017 14:19	17.75	53.38	374.5	20.87
OFF	16	02/02/2017 13:45	17.63	54.01	11.8	18.68	OFF	51	02/02/2017 14:20	17.75	53.32	3.9	20.87
OFF	17	02/02/2017 13:46	17.63	54.07	3.9	18.65	OFF	52	02/02/2017 14:21	17.75	53.1	11.8	20.75
OFF	18	02/02/2017 13:47	17.63	54.13	11.8	18.63	OFF	53	02/02/2017 14:22	17.75	52.89	11.8	20.65
OFF	19	02/02/2017 13:48	17.63	54.1	11.8	18.63	OFF	54	02/02/2017 14:23	17.75	53.01	3.9	20.6
OFF	20	02/02/2017 13:49	17.63	54.17	11.8	18.6	OFF	55	02/02/2017 14:24	17.75	52.98	11.8	20.56
ON	21	02/02/2017 13:50	17.63	54.17	374.5	18.6	OFF	56	02/02/2017 14:25	17.75	52.98	3.9	20.51
ON	22	02/02/2017 13:51	17.63	54.17	382.4	18.58	OFF	57	02/02/2017 14:26	17.75	52.98	3.9	20.46
ON	23	02/02/2017 13:52	17.63	54.17	382.4	18.58	OFF	58	02/02/2017 14:27	17.75	52.98	3.9	20.39
ON	24	02/02/2017 13:53	17.63	53.86	374.5	18.68	OFF	59	02/02/2017 14:28	17.75	53.01	3.9	20.29
ON	25	02/02/2017 13:54	17.63	53.8	382.4	18.77	OFF	60	02/02/2017 14:29	17.75	52.98	11.8	20.22
ON	26	02/02/2017 13:55	17.65	53.68	382.4	18.87	OFF	61	02/02/2017 14:30	17.75	53.01	11.8	20.15
ON	27	02/02/2017 13:56	17.65	53.68	374.5	18.96	OFF	62	02/02/2017 14:31	17.75	52.95	3.9	20.08
ON	28	02/02/2017 13:57	17.65	53.65	382.4	19.08	OFF	63	02/02/2017 14:32	17.75	52.95	3.9	20.01
ON	29	02/02/2017 13:58	17.65	53.68	366.6	19.18	OFF	64	02/02/2017 14:33	17.75	52.95	11.8	19.94
ON	30	02/02/2017 13:59	17.65	53.65	366.6	19.27	OFF	65	02/02/2017 14:34	17.75	52.92	11.8	19.87
ON	31	02/02/2017 14:00	17.65	53.61	374.5	19.39	OFF	66	02/02/2017 14:35	17.75	52.89	11.8	19.79
ON	32	02/02/2017 14:01	17.65	53.61	374.5	19.51	OFF	67	02/02/2017 14:36	17.75	52.89	3.9	19.72
ON	33	02/02/2017 14:02	17.65	53.61	374.5	19.6	OFF	68	02/02/2017 14:37	17.75	52.86	11.8	19.65
ON	34	02/02/2017 14:03	17.68	53.59	358.7	19.72	OFF	69	02/02/2017 14:38	17.77	52.83	3.9	19.6
ON	35	02/02/2017 14:04	17.68	53.59	358.7	19.84	OFF	70	02/02/2017 14:39	17.75	52.83	11.8	19.53

Tabla 67. Recopilado de resultados sobre medidas tomadas de las propiedades lumínicas de Lámpara YDLED-400/18W 30/B en la simulación de una recámara con muro azul 2.

Gráfica 47. Gráfica proporcionada del programa HOBOware de resultados sobre medidas tomadas de las propiedades lumínicas de Lámpara YDLED-400/18W 30/B en la simulación de una recámara con muro azul 2.

TOMA C12.3: Lectura muro azul 3

LA IMPORTANCIA DE LA ILUMINACIÓN ARTIFICIAL EN VIVIENDAS RESIDENCIALES

Tabla registro. Recopilado de medidas sobre propiedades lumínicas utilizado para realizar actividades cotidianas.

La presente tabla muestra el recopilado de información sobre temperatura (T1), humedad relativa (H.R.), e intensidad luminosa (I.L.) producidos por los luminarios especificados en el lugar del recinto donde se realiza la actividad evaluada, haciéndose una toma con un hobo a cada minuto en un lapso total de 70 mins. obteniendo 20 mins. previos al encendido, 30 mins. con el luminario encendido y 20 mins. posteriores al encendido. Se incorpora una segunda toma de temperatura (T2) generada por el mismo luminario.

Recinto evaluado:	Recámara	**U. de análisis:**	Laboratorio
Actividad evaluada:	Lectura		
No. y tipo de luminario:	Spot (1)	**No. y tipo de foco:**	LED (1)
Temperatura de color:	Natural	**Filtro:**	Con Filtro

Título de trazado: Prueba simulación recámara muro azul 3

Light O	No. (#)	Fecha, Hora. GMT-06:00	T. 1 (°C)	H.R. (%)	I.L. (lux)	T. 2 (°C)	Light O	No. (#)	Fecha, Hora. GMT-06:00	T. 1 (°C)	H.R. (%)	I.L. (lux)	T. 2 (°C)
OFF	1	02/02/2017 14:40	17.75	52.86	11.8	19.48	ON	36	02/02/2017 15:15	17.89	51.55	366.6	20.39
OFF	2	02/02/2017 14:41	17.77	52.8	3.9	19.44	ON	37	02/02/2017 15:16	17.92	51.52	358.7	20.48
OFF	3	02/02/2017 14:42	17.77	52.8	11.8	19.39	ON	38	02/02/2017 15:17	17.92	51.49	382.4	20.58
OFF	4	02/02/2017 14:43	17.77	52.8	11.8	19.34	ON	39	02/02/2017 15:18	17.92	51.49	374.5	20.67
OFF	5	02/02/2017 14:44	17.77	52.77	11.8	19.29	ON	40	02/02/2017 15:19	17.92	51.49	374.5	20.75
OFF	6	02/02/2017 14:45	17.77	52.77	11.8	19.27	ON	41	02/02/2017 15:20	17.94	51.43	374.5	20.79
OFF	7	02/02/2017 14:46	17.77	52.71	11.8	19.25	ON	42	02/02/2017 15:21	17.94	51.4	374.5	20.87
OFF	8	02/02/2017 14:47	17.77	52.71	11.8	19.2	ON	43	02/02/2017 15:22	17.94	51.4	358.7	20.94
OFF	9	02/02/2017 14:48	17.77	52.68	11.8	19.18	ON	44	02/02/2017 15:23	17.94	51.34	374.5	21.01
OFF	10	02/02/2017 14:49	17.77	52.68	3.9	19.13	ON	45	02/02/2017 15:24	17.94	51.27	366.6	21.08
OFF	11	02/02/2017 14:50	17.77	52.61	11.8	19.1	ON	46	02/02/2017 15:25	17.96	51.25	374.5	21.13
OFF	12	02/02/2017 14:51	17.77	52.61	3.9	19.08	ON	47	02/02/2017 15:26	17.96	51.15	374.5	21.18
OFF	13	02/02/2017 14:52	17.77	52.64	11.8	19.06	ON	48	02/02/2017 15:27	17.96	51.18	366.6	21.22
OFF	14	02/02/2017 14:53	17.77	52.61	11.8	19.03	ON	49	02/02/2017 15:28	17.96	51.12	374.5	21.25
OFF	15	02/02/2017 14:54	17.8	52.56	3.9	19.01	ON	50	02/02/2017 15:29	17.96	50.78	358.7	21.27
OFF	16	02/02/2017 14:55	17.8	52.59	11.8	18.99	OFF	51	02/02/2017 15:30	17.99	50.63	11.8	21.25
OFF	17	02/02/2017 14:56	17.8	52.56	11.8	18.96	OFF	52	02/02/2017 15:31	17.99	50.56	11.8	21.1
OFF	18	02/02/2017 14:57	17.8	52.52	11.8	18.94	OFF	53	02/02/2017 15:32	17.99	50.38	11.8	21.01
OFF	19	02/02/2017 14:58	17.8	52.52	11.8	18.94	OFF	54	02/02/2017 15:33	17.99	50.32	11.8	20.96
OFF	20	02/02/2017 14:59	17.8	52.46	11.8	18.91	OFF	55	02/02/2017 15:34	18.01	50.35	3.9	20.91
ON	21	02/02/2017 15:00	17.8	52.49	374.5	18.89	OFF	56	02/02/2017 15:35	18.01	50.38	3.9	20.87
ON	22	02/02/2017 15:01	17.8	52.15	374.5	18.96	OFF	57	02/02/2017 15:36	18.01	50.41	11.8	20.82
ON	23	02/02/2017 15:02	17.82	52.13	382.4	19.06	OFF	58	02/02/2017 15:37	18.01	50.47	11.8	20.75
ON	24	02/02/2017 15:03	17.82	51.75	382.4	19.15	OFF	59	02/02/2017 15:38	18.01	50.51	3.9	20.67
ON	25	02/02/2017 15:04	17.82	51.6	366.6	19.27	OFF	60	02/02/2017 15:39	18.01	50.51	11.8	20.6
ON	26	02/02/2017 15:05	17.84	51.54	374.5	19.37	OFF	61	02/02/2017 15:40	18.01	50.41	11.8	20.51
ON	27	02/02/2017 15:06	17.84	51.66	366.6	19.46	OFF	62	02/02/2017 15:41	18.01	50.41	11.8	20.44
ON	28	02/02/2017 15:07	17.87	51.67	382.4	19.56	OFF	63	02/02/2017 15:42	18.01	50.47	3.9	20.37
ON	29	02/02/2017 15:08	17.87	51.7	366.6	19.67	OFF	64	02/02/2017 15:43	18.01	50.44	11.8	20.29
ON	30	02/02/2017 15:09	17.87	51.64	374.5	19.77	OFF	65	02/02/2017 15:44	18.03	50.38	11.8	20.22
ON	31	02/02/2017 15:10	17.89	51.67	382.4	19.89	OFF	66	02/02/2017 15:45	18.01	50.38	11.8	20.15
ON	32	02/02/2017 15:11	17.89	51.61	374.5	20.01	OFF	67	02/02/2017 15:46	18.03	50.23	11.8	20.08
ON	33	02/02/2017 15:12	17.89	51.52	374.5	20.13	OFF	68	02/02/2017 15:47	18.03	50.26	11.8	20.01
ON	34	02/02/2017 15:13	17.89	51.58	366.6	20.22	OFF	69	02/02/2017 15:48	18.03	50.26	11.8	19.96
ON	35	02/02/2017 15:14	17.89	51.52	374.5	20.32	OFF	70	02/02/2017 15:49	18.03	50.23	11.8	19.89

Tabla 68. Recopilado de resultados sobre medidas tomadas de las propiedades lumínicas de Lámpara YDLED-400/18W 30/B en la simulación de una recámara con muro azul 3.

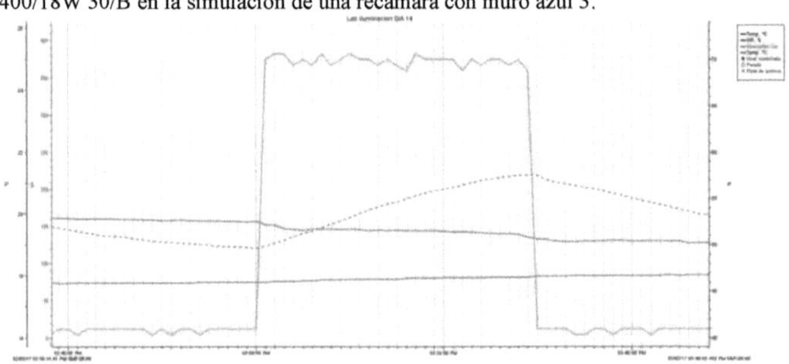

Gráfica 48. Gráfica proporcionada del programa HOBOware de resultados sobre medidas tomadas de las propiedades lumínicas de Lámpara YDLED-400/18W 30/B en la simulación de una recámara con muro azul 3.

TOMA C13.1: Lectura muro gris 1

LA IMPORTANCIA DE LA ILUMINACIÓN ARTIFICIAL EN VIVIENDAS RESIDENCIALES

Tabla registro. Recopilado de medidas sobre propiedades lumínicas utilizado para realizar actividades cotidianas.

La presente tabla muestra el recopilado de información sobre temperatura (T1), humedad relativa (H.R.), e intensidad luminosa (I.L.) producidos por los luminarios especificados en el lugar del recinto donde se realiza la actividad evaluada, haciéndose una toma con un hobo a cada minuto en un lapso total de 70 mins. obteniendo 20 mins. previos al encendido, 30 mins. con el luminario encendido y 20 mins. posteriores al encendido. Se incorpora una segunda toma de temperatura (T2) generada por el mismo luminario.

Recinto evaluado:	Recámara	**U. de análisis:**	Laboratorio
Actividad evaluada:	Lectura		
No. y tipo de luminario:	Spot (1)	**No. y tipo de foco:**	LED (1)
Temperatura de color:	Natural	**Filtro:**	Con Filtro

Título de trazado: Prueba simulación recámara muro gris 1													
Light O	**No. (#)**	**Fecha, Hora. GMT-06:00**	**T. 1 (°C)**	**H.R. (%)**	**I.L. (lux)**	**T. 2 (°C)**	**Light O**	**No. (#)**	**Fecha, Hora. GMT-06:00**	**T. 1 (°C)**	**H.R. (%)**	**I.L. (lux)**	**T. 2 (°C)**
OFF	1	02/03/2017 14:00	23.74	51.31	11.8	21.58	ON	36	02/03/2017 14:35	19.6	49.97	272	20.08
OFF	2	02/03/2017 14:01	23.55	51.54	11.8	21.56	ON	37	02/03/2017 14:36	19.56	49.99	272	20.13
OFF	3	02/03/2017 14:02	23.38	50.98	3.9	21.46	ON	38	02/03/2017 14:37	19.51	49.89	279.9	20.17
OFF	4	02/03/2017 14:03	23.18	50.76	3.9	21.37	ON	39	02/03/2017 14:38	19.44	49.95	279.9	20.17
OFF	5	02/03/2017 14:04	22.97	50.29	11.8	21.29	ON	40	02/03/2017 14:39	19.39	49.88	272	20.1
OFF	6	02/03/2017 14:05	22.75	49.38	3.9	21.15	ON	41	02/03/2017 14:40	19.34	49.9	279.9	20.15
OFF	7	02/03/2017 14:06	22.51	48.71	3.9	21.03	ON	42	02/03/2017 14:41	19.29	50.05	279.9	20.2
OFF	8	02/03/2017 14:07	22.3	48.24	3.9	20.91	ON	43	02/03/2017 14:42	19.25	50.14	279.9	20.29
OFF	9	02/03/2017 14:08	22.08	48.21	3.9	20.79	ON	44	02/03/2017 14:43	19.22	50.23	272	20.37
OFF	10	02/03/2017 14:09	21.89	48.19	3.9	20.67	ON	45	02/03/2017 14:44	19.2	50.23	272	20.41
OFF	11	02/03/2017 14:10	21.7	48.22	11.8	20.6	ON	46	02/03/2017 14:45	19.15	50.28	272	20.46
OFF	12	02/03/2017 14:11	21.53	48.14	11.8	20.53	ON	47	02/03/2017 14:46	19.13	50.31	272	20.51
OFF	13	02/03/2017 14:12	21.37	48.28	3.9	20.44	ON	48	02/03/2017 14:47	19.1	50.34	272	20.53
OFF	14	02/03/2017 14:13	21.2	48.35	3.9	20.39	ON	49	02/03/2017 14:48	19.06	50.3	279.9	20.58
OFF	15	02/03/2017 14:14	21.06	48.52	11.8	20.34	ON	50	02/03/2017 14:49	19.03	50.3	272	20.6
OFF	16	02/03/2017 14:15	20.91	48.63	3.9	20.27	OFF	51	02/03/2017 14:50	19.01	50.33	11.8	20.63
OFF	17	02/03/2017 14:16	20.79	49.18	11.8	20.2	OFF	52	02/03/2017 14:51	18.99	50.32	11.8	20.65
OFF	18	02/03/2017 14:17	20.65	48.82	3.9	20.08	OFF	53	02/03/2017 14:52	18.96	50.23	3.9	20.48
OFF	19	02/03/2017 14:18	20.96	55.33	3.9	19.15	OFF	54	02/03/2017 14:53	18.91	50.25	11.8	20.37
OFF	20	02/03/2017 14:19	21.15	50.49	3.9	19.94	OFF	55	02/03/2017 14:54	18.89	50.28	11.8	20.29
ON	21	02/03/2017 14:20	21.06	49.47	287.8	20.27	OFF	56	02/03/2017 14:55	18.87	50.37	11.8	20.25
ON	22	02/03/2017 14:21	20.89	49.07	287.8	20.17	OFF	57	02/03/2017 14:56	18.82	50.36	11.8	20.22
ON	23	02/03/2017 14:22	20.75	48.92	279.9	20.08	OFF	58	02/03/2017 14:57	18.79	50.36	11.8	20.17
ON	24	02/03/2017 14:23	20.58	49.06	279.9	19.96	OFF	59	02/03/2017 14:58	18.77	50.42	11.8	20.13
ON	25	02/03/2017 14:24	20.46	49.14	287.8	19.84	OFF	60	02/03/2017 14:59	18.77	50.42	3.9	20.08
ON	26	02/03/2017 14:25	20.34	49.19	272	19.77	OFF	61	02/03/2017 15:00	18.75	50.45	11.8	20.03
ON	27	02/03/2017 14:26	20.22	49.17	272	19.75	OFF	62	02/03/2017 15:01	18.72	50.48	11.8	19.98
ON	28	02/03/2017 14:27	20.13	49.38	272	19.72	OFF	63	02/03/2017 15:02	18.7	50.5	3.9	19.94
ON	29	02/03/2017 14:28	20.03	49.33	279.9	19.72	OFF	64	02/03/2017 15:03	18.68	50.53	11.8	19.87
ON	30	02/03/2017 14:29	19.96	49.36	272	19.7	OFF	65	02/03/2017 15:04	18.65	50.53	11.8	19.82
ON	31	02/03/2017 14:30	19.89	49.57	279.9	19.75	OFF	66	02/03/2017 15:05	18.63	50.56	11.8	19.77
ON	32	02/03/2017 14:31	19.82	49.62	272	19.77	OFF	67	02/03/2017 15:06	18.63	50.59	3.9	19.72
ON	33	02/03/2017 14:32	19.77	49.9	279.9	19.84	OFF	68	02/03/2017 15:07	18.6	50.59	11.8	19.7
ON	34	02/03/2017 14:33	19.7	49.98	279.9	19.94	OFF	69	02/03/2017 15:08	18.58	50.58	11.8	19.65
ON	35	02/03/2017 14:34	19.65	49.91	272	20.01	OFF	70	02/03/2017 15:09	18.58	50.61	11.8	19.6

Tabla 69. Recopilado de resultados sobre medidas tomadas de las propiedades lumínicas de Lámpara YDLED-400/18W 30/B en la simulación de una recámara con muro gris 1.

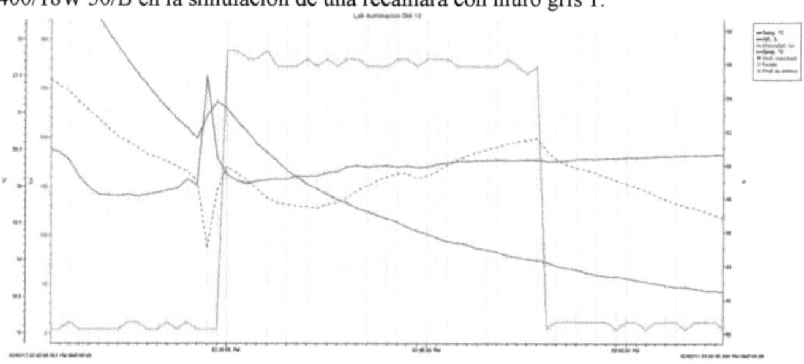

Gráfica 49. Gráfica proporcionada del programa HOBOware de resultados sobre medidas tomadas de las propiedades lumínicas de Lámpara YDLED-400/18W 30/B en la simulación de una recámara con muro gris 1.

TOMA C13.2: Lectura muro gris 2

LA IMPORTANCIA DE LA ILUMINACIÓN ARTIFICIAL EN VIVIENDAS RESIDENCIALES

Tabla registro. Recopilado de medidas sobre propiedades lumínicas utilizado para realizar actividades cotidianas.

La presente tabla muestra el recopilado de información sobre temperatura (T1), humedad relativa (H.R.), e intensidad luminosa (I.L.) producidos por los luminarios especificados en el lugar del recinto donde se realiza la actividad evaluada, haciéndose una toma con un hobo a cada minuto en un lapso total de 70 mins. obteniendo 20 mins. previos al encendido, 30 mins. con el luminario encendido y 20 mins. posteriores al encendido. Se incorpora una segunda toma de temperatura (T2) generada por el mismo luminario.

Recinto evaluado:	Recámara	**U. de análisis:**	Laboratorio
Actividad evaluada:	Lectura		
No. y tipo de luminario:	Spot (1)	**No. y tipo de foco:**	LED (1)
Temperatura de color:	Natural	**Filtro:**	Con Filtro

Título de trazado: Prueba simulación recámara muro gris 2													
Light O	**No. (#)**	**Fecha, Hora. GMT-06:00**	**T. 1 (°C)**	**H.R. (%)**	**I.L. (lux)**	**T. 2 (°C)**	**Light O**	**No. (#)**	**Fecha, Hora. GMT-06:00**	**T. 1 (°C)**	**H.R. (%)**	**I.L. (lux)**	**T. 2 (°C)**
OFF	1	02/03/2017 15:10	18.56	50.64	3.9	19.56	ON	36	02/03/2017 15:45	18.34	50.27	279.9	20.51
OFF	2	02/03/2017 15:11	18.53	50.64	3.9	19.53	ON	37	02/03/2017 15:46	18.37	50.3	279.9	20.56
OFF	3	02/03/2017 15:12	18.53	50.64	3.9	19.48	ON	38	02/03/2017 15:47	18.37	50.3	279.9	20.63
OFF	4	02/03/2017 15:13	18.51	50.7	11.8	19.46	ON	39	02/03/2017 15:48	18.37	50.27	272	20.67
OFF	5	02/03/2017 15:14	18.51	50.6	11.8	19.41	ON	40	02/03/2017 15:49	18.37	50.24	279.9	20.72
OFF	6	02/03/2017 15:15	18.49	50.6	3.9	19.37	ON	41	02/03/2017 15:50	18.37	50.24	272	20.77
OFF	7	02/03/2017 15:16	18.49	50.63	11.8	19.34	ON	42	02/03/2017 15:51	18.37	50.18	272	20.82
OFF	8	02/03/2017 15:17	18.46	50.66	11.8	19.32	ON	43	02/03/2017 15:52	18.37	50.21	279.9	20.87
OFF	9	02/03/2017 15:18	18.46	50.63	11.8	19.29	ON	44	02/03/2017 15:53	18.37	50.18	272	20.91
OFF	10	02/03/2017 15:19	18.44	50.66	11.8	19.27	ON	45	02/03/2017 15:54	18.37	50.18	279.9	20.94
OFF	11	02/03/2017 15:20	18.44	50.66	11.8	19.27	ON	46	02/03/2017 15:55	18.37	50.18	279.9	20.98
OFF	12	02/03/2017 15:21	18.44	50.69	11.8	19.25	ON	47	02/03/2017 15:56	18.37	50.12	272	21.03
OFF	13	02/03/2017 15:22	18.41	50.68	11.8	19.25	ON	48	02/03/2017 15:57	18.37	50.12	272	21.03
OFF	14	02/03/2017 15:23	18.41	50.68	11.8	19.22	ON	49	02/03/2017 15:58	18.39	50.09	279.9	21.08
OFF	15	02/03/2017 15:24	18.41	50.68	11.8	19.22	ON	50	02/03/2017 15:59	18.39	50.06	272	21.08
OFF	16	02/03/2017 15:25	18.39	50.65	11.8	19.2	OFF	51	02/03/2017 16:00	18.39	49.96	11.8	21.06
OFF	17	02/03/2017 15:26	18.39	50.68	11.8	19.2	OFF	52	02/03/2017 16:01	18.39	49.68	3.9	20.89
OFF	18	02/03/2017 15:27	18.39	50.65	11.8	19.18	OFF	53	02/03/2017 16:02	18.37	49.68	11.8	20.77
OFF	19	02/03/2017 15:28	18.39	50.65	11.8	19.18	OFF	54	02/03/2017 16:03	18.37	49.65	11.8	20.72
OFF	20	02/03/2017 15:29	18.37	50.65	11.8	19.18	OFF	55	02/03/2017 16:04	18.37	49.68	11.8	20.67
ON	21	02/03/2017 15:30	18.37	50.65	295.6	19.2	OFF	56	02/03/2017 16:05	18.37	49.68	11.8	20.63
ON	22	02/03/2017 15:31	18.37	50.49	287.8	19.34	OFF	57	02/03/2017 16:06	18.37	49.65	3.9	20.56
ON	23	02/03/2017 15:32	18.34	50.43	287.8	19.44	OFF	58	02/03/2017 16:07	18.37	49.65	11.8	20.51
ON	24	02/03/2017 15:33	18.34	50.43	287.8	19.56	OFF	59	02/03/2017 16:08	18.37	49.68	3.9	20.46
ON	25	02/03/2017 15:34	18.34	50.49	279.9	19.65	OFF	60	02/03/2017 16:09	18.37	49.68	11.8	20.41
ON	26	02/03/2017 15:35	18.34	50.52	272	19.75	OFF	61	02/03/2017 16:10	18.37	49.68	3.9	20.34
ON	27	02/03/2017 15:36	18.34	50.52	279.9	19.82	OFF	62	02/03/2017 16:11	18.37	49.65	11.8	20.29
ON	28	02/03/2017 15:37	18.34	50.49	272	19.89	OFF	63	02/03/2017 16:12	18.37	49.62	3.9	20.22
ON	29	02/03/2017 15:38	18.34	50.49	272	19.98	OFF	64	02/03/2017 16:13	18.37	49.62	3.9	20.17
ON	30	02/03/2017 15:39	18.34	50.43	272	20.06	OFF	65	02/03/2017 16:14	18.37	49.59	11.8	20.13
ON	31	02/03/2017 15:40	18.34	50.36	279.9	20.1	OFF	66	02/03/2017 16:15	18.37	49.59	11.8	20.08
ON	32	02/03/2017 15:41	18.34	50.18	279.9	20.17	OFF	67	02/03/2017 16:16	18.37	49.55	11.8	20.03
ON	33	02/03/2017 15:42	18.34	50.18	279.9	20.25	OFF	68	02/03/2017 16:17	18.37	49.52	11.8	19.98
ON	34	02/03/2017 15:43	18.34	50.27	279.9	20.34	OFF	69	02/03/2017 16:18	18.37	49.55	11.8	19.94
ON	35	02/03/2017 15:44	18.34	50.3	279.9	20.41	OFF	70	02/03/2017 16:19	18.37	49.52	11.8	19.89

Tabla 70. Recopilado de resultados sobre medidas tomadas de las propiedades lumínicas de Lámpara YDLED-400/18W 30/B en la simulación de una recámara con muro gris 2.

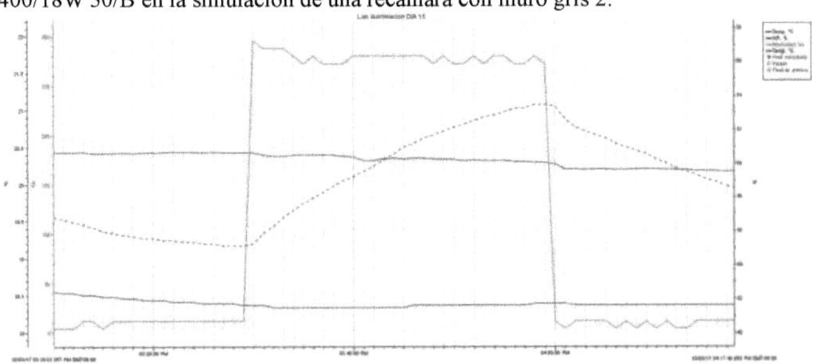

Gráfica 50. Gráfica proporcionada del programa HOBOware de resultados sobre medidas tomadas de las propiedades lumínicas de Lámpara YDLED-400/18W 30/B en la simulación de una recámara con muro gris 2.

TOMA C13.3: Lectura muro gris 3

LA IMPORTANCIA DE LA ILUMINACIÓN ARTIFICIAL EN VIVIENDAS RESIDENCIALES

Tabla registro. Recopilado de medidas sobre propiedades lumínicas utilizado para realizar actividades cotidianas.

La presente tabla muestra el recopilado de información sobre temperatura (T1), humedad relativa (H.R.), e intensidad luminosa (I.L.) producidos por los luminarios especificados en el lugar del recinto donde se realiza la actividad evaluada, haciéndose una toma con un hobo a cada minuto en un lapso total de 70 mins. obteniendo 20 mins. previos al encendido, 30 mins. con el luminario encendido y 20 mins. posteriores al encendido. Se incorpora una segunda toma de temperatura (T2) generada por el mismo luminario.

Recinto evaluado:	Recámara	**U. de análisis:**	Laboratorio
Actividad evaluada:	Lectura		
No. y tipo de luminario:	Spot (1)	**No. y tipo de foco:**	LED (1)
Temperatura de color:	Natural	**Filtro:**	Con Filtro

Título de trazado: Prueba simulación recámara muro gris 3

Light O	No. (#)	Fecha, Hora. GMT-06:00	T. 1 (°C)	H.R. (%)	I.L. (lux)	T. 2 (°C)	Light O	No. (#)	Fecha, Hora. GMT-06:00	T. 1 (°C)	H.R. (%)	I.L. (lux)	T. 2 (°C)
OFF	1	02/03/2017 16:20	18.37	49.49	3.9	19.84	ON	36	02/03/2017 16:55	18.41	48.59	272	20.6
OFF	2	02/03/2017 16:21	18.37	49.49	3.9	19.82	ON	37	02/03/2017 16:56	18.41	48.59	279.9	20.65
OFF	3	02/03/2017 16:22	18.37	49.49	11.8	19.77	ON	38	02/03/2017 16:57	18.41	48.56	279.9	20.7
OFF	4	02/03/2017 16:23	18.37	49.46	11.8	19.75	ON	39	02/03/2017 16:58	18.41	48.56	279.9	20.72
OFF	5	02/03/2017 16:24	18.37	49.43	3.9	19.72	ON	40	02/03/2017 16:59	18.44	48.53	272	20.79
OFF	6	02/03/2017 16:25	18.37	49.43	11.8	19.67	ON	41	02/03/2017 17:00	18.44	48.53	272	20.84
OFF	7	02/03/2017 16:26	18.37	49.4	3.9	19.65	ON	42	02/03/2017 17:01	18.44	48.5	279.9	20.89
OFF	8	02/03/2017 16:27	18.37	49.37	3.9	19.63	ON	43	02/03/2017 17:02	18.44	48.5	279.9	20.94
OFF	9	02/03/2017 16:28	18.37	49.37	3.9	19.6	ON	44	02/03/2017 17:03	18.44	48.47	279.9	20.98
OFF	10	02/03/2017 16:29	18.37	49.34	3.9	19.56	ON	45	02/03/2017 17:04	18.44	48.44	279.9	20.98
OFF	11	02/03/2017 16:30	18.37	49.3	11.8	19.53	ON	46	02/03/2017 17:05	18.44	48.44	272	21.01
OFF	12	02/03/2017 16:31	18.37	49.3	11.8	19.51	ON	47	02/03/2017 17:06	18.44	48.4	279.9	21.03
OFF	13	02/03/2017 16:32	18.37	49.3	11.8	19.48	ON	48	02/03/2017 17:07	18.44	48.37	279.9	21.08
OFF	14	02/03/2017 16:33	18.37	49.24	11.8	19.44	ON	49	02/03/2017 17:08	18.44	48.37	279.9	21.1
OFF	15	02/03/2017 16:34	18.37	49.21	11.8	19.44	ON	50	02/03/2017 17:09	18.46	48.34	279.9	21.1
OFF	16	02/03/2017 16:35	18.37	49.18	3.9	19.41	OFF	51	02/03/2017 17:10	18.46	48.34	11.8	21.13
OFF	17	02/03/2017 16:36	18.37	49.18	11.8	19.39	OFF	52	02/03/2017 17:11	18.46	48	11.8	20.91
OFF	18	02/03/2017 16:37	18.37	49.18	11.8	19.39	OFF	53	02/03/2017 17:12	18.46	47.87	11.8	20.79
OFF	19	02/03/2017 16:38	18.37	49.18	11.8	19.37	OFF	54	02/03/2017 17:13	18.44	47.87	11.8	20.7
OFF	20	02/03/2017 16:39	18.37	49.18	11.8	19.34	OFF	55	02/03/2017 17:14	18.44	47.9	3.9	20.65
ON	21	02/03/2017 16:40	18.37	49.12	279.9	19.34	OFF	56	02/03/2017 17:15	18.44	47.9	3.9	20.6
ON	22	02/03/2017 16:41	18.37	48.83	287.8	19.41	OFF	57	02/03/2017 17:16	18.44	47.93	3.9	20.56
ON	23	02/03/2017 16:42	18.37	48.68	272	19.53	OFF	58	02/03/2017 17:17	18.44	48	11.8	20.48
ON	24	02/03/2017 16:43	18.37	48.74	272	19.65	OFF	59	02/03/2017 17:18	18.44	47.93	3.9	20.44
ON	25	02/03/2017 16:44	18.37	48.74	279.9	19.77	OFF	60	02/03/2017 17:19	18.44	47.96	3.9	20.37
ON	26	02/03/2017 16:45	18.37	48.68	272	19.84	OFF	61	02/03/2017 17:20	18.44	47.9	3.9	20.32
ON	27	02/03/2017 16:46	18.39	48.74	279.9	19.94	OFF	62	02/03/2017 17:21	18.44	47.93	11.8	20.25
ON	28	02/03/2017 16:47	18.39	48.71	287.8	20.01	OFF	63	02/03/2017 17:22	18.44	47.9	3.9	20.17
ON	29	02/03/2017 16:48	18.39	48.71	272	20.1	OFF	64	02/03/2017 17:23	18.44	47.87	11.8	20.13
ON	30	02/03/2017 16:49	18.39	48.65	279.9	20.17	OFF	65	02/03/2017 17:24	18.44	47.87	3.9	20.08
ON	31	02/03/2017 16:50	18.39	48.65	279.9	20.25	OFF	66	02/03/2017 17:25	18.44	47.9	3.9	20.03
ON	32	02/03/2017 16:51	18.39	48.62	279.9	20.32	OFF	67	02/03/2017 17:26	18.44	47.87	11.8	19.98
ON	33	02/03/2017 16:52	18.39	48.62	279.9	20.39	OFF	68	02/03/2017 17:27	18.44	47.81	11.8	19.91
ON	34	02/03/2017 16:53	18.39	48.62	279.9	20.46	OFF	69	02/03/2017 17:28	18.44	47.84	11.8	19.87
ON	35	02/03/2017 16:54	18.41	48.62	279.9	20.53	OFF	70	02/03/2017 17:29	18.44	47.87	11.8	19.82

Tabla 71. Recopilado de resultados sobre medidas tomadas de las propiedades lumínicas de Lámpara YDLED-400/18W 30/B en la simulación de una recámara con muro gris 3.

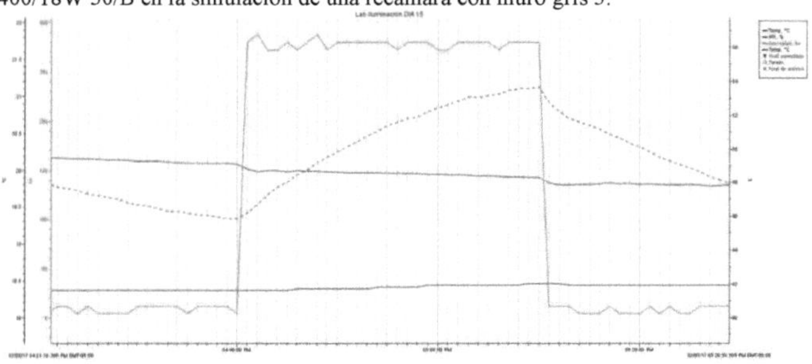

Gráfica 51. Gráfica proporcionada del programa HOBOware de resultados sobre medidas tomadas de las propiedades lumínicas de Lámpara YDLED-400/18W 30/B en la simulación de una recámara con muro gris 3.

TOMA C14.1: Conversar 1

LA IMPORTANCIA DE LA ILUMINACIÓN ARTIFICIAL EN VIVIENDAS RESIDENCIALES

Tabla registro. Recopilado de medidas sobre propiedades lumínicas utilizado para realizar actividades cotidianas.

La presente tabla muestra el recopilado de información sobre temperatura (T1), humedad relativa (H.R.), e intensidad luminosa (I.L.) producidos por los luminarios especificados en el lugar del recinto donde se realiza la actividad evaluada, haciéndose una toma con un hobo a cada minuto en un lapso total de 70 mins. obteniendo 20 mins. previos al encendido, 30 mins. con el luminario encendido y 20 mins. posteriores al encendido. Se incorpora una segunda toma de temperatura (T2) generada por el mismo luminario.

Recinto evaluado:	Sala	**U. de análisis:**	Laboratorio
Actividad evaluada:	Conversar		
No. y tipo de luminario:	Spot (1)	**No. y tipo de foco:**	LED (1)
Temperatura de color:	Cálida	**Filtro:**	Con Filtro

Título de trazado: Prueba simulación sala 1													
Light O	**No. (#)**	**Fecha, Hora. GMT-06:00**	**T. 1 (°C)**	**H.R. (%)**	**I.L. (lux)**	**T. 2 (°C)**	**Light O**	**No. (#)**	**Fecha, Hora. GMT-06:00**	**T. 1 (°C)**	**H.R. (%)**	**I.L. (lux)**	**T. 2 (°C)**
OFF	1	02/07/2017 07:30	20.44	62	3.9	18.96	ON	36	02/07/2017 08:05	18.6	55.9	153.7	18.91
OFF	2	02/07/2017 07:31	20.46	61.76	11.8	18.96	ON	37	02/07/2017 08:06	18.51	56.01	130.1	19.03
OFF	3	02/07/2017 07:32	20.48	59.55	3.9	18.91	ON	38	02/07/2017 08:07	18.41	56	153.7	19.13
OFF	4	02/07/2017 07:33	20.48	59.16	11.8	18.84	ON	39	02/07/2017 08:08	18.34	55.96	122.2	19.25
OFF	5	02/07/2017 07:34	20.44	58.84	11.8	18.82	ON	40	02/07/2017 08:09	18.27	56.13	153.7	19.37
OFF	6	02/07/2017 07:35	20.39	58.68	3.9	18.77	ON	41	02/07/2017 08:10	18.2	56.27	145.8	19.48
OFF	7	02/07/2017 07:36	20.34	58.55	11.8	18.72	ON	42	02/07/2017 08:11	18.13	56.38	138	19.6
OFF	8	02/07/2017 07:37	20.32	58.52	11.8	18.7	ON	43	02/07/2017 08:12	18.08	56.44	122.2	19.7
OFF	9	02/07/2017 07:38	20.27	58.42	11.8	18.65	ON	44	02/07/2017 08:13	18.01	56.43	153.7	19.79
OFF	10	02/07/2017 07:39	20.25	58.36	3.9	18.63	ON	45	02/07/2017 08:14	17.96	56.45	145.8	19.89
OFF	11	02/07/2017 07:40	20.22	58.32	11.8	18.58	ON	46	02/07/2017 08:15	17.94	56.57	138	19.98
OFF	12	02/07/2017 07:41	20.17	58.28	3.9	18.56	ON	47	02/07/2017 08:16	17.89	56.59	138	20.1
OFF	13	02/07/2017 07:42	20.15	58.22	11.8	18.51	ON	48	02/07/2017 08:17	17.84	56.62	138	20.17
OFF	14	02/07/2017 07:43	20.13	58.15	11.8	18.51	ON	49	02/07/2017 08:18	17.82	56.64	145.8	20.25
OFF	15	02/07/2017 07:44	20.08	58.12	11.8	18.46	ON	50	02/07/2017 08:19	17.77	56.6	145.8	20.32
OFF	16	02/07/2017 07:45	20.06	58.08	11.8	18.46	OFF	51	02/07/2017 08:20	17.75	56.63	11.8	20.39
OFF	17	02/07/2017 07:46	20.01	58.04	11.8	18.41	OFF	52	02/07/2017 08:21	17.72	56.69	11.8	20.39
OFF	18	02/07/2017 07:47	19.98	57.98	11.8	18.41	OFF	53	02/07/2017 08:22	17.7	56.69	3.9	20.37
OFF	19	02/07/2017 07:48	19.94	57.94	3.9	18.39	OFF	54	02/07/2017 08:23	17.68	56.68	11.8	20.39
OFF	20	02/07/2017 07:49	19.91	57.91	11.8	18.37	OFF	55	02/07/2017 08:24	17.65	56.65	11.8	20.34
ON	21	02/07/2017 07:50	19.87	57.87	130.1	18.37	OFF	56	02/07/2017 08:25	17.63	56.67	3.9	20.34
ON	22	02/07/2017 07:51	19.84	57.84	153.7	18.34	OFF	57	02/07/2017 08:26	17.58	56.67	11.8	20.29
ON	23	02/07/2017 07:52	19.82	57.8	138	18.32	OFF	58	02/07/2017 08:27	17.58	56.7	11.8	20.25
ON	24	02/07/2017 07:53	19.77	56.88	153.7	18.32	OFF	59	02/07/2017 08:28	17.56	56.69	11.8	20.15
ON	25	02/07/2017 07:54	20.06	62.3	138	18.08	OFF	60	02/07/2017 08:29	17.53	56.69	3.9	20.03
ON	26	02/07/2017 07:55	20.32	56.13	145.8	20.51	OFF	61	02/07/2017 08:30	17.51	56.66	11.8	19.94
ON	27	02/07/2017 07:56	20.15	54.28	153.7	20.41	OFF	62	02/07/2017 08:31	17.51	56.66	3.9	19.84
ON	28	02/07/2017 07:57	19.91	53.81	145.8	19.96	OFF	63	02/07/2017 08:32	17.49	56.68	11.8	19.75
ON	29	02/07/2017 07:58	19.67	53.66	153.7	19.44	OFF	64	02/07/2017 08:33	17.46	56.65	11.8	19.67
ON	30	02/07/2017 07:59	19.48	54.31	153.7	19.18	OFF	65	02/07/2017 08:34	17.44	56.68	11.8	19.58
ON	31	02/07/2017 08:00	19.29	54.13	153.7	18.99	OFF	66	02/07/2017 08:35	17.44	56.65	11.8	19.51
ON	32	02/07/2017 08:01	19.13	54.54	138	18.89	OFF	67	02/07/2017 08:36	17.42	56.64	11.8	19.41
ON	33	02/07/2017 08:02	18.96	55	130.1	18.82	OFF	68	02/07/2017 08:37	17.42	56.64	11.8	19.32
ON	34	02/07/2017 08:03	18.82	55.14	138	18.82	OFF	69	02/07/2017 08:38	17.39	56.64	3.9	19.22
ON	35	02/07/2017 08:04	18.7	55.37	153.7	18.89	OFF	70	02/07/2017 08:39	17.39	56.67	11.8	19.15

Tabla 72. Recopilado de resultados sobre medidas tomadas de las propiedades lumínicas de Lámpara YDACD-LED/10W/30 en la simulación de una sala 1.

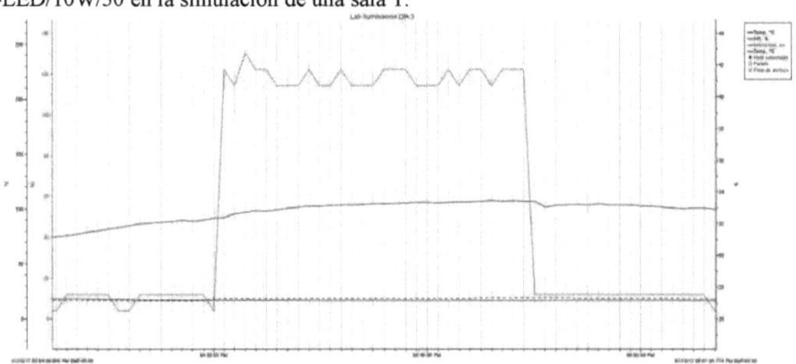

Gráfica 52. Gráfica proporcionada del programa HOBOware de resultados sobre medidas tomadas de las propiedades lumínicas de Lámpara YDACD-LED/10W/30 en la simulación de una sala 1.

TOMA C14.2: Conversar 2

LA IMPORTANCIA DE LA ILUMINACIÓN ARTIFICIAL EN VIVIENDAS RESIDENCIALES

Tabla registro. Recopilado de medidas sobre propiedades lumínicas utilizado para realizar actividades cotidianas.

La presente tabla muestra el recopilado de información sobre temperatura (T1), humedad relativa (H.R.), e intensidad luminosa (I.L.) producidos por los luminarios especificados en el lugar del recinto donde se realiza la actividad evaluada, haciéndose una toma con un hobo a cada minuto en un lapso total de 70 mins. obteniendo 20 mins. previos al encendido, 30 mins. con el luminario encendido y 20 mins. posteriores al encendido. Se incorpora una segunda toma de temperatura (T2) generada por el mismo luminario.

Recinto evaluado:	Sala	**U. de análisis:**	Laboratorio
Actividad evaluada:	Conversar		
No. y tipo de luminario:	Spot (1)	**No. y tipo de foco:**	LED (1)
Temperatura de color:	Cálida	**Filtro:**	Con Filtro

Título de trazado: Prueba simulación sala 2

Light O	No. (#)	Fecha, Hora. GMT-06:00	T. 1 (°C)	H.R. (%)	I.L. (lux)	T. 2 (°C)	Light O	No. (#)	Fecha, Hora. GMT-06:00	T. 1 (°C)	H.R. (%)	I.L. (lux)	T. 2 (°C)
OFF	1	02/07/2017 08:40	17.37	56.64	11.8	19.03	ON	36	02/07/2017 09:15	17.23	56.16	153.7	19.94
OFF	2	02/07/2017 08:41	17.37	56.6	11.8	18.96	ON	37	02/07/2017 09:16	17.23	56.13	130.1	20.06
OFF	3	02/07/2017 08:42	17.34	56.57	11.8	18.89	ON	38	02/07/2017 09:17	17.23	56.1	153.7	20.17
OFF	4	02/07/2017 08:43	17.34	56.6	11.8	18.82	ON	39	02/07/2017 09:18	17.23	56.1	122.2	20.29
OFF	5	02/07/2017 08:44	17.32	56.6	11.8	18.77	ON	40	02/07/2017 09:19	17.23	56.07	153.7	20.41
OFF	6	02/07/2017 08:45	17.32	56.57	3.9	18.68	ON	41	02/07/2017 09:20	17.23	56.03	145.8	20.53
OFF	7	02/07/2017 08:46	17.3	56.56	11.8	18.63	ON	42	02/07/2017 09:21	17.23	56.03	138	20.63
OFF	8	02/07/2017 08:47	17.3	56.53	11.8	18.56	ON	43	02/07/2017 09:22	17.23	56	153.7	20.72
OFF	9	02/07/2017 08:48	17.3	56.53	11.8	18.51	ON	44	02/07/2017 09:23	17.25	56.01	153.7	20.82
OFF	10	02/07/2017 08:49	17.27	56.53	3.9	18.46	ON	45	02/07/2017 09:24	17.25	55.95	145.8	20.91
OFF	11	02/07/2017 08:50	17.27	56.53	11.8	18.41	ON	46	02/07/2017 09:25	17.25	55.95	138	20.98
OFF	12	02/07/2017 08:51	17.27	56.5	3.9	18.37	ON	47	02/07/2017 09:26	17.25	55.95	138	21.03
OFF	13	02/07/2017 08:52	17.27	56.5	11.8	18.32	ON	48	02/07/2017 09:27	17.25	55.92	138	21.13
OFF	14	02/07/2017 08:53	17.25	56.47	11.8	18.3	ON	49	02/07/2017 09:28	17.25	55.89	145.8	21.2
OFF	15	02/07/2017 08:54	17.25	56.47	11.8	18.22	ON	50	02/07/2017 09:29	17.25	55.89	153.7	21.25
OFF	16	02/07/2017 08:55	17.25	56.43	11.8	18.2	OFF	51	02/07/2017 09:30	17.25	55.86	3.9	21.27
OFF	17	02/07/2017 08:56	17.25	56.43	11.8	18.15	OFF	52	02/07/2017 09:31	17.25	55.86	11.8	21.25
OFF	18	02/07/2017 08:57	17.23	56.43	11.8	18.08	OFF	53	02/07/2017 09:32	17.25	55.86	3.9	21.2
OFF	19	02/07/2017 08:58	17.23	56.43	3.9	18.06	OFF	54	02/07/2017 09:33	17.25	55.82	11.8	21.22
OFF	20	02/07/2017 08:59	17.23	56.4	11.8	18.01	OFF	55	02/07/2017 09:34	17.25	55.86	11.8	21.18
ON	21	02/07/2017 09:00	17.23	56.37	153.7	17.99	OFF	56	02/07/2017 09:35	17.25	55.86	3.9	21.13
ON	22	02/07/2017 09:01	17.23	56.43	153.7	18.06	OFF	57	02/07/2017 09:36	17.25	55.82	11.8	21.03
ON	23	02/07/2017 09:02	17.23	56.43	138	18.11	OFF	58	02/07/2017 09:37	17.25	55.82	11.8	20.94
ON	24	02/07/2017 09:03	17.23	56.4	153.7	18.2	OFF	59	02/07/2017 09:38	17.25	55.79	11.8	20.87
ON	25	02/07/2017 09:04	17.23	56.4	138	18.27	OFF	60	02/07/2017 09:39	17.25	55.79	3.9	20.75
ON	26	02/07/2017 09:05	17.2	56.4	145.8	18.44	OFF	61	02/07/2017 09:40	17.25	55.76	11.8	20.63
ON	27	02/07/2017 09:06	17.23	56.37	153.7	18.58	OFF	62	02/07/2017 09:41	17.25	55.76	3.9	20.53
ON	28	02/07/2017 09:07	17.2	56.34	145.8	18.75	OFF	63	02/07/2017 09:42	17.25	55.76	11.8	20.44
ON	29	02/07/2017 09:08	17.23	56.34	153.7	18.91	OFF	64	02/07/2017 09:43	17.25	55.76	11.8	20.29
ON	30	02/07/2017 09:09	17.23	56.28	153.7	19.08	OFF	65	02/07/2017 09:44	17.25	55.76	11.8	20.17
ON	31	02/07/2017 09:10	17.23	56.28	153.7	19.22	OFF	66	02/07/2017 09:45	17.25	55.73	11.8	20.08
ON	32	02/07/2017 09:11	17.23	56.25	138	19.37	OFF	67	02/07/2017 09:46	17.25	55.7	11.8	19.98
ON	33	02/07/2017 09:12	17.23	56.22	130.1	19.48	OFF	68	02/07/2017 09:47	17.25	55.7	11.8	19.87
ON	34	02/07/2017 09:13	17.23	56.19	153.7	19.63	OFF	69	02/07/2017 09:48	17.25	55.7	3.9	19.79
ON	35	02/07/2017 09:14	17.23	56.16	153.7	19.79	OFF	70	02/07/2017 09:49	17.25	55.67	11.8	19.7

Tabla 73. Recopilado de resultados sobre medidas tomadas de las propiedades lumínicas de Lámpara YDACD-LED/10W/30 en la simulación de una sala 2.

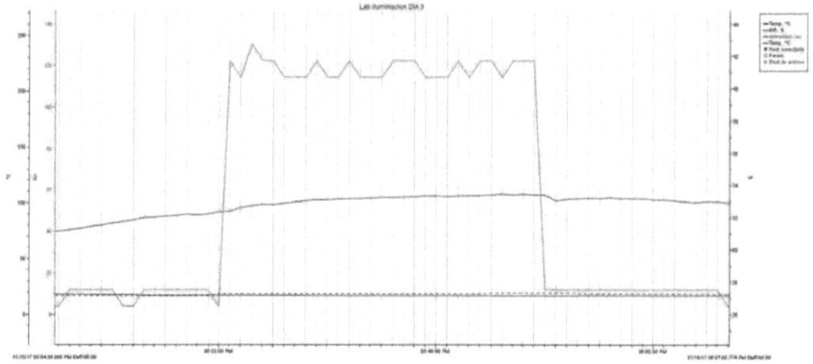

Gráfica 53. Gráfica proporcionada del programa HOBOware de resultados sobre medidas tomadas de las propiedades lumínicas de Lámpara YDACD-LED/10W/30 en la simulación de una sala 2.

TOMA C14.3: Conversar 3

LA IMPORTANCIA DE LA ILUMINACIÓN ARTIFICIAL EN VIVIENDAS RESIDENCIALES

Tabla registro. Recopilado de medidas sobre propiedades lumínicas utilizado para realizar actividades cotidianas.

La presente tabla muestra el recopilado de información sobre temperatura (T1), humedad relativa (H.R.), e intensidad luminosa (I.L.) producidos por los luminarios especificados en el lugar del recinto donde se realiza la actividad evaluada, haciéndose una toma con un hobo a cada minuto en un lapso total de 70 mins. obteniendo 20 mins. previos al encendido, 30 mins. con el luminario encendido y 20 mins. posteriores al encendido. Se incorpora una segunda toma de temperatura (T2) generada por el mismo luminario.

Recinto evaluado:	Sala	**U. de análisis:**	Laboratorio
Actividad evaluada:	Conversar		
No. y tipo de luminario:	Spot (1)	**No. y tipo de foco:**	LED (1)
Temperatura de color:	Cálida	**Filtro:**	Con Filtro

Título de trazado: Prueba simulación sala 3													
Light O	**No. (#)**	**Fecha, Hora. GMT-06:00**	**T. 1 (°C)**	**H.R. (%)**	**I.L. (lux)**	**T. 2 (°C)**	**Light O**	**No. (#)**	**Fecha, Hora. GMT-06:00**	**T. 1 (°C)**	**H.R. (%)**	**I.L. (lux)**	**T. 2 (°C)**
OFF	1	02/07/2017 09:50	17.25	55.7	11.8	19.63	ON	36	02/07/2017 10:25	17.32	55.47	153.7	20.37
OFF	2	02/07/2017 09:51	17.25	55.67	3.9	19.56	ON	37	02/07/2017 10:26	17.34	55.41	130.1	20.48
OFF	3	02/07/2017 09:52	17.25	55.67	11.8	19.48	ON	38	02/07/2017 10:27	17.34	55.41	153.7	20.63
OFF	4	02/07/2017 09:53	17.25	55.7	11.8	19.39	ON	39	02/07/2017 10:28	17.34	55.35	122.2	20.75
OFF	5	02/07/2017 09:54	17.25	55.7	11.8	19.32	ON	40	02/07/2017 10:29	17.34	55.35	153.7	20.87
OFF	6	02/07/2017 09:55	17.25	55.7	3.9	19.25	ON	41	02/07/2017 10:30	17.34	55.32	145.8	20.96
OFF	7	02/07/2017 09:56	17.25	55.7	11.8	19.18	ON	42	02/07/2017 10:31	17.37	55.54	122.2	20.84
OFF	8	02/07/2017 09:57	17.25	55.67	11.8	19.13	ON	43	02/07/2017 10:32	17.39	55.51	122.2	21.01
OFF	9	02/07/2017 09:58	17.25	55.67	11.8	19.06	ON	44	02/07/2017 10:33	17.39	55.54	122.2	21.18
OFF	10	02/07/2017 09:59	17.25	55.67	11.8	19.01	ON	45	02/07/2017 10:34	17.42	55.54	145.8	21.29
OFF	11	02/07/2017 10:00	17.25	55.67	11.8	18.96	ON	46	02/07/2017 10:35	17.44	56.8	138	21.29
OFF	12	02/07/2017 10:01	17.25	55.64	11.8	18.89	ON	47	02/07/2017 10:36	17.46	56.16	138	21.29
OFF	13	02/07/2017 10:02	17.25	55.64	11.8	18.84	ON	48	02/07/2017 10:37	17.49	56.01	122.2	21.46
OFF	14	02/07/2017 10:03	17.25	55.64	11.8	18.79	ON	49	02/07/2017 10:38	17.49	55.89	145.8	21.58
OFF	15	02/07/2017 10:04	17.27	55.64	11.8	18.75	ON	50	02/07/2017 10:39	17.51	55.86	145.8	21.72
OFF	16	02/07/2017 10:05	17.25	55.64	11.8	18.7	OFF	51	02/07/2017 10:40	17.51	56.32	11.8	21.53
OFF	17	02/07/2017 10:06	17.25	55.61	3.9	18.65	OFF	52	02/07/2017 10:41	17.65	58.2	3.9	20.7
OFF	18	02/07/2017 10:07	17.27	55.64	11.8	18.6	OFF	53	02/07/2017 10:42	17.8	57	11.8	20.22
OFF	19	02/07/2017 10:08	17.27	55.61	3.9	18.56	OFF	54	02/07/2017 10:43	17.89	56.65	11.8	19.87
OFF	20	02/07/2017 10:09	17.27	55.61	11.8	18.53	OFF	55	02/07/2017 10:44	17.96	56.42	11.8	19.58
ON	21	02/07/2017 10:10	17.27	55.61	130.1	18.51	OFF	56	02/07/2017 10:45	18.01	56.24	3.9	19.34
ON	22	02/07/2017 10:11	17.27	55.58	130.1	18.51	OFF	57	02/07/2017 10:46	18.06	56.13	11.8	19.2
ON	23	02/07/2017 10:12	17.27	55.58	138	18.53	OFF	58	02/07/2017 10:47	18.11	56.01	11.8	19.06
ON	24	02/07/2017 10:13	17.27	55.61	153.7	18.6	OFF	59	02/07/2017 10:48	18.15	55.93	11.8	18.96
ON	25	02/07/2017 10:14	17.27	55.58	138	18.72	OFF	60	02/07/2017 10:49	18.18	55.93	11.8	18.89
ON	26	02/07/2017 10:15	17.27	55.58	145.8	18.84	OFF	61	02/07/2017 10:50	18.22	55.94	11.8	18.82
ON	27	02/07/2017 10:16	17.3	55.59	153.7	18.99	OFF	62	02/07/2017 10:51	18.25	55.94	11.8	18.77
ON	28	02/07/2017 10:17	17.3	55.59	145.8	19.15	OFF	63	02/07/2017 10:52	18.27	55.95	3.9	18.75
ON	29	02/07/2017 10:18	17.3	55.59	153.7	19.29	OFF	64	02/07/2017 10:53	18.3	55.95	11.8	18.72
ON	30	02/07/2017 10:19	17.3	55.59	153.7	19.46	OFF	65	02/07/2017 10:54	18.32	55.98	11.8	18.7
ON	31	02/07/2017 10:20	17.3	55.56	153.7	19.63	OFF	66	02/07/2017 10:55	18.34	56.02	11.8	18.7
ON	32	02/07/2017 10:21	17.32	55.56	138	19.79	OFF	67	02/07/2017 10:56	18.37	56.05	3.9	18.7
ON	33	02/07/2017 10:22	17.32	55.56	130.1	19.94	OFF	68	02/07/2017 10:57	18.39	56.12	11.8	18.7
ON	34	02/07/2017 10:23	17.32	55.53	138	20.1	OFF	69	02/07/2017 10:58	18.41	56.15	3.9	18.7
ON	35	02/07/2017 10:24	17.32	55.47	153.7	20.22	OFF	70	02/07/2017 10:59	18.44	56.19	11.8	18.7

Tabla 74. Recopilado de resultados sobre medidas tomadas de las propiedades lumínicas de Lámpara YDACD-LED/10W/30 en la simulación de una sala 3.

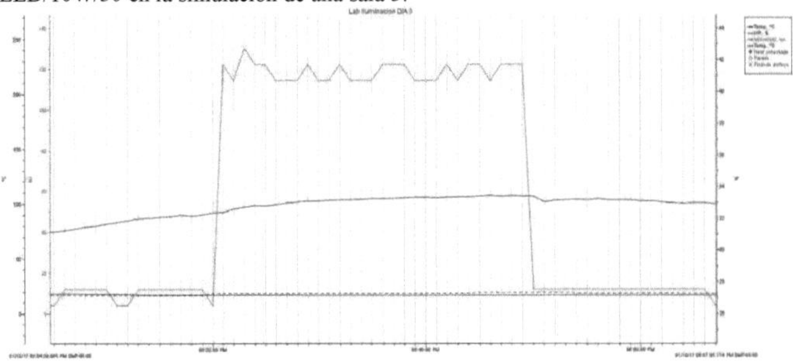

Gráfica 54. Gráfica proporcionada del programa HOBOware de resultados sobre medidas tomadas de las propiedades lumínicas de Lámpara YDACD-LED/10W/30 en la simulación de una sala 3.

TOMA C15.1: Conversar muro rosa 1

LA IMPORTANCIA DE LA ILUMINACIÓN ARTIFICIAL EN VIVIENDAS RESIDENCIALES

Tabla registro. Recopilado de medidas sobre propiedades lumínicas utilizado para realizar actividades cotidianas.

La presente tabla muestra el recopilado de información sobre temperatura (T1), humedad relativa (H.R.), e intensidad luminosa (I.L.) producidos por los luminarios especificados en el lugar del recinto donde se realiza la actividad evaluada, haciéndose una toma con un hobo a cada minuto en un lapso total de 70 mins. obteniendo 20 mins. previos al encendido, 30 mins. con el luminario encendido y 20 mins. posteriores al encendido. Se incorpora una segunda toma de temperatura (T2) generada por el mismo luminario.

Recinto evaluado:	Sala	**U. de análisis:**	Laboratorio
Actividad evaluada:	Conversar		
No. y tipo de luminario:	Spot (1)	**No. y tipo de foco:**	LED (1)
Temperatura de color:	Cálida	**Filtro:**	Con Filtro

Título de trazado: Prueba simulación sala muro rosa 1													
Light O	**No. (#)**	**Fecha, Hora. GMT-06:00**	**T. 1 (°C)**	**H.R. (%)**	**I.L. (lux)**	**T. 2 (°C)**	**Light O**	**No. (#)**	**Fecha, Hora. GMT-06:00**	**T. 1 (°C)**	**H.R. (%)**	**I.L. (lux)**	**T. 2 (°C)**
OFF	1	02/07/2017 14:45	19.2	40.54	11.8	23.67	ON	36	02/07/2017 15:20	19.56	42.22	98.5	25.31
OFF	2	02/07/2017 14:46	19.2	40.54	11.8	23.52	ON	37	02/07/2017 15:21	19.56	42.25	130.1	25.53
OFF	3	02/07/2017 14:47	19.2	40.5	3.9	23.4	ON	38	02/07/2017 15:22	19.58	42.25	114.3	25.7
OFF	4	02/07/2017 14:48	19.2	40.5	3.9	23.28	ON	39	02/07/2017 15:23	19.58	42.22	114.3	25.89
OFF	5	02/07/2017 14:49	19.2	40.47	3.9	23.16	ON	40	02/07/2017 15:24	19.58	42.22	106.4	26.06
OFF	6	02/07/2017 14:50	19.22	40.44	11.8	23.06	ON	41	02/07/2017 15:25	19.58	42.22	130.1	26.21
OFF	7	02/07/2017 14:51	19.22	40.44	11.8	22.97	ON	42	02/07/2017 15:26	19.58	42.19	106.4	26.35
OFF	8	02/07/2017 14:52	19.22	40.38	11.8	22.85	ON	43	02/07/2017 15:27	19.58	42.19	98.5	26.5
OFF	9	02/07/2017 14:53	19.22	40.38	11.8	22.78	ON	44	02/07/2017 15:28	19.6	42.16	106.4	26.62
OFF	10	02/07/2017 14:54	19.22	40.35	11.8	22.68	ON	45	02/07/2017 15:29	19.6	42.13	114.3	26.74
OFF	11	02/07/2017 14:55	19.25	40.12	11.8	22.61	ON	46	02/07/2017 15:30	19.6	42.09	122.2	26.87
OFF	12	02/07/2017 14:56	19.25	40.32	11.8	22.49	ON	47	02/07/2017 15:31	19.6	42.09	114.3	26.94
OFF	13	02/07/2017 14:57	19.27	40.32	11.8	22.39	ON	48	02/07/2017 15:32	19.6	42.03	122.2	27.04
OFF	14	02/07/2017 14:58	19.27	40.32	11.8	22.37	ON	49	02/07/2017 15:33	19.63	42.03	122.2	27.14
OFF	15	02/07/2017 14:59	19.29	40.32	11.8	22.32	ON	50	02/07/2017 15:34	19.63	41.97	114.3	27.24
OFF	16	02/07/2017 15:00	19.32	40.32	11.8	22.3	OFF	51	02/07/2017 15:35	19.63	41.9	11.8	27.24
OFF	17	02/07/2017 15:01	19.32	40.32	11.8	22.27	OFF	52	02/07/2017 15:36	19.63	41.78	11.8	27.26
OFF	18	02/07/2017 15:02	19.34	40.33	3.9	22.3	OFF	53	02/07/2017 15:37	19.63	41.78	11.8	27.24
OFF	19	02/07/2017 15:03	19.37	40.59	3.9	22.27	OFF	54	02/07/2017 15:38	19.63	41.78	3.9	27.16
OFF	20	02/07/2017 15:04	19.39	40.65	11.8	22.2	OFF	55	02/07/2017 15:39	19.63	41.81	11.8	27.06
ON	21	02/07/2017 15:05	19.39	41.23	114.3	22.23	OFF	56	02/07/2017 15:40	19.63	41.68	11.8	26.94
ON	22	02/07/2017 15:06	19.41	41.49	122.2	22.25	OFF	57	02/07/2017 15:41	19.65	41.65	3.9	26.77
ON	23	02/07/2017 15:07	19.44	41.98	106.4	22.25	OFF	58	02/07/2017 15:42	19.65	41.65	3.9	26.57
ON	24	02/07/2017 15:08	19.46	42.08	98.5	22.39	OFF	59	02/07/2017 15:43	19.65	41.62	11.8	26.38
ON	25	02/07/2017 15:09	19.48	42.15	98.5	22.56	OFF	60	02/07/2017 15:44	19.65	41.59	11.8	26.16
ON	26	02/07/2017 15:10	19.48	42.15	122.2	22.8	OFF	61	02/07/2017 15:45	19.65	41.52	3.9	25.96
ON	27	02/07/2017 15:11	19.51	42.18	114.3	23.04	OFF	62	02/07/2017 15:46	19.65	41.49	11.8	25.77
ON	28	02/07/2017 15:12	19.51	42.21	122.2	23.3	OFF	63	02/07/2017 15:47	19.65	41.46	3.9	25.55
ON	29	02/07/2017 15:13	19.53	42.31	114.3	23.57	OFF	64	02/07/2017 15:48	19.65	41.39	3.9	25.38
ON	30	02/07/2017 15:14	19.53	42.31	114.3	23.83	OFF	65	02/07/2017 15:49	19.65	41.33	3.9	25.19
ON	31	02/07/2017 15:15	19.53	42.31	106.4	24.12	OFF	66	02/07/2017 15:50	19.65	41.3	3.9	25.02
ON	32	02/07/2017 15:16	19.56	42.31	106.4	24.36	OFF	67	02/07/2017 15:51	19.67	41.23	3.9	24.82
ON	33	02/07/2017 15:17	19.56	42.31	106.4	24.63	OFF	68	02/07/2017 15:52	19.67	41.2	11.8	24.65
ON	34	02/07/2017 15:18	19.56	42.28	130.1	24.85	OFF	69	02/07/2017 15:53	19.67	41.14	11.8	24.51
ON	35	02/07/2017 15:19	19.56	42.28	106.4	25.11	OFF	70	02/07/2017 15:54	19.67	41.14	11.8	24.36

Tabla 75. Recopilado de resultados sobre medidas tomadas de las propiedades lumínicas de Lámpara YDACD-LED/10W/30 en la simulación de una sala con muro rosa 1.

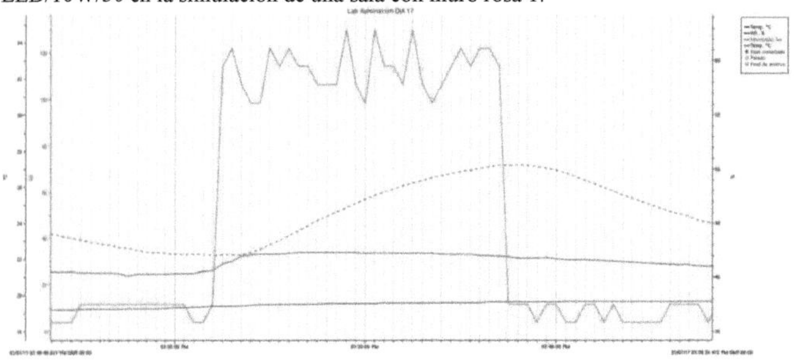

Gráfica 55. Gráfica proporcionada del programa HOBOware de resultados sobre medidas tomadas de las propiedades lumínicas de Lámpara YDACD-LED/10W/30 en la simulación de una sala con muro rosa 1.

TOMA C15.2: Conversar muro rosa 2

LA IMPORTANCIA DE LA ILUMINACIÓN ARTIFICIAL EN VIVIENDAS RESIDENCIALES

Tabla registro. Recopilado de medidas sobre propiedades lumínicas utilizado para realizar actividades cotidianas.

La presente tabla muestra el recopilado de información sobre temperatura (T1), humedad relativa (H.R.), e intensidad luminosa (I.L.) producidos por los luminarios especificados en el lugar del recinto donde se realiza la actividad evaluada, haciéndose una toma con un hobo a cada minuto en un lapso total de 70 mins. obteniendo 20 mins. previos al encendido, 30 mins. con el luminario encendido y 20 mins. posteriores al encendido. Se incorpora una segunda toma de temperatura (T2) generada por el mismo luminario.

Recinto evaluado:	Sala	**U. de análisis:**	Laboratorio
Actividad evaluada:	Conversar		
No. y tipo de luminario:	Spot (1)	**No. y tipo de foco:**	LED (1)
Temperatura de color:	Cálida	**Filtro:**	Con Filtro

Título de trazado: Prueba simulación sala muro rosa 2													
Light O	**No. (#)**	**Fecha, Hora. GMT-06:00**	**T. 1 (°C)**	**H.R. (%)**	**I.L. (lux)**	**T. 2 (°C)**	**Light O**	**No. (#)**	**Fecha, Hora. GMT-06:00**	**T. 1 (°C)**	**H.R. (%)**	**I.L. (lux)**	**T. 2 (°C)**
OFF	1	02/07/2017 15:55	19.67	41.07	11.8	24.17	ON	36	02/07/2017 16:30	19.82	39.8	106.4	25.77
OFF	2	02/07/2017 15:56	19.67	41.01	3.9	24.05	ON	37	02/07/2017 16:31	19.82	39.73	98.5	25.96
OFF	3	02/07/2017 15:57	19.67	40.98	11.8	23.93	ON	38	02/07/2017 16:32	19.82	39.7	98.5	26.16
OFF	4	02/07/2017 15:58	19.67	40.94	11.8	23.81	ON	39	02/07/2017 16:33	19.84	39.6	98.5	26.33
OFF	5	02/07/2017 15:59	19.67	40.94	11.8	23.69	ON	40	02/07/2017 16:34	19.84	39.54	130.1	26.48
OFF	6	02/07/2017 16:00	19.67	40.88	11.8	23.59	ON	41	02/07/2017 16:35	19.84	39.51	106.4	26.62
OFF	7	02/07/2017 16:01	19.67	40.88	3.9	23.47	ON	42	02/07/2017 16:36	19.84	39.47	114.3	26.77
OFF	8	02/07/2017 16:02	19.67	40.81	11.8	23.38	ON	43	02/07/2017 16:37	19.87	39.44	106.4	26.92
OFF	9	02/07/2017 16:03	19.7	40.82	3.9	23.28	ON	44	02/07/2017 16:38	19.87	39.41	106.4	27.04
OFF	10	02/07/2017 16:04	19.7	40.78	11.8	23.16	ON	45	02/07/2017 16:39	19.87	39.41	122.2	27.14
OFF	11	02/07/2017 16:05	19.7	40.75	11.8	23.09	ON	46	02/07/2017 16:40	19.87	39.35	122.2	27.26
OFF	12	02/07/2017 16:06	19.7	40.75	3.9	22.99	ON	47	02/07/2017 16:41	19.89	39.32	106.4	27.36
OFF	13	02/07/2017 16:07	19.7	40.75	3.9	22.92	ON	48	02/07/2017 16:42	19.89	39.35	114.3	27.46
OFF	14	02/07/2017 16:08	19.7	40.69	11.8	22.85	ON	49	02/07/2017 16:43	19.89	39.28	122.2	27.55
OFF	15	02/07/2017 16:09	19.7	40.69	11.8	22.8	ON	50	02/07/2017 16:44	19.89	39.25	122.2	27.63
OFF	16	02/07/2017 16:10	19.7	40.62	3.9	22.73	OFF	51	02/07/2017 16:45	19.91	39.09	11.8	27.58
OFF	17	02/07/2017 16:11	19.72	40.59	3.9	22.66	OFF	52	02/07/2017 16:46	19.91	39.03	11.8	27.53
OFF	18	02/07/2017 16:12	19.72	40.56	11.8	22.61	OFF	53	02/07/2017 16:47	19.91	39.03	11.8	27.53
OFF	19	02/07/2017 16:13	19.72	40.53	11.8	22.54	OFF	54	02/07/2017 16:48	19.91	38.93	11.8	27.43
OFF	20	02/07/2017 16:14	19.72	40.5	11.8	22.47	OFF	55	02/07/2017 16:49	19.91	38.83	11.8	27.31
ON	21	02/07/2017 16:15	19.72	40.5	122.2	22.54	OFF	56	02/07/2017 16:50	19.91	38.83	11.8	27.14
ON	22	02/07/2017 16:16	19.72	40.34	122.2	22.59	OFF	57	02/07/2017 16:51	19.91	38.77	3.9	26.97
ON	23	02/07/2017 16:17	19.72	40.3	122.2	22.68	OFF	58	02/07/2017 16:52	19.91	38.77	3.9	26.77
ON	24	02/07/2017 16:18	19.75	40.24	122.2	22.82	OFF	59	02/07/2017 16:53	19.94	38.7	11.8	26.57
ON	25	02/07/2017 16:19	19.75	40.14	114.3	23.04	OFF	60	02/07/2017 16:54	19.94	38.64	11.8	26.35
ON	26	02/07/2017 16:20	19.75	40.11	130.1	23.26	OFF	61	02/07/2017 16:55	19.94	38.64	11.8	26.16
ON	27	02/07/2017 16:21	19.77	40.05	114.3	23.52	OFF	62	02/07/2017 16:56	19.94	38.61	3.9	25.96
ON	28	02/07/2017 16:22	19.77	39.98	130.1	23.79	OFF	63	02/07/2017 16:57	19.94	38.61	11.8	25.77
ON	29	02/07/2017 16:23	19.77	39.95	98.5	24.05	OFF	64	02/07/2017 16:58	19.94	38.57	11.8	25.57
ON	30	02/07/2017 16:24	19.77	39.92	106.4	24.32	OFF	65	02/07/2017 16:59	19.94	38.61	11.8	25.38
ON	31	02/07/2017 16:25	19.79	39.89	114.3	24.58	OFF	66	02/07/2017 17:00	19.94	38.57	3.9	25.21
ON	32	02/07/2017 16:26	19.79	39.89	122.2	24.82	OFF	67	02/07/2017 17:01	19.96	38.58	3.9	25.02
ON	33	02/07/2017 16:27	19.79	39.86	106.4	25.11	OFF	68	02/07/2017 17:02	19.96	38.48	11.8	24.82
ON	34	02/07/2017 16:28	19.79	39.86	114.3	25.36	OFF	69	02/07/2017 17:03	19.96	38.48	3.9	24.65
ON	35	02/07/2017 16:29	19.79	39.83	114.3	25.55	OFF	70	02/07/2017 17:04	19.96	38.45	11.8	24.51

Tabla 76. Recopilado de resultados sobre medidas tomadas de las propiedades lumínicas de Lámpara YDACD-LED/10W/30 en la simulación de una sala con muro rosa 2.

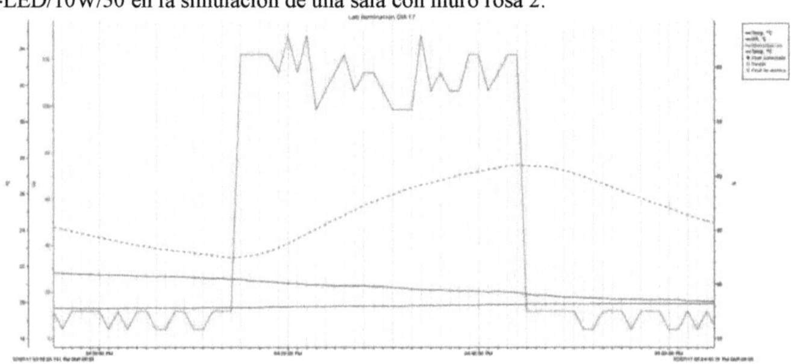

Gráfica 56. Gráfica proporcionada del programa HOBOware de resultados sobre medidas tomadas de las propiedades lumínicas de Lámpara YDACD-LED/10W/30 en la simulación de una sala con muro rosa 2.

TOMA C15.3: Conversar muro rosa 3

LA IMPORTANCIA DE LA ILUMINACIÓN ARTIFICIAL EN VIVIENDAS RESIDENCIALES

Tabla registro. Recopilado de medidas sobre propiedades lumínicas utilizado para realizar actividades cotidianas.

La presente tabla muestra el recopilado de información sobre temperatura (T1), humedad relativa (H.R.), e intensidad luminosa (I.L.) producidos por los luminarios especificados en el lugar del recinto donde se realiza la actividad evaluada, haciéndose una toma con un hobo a cada minuto en un lapso total de 70 mins. obteniendo 20 mins. previos al encendido, 30 mins. con el luminario encendido y 20 mins. posteriores al encendido. Se incorpora una segunda toma de temperatura (T2) generada por el mismo luminario.

Recinto evaluado:	Sala	**U. de análisis:**	Laboratorio
Actividad evaluada:	Conversar		
No. y tipo de luminario:	Spot (1)	**No. y tipo de foco:**	LED (1)
Temperatura de color:	Cálida	**Filtro:**	Con Filtro

Título de trazado: Prueba simulación sala muro rosa 3													
Light O	**No. (#)**	**Fecha, Hora. GMT-06:00**	**T. 1 (°C)**	**H.R. (%)**	**I.L. (lux)**	**T. 2 (°C)**	**Light O**	**No. (#)**	**Fecha, Hora. GMT-06:00**	**T. 1 (°C)**	**H.R. (%)**	**I.L. (lux)**	**T. 2 (°C)**
OFF	1	02/07/2017 17:05	19.96	38.41	3.9	24.36	ON	36	02/07/2017 17:40	20.06	37.35	114.3	25.6
OFF	2	02/07/2017 17:06	19.96	38.35	11.8	24.24	ON	37	02/07/2017 17:41	20.06	37.28	114.3	25.82
OFF	3	02/07/2017 17:07	19.96	38.38	11.8	24.1	ON	38	02/07/2017 17:42	20.06	37.28	114.3	25.99
OFF	4	02/07/2017 17:08	19.96	38.38	11.8	24	ON	39	02/07/2017 17:43	20.06	37.22	114.3	26.18
OFF	5	02/07/2017 17:09	19.96	38.32	11.8	23.88	ON	40	02/07/2017 17:44	20.06	37.22	106.4	26.35
OFF	6	02/07/2017 17:10	19.96	38.32	3.9	23.76	ON	41	02/07/2017 17:45	20.06	36.76	122.2	26.5
OFF	7	02/07/2017 17:11	19.96	38.35	11.8	23.64	ON	42	02/07/2017 17:46	20.08	36.96	114.3	26.67
OFF	8	02/07/2017 17:12	19.96	38.32	3.9	23.55	ON	43	02/07/2017 17:47	20.08	36.96	106.4	26.79
OFF	9	02/07/2017 17:13	19.96	38.32	11.8	23.45	ON	44	02/07/2017 17:48	20.08	37.02	106.4	26.92
OFF	10	02/07/2017 17:14	19.98	38.32	11.8	23.35	ON	45	02/07/2017 17:49	20.08	37.02	98.5	27.01
OFF	11	02/07/2017 17:15	19.96	38.25	3.9	23.26	ON	46	02/07/2017 17:50	20.08	37.06	122.2	27.14
OFF	12	02/07/2017 17:16	19.96	38.22	3.9	23.18	ON	47	02/07/2017 17:51	20.1	37.09	106.4	27.24
OFF	13	02/07/2017 17:17	19.98	38.22	11.8	23.11	ON	48	02/07/2017 17:52	20.1	37.12	114.3	27.33
OFF	14	02/07/2017 17:18	19.98	38.19	11.8	23.02	ON	49	02/07/2017 17:53	20.1	37.19	98.5	27.41
OFF	15	02/07/2017 17:19	19.98	38.19	3.9	22.94	ON	50	02/07/2017 17:54	20.1	37.09	122.2	27.51
OFF	16	02/07/2017 17:20	19.98	38.19	11.8	22.87	OFF	51	02/07/2017 17:55	20.13	37.13	3.9	27.24
OFF	17	02/07/2017 17:21	19.98	38.19	11.8	22.8	OFF	52	02/07/2017 17:56	20.17	36.51	3.9	27.26
OFF	18	02/07/2017 17:22	19.98	38.19	11.8	22.73	OFF	53	02/07/2017 17:57	20.2	36.48	11.8	27.36
OFF	19	02/07/2017 17:23	19.98	38.16	3.9	22.66	OFF	54	02/07/2017 17:58	20.22	36.15	11.8	27.41
OFF	20	02/07/2017 17:24	19.98	38.16	11.8	22.61	OFF	55	02/07/2017 17:59	20.22	36.06	11.8	27.38
ON	21	02/07/2017 17:25	19.98	38.16	106.4	22.54	OFF	56	02/07/2017 18:00	20.25	36.03	11.8	27.26
ON	22	02/07/2017 17:26	19.98	37.9	106.4	22.59	OFF	57	02/07/2017 18:01	20.25	35.6	11.8	27.14
ON	23	02/07/2017 17:27	19.98	37.96	114.3	22.63	OFF	58	02/07/2017 18:02	20.25	35.47	3.9	26.99
ON	24	02/07/2017 17:28	20.01	37.87	138	22.73	OFF	59	02/07/2017 18:03	20.25	35.47	11.8	26.79
ON	25	02/07/2017 17:29	20.01	37.6	122.2	22.9	OFF	60	02/07/2017 18:04	20.25	35.5	11.8	26.6
ON	26	02/07/2017 17:30	20.01	37.6	106.4	23.09	OFF	61	02/07/2017 18:05	20.27	35.27	11.8	26.3
ON	27	02/07/2017 17:31	20.01	37.57	122.2	23.3	OFF	62	02/07/2017 18:06	20.27	35.01	3.9	26.09
ON	28	02/07/2017 17:32	20.01	37.54	114.3	23.57	OFF	63	02/07/2017 18:07	20.34	42.05	3.9	24.9
ON	29	02/07/2017 17:33	20.01	37.47	130.1	23.83	OFF	64	02/07/2017 18:08	20.58	39.36	11.8	23.95
ON	30	02/07/2017 17:34	20.01	37.41	122.2	24.1	OFF	65	02/07/2017 18:09	20.72	38.98	11.8	23.3
ON	31	02/07/2017 17:35	20.03	37.41	114.3	24.39	OFF	66	02/07/2017 18:10	20.79	38.79	11.8	22.82
ON	32	02/07/2017 17:36	20.03	37.48	106.4	24.63	OFF	67	02/07/2017 18:11	20.87	38.67	11.8	22.44
ON	33	02/07/2017 17:37	20.03	37.44	98.5	24.9	OFF	68	02/07/2017 18:12	20.91	38.61	11.8	22.18
ON	34	02/07/2017 17:38	20.03	37.41	122.2	25.14	OFF	69	02/07/2017 18:13	20.94	38.55	3.9	21.96
ON	35	02/07/2017 17:39	20.03	37.38	106.4	25.38	OFF	70	02/07/2017 18:14	20.96	38.49	11.8	21.8

Tabla 77. Recopilado de resultados sobre medidas tomadas de las propiedades lumínicas de Lámpara YDACD-LED/10W/30 en la simulación de una sala con muro rosa 3.

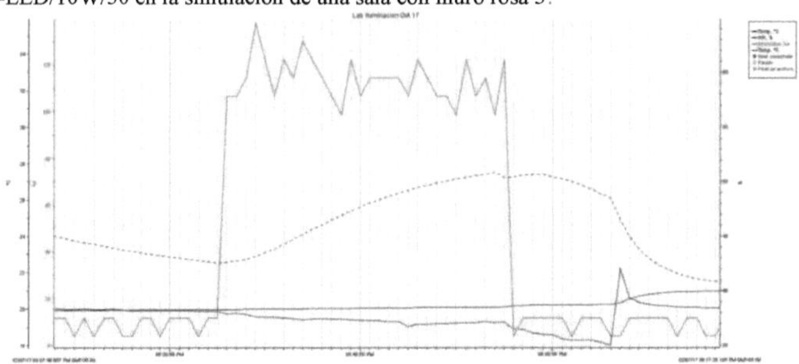

Gráfica 57. Gráfica proporcionada del programa HOBOware de resultados sobre medidas tomadas de las propiedades lumínicas de Lámpara YDACD-LED/10W/30 en la simulación de una sala con muro rosa 3.

TOMA C16.1: Conversar muro beige 1

LA IMPORTANCIA DE LA ILUMINACIÓN ARTIFICIAL EN VIVIENDAS RESIDENCIALES

Tabla registro. Recopilado de medidas sobre propiedades lumínicas utilizado para realizar actividades cotidianas.

La presente tabla muestra el recopilado de información sobre temperatura (T1), humedad relativa (H.R.), e intensidad luminosa (I.L.) producidos por los luminarios especificados en el lugar del recinto donde se realiza la actividad evaluada, haciéndose una toma con un hobo a cada minuto en un lapso total de 70 mins. obteniendo 20 mins. previos al encendido, 30 mins. con el luminario encendido y 20 mins. posteriores al encendido. Se incorpora una segunda toma de temperatura (T2) generada por el mismo luminario.

Recinto evaluado:	Sala	**U. de análisis:**	Laboratorio
Actividad evaluada:	Conversar		
No. y tipo de luminario:	Spot (1)	**No. y tipo de foco:**	LED (1)
Temperatura de color:	Cálida	**Filtro:**	Con Filtro

Título de trazado: Prueba simulación sala muro beige 1													
Light O	**No. (#)**	**Fecha, Hora. GMT-06:00**	**T. 1 (°C)**	**H.R. (%)**	**I.L. (lux)**	**T. 2 (°C)**	**Light O**	**No. (#)**	**Fecha, Hora. GMT-06:00**	**T. 1 (°C)**	**H.R. (%)**	**I.L. (lux)**	**T. 2 (°C)**
OFF	1	02/08/2017 12:10	23.5	51.5	3.9	23.28	ON	36	02/08/2017 12:45	20.27	38.8	169.5	24.29
OFF	2	02/08/2017 12:11	23.52	51.5	11.8	23.28	ON	37	02/08/2017 12:46	20.2	38.86	153.7	24.34
OFF	3	02/08/2017 12:12	23.55	51.47	11.8	23.28	ON	38	02/08/2017 12:47	20.13	38.85	138	24.44
OFF	4	02/08/2017 12:13	23.57	51.26	3.9	23.3	ON	39	02/08/2017 12:48	20.06	38.91	161.6	24.48
OFF	5	02/08/2017 12:14	23.57	51.26	11.8	23.33	ON	40	02/08/2017 12:49	19.98	38.9	145.8	24.56
OFF	6	02/08/2017 12:15	23.57	51.22	3.9	23.33	ON	41	02/08/2017 12:50	19.94	38.93	153.7	24.61
OFF	7	02/08/2017 12:16	23.57	51.19	11.8	23.33	ON	42	02/08/2017 12:51	19.89	38.76	130.1	24.65
OFF	8	02/08/2017 12:17	23.59	51.2	3.9	23.33	ON	43	02/08/2017 12:52	19.84	38.76	138	24.65
OFF	9	02/08/2017 12:18	23.59	51.16	11.8	23.33	ON	44	02/08/2017 12:53	19.82	38.85	145.8	24.7
OFF	10	02/08/2017 12:19	23.57	51.13	3.9	23.3	ON	45	02/08/2017 12:54	19.79	38.88	161.6	24.7
OFF	11	02/08/2017 12:20	23.57	51.1	11.8	23.3	ON	46	02/08/2017 12:55	19.77	38.95	169.5	24.8
OFF	12	02/08/2017 12:21	23.57	51.07	11.8	23.3	ON	47	02/08/2017 12:56	19.75	38.88	138	24.85
OFF	13	02/08/2017 12:22	23.55	51.03	11.8	23.28	ON	48	02/08/2017 12:57	19.72	38.88	145.8	24.9
OFF	14	02/08/2017 12:23	23.55	51	11.8	23.26	ON	49	02/08/2017 12:58	19.7	38.84	161.6	24.97
OFF	15	02/08/2017 12:24	23.52	50.97	11.8	23.26	ON	50	02/08/2017 12:59	19.67	38.64	145.8	24.97
OFF	16	02/08/2017 12:25	23.52	50.93	3.9	23.26	OFF	51	02/08/2017 13:00	19.67	38.68	3.9	24.94
OFF	17	02/08/2017 12:26	23.5	50.87	11.8	23.23	OFF	52	02/08/2017 13:01	19.65	38.84	3.9	24.82
OFF	18	02/08/2017 12:27	23.47	50.83	3.9	23.21	OFF	53	02/08/2017 13:02	19.65	38.84	11.8	24.75
OFF	19	02/08/2017 12:28	23.45	50.8	11.8	23.18	OFF	54	02/08/2017 13:03	19.63	38.74	3.9	24.73
OFF	20	02/08/2017 12:29	23.42	50.73	11.8	23.18	OFF	55	02/08/2017 13:04	19.63	38.74	3.9	24.65
ON	21	02/08/2017 12:30	23.4	50.73	169.5	23.16	OFF	56	02/08/2017 13:05	19.6	38.41	11.8	24.56
ON	22	02/08/2017 12:31	23.35	42.97	153.7	22.61	OFF	57	02/08/2017 13:06	19.6	38.51	11.8	24.48
ON	23	02/08/2017 12:32	23.14	41.52	145.8	26.09	OFF	58	02/08/2017 13:07	19.58	38.5	11.8	24.36
ON	24	02/08/2017 12:33	22.75	40.05	169.5	25.31	OFF	59	02/08/2017 13:08	19.58	38.41	3.9	24.27
ON	25	02/08/2017 12:34	22.39	39.42	153.7	24.85	OFF	60	02/08/2017 13:09	19.58	38.31	11.8	24.15
ON	26	02/08/2017 12:35	22.06	39.06	145.8	24.53	OFF	61	02/08/2017 13:10	19.56	38.21	3.9	24.03
ON	27	02/08/2017 12:36	21.77	38.8	169.5	24.36	OFF	62	02/08/2017 13:11	19.56	38.21	11.8	23.88
ON	28	02/08/2017 12:37	21.51	38.67	161.6	24.27	OFF	63	02/08/2017 13:12	19.56	38.14	11.8	23.76
ON	29	02/08/2017 12:38	21.27	38.58	138	24.2	OFF	64	02/08/2017 13:13	19.56	38.14	11.8	23.62
ON	30	02/08/2017 12:39	21.08	38.63	130.1	24.15	OFF	65	02/08/2017 13:14	19.56	38.11	11.8	23.52
ON	31	02/08/2017 12:40	20.89	38.8	145.8	24.12	OFF	66	02/08/2017 13:15	19.56	38.08	11.8	23.42
ON	32	02/08/2017 12:41	20.75	38.82	145.8	24.12	OFF	67	02/08/2017 13:16	19.53	38.01	3.9	23.3
ON	33	02/08/2017 12:42	20.6	38.81	153.7	24.17	OFF	68	02/08/2017 13:17	19.53	37.95	11.8	23.21
ON	34	02/08/2017 12:43	20.48	38.7	130.1	24.22	OFF	69	02/08/2017 13:18	19.53	37.91	11.8	23.09
ON	35	02/08/2017 12:44	20.37	38.81	130.1	24.22	OFF	70	02/08/2017 13:19	19.53	37.62	11.8	22.97

Tabla 78. Recopilado de resultados sobre medidas tomadas de las propiedades lumínicas de Lámpara YDACD-LED/10W/30 en la simulación de una sala con muro beige 1.

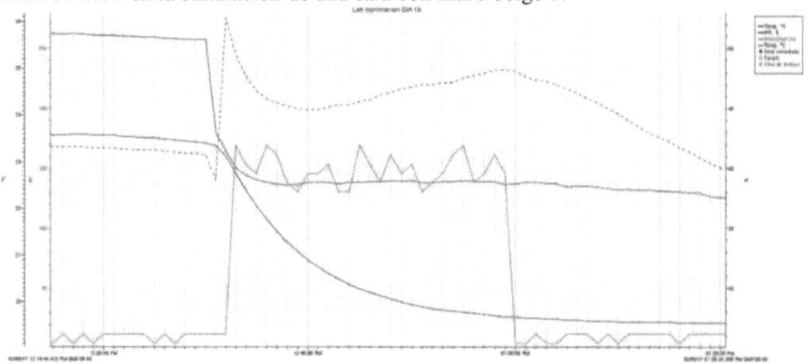

Gráfica 58. Gráfica proporcionada del programa HOBOware de resultados sobre medidas tomadas de las propiedades lumínicas de Lámpara YDACD-LED/10W/30 en la simulación de una sala con muro beige 1.

TOMA C16.2: Conversar muro beige 2

LA IMPORTANCIA DE LA ILUMINACIÓN ARTIFICIAL EN VIVIENDAS RESIDENCIALES

Tabla registro. Recopilado de medidas sobre propiedades lumínicas utilizado para realizar actividades cotidianas.

La presente tabla muestra el recopilado de información sobre temperatura (T1), humedad relativa (H.R.), e intensidad luminosa (I.L.) producidos por los luminarios especificados en el lugar del recinto donde se realiza la actividad evaluada, haciéndose una toma con un hobo a cada minuto en un lapso total de 70 mins. obteniendo 20 mins. previos al encendido, 30 mins. con el luminario encendido y 20 mins. posteriores al encendido. Se incorpora una segunda toma de temperatura (T2) generada por el mismo luminario.

Recinto evaluado:	Sala	**U. de análisis:**	Laboratorio
Actividad evaluada:	Conversar		
No. y tipo de luminario:	Spot (1)	**No. y tipo de foco:**	LED (1)
Temperatura de color:	Cálida	**Filtro:**	Con Filtro

Título de trazado: Prueba simulación sala muro beige 2

Light O	No. (#)	Fecha, Hora. GMT-06:00	T. 1 (°C)	H.R. (%)	I.L. (lux)	T. 2 (°C)	Light O	No. (#)	Fecha, Hora. GMT-06:00	T. 1 (°C)	H.R. (%)	I.L. (lux)	T. 2 (°C)
OFF	1	02/08/2017 13:20	19.53	37.56	11.8	22.87	ON	36	02/08/2017 13:55	19.63	35.57	145.8	23.83
OFF	2	02/08/2017 13:21	19.53	37.56	11.8	22.8	ON	37	02/08/2017 13:56	19.63	35.44	169.5	24
OFF	3	02/08/2017 13:22	19.53	37.52	11.8	22.73	ON	38	02/08/2017 13:57	19.65	35.34	138	24.15
OFF	4	02/08/2017 13:23	19.53	37.43	3.9	22.63	ON	39	02/08/2017 13:58	19.65	35.05	145.8	24.24
OFF	5	02/08/2017 13:24	19.51	37.36	11.8	22.56	ON	40	02/08/2017 13:59	19.65	35.15	169.5	24.32
OFF	6	02/08/2017 13:25	19.51	37.33	11.8	22.49	ON	41	02/08/2017 14:00	19.67	35.02	145.8	24.46
OFF	7	02/08/2017 13:26	19.51	37.29	11.8	22.42	ON	42	02/08/2017 14:01	19.67	35.05	169.5	24.56
OFF	8	02/08/2017 13:27	19.51	37.23	3.9	22.37	ON	43	02/08/2017 14:02	19.67	34.95	153.7	24.68
OFF	9	02/08/2017 13:28	19.51	37.16	11.8	22.3	ON	44	02/08/2017 14:03	19.7	34.76	161.6	24.75
OFF	10	02/08/2017 13:29	19.51	37.1	11.8	22.23	ON	45	02/08/2017 14:04	19.7	34.76	153.7	24.75
OFF	11	02/08/2017 13:30	19.53	37.03	11.8	22.18	ON	46	02/08/2017 14:05	19.72	34.69	138	24.87
OFF	12	02/08/2017 13:31	19.51	36.97	11.8	22.11	ON	47	02/08/2017 14:06	19.72	34.5	130.1	24.94
OFF	13	02/08/2017 13:32	19.51	36.97	11.8	22.06	ON	48	02/08/2017 14:07	19.75	34.43	145.8	25.07
OFF	14	02/08/2017 13:33	19.51	36.9	3.9	22.01	ON	49	02/08/2017 14:08	19.75	34.43	169.5	25.11
OFF	15	02/08/2017 13:34	19.53	36.9	3.9	21.96	ON	50	02/08/2017 14:09	19.77	34.37	153.7	25.19
OFF	16	02/08/2017 13:35	19.51	36.84	11.8	21.92	OFF	51	02/08/2017 14:10	19.77	33.12	11.8	25.28
OFF	17	02/08/2017 13:36	19.51	36.77	11.8	21.87	OFF	52	02/08/2017 14:11	19.82	32.96	11.8	25.38
OFF	18	02/08/2017 13:37	19.53	36.77	11.8	21.82	OFF	53	02/08/2017 14:12	19.87	31	11.8	25.45
OFF	19	02/08/2017 13:38	19.53	36.71	11.8	21.77	OFF	54	02/08/2017 14:13	19.91	30.74	3.9	25.65
OFF	20	02/08/2017 13:39	19.53	36.68	11.8	21.75	OFF	55	02/08/2017 14:14	19.96	30.81	11.8	25.53
ON	21	02/08/2017 13:40	19.53	36.58	153.7	21.8	OFF	56	02/08/2017 14:15	19.98	30.65	11.8	25.5
ON	22	02/08/2017 13:41	19.53	36.54	169.5	21.87	OFF	57	02/08/2017 14:16	20.01	30.15	3.9	25.48
ON	23	02/08/2017 13:42	19.53	36.54	153.7	21.94	OFF	58	02/08/2017 14:17	20.03	29.95	11.8	25.38
ON	24	02/08/2017 13:43	19.53	36.58	145.8	22.06	OFF	59	02/08/2017 14:18	20.06	29.99	11.8	25.28
ON	25	02/08/2017 13:44	19.53	36.51	138	22.18	OFF	60	02/08/2017 14:19	20.06	29.95	11.8	25.19
ON	26	02/08/2017 13:45	19.56	36.45	161.6	22.32	OFF	61	02/08/2017 14:20	20.08	29.62	3.9	25.07
ON	27	02/08/2017 13:46	19.56	36.38	138	22.47	OFF	62	02/08/2017 14:21	20.08	29.72	3.9	24.92
ON	28	02/08/2017 13:47	19.56	35.99	161.6	22.66	OFF	63	02/08/2017 14:22	20.08	29.69	11.8	24.82
ON	29	02/08/2017 13:48	19.58	36.06	153.7	22.8	OFF	64	02/08/2017 14:23	20.08	29.62	11.8	24.7
ON	30	02/08/2017 13:49	19.58	36.03	138	22.97	OFF	65	02/08/2017 14:24	20.08	29.52	11.8	24.58
ON	31	02/08/2017 13:50	19.58	35.93	153.7	23.16	OFF	66	02/08/2017 14:25	20.08	29.49	11.8	24.46
ON	32	02/08/2017 13:51	19.6	35.8	161.6	23.3	OFF	67	02/08/2017 14:26	20.08	29.49	3.9	24.34
ON	33	02/08/2017 13:52	19.6	35.77	145.8	23.47	OFF	68	02/08/2017 14:27	20.08	29.42	11.8	24.22
ON	34	02/08/2017 13:53	19.63	35.77	145.8	23.62	OFF	69	02/08/2017 14:28	20.08	29.39	11.8	24.1
ON	35	02/08/2017 13:54	19.63	35.51	138	23.71	OFF	70	02/08/2017 14:29	20.08	29.35	11.8	24

Tabla 79. Recopilado de resultados sobre medidas tomadas de las propiedades lumínicas de Lámpara YDACD-LED/10W/30 en la simulación de una sala con muro beige 2.

Gráfica 59. Gráfica proporcionada del programa HOBOware de resultados sobre medidas tomadas de las propiedades lumínicas de Lámpara YDACD-LED/10W/30 en la simulación de una sala con muro beige 2.

TOMA C16.3: Conversar muro beige 3

LA IMPORTANCIA DE LA ILUMINACIÓN ARTIFICIAL EN VIVIENDAS RESIDENCIALES

Tabla registro. Recopilado de medidas sobre propiedades lumínicas utilizado para realizar actividades cotidianas.

La presente tabla muestra el recopilado de información sobre temperatura (T1), humedad relativa (H.R.), e intensidad luminosa (I.L.) producidos por los luminarios especificados en el lugar del recinto donde se realiza la actividad evaluada, haciéndose una toma con un hobo a cada minuto en un lapso total de 70 mins. obteniendo 20 mins. previos al encendido, 30 mins. con el luminario encendido y 20 mins. posteriores al encendido. Se incorpora una segunda toma de temperatura (T2) generada por el mismo luminario.

Recinto evaluado:	Sala	**U. de análisis:**	Laboratorio
Actividad evaluada:	Conversar		
No. y tipo de luminario:	Spot (1)	**No. y tipo de foco:**	LED (1)
Temperatura de color:	Cálida	**Filtro:**	Con Filtro

Título de trazado: Prueba simulación sala muro beige 3

Light O	No. (#)	Fecha, Hora. GMT-06:00	T. 1 (°C)	H.R. (%)	I.L. (lux)	T. 2 (°C)	Light O	No. (#)	Fecha, Hora. GMT-06:00	T. 1 (°C)	H.R. (%)	I.L. (lux)	T. 2 (°C)
OFF	1	02/08/2017 14:30	20.08	29.35	11.8	23.91	ON	36	02/08/2017 15:05	20.17	28.83	153.7	24.68
OFF	2	02/08/2017 14:31	20.08	29.35	11.8	23.79	ON	37	02/08/2017 15:06	20.17	28.86	145.8	24.8
OFF	3	02/08/2017 14:32	20.06	29.35	11.8	23.69	ON	38	02/08/2017 15:07	20.17	28.89	130.1	24.92
OFF	4	02/08/2017 14:33	20.08	29.35	11.8	23.59	ON	39	02/08/2017 15:08	20.2	28.9	130.1	25.07
OFF	5	02/08/2017 14:34	20.06	29.15	11.8	23.5	ON	40	02/08/2017 15:09	20.2	28.96	145.8	25.16
OFF	6	02/08/2017 14:35	20.08	29.15	3.9	23.38	ON	41	02/08/2017 15:10	20.2	28.96	153.7	25.28
OFF	7	02/08/2017 14:36	20.06	29.02	11.8	23.33	ON	42	02/08/2017 15:11	20.2	28.9	153.7	25.38
OFF	8	02/08/2017 14:37	20.06	29.02	11.8	23.26	ON	43	02/08/2017 15:12	20.22	28.86	130.1	25.45
OFF	9	02/08/2017 14:38	20.06	29.09	3.9	23.21	ON	44	02/08/2017 15:13	20.22	28.83	169.5	25.55
OFF	10	02/08/2017 14:39	20.06	29.09	3.9	23.14	ON	45	02/08/2017 15:14	20.22	28.83	161.6	25.65
OFF	11	02/08/2017 14:40	20.06	29.09	3.9	23.06	ON	46	02/08/2017 15:15	20.25	28.5	138	25.7
OFF	12	02/08/2017 14:41	20.08	29.02	11.8	22.99	ON	47	02/08/2017 15:16	20.25	28.53	153.7	25.79
OFF	13	02/08/2017 14:42	20.08	28.95	11.8	22.92	ON	48	02/08/2017 15:17	20.27	28.57	161.6	25.89
OFF	14	02/08/2017 14:43	20.08	28.95	11.8	22.87	ON	49	02/08/2017 15:18	20.27	28.57	138	25.94
OFF	15	02/08/2017 14:44	20.08	28.95	3.9	22.82	ON	50	02/08/2017 15:19	20.27	28.63	161.6	26.01
OFF	16	02/08/2017 14:45	20.08	28.95	11.8	22.75	OFF	51	02/08/2017 15:20	20.29	28.64	11.8	26.06
OFF	17	02/08/2017 14:46	20.08	29.02	11.8	22.71	OFF	52	02/08/2017 15:21	20.29	28.43	11.8	25.99
OFF	18	02/08/2017 14:47	20.08	29.02	11.8	22.66	OFF	53	02/08/2017 15:22	20.32	28.54	3.9	25.87
OFF	19	02/08/2017 14:48	20.08	29.05	11.8	22.61	OFF	54	02/08/2017 15:23	20.32	28.57	11.8	25.84
OFF	20	02/08/2017 14:49	20.08	29.02	11.8	22.56	OFF	55	02/08/2017 15:24	20.32	28.64	11.8	25.79
ON	21	02/08/2017 14:50	20.08	28.82	161.6	22.63	OFF	56	02/08/2017 15:25	20.32	28.47	3.9	25.72
ON	22	02/08/2017 14:51	20.08	28.82	161.6	22.71	OFF	57	02/08/2017 15:26	20.32	28.57	11.8	25.65
ON	23	02/08/2017 14:52	20.08	28.79	138	22.78	OFF	58	02/08/2017 15:27	20.34	28.57	3.9	25.55
ON	24	02/08/2017 14:53	20.1	28.75	169.5	22.87	OFF	59	02/08/2017 15:28	20.34	28.51	3.9	25.45
ON	25	02/08/2017 14:54	20.1	28.82	130.1	22.99	OFF	60	02/08/2017 15:29	20.34	28.57	3.9	25.33
ON	26	02/08/2017 14:55	20.1	28.89	138	23.14	OFF	61	02/08/2017 15:30	20.34	28.57	11.8	25.21
ON	27	02/08/2017 14:56	20.1	28.89	138	23.28	OFF	62	02/08/2017 15:31	20.34	28.61	11.8	25.09
ON	28	02/08/2017 14:57	20.1	28.89	130.1	23.45	OFF	63	02/08/2017 15:32	20.37	28.64	11.8	24.97
ON	29	02/08/2017 14:58	20.13	28.82	138	23.62	OFF	64	02/08/2017 15:33	20.37	28.71	3.9	24.82
ON	30	02/08/2017 14:59	20.13	28.82	138	23.76	OFF	65	02/08/2017 15:34	20.37	28.71	3.9	24.7
ON	31	02/08/2017 15:00	20.13	28.82	161.6	23.93	OFF	66	02/08/2017 15:35	20.37	28.71	3.9	24.61
ON	32	02/08/2017 15:01	20.15	28.83	145.8	24.1	OFF	67	02/08/2017 15:36	20.37	28.64	11.8	24.48
ON	33	02/08/2017 15:02	20.15	28.83	169.5	24.27	OFF	68	02/08/2017 15:37	20.37	28.57	11.8	24.32
ON	34	02/08/2017 15:03	20.15	28.76	130.1	24.39	OFF	69	02/08/2017 15:38	20.39	28.41	11.8	24.2
ON	35	02/08/2017 15:04	20.15	28.83	145.8	24.53	OFF	70	02/08/2017 15:39	20.41	28.51	11.8	24.1

Tabla 80. Recopilado de resultados sobre medidas tomadas de las propiedades lumínicas de Lámpara YDACD-LED/10W/30 en la simulación de una sala con muro beige 3.

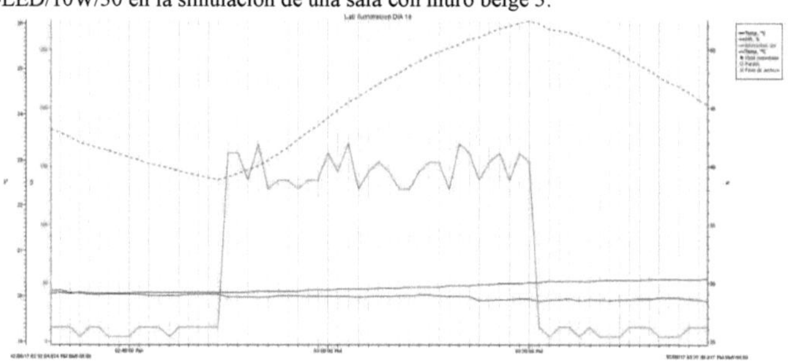

Gráfica 60. Gráfica proporcionada del programa HOBOware de resultados sobre medidas tomadas de las propiedades lumínicas de Lámpara YDACD-LED/10W/30 en la simulación de una sala con muro beige 3.

TOMA C17.1: Conversar muro rojo 1

LA IMPORTANCIA DE LA ILUMINACIÓN ARTIFICIAL EN VIVIENDAS RESIDENCIALES

Tabla registro. Recopilado de medidas sobre propiedades lumínicas utilizado para realizar actividades cotidianas.

La presente tabla muestra el recopilado de información sobre temperatura (T1), humedad relativa (H.R.), e intensidad luminosa (I.L.) producidos por los luminarios especificados en el lugar del recinto donde se realiza la actividad evaluada, haciéndose una toma con un hobo a cada minuto en un lapso total de 70 mins. obteniendo 20 mins. previos al encendido, 30 mins. con el luminario encendido y 20 mins. posteriores al encendido. Se incorpora una segunda toma de temperatura (T2) generada por el mismo luminario.

Recinto evaluado:	Sala	**U. de análisis:**	Laboratorio
Actividad evaluada:	Conversar		
No. y tipo de luminario:	Spot (1)	**No. y tipo de foco:**	LED (1)
Temperatura de color:	Cálida	**Filtro:**	Con Filtro

Título de trazado: Prueba simulación sala muro rojo 1													
Light O	**No. (#)**	**Fecha, Hora. GMT-06:00**	**T. 1 (°C)**	**H.R. (%)**	**I.L. (lux)**	**T. 2 (°C)**	**Light O**	**No. (#)**	**Fecha, Hora. GMT-06:00**	**T. 1 (°C)**	**H.R. (%)**	**I.L. (lux)**	**T. 2 (°C)**
OFF	1	02/04/2017 08:30	20.44	62	3.9	18.96	ON	36	02/04/2017 09:05	18.6	55.9	130.1	18.91
OFF	2	02/04/2017 08:31	20.46	61.76	11.8	18.96	ON	37	02/04/2017 09:06	18.51	56.01	138	19.03
OFF	3	02/04/2017 08:32	20.48	59.55	3.9	18.91	ON	38	02/04/2017 09:07	18.41	56	161.6	19.13
OFF	4	02/04/2017 08:33	20.48	59.16	3.9	18.84	ON	39	02/04/2017 09:08	18.34	55.96	169.5	19.25
OFF	5	02/04/2017 08:34	20.44	58.84	3.9	18.82	ON	40	02/04/2017 09:09	18.27	56.13	153.7	19.37
OFF	6	02/04/2017 08:35	20.39	58.68	3.9	18.77	ON	41	02/04/2017 09:10	18.2	56.27	161.6	19.48
OFF	7	02/04/2017 08:36	20.34	58.55	3.9	18.72	ON	42	02/04/2017 09:11	18.13	56.38	153.7	19.6
OFF	8	02/04/2017 08:37	20.32	58.52	3.9	18.7	ON	43	02/04/2017 09:12	18.08	56.44	145.8	19.7
OFF	9	02/04/2017 08:38	20.27	58.42	3.9	18.65	ON	44	02/04/2017 09:13	18.01	56.43	153.7	19.79
OFF	10	02/04/2017 08:39	20.25	58.36	3.9	18.63	ON	45	02/04/2017 09:14	17.96	56.45	130.1	19.89
OFF	11	02/04/2017 08:40	20.22	58.32	11.8	18.58	ON	46	02/04/2017 09:15	17.94	56.57	153.7	19.98
OFF	12	02/04/2017 08:41	20.17	58.28	11.8	18.56	ON	47	02/04/2017 09:16	17.89	56.59	145.8	20.1
OFF	13	02/04/2017 08:42	20.15	58.22	11.8	18.51	ON	48	02/04/2017 09:17	17.84	56.62	122.2	20.17
OFF	14	02/04/2017 08:43	20.13	58.15	11.8	18.51	ON	49	02/04/2017 09:18	17.82	56.64	130.1	20.25
OFF	15	02/04/2017 08:44	20.08	58.12	11.8	18.46	ON	50	02/04/2017 09:19	17.77	56.6	161.6	20.32
OFF	16	02/04/2017 08:45	20.06	58.08	3.9	18.46	OFF	51	02/04/2017 09:20	17.75	56.63	11.8	20.39
OFF	17	02/04/2017 08:46	20.01	58.04	3.9	18.41	OFF	52	02/04/2017 09:21	17.72	56.69	11.8	20.39
OFF	18	02/04/2017 08:47	19.98	57.98	11.8	18.41	OFF	53	02/04/2017 09:22	17.7	56.69	11.8	20.37
OFF	19	02/04/2017 08:48	19.94	57.94	3.9	18.39	OFF	54	02/04/2017 09:23	17.68	56.68	11.8	20.39
OFF	20	02/04/2017 08:49	19.91	57.91	11.8	18.37	OFF	55	02/04/2017 09:24	17.65	56.65	11.8	20.34
ON	21	02/04/2017 08:50	19.87	57.87	138	18.37	OFF	56	02/04/2017 09:25	17.63	56.67	11.8	20.34
ON	22	02/04/2017 08:51	19.84	57.84	130.1	18.34	OFF	57	02/04/2017 09:26	17.58	56.67	11.8	20.29
ON	23	02/04/2017 08:52	19.82	57.8	114.3	18.32	OFF	58	02/04/2017 09:27	17.58	56.7	11.8	20.25
ON	24	02/04/2017 08:53	19.77	56.88	114.3	18.32	OFF	59	02/04/2017 09:28	17.56	56.69	11.8	20.15
ON	25	02/04/2017 08:54	20.06	62.3	114.3	18.08	OFF	60	02/04/2017 09:29	17.53	56.69	3.9	20.03
ON	26	02/04/2017 08:55	20.32	56.13	138	20.51	OFF	61	02/04/2017 09:30	17.51	56.66	3.9	19.94
ON	27	02/04/2017 08:56	20.15	54.28	130.1	20.41	OFF	62	02/04/2017 09:31	17.51	56.66	3.9	19.84
ON	28	02/04/2017 08:57	19.91	53.81	161.6	19.96	OFF	63	02/04/2017 09:32	17.49	56.68	3.9	19.75
ON	29	02/04/2017 08:58	19.67	53.66	153.7	19.44	OFF	64	02/04/2017 09:33	17.46	56.65	3.9	19.67
ON	30	02/04/2017 08:59	19.48	54.31	130.1	19.18	OFF	65	02/04/2017 09:34	17.44	56.68	3.9	19.58
ON	31	02/04/2017 09:00	19.29	54.13	145.8	18.99	OFF	66	02/04/2017 09:35	17.44	56.65	11.8	19.51
ON	32	02/04/2017 09:01	19.13	54.54	145.8	18.89	OFF	67	02/04/2017 09:36	17.42	56.64	11.8	19.41
ON	33	02/04/2017 09:02	18.96	55	130.1	18.82	OFF	68	02/04/2017 09:37	17.42	56.64	11.8	19.32
ON	34	02/04/2017 09:03	18.82	55.14	130.1	18.82	OFF	69	02/04/2017 09:38	17.39	56.64	3.9	19.22
ON	35	02/04/2017 09:04	18.7	55.37	169.5	18.89	OFF	70	02/04/2017 09:39	17.39	56.67	11.8	19.15

Tabla 81. Recopilado de resultados sobre medidas tomadas de las propiedades lumínicas de Lámpara YDACD-LED/10W/30 en la simulación de una sala con muro rojo 1.

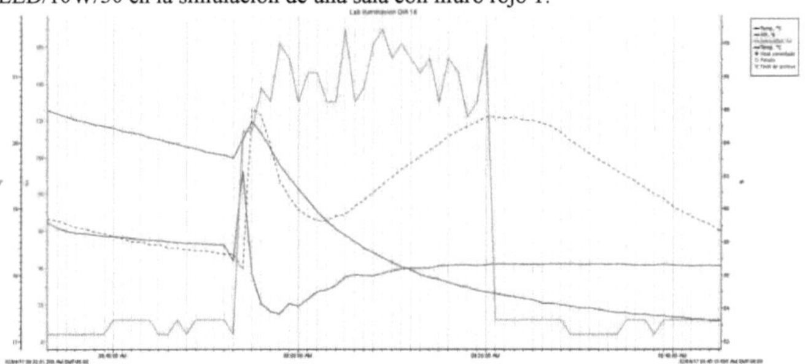

Gráfica 61. Gráfica proporcionada del programa HOBOware de resultados sobre medidas tomadas de las propiedades lumínicas de Lámpara YDACD-LED/10W/30 en la simulación de una sala con muro rojo 1.

TOMA C17.2: Conversar muro rojo 2

LA IMPORTANCIA DE LA ILUMINACIÓN ARTIFICIAL EN VIVIENDAS RESIDENCIALES

Tabla registro. Recopilado de medidas sobre propiedades lumínicas utilizado para realizar actividades cotidianas.

La presente tabla muestra el recopilado de información sobre temperatura (T1), humedad relativa (H.R.), e intensidad luminosa (I.L.) producidos por los luminarios especificados en el lugar del recinto donde se realiza la actividad evaluada, haciéndose una toma con un hobo a cada minuto en un lapso total de 70 mins. obteniendo 20 mins. previos al encendido, 30 mins. con el luminario encendido y 20 mins. posteriores al encendido. Se incorpora una segunda toma de temperatura (T2) generada por el mismo luminario.

Recinto evaluado:	Sala	**U. de análisis:**	Laboratorio
Actividad evaluada:	Conversar		
No. y tipo de luminario:	Spot (1)	**No. y tipo de foco:**	LED (1)
Temperatura de color:	Cálida	**Filtro:**	Con Filtro

Título de trazado: Prueba simulación sala muro rojo 2													
Light O	**No. (#)**	**Fecha, Hora. GMT-06:00**	**T. 1 (°C)**	**H.R. (%)**	**I.L. (lux)**	**T. 2 (°C)**	**Light O**	**No. (#)**	**Fecha, Hora. GMT-06:00**	**T. 1 (°C)**	**H.R. (%)**	**I.L. (lux)**	**T. 2 (°C)**
OFF	1	02/04/2017 09:40	17.37	56.64	11.8	19.03	ON	36	02/04/2017 10:15	17.23	56.16	161.6	19.94
OFF	2	02/04/2017 09:41	17.37	56.6	11.8	18.96	ON	37	02/04/2017 10:16	17.23	56.13	145.8	20.06
OFF	3	02/04/2017 09:42	17.34	56.57	11.8	18.89	ON	38	02/04/2017 10:17	17.23	56.1	145.8	20.17
OFF	4	02/04/2017 09:43	17.34	56.6	11.8	18.82	ON	39	02/04/2017 10:18	17.23	56.1	130.1	20.29
OFF	5	02/04/2017 09:44	17.32	56.6	11.8	18.77	ON	40	02/04/2017 10:19	17.23	56.07	130.1	20.41
OFF	6	02/04/2017 09:45	17.32	56.57	11.8	18.68	ON	41	02/04/2017 10:20	17.23	56.03	138	20.53
OFF	7	02/04/2017 09:46	17.3	56.56	11.8	18.63	ON	42	02/04/2017 10:21	17.23	56.03	153.7	20.63
OFF	8	02/04/2017 09:47	17.3	56.53	3.9	18.56	ON	43	02/04/2017 10:22	17.23	56	130.1	20.72
OFF	9	02/04/2017 09:48	17.3	56.53	11.8	18.51	ON	44	02/04/2017 10:23	17.25	56.01	130.1	20.82
OFF	10	02/04/2017 09:49	17.27	56.53	11.8	18.46	ON	45	02/04/2017 10:24	17.25	55.95	145.8	20.91
OFF	11	02/04/2017 09:50	17.27	56.53	11.8	18.41	ON	46	02/04/2017 10:25	17.25	55.95	145.8	20.98
OFF	12	02/04/2017 09:51	17.27	56.5	3.9	18.37	ON	47	02/04/2017 10:26	17.25	55.95	130.1	21.03
OFF	13	02/04/2017 09:52	17.27	56.5	3.9	18.32	ON	48	02/04/2017 10:27	17.25	55.92	145.8	21.13
OFF	14	02/04/2017 09:53	17.25	56.47	11.8	18.3	ON	49	02/04/2017 10:28	17.25	55.89	130.1	21.2
OFF	15	02/04/2017 09:54	17.25	56.47	3.9	18.22	ON	50	02/04/2017 10:29	17.25	55.89	161.6	21.25
OFF	16	02/04/2017 09:55	17.25	56.43	11.8	18.2	OFF	51	02/04/2017 10:30	17.25	55.86	11.8	21.27
OFF	17	02/04/2017 09:56	17.25	56.43	11.8	18.15	OFF	52	02/04/2017 10:31	17.25	55.86	3.9	21.25
OFF	18	02/04/2017 09:57	17.23	56.43	11.8	18.08	OFF	53	02/04/2017 10:32	17.25	55.86	11.8	21.2
OFF	19	02/04/2017 09:58	17.23	56.43	11.8	18.06	OFF	54	02/04/2017 10:33	17.25	55.82	11.8	21.22
OFF	20	02/04/2017 09:59	17.23	56.4	11.8	18.01	OFF	55	02/04/2017 10:34	17.25	55.86	3.9	21.18
ON	21	02/04/2017 10:00	17.23	56.37	169.5	17.99	OFF	56	02/04/2017 10:35	17.25	55.86	11.8	21.13
ON	22	02/04/2017 10:01	17.23	56.43	145.8	18.06	OFF	57	02/04/2017 10:36	17.25	55.82	11.8	21.03
ON	23	02/04/2017 10:02	17.23	56.43	130.1	18.11	OFF	58	02/04/2017 10:37	17.25	55.82	11.8	20.94
ON	24	02/04/2017 10:03	17.23	56.4	153.7	18.2	OFF	59	02/04/2017 10:38	17.25	55.79	11.8	20.87
ON	25	02/04/2017 10:04	17.23	56.4	145.8	18.27	OFF	60	02/04/2017 10:39	17.25	55.79	11.8	20.75
ON	26	02/04/2017 10:05	17.2	56.4	145.8	18.44	OFF	61	02/04/2017 10:40	17.25	55.76	11.8	20.63
ON	27	02/04/2017 10:06	17.23	56.37	138	18.58	OFF	62	02/04/2017 10:41	17.25	55.76	11.8	20.53
ON	28	02/04/2017 10:07	17.2	56.34	169.5	18.75	OFF	63	02/04/2017 10:42	17.25	55.76	3.9	20.44
ON	29	02/04/2017 10:08	17.23	56.34	161.6	18.91	OFF	64	02/04/2017 10:43	17.25	55.76	11.8	20.29
ON	30	02/04/2017 10:09	17.23	56.28	145.8	19.08	OFF	65	02/04/2017 10:44	17.25	55.76	11.8	20.17
ON	31	02/04/2017 10:10	17.23	56.28	169.5	19.22	OFF	66	02/04/2017 10:45	17.25	55.73	3.9	20.08
ON	32	02/04/2017 10:11	17.23	56.25	145.8	19.37	OFF	67	02/04/2017 10:46	17.25	55.7	11.8	19.98
ON	33	02/04/2017 10:12	17.23	56.22	153.7	19.48	OFF	68	02/04/2017 10:47	17.25	55.7	11.8	19.87
ON	34	02/04/2017 10:13	17.23	56.19	153.7	19.63	OFF	69	02/04/2017 10:48	17.25	55.7	11.8	19.79
ON	35	02/04/2017 10:14	17.23	56.16	145.8	19.79	OFF	70	02/04/2017 10:49	17.25	55.67	3.9	19.7

Tabla 82. Recopilado de resultados sobre medidas tomadas de las propiedades lumínicas de Lámpara YDACD-LED/10W/30 en la simulación de una sala con muro rojo 2.

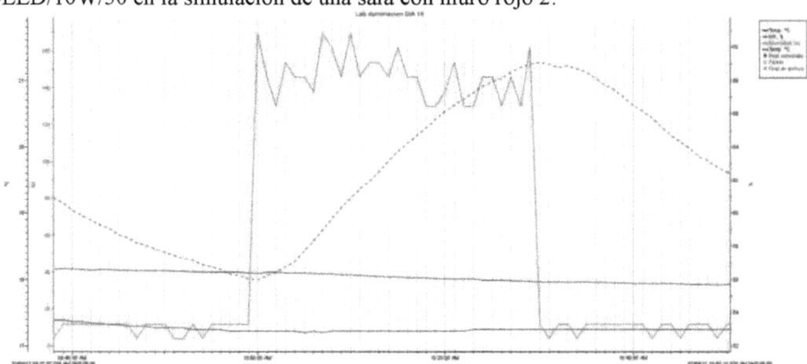

Gráfica 62. Gráfica proporcionada del programa HOBOware de resultados sobre medidas tomadas de las propiedades lumínicas de Lámpara YDACD-LED/10W/30 en la simulación de una sala con muro rojo 2.

TOMA C17.3: Conversar muro rojo 3

LA IMPORTANCIA DE LA ILUMINACIÓN ARTIFICIAL EN VIVIENDAS RESIDENCIALES

Tabla registro. Recopilado de medidas sobre propiedades lumínicas utilizado para realizar actividades cotidianas.

La presente tabla muestra el recopilado de información sobre temperatura (T1), humedad relativa (H.R.), e intensidad luminosa (I.L.) producidos por los luminarios especificados en el lugar del recinto donde se realiza la actividad evaluada, haciéndose una toma con un hobo a cada minuto en un lapso total de 70 mins. obteniendo 20 mins. previos al encendido, 30 mins. con el luminario encendido y 20 mins. posteriores al encendido. Se incorpora una segunda toma de temperatura (T2) generada por el mismo luminario.

Recinto evaluado:	Sala	**U. de análisis:**	Laboratorio
Actividad evaluada:	Conversar		
No. y tipo de luminario:	Spot (1)	**No. y tipo de foco:**	LED (1)
Temperatura de color:	Cálida	**Filtro:**	Con Filtro

Título de trazado: Prueba simulación sala muro rojo 3

Light O	No. (#)	Fecha, Hora. GMT-06:00	T. 1 (°C)	H.R. (%)	I.L. (lux)	T. 2 (°C)	Light O	No. (#)	Fecha, Hora. GMT-06:00	T. 1 (°C)	H.R. (%)	I.L. (lux)	T. 2 (°C)
OFF	1	02/04/2017 10:50	17.25	55.7	11.8	19.63	ON	36	02/04/2017 11:25	17.32	55.47	138	20.37
OFF	2	02/04/2017 10:51	17.25	55.67	11.8	19.56	ON	37	02/04/2017 11:26	17.34	55.41	138	20.48
OFF	3	02/04/2017 10:52	17.25	55.67	11.8	19.48	ON	38	02/04/2017 11:27	17.34	55.41	153.7	20.63
OFF	4	02/04/2017 10:53	17.25	55.7	11.8	19.39	ON	39	02/04/2017 11:28	17.34	55.35	145.8	20.75
OFF	5	02/04/2017 10:54	17.25	55.7	11.8	19.32	ON	40	02/04/2017 11:29	17.34	55.35	145.8	20.87
OFF	6	02/04/2017 10:55	17.25	55.7	3.9	19.25	ON	41	02/04/2017 11:30	17.34	55.32	161.6	20.96
OFF	7	02/04/2017 10:56	17.25	55.7	11.8	19.18	ON	42	02/04/2017 11:31	17.37	55.54	153.7	20.84
OFF	8	02/04/2017 10:57	17.25	55.67	3.9	19.13	ON	43	02/04/2017 11:32	17.39	55.51	130.1	21.01
OFF	9	02/04/2017 10:58	17.25	55.67	11.8	19.06	ON	44	02/04/2017 11:33	17.39	55.54	153.7	21.18
OFF	10	02/04/2017 10:59	17.25	55.67	3.9	19.01	ON	45	02/04/2017 11:34	17.42	55.54	145.8	21.29
OFF	11	02/04/2017 11:00	17.25	55.67	11.8	18.96	ON	46	02/04/2017 11:35	17.44	56.8	145.8	21.29
OFF	12	02/04/2017 11:01	17.25	55.64	11.8	18.89	ON	47	02/04/2017 11:36	17.46	56.16	138	21.29
OFF	13	02/04/2017 11:02	17.25	55.64	11.8	18.84	ON	48	02/04/2017 11:37	17.49	56.01	169.5	21.46
OFF	14	02/04/2017 11:03	17.25	55.64	11.8	18.79	ON	49	02/04/2017 11:38	17.49	55.89	138	21.58
OFF	15	02/04/2017 11:04	17.27	55.64	11.8	18.75	ON	50	02/04/2017 11:39	17.51	55.86	161.6	21.72
OFF	16	02/04/2017 11:05	17.25	55.64	11.8	18.7	OFF	51	02/04/2017 11:40	17.51	56.32	11.8	21.53
OFF	17	02/04/2017 11:06	17.25	55.61	11.8	18.65	OFF	52	02/04/2017 11:41	17.65	58.2	11.8	20.7
OFF	18	02/04/2017 11:07	17.27	55.64	11.8	18.6	OFF	53	02/04/2017 11:42	17.8	57	11.8	20.22
OFF	19	02/04/2017 11:08	17.27	55.61	3.9	18.56	OFF	54	02/04/2017 11:43	17.89	56.65	3.9	19.87
OFF	20	02/04/2017 11:09	17.27	55.61	3.9	18.53	OFF	55	02/04/2017 11:44	17.96	56.42	11.8	19.58
ON	21	02/04/2017 11:10	17.27	55.61	153.7	18.51	OFF	56	02/04/2017 11:45	18.01	56.24	11.8	19.34
ON	22	02/04/2017 11:11	17.27	55.58	161.6	18.51	OFF	57	02/04/2017 11:46	18.06	56.13	11.8	19.2
ON	23	02/04/2017 11:12	17.27	55.58	169.5	18.53	OFF	58	02/04/2017 11:47	18.11	56.01	11.8	19.06
ON	24	02/04/2017 11:13	17.27	55.61	153.7	18.6	OFF	59	02/04/2017 11:48	18.15	55.93	3.9	18.96
ON	25	02/04/2017 11:14	17.27	55.58	153.7	18.72	OFF	60	02/04/2017 11:49	18.18	55.93	11.8	18.89
ON	26	02/04/2017 11:15	17.27	55.58	130.1	18.84	OFF	61	02/04/2017 11:50	18.22	55.94	11.8	18.82
ON	27	02/04/2017 11:16	17.3	55.59	138	18.99	OFF	62	02/04/2017 11:51	18.25	55.94	11.8	18.77
ON	28	02/04/2017 11:17	17.3	55.59	161.6	19.15	OFF	63	02/04/2017 11:52	18.27	55.95	11.8	18.75
ON	29	02/04/2017 11:18	17.3	55.59	153.7	19.29	OFF	64	02/04/2017 11:53	18.3	55.95	3.9	18.72
ON	30	02/04/2017 11:19	17.3	55.59	138	19.46	OFF	65	02/04/2017 11:54	18.32	55.98	11.8	18.7
ON	31	02/04/2017 11:20	17.3	55.56	153.7	19.63	OFF	66	02/04/2017 11:55	18.34	56.02	11.8	18.7
ON	32	02/04/2017 11:21	17.32	55.56	145.8	19.79	OFF	67	02/04/2017 11:56	18.37	56.05	3.9	18.7
ON	33	02/04/2017 11:22	17.32	55.56	145.8	19.94	OFF	68	02/04/2017 11:57	18.39	56.12	3.9	18.7
ON	34	02/04/2017 11:23	17.32	55.53	145.8	20.1	OFF	69	02/04/2017 11:58	18.41	56.15	11.8	18.7
ON	35	02/04/2017 11:24	17.32	55.47	122.2	20.22	OFF	70	02/04/2017 11:59	18.44	56.19	11.8	18.7

Tabla 83. Recopilado de resultados sobre medidas tomadas de las propiedades lumínicas de Lámpara YDACD-LED/10W/30 en la simulación de una sala con muro rojo 3.

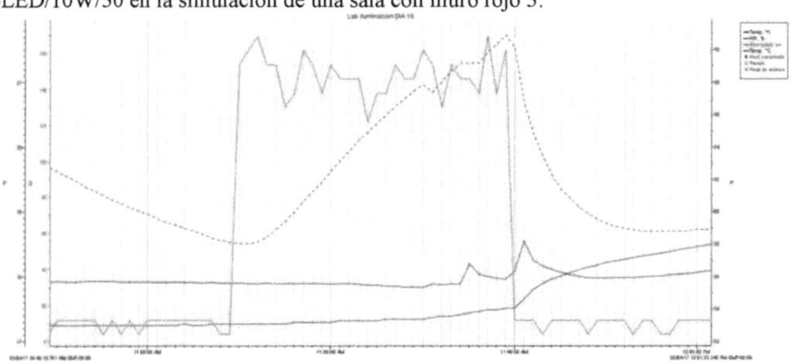

Gráfica 63. Gráfica proporcionada del programa HOBOware de resultados sobre medidas tomadas de las propiedades lumínicas de Lámpara YDACD-LED/10W/30 en la simulación de una sala con muro rojo 3.

TOMA C18.1: Conversar muro azul 1

LA IMPORTANCIA DE LA ILUMINACIÓN ARTIFICIAL EN VIVIENDAS RESIDENCIALES

Tabla registro. Recopilado de medidas sobre propiedades lumínicas utilizado para realizar actividades cotidianas.

La presente tabla muestra el recopilado de información sobre temperatura (T1), humedad relativa (H.R.), e intensidad luminosa (I.L.) producidos por los luminarios especificados en el lugar del recinto donde se realiza la actividad evaluada, haciéndose una toma con un hobo a cada minuto en un lapso total de 70 mins. obteniendo 20 mins. previos al encendido, 30 mins. con el luminario encendido y 20 mins. posteriores al encendido. Se incorpora una segunda toma de temperatura (T2) generada por el mismo luminario.

Recinto evaluado:	Sala	**U. de análisis:**	Laboratorio
Actividad evaluada:	Conversar		
No. y tipo de luminario:	Spot (1)	**No. y tipo de foco:**	LED (1)
Temperatura de color:	Cálida	**Filtro:**	Con Filtro

Título de trazado: Prueba simulación sala muro azul 1													
Light O	**No. (#)**	**Fecha, Hora. GMT-06:00**	**T. 1 (°C)**	**H.R. (%)**	**I.L. (lux)**	**T. 2 (°C)**	**Light O**	**No. (#)**	**Fecha, Hora. GMT-06:00**	**T. 1 (°C)**	**H.R. (%)**	**I.L. (lux)**	**T. 2 (°C)**
OFF	1	02/07/2017 11:15	21.65	46.98	3.9	20.1	ON	36	02/07/2017 11:50	19.06	45.23	122.2	23.69
OFF	2	02/07/2017 11:16	21.56	48.14	11.8	20.03	ON	37	02/07/2017 11:51	19.03	45.22	122.2	23.86
OFF	3	02/07/2017 11:17	21.6	50.83	11.8	19.56	ON	38	02/07/2017 11:52	19.01	45.22	98.5	24
OFF	4	02/07/2017 11:18	21.65	45.83	11.8	20.84	ON	39	02/07/2017 11:53	18.99	45.19	114.3	24.15
OFF	5	02/07/2017 11:19	21.56	45.21	11.8	21.77	ON	40	02/07/2017 11:54	18.96	45.22	122.2	24.29
OFF	6	02/07/2017 11:20	21.39	44.42	3.9	22.15	ON	41	02/07/2017 11:55	18.96	45.22	98.5	24.44
OFF	7	02/07/2017 11:21	21.22	44.79	11.8	22.42	ON	42	02/07/2017 11:56	18.94	45.28	122.2	24.56
OFF	8	02/07/2017 11:22	21.06	44.45	3.9	22.61	ON	43	02/07/2017 11:57	18.91	45.46	122.2	24.68
OFF	9	02/07/2017 11:23	20.89	44.49	11.8	22.61	ON	44	02/07/2017 11:58	18.89	45.52	122.2	24.7
OFF	10	02/07/2017 11:24	20.75	44.41	11.8	22.54	ON	45	02/07/2017 11:59	18.87	45.36	114.3	24.82
OFF	11	02/07/2017 11:25	20.6	44.46	3.9	22.51	ON	46	02/07/2017 12:00	18.87	45.24	114.3	24.87
OFF	12	02/07/2017 11:26	20.48	44.54	11.8	22.42	ON	47	02/07/2017 12:01	18.87	45.39	130.1	24.99
OFF	13	02/07/2017 11:27	20.37	44.68	11.8	22.27	ON	48	02/07/2017 12:02	18.84	45.26	106.4	25.11
OFF	14	02/07/2017 11:28	20.25	44.7	11.8	22.25	ON	49	02/07/2017 12:03	18.82	45.23	98.5	25.23
OFF	15	02/07/2017 11:29	20.13	44.75	11.8	22.13	ON	50	02/07/2017 12:04	18.82	45.42	114.3	25.21
OFF	16	02/07/2017 11:30	20.03	44.77	11.8	21.99	OFF	51	02/07/2017 12:05	18.82	45.33	11.8	25.28
OFF	17	02/07/2017 11:31	19.96	45.15	11.8	21.84	OFF	52	02/07/2017 12:06	18.82	45.1	11.8	25.38
OFF	18	02/07/2017 11:32	19.87	45.26	3.9	21.8	OFF	53	02/07/2017 12:07	18.82	45.01	11.8	25.5
OFF	19	02/07/2017 11:33	19.79	45.19	11.8	21.7	OFF	54	02/07/2017 12:08	18.79	45	11.8	25.57
OFF	20	02/07/2017 11:34	19.72	45.4	3.9	21.51	OFF	55	02/07/2017 12:09	18.79	45	11.8	25.62
ON	21	02/07/2017 11:35	19.65	45.17	122.2	21.46	OFF	56	02/07/2017 12:10	18.79	45.1	11.8	25.65
ON	22	02/07/2017 11:36	19.58	45.48	114.3	21.51	OFF	57	02/07/2017 12:11	18.79	45.29	11.8	25.6
ON	23	02/07/2017 11:37	19.56	45.29	114.3	21.51	OFF	58	02/07/2017 12:12	18.79	45.2	11.8	25.55
ON	24	02/07/2017 11:38	19.48	45.34	122.2	21.53	OFF	59	02/07/2017 12:13	18.79	45.07	11.8	25.5
ON	25	02/07/2017 11:39	19.44	45.34	114.3	21.63	OFF	60	02/07/2017 12:14	18.79	45.35	11.8	25.38
ON	26	02/07/2017 11:40	19.39	45.33	122.2	21.77	OFF	61	02/07/2017 12:15	18.79	45.2	11.8	25.23
ON	27	02/07/2017 11:41	19.37	45.42	130.1	21.96	OFF	62	02/07/2017 12:16	18.77	45.19	3.9	25.04
ON	28	02/07/2017 11:42	19.32	45.39	106.4	22.13	OFF	63	02/07/2017 12:17	18.77	45.07	11.8	24.82
ON	29	02/07/2017 11:43	19.29	45.42	122.2	22.35	OFF	64	02/07/2017 12:18	18.77	45.07	3.9	24.63
ON	30	02/07/2017 11:44	19.25	45.35	122.2	22.51	OFF	65	02/07/2017 12:19	18.75	45	3.9	24.44
ON	31	02/07/2017 11:45	19.22	45.41	114.3	22.75	OFF	66	02/07/2017 12:20	18.75	44.94	11.8	24.22
ON	32	02/07/2017 11:46	19.18	45.37	106.4	22.94	OFF	67	02/07/2017 12:21	18.75	44.97	3.9	24.03
ON	33	02/07/2017 11:47	19.15	45.3	122.2	23.14	OFF	68	02/07/2017 12:22	18.75	45	11.8	23.83
ON	34	02/07/2017 11:48	19.13	45.3	122.2	23.33	OFF	69	02/07/2017 12:23	18.72	45	11.8	23.64
ON	35	02/07/2017 11:49	19.08	45.23	98.5	23.52	OFF	70	02/07/2017 12:24	18.72	45.03	3.9	23.45

Tabla 84. Recopilado de resultados sobre medidas tomadas de las propiedades lumínicas de Lámpara YDACD-LED/10W/30 en la simulación de una sala con muro azul 1.

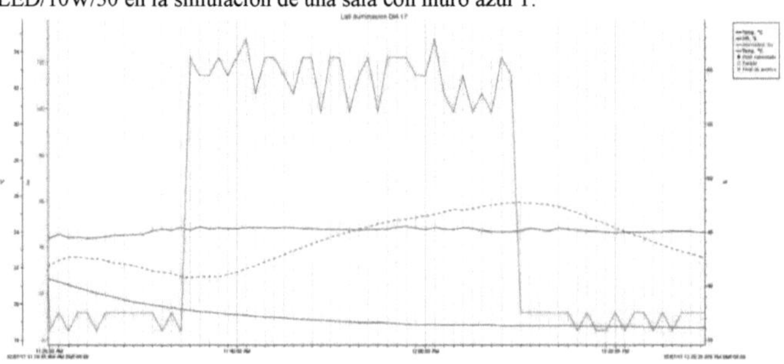

Gráfica 64. Gráfica proporcionada del programa HOBOware de resultados sobre medidas tomadas de las propiedades lumínicas de Lámpara YDACD-LED/10W/30 en la simulación de una sala con muro azul 1.

TOMA C18.2: Conversar muro azul 2

LA IMPORTANCIA DE LA ILUMINACIÓN ARTIFICIAL EN VIVIENDAS RESIDENCIALES

Tabla registro. Recopilado de medidas sobre propiedades lumínicas utilizado para realizar actividades cotidianas.

La presente tabla muestra el recopilado de información sobre temperatura (T1), humedad relativa (H.R.), e intensidad luminosa (I.L.) producidos por los luminarios especificados en el lugar del recinto donde se realiza la actividad evaluada, haciéndose una toma con un hobo a cada minuto en un lapso total de 70 mins. obteniendo 20 mins. previos al encendido, 30 mins. con el luminario encendido y 20 mins. posteriores al encendido. Se incorpora una segunda toma de temperatura (T2) generada por el mismo luminario.

Recinto evaluado:	Sala	**U. de análisis:**	Laboratorio
Actividad evaluada:	Conversar		
No. y tipo de luminario:	Spot (1)	**No. y tipo de foco:**	LED (1)
Temperatura de color:	Cálida	**Filtro:**	Con Filtro

Título de trazado: Prueba simulación sala muro azul 2

Light O	No. (#)	Fecha, Hora. GMT-06:00	T. 1 (°C)	H.R. (%)	I.L. (lux)	T. 2 (°C)	Light O	No. (#)	Fecha, Hora. GMT-06:00	T. 1 (°C)	H.R. (%)	I.L. (lux)	T. 2 (°C)
OFF	1	02/07/2017 12:25	18.72	45.03	11.8	23.26	ON	36	02/07/2017 13:00	18.65	43.87	106.4	23.83
OFF	2	02/07/2017 12:26	18.7	45.06	3.9	23.09	ON	37	02/07/2017 13:01	18.65	43.81	114.3	24.03
OFF	3	02/07/2017 12:27	18.7	45.06	11.8	22.92	ON	38	02/07/2017 13:02	18.65	43.78	122.2	24.22
OFF	4	02/07/2017 12:28	18.7	45.06	11.8	22.78	ON	39	02/07/2017 13:03	18.65	43.75	114.3	24.41
OFF	5	02/07/2017 12:29	18.7	44.99	11.8	22.63	ON	40	02/07/2017 13:04	18.68	43.72	114.3	24.56
OFF	6	02/07/2017 12:30	18.68	44.99	11.8	22.49	ON	41	02/07/2017 13:05	18.68	43.69	130.1	24.68
OFF	7	02/07/2017 12:31	18.68	44.96	3.9	22.35	ON	42	02/07/2017 13:06	18.68	43.65	98.5	24.82
OFF	8	02/07/2017 12:32	18.68	44.93	3.9	22.23	ON	43	02/07/2017 13:07	18.68	43.59	98.5	24.99
OFF	9	02/07/2017 12:33	18.68	44.93	3.9	22.11	ON	44	02/07/2017 13:08	18.68	43.53	98.5	25.14
OFF	10	02/07/2017 12:34	18.68	44.93	11.8	21.99	ON	45	02/07/2017 13:09	18.68	43.49	114.3	25.28
OFF	11	02/07/2017 12:35	18.65	44.86	3.9	21.87	ON	46	02/07/2017 13:10	18.7	43.46	114.3	25.4
OFF	12	02/07/2017 12:36	18.65	44.83	11.8	21.77	ON	47	02/07/2017 13:11	18.7	43.46	114.3	25.53
OFF	13	02/07/2017 12:37	18.65	44.83	3.9	21.65	ON	48	02/07/2017 13:12	18.7	43.4	114.3	25.62
OFF	14	02/07/2017 12:38	18.65	44.8	11.8	21.58	ON	49	02/07/2017 13:13	18.7	43.37	106.4	25.72
OFF	15	02/07/2017 12:39	18.65	44.77	3.9	21.46	ON	50	02/07/2017 13:14	18.7	43.34	106.4	25.82
OFF	16	02/07/2017 12:40	18.63	44.73	11.8	21.39	OFF	51	02/07/2017 13:15	18.7	43.27	11.8	25.91
OFF	17	02/07/2017 12:41	18.63	44.73	11.8	21.32	OFF	52	02/07/2017 13:16	18.7	43.24	11.8	25.99
OFF	18	02/07/2017 12:42	18.63	44.7	11.8	21.25	OFF	53	02/07/2017 13:17	18.72	43.15	11.8	25.96
OFF	19	02/07/2017 12:43	18.63	44.67	3.9	21.15	OFF	54	02/07/2017 13:18	18.72	43.21	11.8	25.94
OFF	20	02/07/2017 12:44	18.63	44.6	11.8	21.08	OFF	55	02/07/2017 13:19	18.72	43.15	11.8	25.91
ON	21	02/07/2017 12:45	18.63	44.6	106.4	21.01	OFF	56	02/07/2017 13:20	18.72	43.08	11.8	25.84
ON	22	02/07/2017 12:46	18.63	44.54	138	21.03	OFF	57	02/07/2017 13:21	18.75	43.09	3.9	25.74
ON	23	02/07/2017 12:47	18.63	44.51	130.1	21.08	OFF	58	02/07/2017 13:22	18.72	43.02	11.8	25.62
ON	24	02/07/2017 12:48	18.63	44.22	114.3	21.1	OFF	59	02/07/2017 13:23	18.75	42.99	11.8	25.45
ON	25	02/07/2017 12:49	18.63	44.16	106.4	21.25	OFF	60	02/07/2017 13:24	18.75	42.96	3.9	25.28
ON	26	02/07/2017 12:50	18.63	44.16	122.2	21.41	OFF	61	02/07/2017 13:25	18.75	42.96	11.8	25.09
ON	27	02/07/2017 12:51	18.63	44.16	106.4	21.63	OFF	62	02/07/2017 13:26	18.75	42.89	11.8	24.87
ON	28	02/07/2017 12:52	18.63	44.19	122.2	21.87	OFF	63	02/07/2017 13:27	18.75	42.89	3.9	24.63
ON	29	02/07/2017 12:53	18.63	44.19	114.3	22.13	OFF	64	02/07/2017 13:28	18.75	42.86	11.8	24.44
ON	30	02/07/2017 12:54	18.63	44.16	106.4	22.39	OFF	65	02/07/2017 13:29	18.75	42.83	11.8	24.27
ON	31	02/07/2017 12:55	18.65	44.1	122.2	22.63	OFF	66	02/07/2017 13:30	18.75	42.83	11.8	24.07
ON	32	02/07/2017 12:56	18.63	44.06	130.1	22.9	OFF	67	02/07/2017 13:31	18.77	42.77	11.8	23.91
ON	33	02/07/2017 12:57	18.65	44	130.1	23.14	OFF	68	02/07/2017 13:32	18.77	42.74	11.8	23.74
ON	34	02/07/2017 12:58	18.65	43.97	114.3	23.38	OFF	69	02/07/2017 13:33	18.77	42.71	11.8	23.57
ON	35	02/07/2017 12:59	18.65	43.91	130.1	23.62	OFF	70	02/07/2017 13:34	18.77	42.64	3.9	23.42

Tabla 85. Recopilado de resultados sobre medidas tomadas de las propiedades lumínicas de Lámpara YDACD-LED/10W/30 en la simulación de una sala con muro azul 2.

Gráfica 65. Gráfica proporcionada del programa HOBOware de resultados sobre medidas tomadas de las propiedades lumínicas de Lámpara YDACD-LED/10W/30 en la simulación de una sala con muro azul 2.

TOMA C18.3: Conversar muro azul 3

LA IMPORTANCIA DE LA ILUMINACIÓN ARTIFICIAL EN VIVIENDAS RESIDENCIALES

Tabla registro. Recopilado de medidas sobre propiedades lumínicas utilizado para realizar actividades cotidianas.

La presente tabla muestra el recopilado de información sobre temperatura (T1), humedad relativa (H.R.), e intensidad luminosa (I.L.) producidos por los luminarios especificados en el lugar del recinto donde se realiza la actividad evaluada, haciéndose una toma con un hobo a cada minuto en un lapso total de 70 mins. obteniendo 20 mins. previos al encendido, 30 mins. con el luminario encendido y 20 mins. posteriores al encendido. Se incorpora una segunda toma de temperatura (T2) generada por el mismo luminario.

Recinto evaluado:	Sala	**U. de análisis:**	Laboratorio
Actividad evaluada:	Conversar		
No. y tipo de luminario:	Spot (1)	**No. y tipo de foco:**	LED (1)
Temperatura de color:	Cálida	**Filtro:**	Con Filtro

Título de trazado: Prueba simulación sala muro azul 3													
Light O	**No. (#)**	**Fecha, Hora. GMT-06:00**	**T. 1 (°C)**	**H.R. (%)**	**I.L. (lux)**	**T. 2 (°C)**	**Light O**	**No. (#)**	**Fecha, Hora. GMT-06:00**	**T. 1 (°C)**	**H.R. (%)**	**I.L. (lux)**	**T. 2 (°C)**
OFF	1	02/07/2017 13:35	18.77	42.64	3.9	23.28	ON	36	02/07/2017 14:10	18.99	41.51	122.2	24.65
OFF	2	02/07/2017 13:36	18.77	42.61	3.9	23.14	ON	37	02/07/2017 14:11	19.01	41.51	106.4	24.85
OFF	3	02/07/2017 13:37	18.77	42.58	11.8	22.99	ON	38	02/07/2017 14:12	19.01	41.48	114.3	25.07
OFF	4	02/07/2017 13:38	18.79	42.52	3.9	22.87	ON	39	02/07/2017 14:13	19.01	41.45	114.3	25.23
OFF	5	02/07/2017 13:39	18.79	42.55	11.8	22.75	ON	40	02/07/2017 14:14	19.03	41.45	106.4	25.4
OFF	6	02/07/2017 13:40	18.79	42.52	3.9	22.63	ON	41	02/07/2017 14:15	19.03	41.42	98.5	25.57
OFF	7	02/07/2017 13:41	18.79	42.45	11.8	22.54	ON	42	02/07/2017 14:16	19.03	41.39	114.3	25.72
OFF	8	02/07/2017 13:42	18.79	42.42	3.9	22.42	ON	43	02/07/2017 14:17	19.03	41.36	114.3	25.87
OFF	9	02/07/2017 13:43	18.79	42.45	11.8	22.35	ON	44	02/07/2017 14:18	19.06	41.33	106.4	25.99
OFF	10	02/07/2017 13:44	18.79	42.39	11.8	22.23	ON	45	02/07/2017 14:19	19.06	41.29	130.1	26.11
OFF	11	02/07/2017 13:45	18.79	42.32	11.8	22.15	ON	46	02/07/2017 14:20	19.06	41.26	122.2	26.21
OFF	12	02/07/2017 13:46	18.79	42.36	3.9	22.06	ON	47	02/07/2017 14:21	19.08	41.26	106.4	26.3
OFF	13	02/07/2017 13:47	18.82	42.29	11.8	21.99	ON	48	02/07/2017 14:22	19.08	41.23	106.4	26.43
OFF	14	02/07/2017 13:48	18.82	42.26	3.9	21.89	ON	49	02/07/2017 14:23	19.08	41.2	98.5	26.52
OFF	15	02/07/2017 13:49	18.82	42.2	3.9	21.82	ON	50	02/07/2017 14:24	19.1	41.2	106.4	26.6
OFF	16	02/07/2017 13:50	18.82	42.2	11.8	21.75	OFF	51	02/07/2017 14:25	19.1	41.11	11.8	26.65
OFF	17	02/07/2017 13:51	18.82	42.13	3.9	21.68	OFF	52	02/07/2017 14:26	19.1	40.98	11.8	26.62
OFF	18	02/07/2017 13:52	18.82	42.13	11.8	21.63	OFF	53	02/07/2017 14:27	19.1	41.01	3.9	26.6
OFF	19	02/07/2017 13:53	18.84	42.07	3.9	21.56	OFF	54	02/07/2017 14:28	19.13	40.95	11.8	26.57
OFF	20	02/07/2017 13:54	18.84	42.04	3.9	21.51	OFF	55	02/07/2017 14:29	19.13	40.88	3.9	26.45
ON	21	02/07/2017 13:55	18.84	41.98	122.2	21.53	OFF	56	02/07/2017 14:30	19.13	40.82	11.8	26.3
ON	22	02/07/2017 13:56	18.84	41.94	106.4	21.58	OFF	57	02/07/2017 14:31	19.13	40.79	11.8	26.16
ON	23	02/07/2017 13:57	18.87	41.95	122.2	21.63	OFF	58	02/07/2017 14:32	19.13	40.79	11.8	25.96
ON	24	02/07/2017 13:58	18.87	41.88	122.2	21.77	OFF	59	02/07/2017 14:33	19.15	40.82	11.8	25.77
ON	25	02/07/2017 13:59	18.89	41.82	122.2	21.96	OFF	60	02/07/2017 14:34	19.15	40.79	3.9	25.55
ON	26	02/07/2017 14:00	18.89	41.76	122.2	22.18	OFF	61	02/07/2017 14:35	19.15	40.76	11.8	25.38
ON	27	02/07/2017 14:01	18.91	41.73	106.4	22.42	OFF	62	02/07/2017 14:36	19.15	40.76	11.8	25.16
ON	28	02/07/2017 14:02	18.91	41.7	122.2	22.66	OFF	63	02/07/2017 14:37	19.18	40.73	11.8	24.97
ON	29	02/07/2017 14:03	18.94	41.7	98.5	22.94	OFF	64	02/07/2017 14:38	19.18	40.69	3.9	24.77
ON	30	02/07/2017 14:04	18.94	41.67	114.3	23.21	OFF	65	02/07/2017 14:39	19.18	40.66	11.8	24.61
ON	31	02/07/2017 14:05	18.94	41.67	114.3	23.5	OFF	66	02/07/2017 14:40	19.18	40.63	11.8	24.41
ON	32	02/07/2017 14:06	18.96	41.64	130.1	23.76	OFF	67	02/07/2017 14:41	19.18	40.63	3.9	24.24
ON	33	02/07/2017 14:07	18.96	41.6	114.3	24	OFF	68	02/07/2017 14:42	19.18	40.6	11.8	24.07
ON	34	02/07/2017 14:08	18.99	41.58	98.5	24.22	OFF	69	02/07/2017 14:43	19.18	40.57	11.8	23.93
ON	35	02/07/2017 14:09	18.99	41.58	114.3	24.44	OFF	70	02/07/2017 14:44	19.2	40.57	11.8	23.79

Tabla 86. Recopilado de resultados sobre medidas tomadas de las propiedades lumínicas de Lámpara YDACD-LED/10W/30 en la simulación de una sala con muro azul 3.

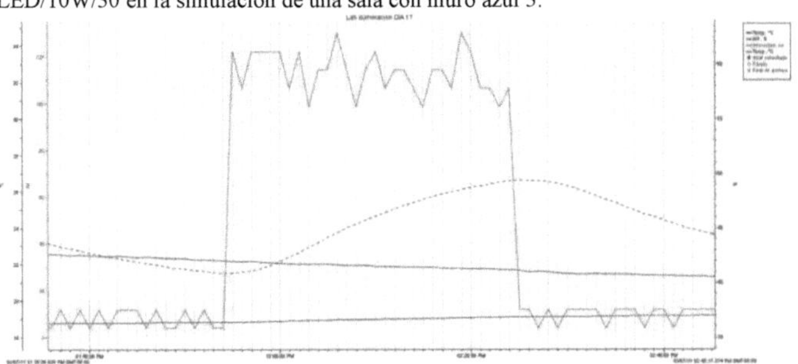

Gráfica 66. Gráfica proporcionada del programa HOBOware de resultados sobre medidas tomadas de las propiedades lumínicas de Lámpara YDACD-LED/10W/30 en la simulación de una sala con muro azul 3.

TOMA C19.1: Conversar muro gris 1

LA IMPORTANCIA DE LA ILUMINACIÓN ARTIFICIAL EN VIVIENDAS RESIDENCIALES

Tabla registro. Recopilado de medidas sobre propiedades lumínicas utilizado para realizar actividades cotidianas.

La presente tabla muestra el recopilado de información sobre temperatura (T1), humedad relativa (H.R.), e intensidad luminosa (I.L.) producidos por los luminarios especificados en el lugar del recinto donde se realiza la actividad evaluada, haciéndose una toma con un hobo a cada minuto en un lapso total de 70 mins. obteniendo 20 mins. previos al encendido, 30 mins. con el luminario encendido y 20 mins. posteriores al encendido. Se incorpora una segunda toma de temperatura (T2) generada por el mismo luminario.

Recinto evaluado:	Sala	**U. de análisis:**	Laboratorio
Actividad evaluada:	Conversar		
No. y tipo de luminario:	Spot (1)	**No. y tipo de foco:**	LED (1)
Temperatura de color:	Cálida	**Filtro:**	Con Filtro

Título de trazado: Prueba simulación sala muro gris 1													
Light O	**No. (#)**	**Fecha, Hora. GMT-06:00**	**T. 1 (°C)**	**H.R. (%)**	**I.L. (lux)**	**T. 2 (°C)**	**Light O**	**No. (#)**	**Fecha, Hora. GMT-06:00**	**T. 1 (°C)**	**H.R. (%)**	**I.L. (lux)**	**T. 2 (°C)**
OFF	1	02/03/2017 18:00	18.96	44.9	11.8	18.82	ON	36	02/03/2017 18:35	18.77	47.34	130.1	20.53
OFF	2	02/03/2017 18:01	18.94	44.74	11.8	18.77	ON	37	02/03/2017 18:36	18.77	47.31	122.2	20.6
OFF	3	02/03/2017 18:02	18.91	44.89	3.9	18.79	ON	38	02/03/2017 18:37	18.77	47.34	114.3	20.65
OFF	4	02/03/2017 18:03	18.91	45.34	11.8	18.87	ON	39	02/03/2017 18:38	18.75	47.31	122.2	20.75
OFF	5	02/03/2017 18:04	18.91	45.69	11.8	19.06	ON	40	02/03/2017 18:39	18.75	47.28	114.3	20.79
OFF	6	02/03/2017 18:05	18.91	46.26	3.9	19.87	ON	41	02/03/2017 18:40	18.75	47.31	138	20.87
OFF	7	02/03/2017 18:06	18.91	46.26	11.8	20.22	ON	42	02/03/2017 18:41	18.72	47.28	122.2	20.89
OFF	8	02/03/2017 18:07	18.91	47.3	3.9	20.22	ON	43	02/03/2017 18:42	18.72	47.28	122.2	20.94
OFF	9	02/03/2017 18:08	18.94	47.08	3.9	20.34	ON	44	02/03/2017 18:43	18.72	47.21	114.3	20.98
OFF	10	02/03/2017 18:09	18.94	46.89	3.9	20.34	ON	45	02/03/2017 18:44	18.72	47.24	114.3	21.03
OFF	11	02/03/2017 18:10	18.91	46.86	11.8	20.34	ON	46	02/03/2017 18:45	18.7	47.21	130.1	21.06
OFF	12	02/03/2017 18:11	18.91	46.89	11.8	20.32	ON	47	02/03/2017 18:46	18.7	47.18	138	21.1
OFF	13	02/03/2017 18:12	18.91	46.89	11.8	20.29	ON	48	02/03/2017 18:47	18.7	47.18	130.1	21.13
OFF	14	02/03/2017 18:13	18.89	46.79	3.9	20.27	ON	49	02/03/2017 18:48	18.7	47.08	130.1	21.18
OFF	15	02/03/2017 18:14	18.89	46.79	11.8	20.22	ON	50	02/03/2017 18:49	18.68	47.08	122.2	21.2
OFF	16	02/03/2017 18:15	18.87	46.79	11.8	20.17	OFF	51	02/03/2017 18:50	18.68	47.08	3.9	21.22
OFF	17	02/03/2017 18:16	18.84	46.79	11.8	20.13	OFF	52	02/03/2017 18:51	18.68	47.08	11.8	21.22
OFF	18	02/03/2017 18:17	18.84	46.79	11.8	20.08	OFF	53	02/03/2017 18:52	18.68	46.95	3.9	21.22
OFF	19	02/03/2017 18:18	18.82	46.78	3.9	20.03	OFF	54	02/03/2017 18:53	18.65	47.01	11.8	21.22
OFF	20	02/03/2017 18:19	18.79	46.78	3.9	19.98	OFF	55	02/03/2017 18:54	18.65	47.01	11.8	21.2
ON	21	02/03/2017 18:20	18.79	46.78	130.1	19.94	OFF	56	02/03/2017 18:55	18.65	47.01	3.9	21.15
ON	22	02/03/2017 18:21	18.79	46.75	216.8	19.89	OFF	57	02/03/2017 18:56	18.65	47.01	11.8	21.1
ON	23	02/03/2017 18:22	18.77	46.84	130.1	19.84	OFF	58	02/03/2017 18:57	18.63	46.98	11.8	21.03
ON	24	02/03/2017 18:23	18.79	47.63	114.3	19.82	OFF	59	02/03/2017 18:58	18.63	46.95	11.8	20.96
ON	25	02/03/2017 18:24	18.82	47.19	138	19.84	OFF	60	02/03/2017 18:59	18.63	46.92	3.9	20.89
ON	26	02/03/2017 18:25	18.82	47.29	138	19.94	OFF	61	02/03/2017 19:00	18.63	46.92	11.8	20.82
ON	27	02/03/2017 18:26	18.82	47.48	130.1	19.96	OFF	62	02/03/2017 19:01	18.6	46.91	3.9	20.75
ON	28	02/03/2017 18:27	18.82	47.54	130.1	20.03	OFF	63	02/03/2017 19:02	18.6	46.91	11.8	20.67
ON	29	02/03/2017 18:28	18.82	47.54	130.1	20.08	OFF	64	02/03/2017 19:03	18.6	46.88	11.8	20.58
ON	30	02/03/2017 18:29	18.82	47.54	106.4	20.15	OFF	65	02/03/2017 19:04	18.58	46.91	11.8	20.51
ON	31	02/03/2017 18:30	18.79	47.47	106.4	20.2	OFF	66	02/03/2017 19:05	18.58	46.94	11.8	20.44
ON	32	02/03/2017 18:31	18.79	47.44	114.3	20.27	OFF	67	02/03/2017 19:06	18.58	46.91	11.8	20.39
ON	33	02/03/2017 18:32	18.79	47.41	122.2	20.34	OFF	68	02/03/2017 19:07	18.58	46.91	11.8	20.29
ON	34	02/03/2017 18:33	18.79	47.38	130.1	20.41	OFF	69	02/03/2017 19:08	18.56	46.91	3.9	20.25
ON	35	02/03/2017 18:34	18.77	47.38	114.3	20.46	OFF	70	02/03/2017 19:09	18.56	46.91	11.8	20.17

Tabla 87. Recopilado de resultados sobre medidas tomadas de las propiedades lumínicas de Lámpara YDACD-LED/10W/30 en la simulación de una sala con muro gris 1.

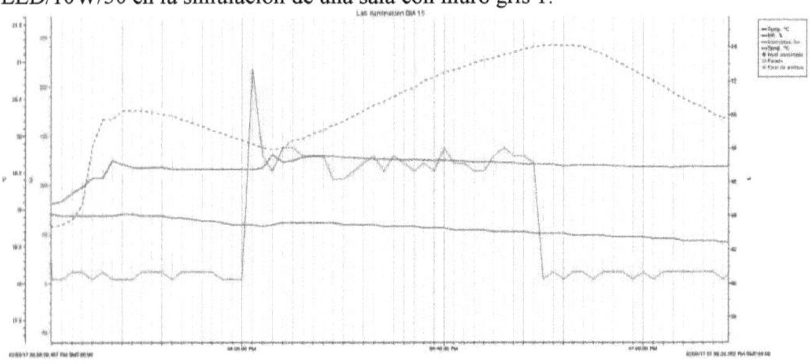

Gráfica 67. Gráfica proporcionada del programa HOBOware de resultados sobre medidas tomadas de las propiedades lumínicas de Lámpara YDACD-LED/10W/30 en la simulación de una sala con muro gris 1.

TOMA C19.2: Conversar muro gris 2

LA IMPORTANCIA DE LA ILUMINACIÓN ARTIFICIAL EN VIVIENDAS RESIDENCIALES

Tabla registro. Recopilado de medidas sobre propiedades lumínicas utilizado para realizar actividades cotidianas.

La presente tabla muestra el recopilado de información sobre temperatura (T1), humedad relativa (H.R.), e intensidad luminosa (I.L.) producidos por los luminarios especificados en el lugar del recinto donde se realiza la actividad evaluada, haciéndose una toma con un hobo a cada minuto en un lapso total de 70 mins. obteniendo 20 mins. previos al encendido, 30 mins. con el luminario encendido y 20 mins. posteriores al encendido. Se incorpora una segunda toma de temperatura (T2) generada por el mismo luminario.

Recinto evaluado:	Sala	**U. de análisis:**	Laboratorio
Actividad evaluada:	Conversar		
No. y tipo de luminario:	Spot (1)	**No. y tipo de foco:**	LED (1)
Temperatura de color:	Cálida	**Filtro:**	Con Filtro

Título de trazado: Prueba simulación sala muro gris 2

Light O	No. (#)	Fecha, Hora. GMT-06:00	T. 1 (°C)	H.R. (%)	I.L. (lux)	T. 2 (°C)	Light O	No. (#)	Fecha, Hora. GMT-06:00	T. 1 (°C)	H.R. (%)	I.L. (lux)	T. 2 (°C)
OFF	1	02/03/2017 19:10	18.56	46.94	11.8	20.1	ON	36	02/03/2017 19:45	18.41	48.78	138	19.96
OFF	2	02/03/2017 19:11	18.56	46.94	11.8	20.03	ON	37	02/03/2017 19:46	18.41	48.9	130.1	20.06
OFF	3	02/03/2017 19:12	18.53	46.94	11.8	19.98	ON	38	02/03/2017 19:47	18.41	49	122.2	20.13
OFF	4	02/03/2017 19:13	18.53	46.94	11.8	19.91	ON	39	02/03/2017 19:48	18.41	49.12	114.3	20.2
OFF	5	02/03/2017 19:14	18.53	46.97	3.9	19.87	ON	40	02/03/2017 19:49	18.41	49.18	122.2	20.25
OFF	6	02/03/2017 19:15	18.51	46.93	11.8	19.82	ON	41	02/03/2017 19:50	18.41	49.22	122.2	20.32
OFF	7	02/03/2017 19:16	18.51	47	3.9	19.75	ON	42	02/03/2017 19:51	18.41	49.25	114.3	20.39
OFF	8	02/03/2017 19:17	18.51	47.06	11.8	19.7	ON	43	02/03/2017 19:52	18.41	49.25	122.2	20.44
OFF	9	02/03/2017 19:18	18.51	47.03	11.8	19.65	ON	44	02/03/2017 19:53	18.41	49.37	130.1	20.48
OFF	10	02/03/2017 19:19	18.49	47.12	11.8	19.6	ON	45	02/03/2017 19:54	18.41	49.25	114.3	20.51
OFF	11	02/03/2017 19:20	18.49	47.15	3.9	19.56	ON	46	02/03/2017 19:55	18.39	49.46	130.1	20.56
OFF	12	02/03/2017 19:21	18.49	47.12	11.8	19.51	ON	47	02/03/2017 19:56	18.39	49.4	106.4	20.63
OFF	13	02/03/2017 19:22	18.49	47.12	3.9	19.48	ON	48	02/03/2017 19:57	18.39	49.62	138	20.65
OFF	14	02/03/2017 19:23	18.49	47.31	3.9	19.44	ON	49	02/03/2017 19:58	18.39	49.56	138	20.7
OFF	15	02/03/2017 19:24	18.46	47.43	11.8	19.39	ON	50	02/03/2017 19:59	18.39	49.62	114.3	20.75
OFF	16	02/03/2017 19:25	18.46	47.4	3.9	19.34	OFF	51	02/03/2017 20:00	18.39	49.43	11.8	20.77
OFF	17	02/03/2017 19:26	18.46	47.37	11.8	19.29	OFF	52	02/03/2017 20:01	18.39	49.53	11.8	20.77
OFF	18	02/03/2017 19:27	18.46	47.43	11.8	19.27	OFF	53	02/03/2017 20:02	18.39	49.68	3.9	20.79
OFF	19	02/03/2017 19:28	18.46	47.46	11.8	19.25	OFF	54	02/03/2017 20:03	18.39	49.81	3.9	20.79
OFF	20	02/03/2017 19:29	18.44	47.55	11.8	19.2	OFF	55	02/03/2017 20:04	18.39	49.81	11.8	20.77
ON	21	02/03/2017 19:30	18.44	47.49	138	19.15	OFF	56	02/03/2017 20:05	18.39	49.87	3.9	20.75
ON	22	02/03/2017 19:31	18.44	47.78	130.1	19.13	OFF	57	02/03/2017 20:06	18.39	50.06	11.8	20.67
ON	23	02/03/2017 19:32	18.44	48	130.1	19.13	OFF	58	02/03/2017 20:07	18.37	50.24	11.8	20.58
ON	24	02/03/2017 19:33	18.44	48.09	145.8	19.15	OFF	59	02/03/2017 20:08	18.37	50.24	11.8	20.53
ON	25	02/03/2017 19:34	18.44	48.12	130.1	19.18	OFF	60	02/03/2017 20:09	18.37	50.37	3.9	20.46
ON	26	02/03/2017 19:35	18.44	48.22	130.1	19.2	OFF	61	02/03/2017 20:10	18.37	50.46	11.8	20.41
ON	27	02/03/2017 19:36	18.44	48.22	138	19.27	OFF	62	02/03/2017 20:11	18.37	50.52	11.8	20.34
ON	28	02/03/2017 19:37	18.44	48.31	114.3	19.34	OFF	63	02/03/2017 20:12	18.37	50.58	3.9	20.27
ON	29	02/03/2017 19:38	18.41	48.46	130.1	19.41	OFF	64	02/03/2017 20:13	18.34	50.67	3.9	20.22
ON	30	02/03/2017 19:39	18.44	48.56	138	19.51	OFF	65	02/03/2017 20:14	18.34	50.77	11.8	20.13
ON	31	02/03/2017 19:40	18.44	48.69	114.3	19.58	OFF	66	02/03/2017 20:15	18.34	50.83	3.9	20.08
ON	32	02/03/2017 19:41	18.41	48.75	130.1	19.65	OFF	67	02/03/2017 20:16	18.34	50.86	11.8	19.98
ON	33	02/03/2017 19:42	18.41	48.87	122.2	19.75	OFF	68	02/03/2017 20:17	18.32	50.92	11.8	19.91
ON	34	02/03/2017 19:43	18.41	48.87	122.2	19.82	OFF	69	02/03/2017 20:18	18.32	50.95	11.8	19.84
ON	35	02/03/2017 19:44	18.41	48.97	122.2	19.89	OFF	70	02/03/2017 20:19	18.32	50.98	11.8	19.77

Tabla 88. Recopilado de resultados sobre medidas tomadas de las propiedades lumínicas de Lámpara YDACD-LED/10W/30 en la simulación de una sala con muro gris 2.

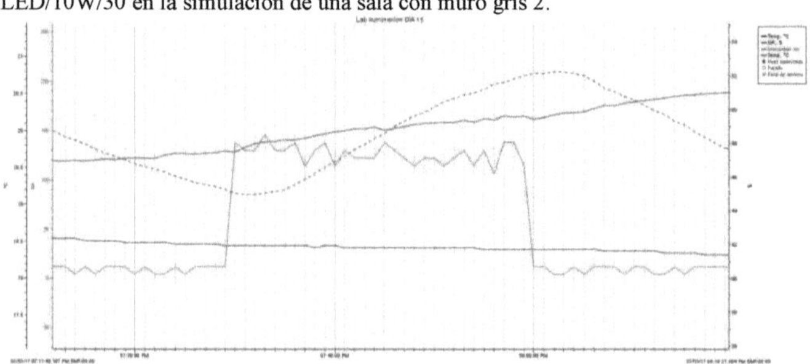

Gráfica 68. Gráfica proporcionada del programa HOBOware de resultados sobre medidas tomadas de las propiedades lumínicas de Lámpara YDACD-LED/10W/30 en la simulación de una sala con muro gris 2.

TOMA C19.3: Conversar muro gris 3

LA IMPORTANCIA DE LA ILUMINACIÓN ARTIFICIAL EN VIVIENDAS RESIDENCIALES

Tabla registro. Recopilado de medidas sobre propiedades lumínicas utilizado para realizar actividades cotidianas.

La presente tabla muestra el recopilado de información sobre temperatura (T1), humedad relativa (H.R.), e intensidad luminosa (I.L.) producidos por los luminarios especificados en el lugar del recinto donde se realiza la actividad evaluada, haciéndose una toma con un hobo a cada minuto en un lapso total de 70 mins. obteniendo 20 mins. previos al encendido, 30 mins. con el luminario encendido y 20 mins. posteriores al encendido. Se incorpora una segunda toma de temperatura (T2) generada por el mismo luminario.

Recinto evaluado:	Sala	**U. de análisis:**	Laboratorio
Actividad evaluada:	Conversar		
No. y tipo de luminario:	Spot (1)	**No. y tipo de foco:**	LED (1)
Temperatura de color:	Cálida	**Filtro:**	Con Filtro

Título de trazado: Prueba simulación sala muro gris 3													
Light O	**No. (#)**	**Fecha, Hora. GMT-06:00**	**T. 1 (°C)**	**H.R. (%)**	**I.L. (lux)**	**T. 2 (°C)**	**Light O**	**No. (#)**	**Fecha, Hora. GMT-06:00**	**T. 1 (°C)**	**H.R. (%)**	**I.L. (lux)**	**T. 2 (°C)**
OFF	1	02/03/2017 20:20	18.32	51.08	11.8	19.72	ON	36	02/03/2017 20:55	18.18	52.52	114.3	19.63
OFF	2	02/03/2017 20:21	18.32	51.17	3.9	19.67	ON	37	02/03/2017 20:56	18.18	52.52	130.1	19.7
OFF	3	02/03/2017 20:22	18.3	51.17	11.8	19.6	ON	38	02/03/2017 20:57	18.18	52.55	122.2	19.75
OFF	4	02/03/2017 20:23	18.3	51.23	11.8	19.56	ON	39	02/03/2017 20:58	18.18	52.52	114.3	19.84
OFF	5	02/03/2017 20:24	18.3	51.29	11.8	19.51	ON	40	02/03/2017 20:59	18.18	52.58	106.4	19.91
OFF	6	02/03/2017 20:25	18.27	51.35	3.9	19.44	ON	41	02/03/2017 21:00	18.18	52.58	130.1	19.98
OFF	7	02/03/2017 20:26	18.27	51.41	11.8	19.39	ON	42	02/03/2017 21:01	18.18	52.58	145.8	20.06
OFF	8	02/03/2017 20:27	18.27	51.44	11.8	19.34	ON	43	02/03/2017 21:02	18.18	52.55	114.3	20.1
OFF	9	02/03/2017 20:28	18.27	51.51	11.8	19.29	ON	44	02/03/2017 21:03	18.18	52.52	130.1	20.15
OFF	10	02/03/2017 20:29	18.27	51.54	11.8	19.25	ON	45	02/03/2017 21:04	18.18	52.55	114.3	20.2
OFF	11	02/03/2017 20:30	18.25	51.66	11.8	19.2	ON	46	02/03/2017 21:05	18.18	52.58	130.1	20.27
OFF	12	02/03/2017 20:31	18.25	51.63	11.8	19.15	ON	47	02/03/2017 21:06	18.18	52.58	106.4	20.32
OFF	13	02/03/2017 20:32	18.25	51.63	11.8	19.1	ON	48	02/03/2017 21:07	18.18	52.61	122.2	20.39
OFF	14	02/03/2017 20:33	18.25	51.78	11.8	19.06	ON	49	02/03/2017 21:08	18.18	52.61	122.2	20.44
OFF	15	02/03/2017 20:34	18.22	51.84	11.8	19.03	ON	50	02/03/2017 21:09	18.18	52.58	122.2	20.46
OFF	16	02/03/2017 20:35	18.22	51.84	11.8	18.99	OFF	51	02/03/2017 21:10	18.18	52.58	11.8	20.51
OFF	17	02/03/2017 20:36	18.22	51.9	3.9	18.94	OFF	52	02/03/2017 21:11	18.18	52.7	11.8	20.41
OFF	18	02/03/2017 20:37	18.22	51.93	11.8	18.91	OFF	53	02/03/2017 21:12	18.18	52.73	3.9	20.51
OFF	19	02/03/2017 20:38	18.22	52	3.9	18.89	OFF	54	02/03/2017 21:13	18.18	52.76	11.8	20.39
OFF	20	02/03/2017 20:39	18.22	52.03	11.8	18.84	OFF	55	02/03/2017 21:14	18.18	53.54	11.8	25.26
ON	21	02/03/2017 20:40	18.2	52.09	145.8	18.79	OFF	56	02/03/2017 21:15	18.75	64.95	3.9	24.46
ON	22	02/03/2017 20:41	18.2	52.09	138	18.79	OFF	57	02/03/2017 21:16	19.18	61.58	11.8	23.95
ON	23	02/03/2017 20:42	18.2	52.15	122.2	18.77	OFF	58	02/03/2017 21:17	19.48	60	11.8	23.28
ON	24	02/03/2017 20:43	18.2	52.12	114.3	18.79	OFF	59	02/03/2017 21:18	19.77	58.71	11.8	22.54
ON	25	02/03/2017 20:44	18.2	52.15	122.2	18.79	OFF	60	02/03/2017 21:19	19.98	57.61	3.9	21.89
ON	26	02/03/2017 20:45	18.2	52.18	114.3	18.84	OFF	61	02/03/2017 21:20	20.17	56.57	11.8	21.25
ON	27	02/03/2017 20:46	18.18	52.3	122.2	18.91	OFF	62	02/03/2017 21:21	20.32	55.54	11.8	20.51
ON	28	02/03/2017 20:47	18.18	52.39	145.8	18.99	OFF	63	02/03/2017 21:22	20.44	54.57	3.9	19.67
ON	29	02/03/2017 20:48	18.18	52.39	130.1	19.06	OFF	64	02/03/2017 21:23	20.53	54.03	11.8	19.2
ON	30	02/03/2017 20:49	18.18	52.39	122.2	19.13	OFF	65	02/03/2017 21:24	20.63	53.61	11.8	19.03
ON	31	02/03/2017 20:50	18.18	52.39	106.4	19.2	OFF	66	02/03/2017 21:25	20.67	53.21	11.8	18.84
ON	32	02/03/2017 20:51	18.18	52.42	130.1	19.29	OFF	67	02/03/2017 21:26	20.75	52.69	11.8	18.87
ON	33	02/03/2017 20:52	18.18	52.45	114.3	19.37	OFF	68	02/03/2017 21:27	20.77	52.72	3.9	19.06
ON	34	02/03/2017 20:53	18.18	52.48	130.1	19.46	OFF	69	02/03/2017 21:28	20.82	52.67	3.9	19.39
ON	35	02/03/2017 20:54	18.18	52.52	122.2	19.53	OFF	70	02/03/2017 21:29	20.84	52.67	3.9	19.75

Tabla 89. Recopilado de resultados sobre medidas tomadas de las propiedades lumínicas de Lámpara YDACD-LED/10W/30 en la simulación de una sala con muro gris 3.

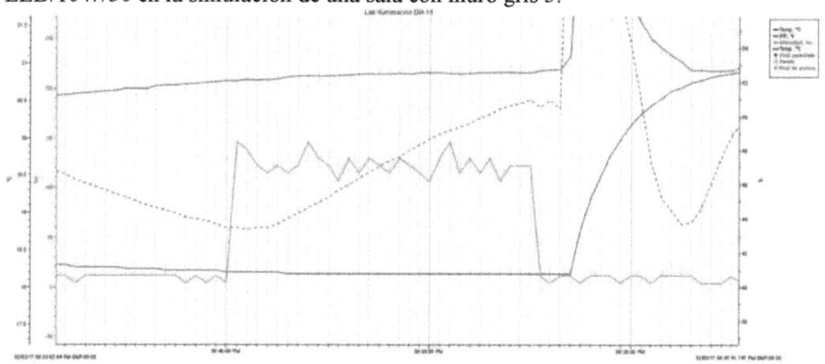

Gráfica 69. Gráfica proporcionada del programa HOBOware de resultados sobre medidas tomadas de las propiedades lumínicas de Lámpara YDACD-LED/10W/30 en la simulación de una sala con muro gris 3.

TOMA C20.1: Conversar plafón a 3 mts 1

LA IMPORTANCIA DE LA ILUMINACIÓN ARTIFICIAL EN VIVIENDAS RESIDENCIALES

Tabla registro. Recopilado de medidas sobre propiedades lumínicas utilizado para realizar actividades cotidianas.

La presente tabla muestra el recopilado de información sobre temperatura (T1), humedad relativa (H.R.), e intensidad luminosa (I.L.) producidos por los luminarios especificados en el lugar del recinto donde se realiza la actividad evaluada, haciéndose una toma con un hobo a cada minuto en un lapso total de 70 mins. obteniendo 20 mins. previos al encendido, 30 mins. con el luminario encendido y 20 mins. posteriores al encendido. Se incorpora una segunda toma de temperatura (T2) generada por el mismo luminario.

Recinto evaluado:	Sala	**U. de análisis:**	Laboratorio
Actividad evaluada:	Conversar		
No. y tipo de luminario:	Spot (1)	**No. y tipo de foco:**	LED (1)
Temperatura de color:	Cálida	**Filtro:**	Con Filtro

Título de trazado: Prueba simulación sala plafón a 3.00 mts. 1															
Light O	**No. (#)**	**Fecha, Hora. GMT-06:00**	**T. 1 (°C)**	**H.R. (%)**	**I.L. (lux)**	**T. 2 (°C)**	**Light O**	**No. (#)**	**Fecha, Hora. GMT-06:00**	**T. 1 (°C)**	**H.R. (%)**	**I.L. (lux)**	**T. 2 (°C)**
OFF	1	02/08/2017 16:00	20.08	30.57	3.9	23.38	ON	36	02/08/2017 16:35	21.36	28.89	67	21.68
OFF	2	02/08/2017 16:01	20.09	30.78	11.8	23.33	ON	37	02/08/2017 16:36	21.4	28.9	67	21.63
OFF	3	02/08/2017 16:02	20.12	30.45	11.8	23.26	ON	38	02/08/2017 16:37	21.42	28.96	59.1	21.56
OFF	4	02/08/2017 16:03	20.15	30.23	11.8	23.21	ON	39	02/08/2017 16:38	21.46	28.96	67	21.51
OFF	5	02/08/2017 16:04	20.16	30.21	11.8	23.14	ON	40	02/08/2017 16:39	21.48	28.9	59.1	21.53
OFF	6	02/08/2017 16:05	20.22	30.14	3.9	23.06	ON	41	02/08/2017 16:40	21.49	28.86	59.1	21.58
OFF	7	02/08/2017 16:06	20.35	30.09	11.8	22.99	ON	42	02/08/2017 16:41	21.13	28.83	59.1	21.63
OFF	8	02/08/2017 16:07	20.4	30.07	11.8	22.92	ON	43	02/08/2017 16:42	21.13	28.83	67	21.77
OFF	9	02/08/2017 16:08	20.46	30.11	3.9	22.87	ON	44	02/08/2017 16:43	21.13	28.5	59.1	21.96
OFF	10	02/08/2017 16:09	20.48	30.1	11.8	22.82	ON	45	02/08/2017 16:44	21.13	28.53	59.1	22.18
OFF	11	02/08/2017 16:10	20.49	30.1	3.9	22.75	ON	46	02/08/2017 16:45	21.13	28.57	59.1	21.29
OFF	12	02/08/2017 16:11	20.58	30.08	11.8	22.71	ON	47	02/08/2017 16:46	21.13	28.57	67	21.29
OFF	13	02/08/2017 16:12	20.59	30.07	11.8	22.66	ON	48	02/08/2017 16:47	21.13	28.63	67	21.46
OFF	14	02/08/2017 16:13	20.59	30.07	11.8	22.61	ON	49	02/08/2017 16:48	21.13	28.64	59.1	21.58
OFF	15	02/08/2017 16:14	20.62	30.02	3.9	22.56	ON	50	02/08/2017 16:49	21.13	28.43	67	21.72
OFF	16	02/08/2017 16:15	20.64	30	11.8	22.63	OFF	51	02/08/2017 16:50	21.13	28.54	11.8	21.53
OFF	17	02/08/2017 16:16	20.77	29.98	11.8	22.71	OFF	52	02/08/2017 16:51	21.13	28.57	3.9	20.7
OFF	18	02/08/2017 16:17	20.87	29.84	11.8	22.78	OFF	53	02/08/2017 16:52	21.13	28.64	11.8	20.22
OFF	19	02/08/2017 16:18	20.89	29.83	11.8	22.87	OFF	54	02/08/2017 16:53	21.13	28.47	11.8	19.87
OFF	20	02/08/2017 16:19	20.93	29.77	11.8	22.99	OFF	55	02/08/2017 16:54	21.13	28.57	11.8	19.58
ON	21	02/08/2017 16:20	20.98	29.76	67	22.82	OFF	56	02/08/2017 16:55	21.13	28.57	3.9	19.34
ON	22	02/08/2017 16:21	20.98	29.23	59.1	22.42	OFF	57	02/08/2017 16:56	21.13	28.51	11.8	19.2
ON	23	02/08/2017 16:22	21.01	29.33	59.1	22.2	OFF	58	02/08/2017 16:57	21.13	28.57	11.8	19.06
ON	24	02/08/2017 16:23	21.03	29.3	59.1	22.01	OFF	59	02/08/2017 16:58	21.13	28.57	3.9	18.96
ON	25	02/08/2017 16:24	21.06	29.3	67	21.92	OFF	60	02/08/2017 16:59	21.13	28.61	11.8	18.89
ON	26	02/08/2017 16:25	21.06	29.23	67	21.8	OFF	61	02/08/2017 17:00	21.13	28.64	3.9	18.82
ON	27	02/08/2017 16:26	21.08	29.17	59.1	21.72	OFF	62	02/08/2017 17:01	21.13	28.71	11.8	18.77
ON	28	02/08/2017 16:27	21.08	29.17	67	21.7	OFF	63	02/08/2017 17:02	21.13	28.71	11.8	18.75
ON	29	02/08/2017 16:28	21.1	29.17	59.1	21.72	OFF	64	02/08/2017 17:03	21.13	28.71	11.8	18.72
ON	30	02/08/2017 16:29	21.1	29.07	59.1	21.84	OFF	65	02/08/2017 17:04	21.13	28.64	3.9	18.7
ON	31	02/08/2017 16:30	21.13	28.64	59.1	21.92	OFF	66	02/08/2017 17:05	21.13	28.57	11.8	18.7
ON	32	02/08/2017 16:31	21.23	28.76	67	21.99	OFF	67	02/08/2017 17:06	21.13	28.41	11.8	18.7
ON	33	02/08/2017 16:32	21.26	28.83	59.1	21.89	OFF	68	02/08/2017 17:07	21.13	28.51	11.8	18.7
ON	34	02/08/2017 16:33	21.29	28.83	59.1	21.82	OFF	69	02/08/2017 17:08	21.13	28.45	11.8	18.7
ON	35	02/08/2017 16:34	21.33	28.86	59.1	21.75	OFF	70	02/08/2017 17:09	21.13	28.41	11.8	18.7

Tabla 90. Recopilado de resultados sobre medidas tomadas de las propiedades lumínicas de Lámpara YDACD-LED/10W/30 en la simulación de una sala con plafón a 3.0 mts. 1.

Cuestionario Casa Castillo

La presente encuesta tiene como finalidad reunir información puntual para analizar la eficiencia de iluminación artificial en las actividades de una recámara, una cocina y una sala.

- ***En la recámara***, actividad a analizar: Lectura

Lectura: Entiéndase como el proceso de percibir y comprender la escritura.

1. ¿Ha cambiado los focos de las luminarias en la recámara?
   a) Sí, cambios a LEDs b) Sí, a otros halog./ahorr. c) No

2. Espacios en la recámara donde realiza esta actividad
   a) Cama b) Escritorio c) Diván/Sillón

3. Motivo por el que usa este espacio para la lectura
   a) Comodidad b) Visibilidad c) Motivacional

4. ¿Considera que la iluminación en ese espacio es buena para realizar la lectura?
   a) Muy buena b) Regular c) Mala

5. ¿Utiliza otras fuentes de iluminación no fijas para realizar la lectura en las noches?
   a) Lámpara de buro b) Lámpara de libro c) Ninguna

6. Tiempo que le dedica a la lectura
   a) De 15 a 30 mins. b) De 30 a 60 mins. c) Más de 1 hora

7. Frecuencia en que realiza esta actividad a la semana
   a) Los fines de semana b) 3 o 4 veces por semana c) Diario

8. ¿Es necesaria la luz artificial para la lectura aún en horarios cuando existe luz solar?
   a) Siempre b) En ocasiones c) Nunca

- ***En la cocina***, actividad a analizar: Preparar alimentos

Preparar alimentos: *Entiéndase como el proceso de la elaboración de alimentos, donde se corta, se ralla, se pela, se muele, se mezcla, se sazona, se marina, se elaboran alimentos.*

9. ¿Ha cambiado los focos de las luminarias en la cocina?
   a) Sí, cambios a LEDs b) Sí, a otros halog./ahorr. c) No

10. Espacio de la cocina donde prefiere realizar la preparación de alimentos
    a) Isla central b) Encimera (Wall cabinet) c) Mesa antecomedor

11. ¿Considera que la iluminación para realizar la actividad en este espacio es adecuada?
    a) Totalmente b) Podría mejorar c) No

12. ¿Es necesaria la luz artificial para la actividad aún en horarios cuando existe luz solar?
    a) Siempre b) En ocasiones c) Nunca

13. ¿Qué fuentes de iluminación artificial utiliza para realizar esta actividad?
    a) Iluminación en techo b) Iluminación en muebles c) Otra

14. ¿En qué horario lo hace con mayor frecuencia?
    a) Por la mañana b) Por la tarde c) Por la noche

15. ¿Considera que la iluminación empleada es motivacional para realizar la actividad o sólo cumple su función de iluminar? ¿Porqué?
    a) Totalmente b) Podría mejorar c) En desacuerdo.

En la sala, actividad a analizar: Conversar

Conversar: Entiéndase como el acto de hablar con otra persona alternando los turnos de palabra.

16. ¿Ha cambiado los focos de las luminarias en la sala?
    a) Sí, cambios a LEDs b) Sí, a otros halog./ahorr. c) No

17. ¿Cuánto uso se le da a este espacio?
    a) Tres veces al día b) 1 o 3 veces al día c) Ocasional

18. ¿Considera que en el tiempo que lleva habitando la vivienda se ha modificado el uso de este espacio?
    a) Se usaba más antes b) Se usa más ahora c) No

19. ¿Cuánto tiempo utiliza este recinto para platicar?
    a) De 10 a 20 mins. b) De 20 a 40 mins. c) Más de 40 mins.

20. ¿Cuánto tiempo utiliza este recinto para platicar cuando tiene visitas?
    a) De 10 a 20 mins. b) De 20 a 40 mins. c) Más de 40 mins.

21. ¿Considera que la iluminación empleada es adecuada para realizar la actividad?
    a) Totalmente b) Podría mejorar c) No

22. ¿Cuenta con otro espacio donde prefiera realizar esta actividad?
    a) Ante comedor b) Comedor c) Recámara

23. ¿Es necesaria la luz artificial para platicar aún en horarios cuando existe luz solar?
    b) Siempre b) En ocasiones c) Nunca

Cuestionario en Casa Guillén

La presente encuesta tiene como finalidad reunir información puntual para analizar la eficiencia de iluminación artificial en las actividades de una recámara, una cocina y una sala.

- ***En la recámara***, actividad a analizar: Lectura

Lectura: Entiéndase como el proceso de percibir y comprender la escritura.

24. ¿Ha cambiado los focos de las luminarias en la recámara?
    a) Sí, cambios a LEDs b) Sí, a otros halog./ahorr. c) No

25. Espacios en la recámara donde realiza esta actividad
    a) Cama b) Escritorio c) Diván/Sillón

26. Motivo por el que usa este espacio para la lectura
    a) Comodidad b) Visibilidad c) Motivacional

27. ¿Considera que la iluminación en ese espacio es buena para realizar la lectura?
    a) Muy buena b) Regular c) Mala

28. ¿Utiliza otras fuentes de iluminación no fijas para realizar la lectura en las noches?
    a) Lámpara de buro b) Lámpara de libro c) Ninguna

29. Tiempo que le dedica a la lectura
    a) De 15 a 30 mins. b) De 30 a 60 mins. c) Más de 1 hora

30. Frecuencia en que realiza esta actividad a la semana
    a) Los fines de semana b) 3 o 4 veces por semana c) Diario

31. ¿Es necesaria la luz artificial para la lectura aún en horarios cuando existe luz solar?
    a) Siempre b) En ocasiones c) Nunca

- ***En la cocina***, actividad a analizar: Preparar alimentos

Preparar alimentos: ***Entiéndase como el proceso de la elaboración de alimentos, donde se corta, se ralla, se pela, se muele, se mezcla, se sazona, se marina, se elaboran alimentos.***

32. ¿Ha cambiado los focos de las luminarias en la cocina?
    a) Sí, cambios a LEDs b) Sí, a otros halog./ahorr. c) No

33. Espacio de la cocina donde prefiere realizar la preparación de alimentos
    a) Isla central b) Encimera (Wall cabinet) c) Mesa antecomedor

34. ¿Considera que la iluminación para realizar la actividad en este espacio es adecuada?
    a) Totalmente b) Podría mejorar c) No

35. ¿Es necesaria la luz artificial para la actividad aún en horarios cuando existe luz solar?
a) Siempre b) En ocasiones c) Nunca

36. ¿Qué fuentes de iluminación artificial utiliza para realizar esta actividad?
a) Iluminación en techo b) Iluminación en muebles c) Otra

37. ¿En qué horario lo hace con mayor frecuencia?
a) Por la mañana b) Por la tarde c) Por la noche

38. ¿Considera que la iluminación empleada es motivacional para realizar la actividad o sólo cumple su función de iluminar? ¿Porqué?
a) Totalmente b) Podría mejorar c) En desacuerdo.

En la sala, actividad a analizar: Conversar

Conversar: Entiéndase como el acto de hablar con otra persona alternando los turnos de palabra.

39. ¿Ha cambiado los focos de las luminarias en la sala?
a) Sí, cambios a LEDs b) Sí, a otros halog./ahorr. c) No

40. ¿Cuánto uso se le da a este espacio?
a) Tres veces al día b) 1 o 2 veces al día c) Ocasional

41. ¿Considera que en el tiempo que lleva habitando la vivienda se ha modificado el uso de este espacio?
a) Se usaba más antes b) Se usa más ahora c) No

42. ¿Cuánto tiempo utiliza este recinto para platicar?
a) De 10 a 20 mins. b) De 20 a 40 mins. c) Más de 40 mins.

43. ¿Cuánto tiempo utiliza este recinto para platicar cuando tiene visitas?
a) De 10 a 20 mins. b) De 20 a 40 mins. c) Más de 40 mins.

44. ¿Considera que la iluminación empleada es adecuada para realizar la actividad?
a) Totalmente b) Podría mejorar c) No

45. ¿Cuenta con otro espacio donde prefiera realizar esta actividad?
a) Ante comedor b) Comedor c) Recámara

46. ¿Es necesaria la luz artificial para platicar aún en horarios cuando existe luz solar?
a) Siempre b) En ocasiones c) Nunca

Printed by Books on Demand GmbH, Norderstedt / Germany